한국산업인력공단 출제기준에 따른 최신판!!

2020 최신판 **2주완성**
천장크레인 운전기능사 필기시험문제

이정석 저

NCS 반영

최근 개정 내용 완벽 반영
단원별 핵심이론 요약정리
최근기출문제 총 16회 수록

대한민국 국가대표 브랜드
국가자격시험문제 전문출판
에듀크라운
www.educrown.co.kr

크라운출판사
국가자격시험문제 전문출판
http://www.crownbook.com

약 력

저자
이정석

(전)세아베스틸 천장크레인 운전
(전)군장대학교 산학협력단 객원교수
(전)호원대학교 평생학습지원본부 겸임교원
(전)군장대학교 산학협력단 전문강사
(현)(유)삼주 대표
(현)삼영종합중장비학원 원장
(현)한국산업인력공단 NCS학습모듈 천장크레인 대표집필자 위촉
(현)한국산업안전보건공단 산업안전 보건교육원 강사
(현)(사)한국크레인협회 호남지회장

Preface

이 책은 저자가 35여 년간 현장에서 쌓은 천장 크레인 운전 및 정비에 관한 경험과 지식, 그리고 10여 년간 천장크레인 운전전문학원을 운영하며 쌓은 노하우를 망라한 책입니다.

저자는 1984년 천장크레인운전기능사 자격증 취득을 시작으로 타워크레인, 이동식 크레인, 컨테이너 크레인, 양화장치, 운전기능사 자격증을 취득하였습니다.
또한 고용노동부 직업능력개발 훈련교사 자격증을 취득하며 천장 크레인 자체검사원 교육을 수료하고, 일본 현지를 방문해 일본 크레인협회 줄걸이 작업안전 교육과정을 수료했습니다.

크레인에 대한 지식을 포괄적으로 담고 있어 전문적이지 못하고, 산업현장에서 실제 운용되는 것과 달리 시대착오적인 부분들이 많았던 기존 교재들의 문제점을 극복하고자 이 책을 구성했습니다.

천장크레인 운전기능사 자격증 취득과 산업현장에서 천장 크레인 운전 및 관련 업무를 수행하는데 지속적으로 도움이 될 수 있도록 구성했으며 무엇보다 천장 크레인을 처음 접하는 사람들도 쉽고 이해할 수 있도록 구성했습니다.
특히 이 책에 실린 각종 사진들은 저자가 현장에서 천장 크레인을 점검, 정비하며 촬영한 것입니다.

마지막으로 이 책을 출간하기까지 물심양면으로 많은 도움을 주신 분들에게 감사 인사를 전합니다.
특히 한국 특수강산업의 선도 기업 ㈜세아베스틸 관계자 분들에게 깊이 감사드립니다.
그리고 천장크레인 운전기능사 시험을 앞둔 전국 수험생들의 합격을 기원합니다.

2020년 2월
저자 이 정석

목 차

PART 01 | 천장크레인 운전 기능사(핵심이론)

제1장 천장크레인 종류 및 기계관련 ··· 6
제2장 전기관련 ·· 50
제3장 줄걸이 용구 ·· 74
제4장 줄걸이 역학 ·· 83
제5장 줄걸이 작업 ·· 86
제6장 작업안전 관련 ·· 96

PART 02 | 천장크레인 운전 기능사(최근 기출문제)

2014년 제1회 최근 기출문제 ·· 112
2014년 제2회 최근 기출문제 ·· 135
2014년 제4회 최근 기출문제 ·· 153
2014년 제5회 최근 기출문제 ·· 170
2015년 제1회 최근 기출문제 ·· 188
2015년 제2회 최근 기출문제 ·· 208
2015년 제4회 최근 기출문제 ·· 227
2015년 제5회 최근 기출문제 ·· 244
2016년 제1회 최근 기출문제 ·· 260
2016년 제2회 최근 기출문제 ·· 275
2016년 제4회 최근 기출문제 ·· 292
2017년 제1회 최근 기출문제 ·· 310
2017년 제2회 최근 기출문제 ·· 326
2017년 제3회 최근 기출문제 ·· 343
2018년 제1회 최근 기출문제 ·· 361
2018년 제2회 최근 기출문제 ·· 380
2018년 제3회 최근 기출문제 ·· 398

천장 크레인 운전 기능사

Chapter 01
천장 크레인 종류 및 기계관련

1 크레인(Crane) 이란?

기중기(起重機)로써, 훅(Hook 갈고리 모양의 쇠)이나 그 밖에 달기기구를 사용하여 무거운 물건을 들어 올려 아래(권하) 또는, 위(권상), 수평(주행, 횡행)으로 이동시켜 화물의 인양 및 이송을 목적으로 만들어진 기계를 말한다.

하물을 들어 올리기만 하는 기계장치는 크레인이 아니다. 짐을 들어 올릴 때 인력으로 들어 올리고 동력을 사용해 수평으로 이동해도 크레인이 아니며, 이와 반대로 하물을 들어 올릴 때, 동력을 사용해서 들어 올리고 인력으로 수평 이동해도 크레인으로 분류된다.

2 용어의 정의

1. **크레인(Crane)**
   훅이나 기타의 달기기구를 사용하여 하물의 권상과 이송을 목적으로 일정한 작업 공간 내에서 반복적인 동작이 이루어지는 기계를 말한다.

2. **천장 크레인(Overhead travelling crane)**
   주행레일 위에 설치된 새들에 직접적으로 지지되는 거더가 있는 크레인을 말한다.

3. **갠트리 크레인(Gantry/Portal bridge crane)**
   주행레일 위에 설치된 교각(Leg)에 의해 지지되는 거더가 있는 크레인을 말한다.

4. **타워 크레인(Tower crane)**
   수직 타워의 상부에 위치한 지브를 선회시키는 크레인을 말한다.

5. **고정식 크레인(Fixed base crane)**
   콘크리트 기초(Foundation) 또는 고정된 베이스(Base)위에 설치된 크레인을 말한다.

6. **상승식 크레인(Climbing crane)**
   건축 중인 구조물 위에 설치된 크레인으로서 구조물의 높이가 증가함에 따라 자체 상승 장치에 의해 수직 방향으로 상승시킬 수 있는 크레인을 말한다.

7. **지브형 크레인(Jib type crane)**
   지브나 지브를 따라 움직이는 크래브에 매달린 달기기구에 의해 하물을 이동시키는 크레인을 말한다.

8. 호이스트(Hoist)
훅이나 기타의 달기기구 등을 사용하여 하물을 권상 및 횡행 또는 권상동작만을 행하는 양중기를 말하며, 정치식, 모노레일식, 이중레일식 호이스트로 구분한다.

9. 정격하중(Rated load)
크레인의 권상(호이스팅)하중에서 훅, 크래브 또는 버켓 등 달기기구의 중량에 상당하는 하중을 뺀 하중을 말한다.
다만, 지브가 있는 크레인 등으로서 경사각의 위치에 따라 권상능력이 달라지는 것은 그 위치에서의 권상하중으로부터 달기기구의 중량을 뺀 하중을 말한다.

10. 권상하중(Hoisting load)
들어 올릴 수 있는 최대의 하중을 말한다. 크레인의 정격하중에서 훅, 크래브 또는 버켓 등 달기기구의 중량에 상당하는 하중을 더한 하중을 말한다.

11. 정격속도(Rated speed)
크레인에 정격하중에 상당하는 하중을 매달고 권상, 주행, 선회 또는 횡행할 수 있는 최고속도를 말한다.

12. 스팬(Span)
좌·우 양쪽 주행레일 중심간의 거리를 말한다. 단 주행레일이 한쪽에 각각 2줄인 경우 한쪽의 레일 2줄 사이의 중심선에서 반대편 레일 2줄 사이의 중심선의 수평 거리이다.

13. 주행(Travelling)
크레인 일체가 이동하는 것을 말한다.

14. 횡행(Traversing)
크래브가 거더를 따라 이동하는 것 또는 트롤리가 로프, 트랙, 지브 등을 따라 이동하는 것을 말한다.

15. 기복(Luffing)
수직면에서 지브 각(ANGLE)의 변화를 말한다.

16. 수평 기복(Level luffing)
하물의 높이가 자동적으로 일정하게 유지되도록 지브가 기복하는 것을 말한다.

17. 크레인의 주요구조부는 다음 각목과 같다.

가. 천장 및 갠트리 크레인
① 크레인 거더, 교각 및 새들 등의 구조부분
② 원동기
③ 브레이크

④ 와이어로프 또는 달기체인
⑤ 주요 방호장치
⑥ 훅 등의 달기기구

나. 호이스트
① 본체 등의 구조부분
② 원동기
③ 브레이크
④ 와이어로프 또는 달기체인
⑤ 주요 방호장치
⑥ 훅 등의 달기기구

다. 타워 크레인
① 지브 및 타워 등의 구조부분
② 원동기
③ 브레이크
④ 와이어로프

3 천장 크레인이란?(Over head travelling crane)

주행레일 위에 좌·우 양쪽 주행레일 위에 주행차륜이 조립된 새들이 얹어지고 새들 위에 직접적으로 지지되는 거더가 있는 크레인을 말한다.
① 주로 중량물을 취급하는 공장이나 창고 등에 설치되며 건물 기둥의 양쪽에 설치된 레일 위에 다리(Bridge)형태의 거더(Girder)가 설치되며 전기를 이용하여 모터(Motor)를 구동시켜 주행장치, 횡행장치, 권상장치 3운동에 의해서 화물을 이동 또는 이송할 수 있도록 만든 기계장치이다.

② 천장 크레인의 호칭 표기는 주권×보권×스팬×양정 순서로 표시한다.
  예 120/50×30×25는 주권 120톤, 보권 50톤, 스팬 30m, 양정 25m 이다.
③ 주권(主捲)은, 주권상(主捲上 Main hoist)을 말하며, 보권(補捲)은 보조권상(Auxiliary hoist)을 말한다.
④ 스팬은 양쪽 주행레일 중심의 수평거리이며 양정은 훅(Hook)이 움직일 수 있는 최대의 수직거리다.

4 크레인의 종류 및 선정

천장 크레인은 사용장소와 용도에 따라서 구분되며 KS에서는 50여 종으로 분류한다. 크레인의 작업 능력은 훅(Hook) 크레인의 경우 1회의 작업량(권상장치가 1회에 들어 올릴 수 있는 무게) 그래브 버켓(Grab buckt) 크레인의 경우 1회의 용량(㎥)으로 나타내며, 또는 1시간의 작업 합산 량으로 크레인의 작업 능력을 산출한다.

(1) 천장 크레인의 종류

1) 보통(일반)형 천장 크레인(General type crane)

보통형 천장 크레인은 일반적으로 가장 많이 사용되며, 훅(hook)에 줄걸이 기구(와이어로프, 벨트슬링 등)를 달거나 걸어서 중량물을 이동시키는데 사용되며 권상장치 및 횡행장치가 장착된 크래브가 있는 것이 특징이다. 보통형 천장 크레인은 호이스트형 천장 크레인과 달리 사용자의 요구에 따라 구조 및 형태가 달라지는 주문제작이 특징이다.

┃일반적으로 사용하는 보통형 크레인┃

조종방식으로는 운전자가 운전석에 탑승하여 조종하는 방식, 팬던트 스위치 조종방식, 지상에서 무선으로 조종 하는 방식 또는 운전석 탑승조종식과 무선조종식 2가지를 병행 사용할 수 있도록 설계된 방식이 있다.

2) 호이스트형 천장 크레인(Hoist type over head travelling crane)

보통형 천장 크레인과 형태 및 사용조건은 비슷하나 기계 및 전기장치, 방호장치 등이 완전 다르다. 호이스트형 천장 크레인은 권상 및 횡행장치가 장착된 구조물을 크래브라 하지 않고 호이스트 또는 권양장치로 호칭되며 미리 제작되어 판매되는 기성품이므로 권양장치의 차륜 폭(거리)에 거더의 폭과 횡행레일의 폭을 맞춰 제작해야 한다.

3) 마그네트 크레인(Mgnet crane)

마그네트 크레인에는 철재의 하물을 부착하여 이동시키기 위한 달기구로서 전자석(Electro lift mgnet)이 사용된다.

▶ **리프팅 마그넷 등은 다음과 같이 한다.**

가. 리프팅 마그넷 부착 크레인은 정전 등 비상 시에 최소 10분 이상의 흡착력을 유지하기에 충분한 용량의 충전기, 전지 등의 정전보상장치를 갖출 것
나. 달기기구 구조 부분의 내구력은 항복강도를 기준하여 흡착력의 2배 이상일 것
다. 리프팅 마그넷의 제작 및 설치는 다음에 적합할 것
  ① 리프팅 마그넷 등에 부착된 이름판에는 정격하중을 표시할 것
  ② 조작 마그넷 등의 조작 스위치나 핸들에는 운전형식 및 방법을 표시할 것
  ③ 정전 시 배터리에서 전원이 공급될 경우 운전자에게 전원공급이 배터리에서 공급됨을 경보하기 위한 음향신호를 가지고 있고, 화물을 바닥에 안전하게 내릴 수 있는 구조일 것
  ④ 리프팅 마그넷의 흡착력 시험은 정격하중의 2배 이상으로 할 것

> ※ 산업안전보건 기준에 관한 규칙 제20조(출입의 금지 등)
> 다음 각 호의 작업 또는 장소에 방책(防柵)을 설치하는 등 관계근로자가 아닌 사람의 출입을 금지하여야 한다.
> 4항. 인양전자석(引揚電磁石) 부착 크레인을 사용하여 작업을 하는 경우에는 달아 올려진 화물의 아래쪽 장소

▶ **병렬 설치된 크레인의 충돌 방지장치**

가. 동일한 주행로 상에 2대 이상 병렬 설치된 것(작업장 바닥면에서 펜던트 스위치 및 무선원격제어기 등을 조작하며 화물과 운전자가 함께 이동하는 것은 제외)은 크레인이 대면하는 끝 부분에 두 크레인의 충돌을 방지할 수 있는 장치를 설치해야 한다.
나. 가목의 충돌방지장치는 두 크레인을 접근시켰을 때 설정된 거리에서 자동으로 경보가 울리면서 정지해야 한다.

4) 갠트리 크레인(Gantry/Portal bridge crane)

주로 건물 외부에 설치되며 지상에 설치된 레일 위에서 이동하며 새들(Saddle) 위에 설치된 교각(Leg)이 거더(Girder)를 지지하고 있는 크레인을 말한다. 다만, 주행레일과 차륜 대신 원동기 및 타이어를 부착하고 불특정 장소에 스스로 이동이 가능한 형식을 포함한다.

┃갠트리 크레인 & 세미 갠트리 크레인┃

▶ **미끄럼 방지 고정장치**

옥외에 설치된 주행 크레인에는 미끄럼 방지를 위한 고정 장치를 설치해야 한다. 갠트리 크레인이 주로 건물 외부에 설치 운행되므로, 강풍 시(초속30미터)에는 운행 중단해야 하며, 크레인이 강풍에 움직이지 않도록 클램프 고정 또는 키커 고정을 하여야 한다.

▎강풍 시 크레인 고정 키커 & 키커 홈▎

옥외에 설치된 주행 크레인은 미끄럼 방지 고정 장치가 설치된 위치까지 매초 16m의 풍속을 가진 바람이 불 때에도 주행할 수 있는 출력을 가진 원동기를 설치한 것이어야 한다.

▶ **산업안전보건기준에 관한 규칙 제37조(악천후 및 강풍 시 작업 중지)**

① 사업주는 비·눈·바람 또는 그 밖의 기상상태의 불안정으로 인하여 근로자가 위험해질 우려가 있는 경우 작업을 중지하여야 한다. 다만, 태풍 등으로 위험이 예상되거나 발생되어 긴급 복구작업을 필요로 하는 경우에는 그러하지 아니하다.

② 사업주는 순간 풍속이 초당 10미터를 초과하는 경우 타워 크레인의 설치·수리·점검 또는 해체 작업을 중지하여야 하며, 순간 풍속이 초당 15미터를 초과하는 경우에는 타워 크레인의 운전작업을 중지하여야 한다.

▶ **산업 안전보건기준에관한 규칙 제143조(폭풍 등으로 인한 이상 유무 점검)**

사업주는 순간 풍속이 초당 30미터를 초과하는 바람이 불거나 중진(中震) 이상 진도의 지진이 있은 후에 옥외에 설치되어 있는 양중기를 사용하여 작업을 하는 경우에는 미리 기계 각 부위에 이상이 있는지를 점검하여야 한다.
(크레인 이탈방지장치를 작동 시키는 등 이탈방지장치를 위한 조치)

5 크레인의 강구조물

크레인의 5대 주요 부분은 거더, 새들, 크래브, 운전실, 훅이며 3대 주요 구성 장치는 권상장치, 횡행장치, 주행장치이다

1) 거더(Girder)

다리(Bridge)형태의 구조물로써, 중량물을 들어 올렸을 때 휨 하중을 버티기 위해 무부하상태에서 스팬(Span)의 1/800에 해당하는 구배(Camber)를 둔다. 건물의 양쪽에 설치된 주행레일 위에 주행차륜이 조립된 새들(saddle)이 얹혀지고, 이 새들 위에 다리(Bridge)형태의 거더(Girder)가 조립된다

▶ 캠버(Camber)

거더는 권상장치를 이용하여 중량물을 들었을 때 굽힘하중에 의해 거더가 아래로 휘었다가 올라오는 복원력을 높이기 위해 스팬의 1/800에 해당하는 높이만큼 거더를 위로 볼록 올라오게 제작한다. 즉 거더 윗면(상면 上面)의 구배를 말한다. 그렇지 않으면 중량물을 들었을 때 거더가 아래로 쳐져 파손된다.

▶ 거더의 종류

① 박스거더(Box girder)
② 플레이트거더(Plate girder)
③ 트러스거더(Truss girder)
④ I빔 거더(I Beam girder)

> **참고**
> 크레인은 용접을 하여 제작되는 것이므로 용접 부분을 눈으로 확인할 수 없기 때문에 방사선 투과 시험, 초음파 탐상 시험, 자분 탐상 시험, 침투 탐상 시험 등을 실시하여 천장 크레인의 용접부분 및 각 기계장치에 이상이 없는지 검사한다.

2) 새들(Saddle)

건물 기둥의 좌·우 양쪽에 설치된 주행레일 위에 주행차륜이 조립된 새들(Saddle)이 얹혀지고 새들 위에 다리(Bridge)형태의 거더(Girder)가 조립된다.

3) 크래브

거더 위에 설치된 레일을 따라 이동하며 크래브(Clab)위에는 천장 크레인의 권상장치와 횡행 장치를 설치하며, 권상장치는 중량물을 들어 올리거나(권상) 내리는(권하) 역할을 하며, 횡행장치는 주행방향과 직각으로 움직이면서 중량물을 이동시킨다.

4) 운전실(Drivers cabin)

① 운전실은 개방형과 밀폐형이 있으나 주로 밀폐형이 사용되며, 밀폐형은 단열, 방진, 방음, 혹서, 혹한 등에 유리하다.
② 운전실의 위치는 작업여건에 따라, 좌측 고정방식, 우측 고정방식, 중앙 고정방식, 또는, 크래브의 아래쪽에 운전실이 결합되어 같이 움직이는 맨트롤리 방식(Man trolley type) 또는 무빙 방식(Moving type)이 있다.

▶ 운전실의 설치

가. 다음에서 정하는 크레인에 대하여는 안전하게 운전할 수 있는 운전실을 설치해야 한다. 다만, 작업 바닥면에서 운전하는 크레인은 제외한다.
① 분진이 현저하게 발산하는 장소에 설치하는 크레인
② 현저하게 저온이 될 우려가 있는 장소에 설치하는 크레인
③ 옥외에 설치하는 크레인

나. 가목에 따라 운전실을 설치한 크레인 이외의 크레인은 운전대를 구비해야 한다. 다만, 작업 바닥면에서 운전하는 방식의 크레인은 제외한다.

▶ 운전실의 구조

① 운전자가 안전한 운전을 할 수 있는 충분한 시야를 확보할 수 있을 것
② 운전자가 쉽게 조작할 수 있는 위치에 개폐기, 제어기, 제어기, 브레이크, 경보장치 등을 설치할 것
③ 운전자가 접촉하는 것에 의해 감전위험이 있는 충전부분에는 감전방지를 위한 덮개나 울을 설치할 것
④ 분진이 현저하게 발산하는 장소에 설치하는 크레인의 운전실은 분진의 침입을 방지할 수 있는 구조일 것
⑤ 물체의 낙하, 비래 등의 위험이 있는 장소에 설치되는 크레인의 운전대에는 안전망 등 안전한 조치를 할 것
⑥ 전실등은 훅 등의 달기기구와 간섭되지 않아야 하며 흔들림이 없도록 견고하게 고정할 것
⑦ 운전실에는 적절한 조명을 갖출 것
⑧ 운전실의 바닥은 미끄러지지 않는 구조일 것

⑨ 운전실에는 자연환기(창문열기) 또는 기계장치 등 환기장치를 갖출 것
⑩ 운전실과 거더의 부착부분은 용접부의 균열이 없어야 하며, 부착볼트는 확실하게 고정될 것
⑪ 제어기에는 작동방향 등의 표시가 있을 것

▶ **산업안전보건기준에 관한 규칙 제41조(운전위치의 이탈금지)**
① 사업주는 다음 각 호의 기계를 운전하는 경우 운전자가 운전위치를 이탈하게 해서는 아니 된다.
　1. 양중기(크레인, 호이스트, 리프트, 곤돌라, 승강기)
② 제1항에 따른 운전자는 운전 중에 운전위치를 이탈해서는 아니 된다.

5) 훅 및 훅 블록(Hook block, 바텀 블록 Bottom block)
① 훅은 고리 모양의 기구로서, 줄걸이 기구(와이어로프, 벨트, 링크체인 등)를 이용, 훅에 걸어서 중량물을 들어 올려 이동하기 위한 기계기구이다.
② 한쪽 고리 훅과 양쪽 고리 훅이 있다.(작업의 특성에 맞게 적용)
③ 훅과 시브가 조립된 것을 훅 블록(Hook block) 또는 바텀 블록(Bottom block)이라고 한다.
④ 또한 훅 블록에 전동기와 감속기를 설치하여 운전실에서 조작스위치를 작동시켜 훅을 회전시켜 사용하는 것도 있다.

▶ **훅(Hook)의 점검**
훅은 중요한 달기구이므로 컬러검사로 자주 점검해야 한다.
① 훅 본체는 균열 또는 변형이 없어야 한다.
② 훅에 발생한 홈의 깊이가 2mm 이상 되면 평편하게 다듬어 사용하여야 한다.
③ 훅 입구의 벌어짐이 10% 이상이 되면 교환하여야 한다.
④ 훅의 안전율(안전계수)은 5이다.
⑤ 훅의 파단시험(파괴시험)은 정격하중의 5배(500%)이다
⑥ 훅은 중요한 달기구이므로 컬러검사로 자주 점검해야 한다.
⑦ 훅의 줄걸이 부분의 마모는 원 치수의 5% 이하이며, 마모의 깊이가 2mm 이하일 때는 다듬어서 사용한다.
⑧ 훅의 입구의 열림은 원 치수의 5% 이다.
⑨ 훅의 너트 및 각 부분의 볼트가 풀렸는지 점검한다.
⑩ 훅 블록 또는 달기구에는 정격하중이 표기되어 있을 것
⑪ 해지장치는 균열, 변형 등이 없을 것
⑫ 훅 해지장치의 종류는 스프링식과 편심 중추식이 있다.

▶ 산업안전보건 기준에 관한 규칙 제137조(해지장치의 사용)

사업주는 훅 걸이용 와이어로프 등이 훅으로부터 벗겨지는 것을 방지하기 위한 장치(이하 "해지장치"라 한다)를, 구비한 크레인을 사용하여야 하며, 그 크레인을 사용하여 짐을 운반하는 경우에는 해지 장치를 사용하여야 한다.
단, 전용 달기기구로서 작업자의 도움 없이 짐걸이가 가능하며 작업 경로에 작업자의 접근이 없는 경우는 예외로 할 수 있다.

▶ 훅 해지장치의 종류

훅 해지장치의 종류는 스프링식과 편심 중추식이 있다

6) 시브(sheave) 활차, 도르레, 홈바퀴

시브란, 원형바퀴에 홈을 파고 줄을 걸어 회전시켜 물건을 움직이는 장치이다.

① 활차에는 고정활차와 동 활차가 있으며 동 활차와 정 활차를 여러 개씩 사용된 것을 조합활차 또는 복합활차라고 한다.
② 정활차는 힘의 방향만 바꿔주며, 동 활차는 힘의 크기를 1/2로 줄여준다. 즉 동 활차 1개당 힘의 크기를 1/2로 줄여준다.
③ 권상장치용 시브의 피치원 직경(D)은 와이어로프 직경(d)의 20배 이상으로 하고, 이퀄라이저 시브(Equalizer sheave 회전하지 않는 시브)는 10배, 과부하방지장치용은 5배 이상으로 할 수 있다. D≧20d
④ 시브의 직경은 시브 피치원에서 측정한다. 즉, 시브의 홈에 와이어 로프가 끼워진 상태에서 와이어 로프 중심에서 중심까지의 거리이다.

┃정 활차┃

┃동 활차┃

7) 주행 장치(走行裝置 Travelling unit device)

거더 양쪽에는 주행장치가 있으며 전기를 이용 모터를 구동시켜 건물의 길이방향으로 천장 크레인 전체가 움직이기 위해 설치된 장치이다.

주행장치는 전동기, 감속기, 브레이크, 차륜(구동 차륜, 종동 차륜)으로 구성되어 있으며 구동방식은 직접 구동방식과 간접 구동방식이 있다

▶ 주행속도 구하는 공식

$$주행속도 = \frac{\pi \times 차륜직경(미터) \times 전동기회전수}{감속비}$$

문제

전동기의 회전수가 1,500rpm이고 감속비는 1:100 차륜의 직경이 400mm 일 때 주행속도는 분당 몇 미터인가?

$$주행속도 = \frac{3.14 \times 0.4 \times 1,500}{100} = 18.84$$

▶ 주행용 원동기의 조건

① 옥외에 설치된 주행 크레인은 미끄럼 방지 고정장치가 설치된 위치까지 매초 16m의 풍속을 가진 바람이 불 때에도 주행할 수 있는 출력을 가진 원동기를 설치한 것이어야 한다.
② 펜던트 또는 무선원격제어기를 사용하여 작업 바닥면에서 조작하며 화물과 운전자가 함께 이동하는 크레인의 주행속도는 매 분당 45m 이하여야 한다.

8) 횡행장치(橫行裝置 Traversing unit device)

양쪽 거더 위에 설치된 레일을 따라 크래브(Clab)가 주행과 직각방향으로 왕복 이동하는 장치이다. 크래브(Clab) 위에는 권상장치(올리고 내림)와 횡행장치가 설치되어 있다.

▶ 횡행속도 구하는 공식

$$횡행속도 = \frac{\pi \times 차륜직경(미터) \times 전동기회전수}{감속비}$$

[참고]

전동기의 회전수가 1,600rpm이고 감속비는 1:150 차륜의 직경이 300mm 일 때 주행속도는 분당 몇 미터인가?

$$주행속도 = \frac{3.14 \times 0.3 \times 1,600}{150} = 10m$$

9) 권상장치(捲上裝置 Hoist unit device)

하물을 들어 올리거나(권상) 내리는(권하) 작업을 하는 장치이다. 크래브(Clab) 위에 설치되며 크레인의 용량을 표시할 때는 주권 훅을 이용하여 1회에 들어 올릴 수 있는 하중(톤 ton)으로 표시한다.

※ 권상장치의 동력 전달 순서
① 전동기(Motor)
② 플렉시블 커플링(Flexible coupling)
③ 기어 감속기(Gear speed reducer)
④ 와이어 로프 드럼(Wire rope drum)
⑤ 와이어 로프(Wire rope)
⑥ 훅 블록(Hook block)

▶ 권상하중(권상능력 구하는 공식)

(전동기출력×6.12×효율) ÷ 권상속도

문제

15kw의 전동기로 12m/min의 속도로 권상할 경우 권상 하중은 얼마인가? (단, 전동기를 포함한 크레인의 효율은 65%이다.)
(15×6.12×0.65)÷12 = 4.97톤

▶ 권상속도 구하는 공식

(전동기출력×6.12×효율) ÷ 하물의 중량

문제

15kw의 전동기로 12m/min의 속도로 권상할 경우 권상하중은?(단, 전동기를 포함한 크레인의 효율은 65%이다.)
(15×6.12×0.65)÷4.97 = 12m/min

※ 크레인의 정규 부하 시험 중 권하 속도의 허용범위는 +25%~-5%이다.

10) 차륜, 휠(Wheel)

바퀴 또는 차륜이라고도 하며 천장 크레인 일체 또는 크래브가 이동하는데 필요한 구동 장치이다.

① 구동 차륜
   천장 크레인 일체 및 크래브를 움직이기 위해 전동기의 동력이 전달되어 회전을 하는 차륜을 말한다. 자동차의 전륜 구동 방식을 예로 들면 앞바퀴에 해당된다.
② 종동 차륜
   전동기의 동력이 전달되지 않는 차륜을 말한다. 자동차의 전륜 구동 방식을 예로 들면 뒷바퀴에 해당된다.

▶ 차륜 접촉면의 마모나 플랜지의 마모 및 변형에 의한 사용 한도는 다음과 같다.
   ① 차륜 접촉면의 마모한도는 지름의 3%까지이다.
   ② 차륜 직경의 차이는 구동 차륜은 지름의 0.2%까지이며, 종동 차륜은 지름의 0.5%까지이다.
   ③ 플랜지의 경사는 수직 위치에서 20°까지
   ④ 플랜지의 마모는 원래 치수의 50%까지이다.
   ⑤ 차륜은 가능한 전체 차륜을 한꺼번에 교체하든가 또는 원래치수의 3% 이내로 가공하여 차륜전체가 같은 직경이어야 한다.

▶ 차륜의 점검
   ① 천장 크레인 작업 시 하중이 적용된 상태에서 구동되므로 차륜의 마모상태, 급유 상태를 주의해서 점검해야 한다.
   ② 차륜의 재질은 주철, 주강, 특수주강이다.
   ③ 플랜지는 균열 변형, 손상 등이 없어야 한다.
   ④ 보스 및 웨브는 균열 변형 손상이 없을 것

> **참고**
>
> 훅, 차륜 등과 같이 반복된 하중이 작용하는 곳에는 응력이 발생되며 마모가 발생된다. 응력으로 인한 금속의 경화 및 마모를 줄이기 위하여 열처리를 해서 사용한다. 열처리 방법은 아래와 같다.
>
> ① 구상화처리(Spheroidizing, 球狀化)
>   강(鋼) 내부의 조직을 가장 안정적인 구상화(球狀化, 둥근공)하기 위한 모든 열처리 방법으로서 인성(靭性)이 좋아지고 가공성이 좋아진다.
> ② 담금질(Quenching)
>   강(鋼)을 고온에서 가열 후, 냉각재(물, 약품, 기름) 등으로 급속 냉각시키는 작업. 담금질을 하면 금속조직이 갑작스런 냉각으로 인해 단단해지지만 깨지기 쉽다.
>   예) 대장간에서 달궈진 쇠를 물에 급속 냉각시키는 작업
> ③ 풀림(Annealing)
>   일정한 온도로 가열한 후 서서히 식혀, 강(鋼)조직 내부의 응력을 풀어주거나 연하게 하기 위한 작업
> ④ 석출경화(Precipitation hardening 析出硬化)
>   금속내부의 과포화 상태의 고용체가 분해되면서 금속조직의 강도가 높아지는 현상. 주로 금속합금의 강도를 높이는 방법이다

⑤ 표면경화(Surface hardening 表面哽 化)
강(鋼)의 표면 부위를 경화(硬化)시키기 위하여 침탄, 질화 처리 후 열처리하는 것으로 1차 담금질과 2차 담금질로 이루어진다.
⑥ 침탄(Carburizing 浸炭)
강(鋼)을 일정 온도 이상으로 가열하여 탄소를 침투시켜 표면 부위를 경화(硬化)시키는 방법
⑦ 질화(Nitriding 窒化)
일정 온도에서 강(鋼)의 표면에 질소를 침투시켜 표면 부위를 경화(硬化)시키는 방법

11) 레일

레일은 천장 크레인의 주행과 횡행 운동을 하기 위해 설치된 것으로서 길이는 10m, 20m, 25m의 3종류가 있다.

가. 주행레일은 다음과 같이 한다.

① 주행레일은 균열, 두부의 변형이 없을 것
② 레일부착 볼트는 풀림, 탈락이 없을 것
③ 연결부위의 볼트 풀림 및 부판의 빠져나옴이 없을 것
④ 완충장치는 손상 및 어긋남이 없어야 하며, 부착볼트의 이완 및 탈락이 없을 것
⑤ 연결부의 틈새는 천정크레인은 3㎜, 기타 크레인은 5㎜ 이하일 것
⑥ 레일 연결부의 엇갈림은 상하 0.5㎜ 이하, 좌우 0.5㎜ 이하일 것
⑦ 레일 측면의 마모는 원래 규격치수의 10% 이내일 것
⑧ 주행레일의 스팬 편차한계는 다음 각각의 범위 이내일 것
 ㉠ 스팬이 10m이하 △S = ±3㎜
 ㉡ 스팬이 10m초과 △S = ± [3+0.25×(L-10)] ㎜
  (단, 최대 15㎜를 초과해서는 아니됨)
  여기에서 △S : 스팬 편차한계(㎜)
   L : 스팬(m)
⑨ 주행레일의 높이편차는 기준면으로부터 최대 ±10㎜ 이내이고, 좌우레일의 수평차는 10㎜ 이내, 레일의 구배량은 주행길이 2m 마다 2㎜를 초과하지 않을 것
⑩ 주행레일의 직진도는 전 주행길이에 걸쳐 최대 10㎜ 이내이고, 수평 방향의 휨 량은 주행길이 2m마다 ±1㎜ 이내일 것

※ 주행레일의 치수 관리
① 스팬의 허용한도 : 25m 미만 ±10mm, 25~40m는 ±15mm
② 좌우 레일의 수평차 : 스팬의 1/500

③ 레일의 구배 : 1/500
④ 레일 이음부의 어긋남 : 윗면, 측면 0.5mm 이내
⑤ 레일 이음부의 간격 : 3mm 이내
⑥ 레일 측면의 마모 : 원 치수의 -10%

나. 횡행레일은 다음과 같이 한다.
① 차륜 정지장치는 균열, 손상 또는 탈락이 없을 것
② 볼트는 탈락이 없어야 하며, 용접부에는 균열이 없을 것
③ 레일에는 균열, 변형, 측면의 마모 및 두부의 이상 마모가 없을 것
④ 좌우 횡행레일의 중심간 거리 편차한계는 ±3㎜ 이내일 것
⑤ 좌우 횡행레일의 수평차는 횡행레일 중심간 거리의 0.15% 이내이되 최대 10mm를 초과하지 않을 것
⑥ 횡행레일의 수평 방향의 휨 량은 횡행길이 2m당 ±1㎜ 이내이며, 레일 연결부에서의 엇갈림이 없을 것
※ 횡행레일의 위치 편차 : 횡행레일의 중심은 H빔 두께 Web plate의 1/2 이상 벗어날 수 없다.

▶ 레일의 정지기구
① 크레인의 횡행레일에는 양끝부분 또는 이에 준하는 장소에 완충장치, 완충재 또는 해당 크레인 횡행 차륜 지름의 4분의 1 이상 높이의 정지 기구를 설치해야 한다.
② 크레인의 주행레일에는 양끝부분 또는 이에 준하는 장소에 완충장치, 완충재 또는 해당 크레인 주행차륜 지름의 2분의 1 이상 높이의 정지 기구를 설치해야 한다.
③ 크레인의 주행레일에는 차륜정지기구에 도달하기 전의 위치에 리미트 스위치 등 전기적 정지장치가 설치되어야 한다.
④ 횡행 속도가 매 분당 48m 이상인 크레인의 횡행레일에는 차륜정지 기구에 도달하기 전의 위치에 리미트 스위치 등 전기적 정지장치가 설치되어야 한다.
⑤ 횡행 휠 스토퍼 또는 거더 양쪽 끝단에 설치되며 천장 크레인 본체를 정지시키는 스토퍼는 주행레일 양쪽 끝에 있으며 설치된다.

▶ 레일 연결부분의 간격 구하는 공식
한 개의 레일길이×온도차이×선 팽창계수

문제
레일이 20m이고 사용온도는 영상 38℃~영하 28℃ 일 때 레일 연결부의 간격을 구하시오.
20m를 mm로 환산하려면 (20×1,000mm = 20,000mm)×(영상 38도-영하 20도 58도의 차이임)
20,000×58×0.000012 = 13.92mm이다.

6 크레인의 용어

1) 양정
일반적으로 천장 크레인의 높이를 나타낸다.
① 훅 블록(Hook block)이 움직일 수 있는 최대의 수직거리
② 하한 리미트 스위치 (Limit switch 제한개폐기)작동시점부터 상한 리미트 스위치 (Limit switch 제한개폐기) 작동지점까지 훅 블록(Hook block)이 움직일 수 있는 수직거리
③ 지면에서부터 상한 리미트 스위치(Limit switch 제한개폐기)가 작동되는 지점까지의 거리. 만약, 작업장 지면의 일부분이 웅덩이가 있는 구조라면 양정은 웅덩이 바닥면부터 상한 리미트 스위치(Limit switch 제한개폐기)가 작동되는 지점까지의 거리이다.

※ 상한(上限) : 위아래로 일정한 범위를 이루고 있을 때 위쪽의 한계
※ 하한(下限) : 위아래로 일정한 범위를 이루고 있을 때 아래쪽의 한계
※ 리미트스위치(Limit switch 제한개폐기) : 상한과 하한의 작동점을 정해 그 이상 동작되지 않도록 전기를 차단하는 스위치이다.

2) 스팬(Span)
일반적으로 천장 크레인의 길이를 나타낸다.
① 건물 좌·우 양쪽 기둥을 따라 설치된 양쪽 레일의 중심간 수평거리
② 한쪽 편 레일의 중심부터, 반대쪽 레일 중심까지의 수평거리
③ 레일이 한쪽에 두 줄 씩 설치된 경우에는, 한 쪽 방향 레일 두 줄 사이의 중심부터 반대쪽 레일 두 줄 사이 중심까지의 수평거리이다.

※ 스팬 길이 별 대각선 길이 허용오차
· 스팬 10m 이하+-1,0mm, 스팬 10~20m+-1,5mm
· 스팬 20~30m+-2,9mm, 스팬 30m 이상+-3,0mm3)오름
· 상한 리미트 스위치(limit switch 제한개폐기)가 작동되는 지점부터, 주행레일 위쪽 차륜이 닿는 면까지의 거리

3) 정격하중(定格荷重 Rated load)
① 천장 크레인이 권상장치를 사용하여 중량물을 들어 올릴 때의 정해진 하중이므로 이를 준수해야 하며 절대 초과해서는 안 된다.
② 권상하중(捲上荷重)에서 중량물을 들어 올릴 때 필요한 훅, 달기구 등의 무게를 제외한 하중이다.
③ 정격하중의 표기는 거더 측면이나 훅에 표기되어 있다.

4) 권상하중(捲上荷重)

정격하중(定格荷重)에서 중량물을 들어 올릴 때 필요한 훅, 달기구 등의 무게를 포함한 하중이다.

5) 시험하중(試驗荷重)

천장 크레인을 제작, 설치하고 작업 현장에서 사용하기 전 기계, 전기적으로 이상 없이 작동되는지 시험하는 것이다. 이때는 정격하중의 110%(1.1배)의 하중을 들고 주행장치, 횡행장치, 권상장치 등을 시험하며, 특히 크래브(Clab)를 거더 중앙에 위치시키고 거더의 처짐량을 측정한다.

예 표기 된 바와 같이 정격하중이 10ton이면 110%(1.1배)인 11ton을 들어 올려 시험하는 것이므로 평상 시 작업 할 때는 절대 들어 올려서는 안 된다.

6) 정격속도(Rated speed)

정격하중이 10톤인 천장 크레인이, 10톤의 중량물을 들고 주행, 횡행, 권상, 운동을 할 수 있는 최상의 속도이다.

> **참고**
> 주행, 횡행의 운행속도는, 차륜의 직경, 전동기의 회전 수, 감속기의 감속비를 알면 주행, 횡행의 운동속도를 산출할 수 있다

7) 차륜간격

한 쪽 방향의 주행 차륜 축과 차륜 축 사이의 거리이다. 단, 한 쪽에 두 개의 차륜으로 구성된 경우 차륜 축과 차륜 축의 중심거리이다.

8) 휠 베이스(Wheel base)

① 스팬의 1/7 이상이어야 한다. 단, 1레일상에 4개의 차륜으로 구성된 경우 좌, 우, 외측 차륜 축의 중심간 거리
② 4개 초과 8개 이하인 경우 좌, 우 각 외측 2개 차륜 축의 중심에서 좌, 우간 거리
③ 8개를 초과한 경우 좌, 우 각 외측 3개 차륜 축의 중심에서 좌, 우간 거리

천장 크레인의 사행 운전을 방지하기 위해서는 휠 베이스가 스팬의 8배 이하이어야 한다.

사행(斜行) : 비스듬하게 운행 되는 것

$\dfrac{스팬}{휠베이스} \leq 8$ 이어야 하며 $\dfrac{스팬}{휠베이스} \geq 8$ 때는 휨이 발생된다.

9) 버퍼(Buffer)

충격을 완화해주는 완충재로서 스프링, 고무, 나무 또는 유압식 버퍼를 사용한다.

10) 통로

가. 천장 주행 크레인, 갠트리 크레인 및 언로더에 있어서는 정격하중이 3톤 이상의 크레인 거더 및 지브형 크레인 등의 지브에는 폭 40cm 이상의 통로를 전 길이에 걸쳐서 설치해야 한다. 다만, 점검대 또는 그 밖에 해당 크레인을 점검할 수 있는 설비가 구비되어 있는 것은 제외할 수 있다.

나. 가목의 통로는 다음과 같이 한다.
① 크레인 거더 또는 수평 지브 위에 설치된 트롤리 및 그 밖에 장치의 횡행 및 수평지브의 선회에 설치되는 통로부분은 바닥면으로부터 높이 90cm 이상의 튼튼한 손잡이로 된 난간이 설치되어야 하고 중간대 및 바닥면으로부터 높이 10cm 이상의 발끝막이 판을 설치할 것
② 바닥면은 미끄러지거나 넘어지는 등의 위험이 없는 구조일 것

11) 사다리

가. 크레인에는 점검·보수·검사를 실시하기 위하여 쉽게 접근할 수 있는 고정식 사다리 또는 동등 이상의 설비가 갖추어져 있어야 한다.

나. 가목의 사다리 구조는 다음과 같이 한다.
① 발판은 25cm 이상 35cm 이하의 등간격 구조일 것
② 발판과 지브 또는 그 밖에 다른 물체와의 근접 수평거리는 15cm 이상일 것
③ 발이 미끄러지거나 빠지지 않는 구조일 것
④ 높이가 15m를 초과하는 것은 10m 이내마다 계단참을 설치할 것
⑤ 고정식 사다리의 기울기는 90도 이하로 하고 높이가 7m 이상인 경우 바닥으로부터 높이 2.5m 지점부터 등받이 울을 설치할 것
⑥ 사다리의 전 길이에 걸쳐 발판의 단면형상은 동일해야 하며, 다각형 및 U자형 발판은 보행면이 수평을 유지하도록 배치할 것
⑦ 발판의 지름은 20mm 이상이어야 하며(단, 다각형 및 U자형 발판은 디딤면이 20mm 이상), 손으로 잡을 수 있는 정도의 치수로 하되 지름이 35mm 이하일 것

12) 계단의 구조

크레인에 설치하는 계단의 구조는 다음 각 목과 같이 한다.
① 경사도는 수평면에 대하여 75도 이하일 것
② 발판의 높이는 30cm 이하로 하고 발판의 폭은 10cm 이상일 것
③ 높이가 10m를 초과할 때는 7m마다 계단참을 설치할 것
④ 손잡이를 설치할 것

7 천장 크레인 기계장치

1) 브레이크(Brake) & 브레이크의 종류

브레이크는 제동용 브레이크와 속도 제어용 브레이크로 나뉜다.

① 브레이크는 움직이거나 회전하는 기계 및 기계장치를 정지시키거나 속도조절을 목적으로 하는 기계장치이다.
② 천장 크레인에 사용되는 모든 브레이크는 전기가 투입되었을 때 스프링을 압축하여 제동 해제를 한다.
③ 전기가 투입되지 않으면 압축된 스프링이 원래 상태로 돌아오면서 스프링 압력으로 브레이크 휠, 드럼(Drum) 또는 디스크(Disk)와 라이닝의 마찰력에 의해 제동된다.

▶ 천장 크레인에 사용되는 브레이크류의 조건

① 브레이크 개방 시 드럼과 라이닝의 간극이 드럼의 원을 따라 같아야 한다.
② 브레이크 휠과 라이닝의 간격은 휠 직경의 1/150~1/200 또는 휠의 한쪽 면에서 1~1.5mm이다.
③ 유량은 적정하고 기름누설이 없을 것
④ 볼트, 너트는 풀림 또는 탈락이 없을 것
⑤ 라이닝은 편 마모가 없고 마모량은 원 치수의 50% 이내일 것
⑥ 디스크의 마모량은 원 치수의 10% 이내일 것
⑦ 브레이크 휠과 라이닝의 수직·수평 폭은 1mm이내일 것
⑧ 디스크 브레이크는 디스크 마모량이 10% 이내
⑨ 휠 또는 드럼 타입의 경우 림(휠의 두께)의 마모량은 40% 이내
⑩ 브레이크 휠은 2mm의 요철 발생 시 수정 또는 교체해야 한다.

※ 브레이크 제동 시험 시 정격 하중의 125%에 해당하는 중량물을 들고 시험한다.

▶ 권상장치 등의 브레이크

가. 권상장치 및 기복장치(이하 "권상장치"라 한다)는 화물 또는 지브의 강하를 제동하기 위한 브레이크를 설치해야 한다. 다만, 수압실린더, 유압실린더, 공기압실린더 또는 증기압실린더를 사용하는 권상장치 또는 기복장치에 대해서는 그렇지 않다.

나. 가목의 브레이크는 각각 다음과 같이 한다.
① 제동토크(Torque) 값(권상 또는 기복장치에 2개 이상의 브레이크가 설치되어 있을 때는 각각의 브레이크 제동토크 값을 합한 값)은 크레인의 정격하중에 상당하는 하중을 권상 시 해당 크레인의 권상 또는 기복장치의 토크 값(당해 토크 값이 2개 이상 있을 때는 그 값 중 최대의 값)의 1.5배 이상일 것

② 인력에 의한 것일 때는 다음과 같이 할 것
   ㉠ 페달식의 스트로크 값은 30cm 이하, 수동식은 60cm 이하
   ㉡ 페달식은 30kg 이하, 수동식은 20kg 이하의 힘으로 작동
   ㉢ 래칫 폴 식을 구비
③ 인력에 의한 것 이외에는 크레인의 동력이 제거되거나 차단되었을 때 자동적으로 작동하여야 하며, 제동장치는 전원 공급에 문제가 생겼을 경우 하중이 흘러내리지 않을 것

다. 나목①의 권상 또는 기복장치의 토크 값은 저항이 없는 것으로 계산한다. 다만, 해당 권상 또는 기복장치에 75% 이하 효율의 웜, 웜기어 기구가 채용되고 있는 경우에는 해당 기어 기구의 저항으로 발생하는 토크 값의 1/2에 상당하는 저항이 있는 것으로 계산한다.

▶ 주행, 횡행장치의 브레이크

가. 크레인은 주행을 제동하기 위한 브레이크를 설치해야 한다. 다만, 인력으로 주행되는 크레인에는 적용하지 않는다.
나. 주행을 제동하기 위한 제동토크 값은 전동기 정격토크의 50% 이상이어야 한다.
다. 크레인은 횡행을 제동하기 위한 브레이크를 설치해야 한다. 다만, 횡행속도가 매분당 20m 이하로서 옥내에 설치되거나 인력으로 횡행되는 크레인에는 적용하지 않는다.
라. 동력에 의하여 작동되는 선회부를 갖는 크레인은 브레이크를 설치해야 한다.

▶ 속도 제어용 브레이크

가. 주파수 제어 유압 압상기 브레이크(C,F Change frequency oil thruster brake)
   스피드 제어 유압 압상기 브레이크(S,C Speed control oil thruster brake)

① 속도 제어용 브레이크로써 주행, 횡행장치에는 사용되지 않고 권상장치에만 사용된다. 권상장치에 사용할 때는 CF, SC, 브레이크의 반응속도가 느린 관계로 반드시 마그넷 브레이크(Magnet brake)와 혼용 사용한다.

※ 작동원리

CF, SC 유압 압상기 브레이크(Frequency)의 작동원리는 모터 회전수를 변환시켜 임펠러의 회전수가 저속이면 압상력이 작게 되고 임펠러의 회전수가 고속이면 압상력이 커지게 되는 방법을 사용한다.

모터의 속도 제어 방법으로는 전동기 회전수 산출 공식과 같이 120F/P 이며, 여기서 P는 모터의 극수, 120은 상수(주어진 수) F(Hz주파수)로서 한국에서는 60Hz(주파수)가 상용된다.

예시) 모터 극수가 4극일 때 모터의 분당 회전수(Rpm, Revolutions per minute)는? 120×60÷4 = 7,200÷4 = 1,800회전이다.

동력에 의하여 작동되는 선회부를 갖는 크레인은 브레이크를 설치해야 한다. 이때 극수는 변함이 없는 상태에서 주파수(Frequency)를 변형시키면,
50주파수이면 120×50÷4 = 6,000÷4 = 1,500회전
30주파수이면 120×30÷4 = 3,600÷4 = 900회전이 된다.
이렇게 주파수를 변환해서 모터의 회전수를 제어하면서 브레이크의 압상력을 조절하는 방식을 적용한 것이 CF, SC 유압 압상기 브레이크이다.

나. E,C브레이크(Eddy current brake)

구조가 간단하고 마모될 부분이 없으며 유지가 쉽다

① 와전류 브레이크 또는 소용돌이 브레이크라고 한다.
② 권상장치에 설치되며 주행, 횡행에는 설치하지 않는다.
③ 권하 시 미세한 동작에 유리하며 권하 1단에서 작동된다.
④ 특히 권하 시 중량물이 규정된 속도보다 빠른 속도로 내려오는 것을 방지하는데 효과적이며 정격 속도의 1/5의 감속비를 쉽게 얻을 수 있다.
⑤ 브레이크의 조정이 필요 없다.

▶ 제동용 브레이크

가. 유압 압상기 브레이크(Oil thruster brake)

스러스트 브레이크(Thruster brake)는 유압 압상 브레이크로서 TH브레이크라고도 한다. 주행·횡행장치에서 사용되지만 권상장치에는 사용되지 않는다.

나. 마그네트 압상기 브레이크(Magnet thruster brake)

주행, 횡행장치에 사용되며 권상장치에는 사용되지 않는다.

다. 직류 마그네트 브레이크(DC Magnet brake)

① 권상장치의 제동용으로 사용하며 교류 전원을 직류로 전환시켜 직류용 전자석을 사용한다.

※ 전자석에서 흡착판이 거리가 멀면 제동 해제가 되지 않은 상태에서 전동기가 회전하게 되어 라이닝이 소손된다.

※ **전자석**

전류가 투입되었을 때 자석이 되는 것을 일시자석 또는 전자석이라 한다. 전자석은 천장 크레인의 AC, DC 전자브레이크에 사용되며 전자석에 사용되는 코일을 솔레노이드(Solenoid원통 코일)라고 한다.

라. 오일 디스크 브레이크(Oil disk brake)

차량용 브레이크와 같이 발로 마스터 실린더의 페달을 밟아 오일을 분출시켜 브레이크 실린더가 브레이크 라이닝을 양쪽에서 압착시켜 원판(disk)의 회전을 방해하여 제동시키는 브레이크이다.

2) 브레이크 드럼 또는 휠, 디스크(Brake drum, Wheel, Disk)

① 브레이크는 휠과 라이닝의 마찰력에 의해 제동된다. 따라서 휠과 라이닝은 열이 발생되게 되며 천장 크레인 사용 중 수많은 마찰이 반복됨에 따라 휠과 라이닝이 마모된다.
② 브레이크 휠은 2mm의 요철 발생 시 수정 또는 교체해야 된다.
③ 브레이크 림(휠의 두께)은 원 치수의 40% 마모 시 교체한다.
④ 브레이크가 개방(제동해제)시, 브레이크 휠과 라이닝의 간격은 휠 직경의 1/150~1/200 또는 휠 편측(한쪽 면)에서 1~1.5mm이다.
⑤ 브레이크 휠과 라이닝의 간극 조정이 잘못되어 라이닝이 타면서 연기가 나거나 브레이크 휠이 과열되었을 때는 브레이크를 완전 개방 후 서냉시켜야 한다. 급한 마음에 물을 끼얹으면, 브레이크 휠이 급속냉각되면서 깨지게 된다.

⑥ 브레이크 개방 시 드럼과 라이닝의 간극이 드럼의 원을 따라 같아야 한다. 그렇지 않을 경우 라이닝이 회전하는 드럼에 닿아 회전하는 라이닝의 마모가 생기며 제동 시 제동력이 떨어 질 수 있다
⑦ 이때는 브레이크가 개방된 상태에서 라이닝 슈 조절 볼트로 조정한다.
⑧ 브레이크 휠과 라이닝의 수직, 수평, 폭은 1mm 이내여야 한다.
⑨ 브레이크 디스크의 마모량은 원 치수의 10% 이내일 것

3) 브레이크 라이닝(Brake lining) 및 라이닝 슈(Lining shoe)
① 브레이크 라이닝은 페라이트 계 석면으로서 내열 온도는 150~200도이며, 편 마모가 없어야 하며 원 치수의 50% 마모 시 라이닝을 교체한다.
② 브레이크 라이닝을 안착시키는 부분을 라이닝 슈라고 하며 브레이크 라이닝을 고정 시키는 플레이트 바의 볼트는 풀림 또는 탈락이 없을 것
③ 브레이크 라이닝에는 오일 등 이물질이 묻지 않아야 한다.
④ 라이닝이 마모되면 드럼과 라이닝의 간극이 커져 제동력이 떨어지고 마그네트 브레이크의 경우 전자석의 발열 원인이 된다. 특히 라이닝의 마모에 맞춰 브레이크를 조정해야 한다.

4) 감속기(Reducer)
감속기는 한 축에서 다른 축으로 동력을 전달할 때 감속기 내부의 작은 기어가 큰 기어를 회전시키는 방법으로 회전 속도를 줄이는(감속) 장치이다.

감속비란, 서로 맞물리는 큰 기어 잇수를 작은 기어의 잇수로 나눈 값이다.
① 피동 축 기어의 잇수 산출공식
   구동 축 기어의 잇수 × 구동 축 기어의 회전수 ÷ 피동 축 기어의 회전 수
② 피동 축 기어의 회전수 산출공식
   구동 축 기어의 잇수 × 구동 축 기어의 회전수 ÷ 피동 축 기어의 잇수

> **문제**
>
> 잇수가 18개인 기어가 1,000rpm으로 회전할 때 상대편 기어를 500rpm으로 감속 시키려면 기어의 잇수를 몇 개로 해야 되나?
>
> 〈피동 축 기어의 잇수 산출공식〉
> 구동 축 기어의 잇수 × 구동 축 기어의 회전 수 ÷ 피동 축 기어의 회전수 이므로 18 × 1,000 ÷ 500 = 36개

> **문제**
>
> 잇수가 20개인 기어가 1,200rpm으로 회전하고 있으며 상대편 기어의 잇수는 48개일 때 상대편 기어의 회전수는?
>
> 〈피동 축 기어의 회전 수 산출공식〉
> 구동 축 기어의 잇수 × 구동 축 기어의 회전수 ÷ 피동 축 기어의 잇수
> 이므로 20 × 1,200 ÷ 48 = 500rpm

5) 기어(gear)

기어는 크게 축의 교차와 평행을 가지고 분류한다.

즉, 동력전달의 방향이 어떻게 전향되는지를 가지고 분류한다.

① 평행 축 기어(Gear pair with parallel axes)
  ㉠ 평행축 기어란 서로 맞물리는 기어의 중심축이 평행인 것을 말한다.
  ㉡ 링기어, 스퍼기어, 헬리컬기어와 같이 원통, 휠(Wheel) 또는 디스크(Disk)에 기어 이가 붙은 모양으로 이런 기어들을 원통기어(Cylindrical gear)라 부른다.
  ㉢ 링기어와 같이 기어의 이가 원통의 외부에 있으면 외기어(외접기어, External gear)라 부르고, 내부에 있으면 내기어(내접기어, Internal gear)라고 부른다.

② 교차 축 기어(Gear pair with intersection axes)
  – 베벨기어와 같이 서로 맞물리는 기어의 중심축이 두 축이 교차하는 기어를 말한다.

③ 엇갈림 축 기어(Gear pair with non-parallel and non-intersecting axes)
  ㉠ 원형의 둘레에 일정한 간격으로 톱니 모양의 홈을 만든 바퀴로서 바퀴의 조합에 따라 회전 속도나 회전방향을 바꾸는 장치이다.
  ㉡ 톱니 모양의 홈은 이끝 원, 피치 원, 이 뿌리 원으로 호칭되며, 기어의 마모량을 측정할 때는 피치원을 기군으로 한다.
  ㉢ 치차는 이상음, 이상 발열 또는 이상 진동이 없을 것
  ㉣ 치면은 파손, 균열 등 손상이 없고, 볼트, 너트는 풀림 또는 탈락이 없을 것
  ㉤ 치차는 급유가 적정하고 키의 풀림, 빠짐, 변형이 없을 것

▶ 용어 정리

① 스퍼 기어, 평 기어(Spur gear)

기어의 톱니 모양의 이 부분이 반듯한 직선으로 제작된 것으로 두 개의 축이 수평으로 조립되며 회전 시 소음이 크다.

② 헬리컬 기어(Helical gear)

2개의 축이 평행을 이루며 치면이 비스듬히 경사져 있어서 헬리컬이라고 한다.

③ 랙과, 피니언(Rack, pinion)

반듯한 직선의 톱니 모양의 랙(Rack)에 피니언기어(Pinion gear)가 조립된 것으로 랙이 좌우 직선 운동을 하면 피니언은 회전 운동을 하며 반대로 피니언이 회전 운동을 하면 랙이 좌우 직선 운동을 한다.

④ 직선 베벨기어(Straight bevel gear)

서로 교차(통상 90도)하는 두 축 사이에서 동력을 전달할 때 이용하는 원추형의 기어이다.

⑤ 스파이럴 베벨기어(Spiral bevel gear)

기어의 이 면이 경사진 곡선으로 제작된 것이며 나선 모양으로 된 베벨기어이다.

⑥ 제롤 베벨기어(Zerol bevel gear)

스트레이트 베벨기어와 동등한 기능을 가지고 있는 기어로서 스파이럴 베벨기어의 비틀림 각도가 0°인 것을 말한다.

⑦ 웜 및 웜기어(Worm gear)

웜 기어 : 1~20줄 이상의 줄 수를 가진 나사모양의 것을 웜이라 하며, 이것과 물리는 기어를 웜 기어라 한다.

웜(Worm)과 웜기어(Worm gear)가 조립되면 역회전을 방지할 수 있으며 가장 큰 감속비를 얻을 수 있다. 웜이 1회전할 때, 웜 기어는 1개의 치면만큼 회전한다.

⑧ 내접 링기어(Internal ling gear)

원통형의 안쪽에 기어를 가공하여 접촉되는, 두 개의 기어 안쪽에서 접촉되어 피니언이 회전함으로서 동력을 전달하는 기어이다.

⑨ 외접 링기어(External ling gear)

원통형의 바깥쪽에 기어를 가공하여 접촉되는, 두 개의 기어 바깥쪽에서 접촉되어 피니언이 회전함으로서 동력을 전달하는 기어이다.

⑩ 스큐기어(Skew gear)

나사형 기어라고 호칭되며 구동체의 축과 피동체의 두 축이 베벨 기어와 같이 교차하지도 않고 스퍼 기어나 헬리컬 기어같이 수평을 이루지도 않고 비스듬히 접촉되는 기어이다.

⑪ 하이포이드 기어(Hypoid gear)

스파이럴 베벨 기어와 비슷하며 피니언의 지름을 크게 할 수 있고 맞물림이 크며 매끄러운 회전으로 큰 감속비를 얻을 수 있다. 주로 승용차의 감속기에 사용된다.

⑫ 기어의 구조

톱니 모양의 홈은 원을 구성하는데 안쪽의 원을 이 뿌리 원, 치면 중심부 원을 피치 원, 치면 바깥 쪽 원을 끝 원으로 호칭된다.

⑬ 기어의 마모

㉠ 일반적으로 기어의 피치원(Pitch circle) 부분 이의 두께가 원 치수의 40% 감소(마모)되었을 시 폐기한다. 그러므로 20~30%의 마모에서 교환하는 것이 좋다.

㉡ 천장 크레인용 감속기 기어의 경우 피치원(Pitch circle)의 20% 정도가 마모되면 교체한다. 단, 감속기의 제1단 입력 축 기어(Input shaft gear)는 10% 마모 시 교체한다.

⑭ 기어의 소음발생 및 소음방지

㉠ 기어 이면이 마모되어 거칠거나 홈이 생기면 소음이 난다.

㉡ 백 래시(Backlash)가 너무 적으면 소음이 발생된다. 백 래시(Backlash)란 2개의 기어가 맞물렸을 때 잇면 사이에 생기는 틈새를 말한다.

㉢ 2개의 기어가 맞물렸을 때 기어 피치 원의 틈새가 크거나, 이면 접촉 부분의 틈새가 크면 소음이 발생되며, 기어 피치 원의 틈새가 크면 소음이 크다.

㉣ 오랜 시간 사용하면서 기어 및 베어링이 마모되며 이때 맞물리는 2개 기어의 수직, 수평 접촉면 맞물림이 나빠지게 되고 또한 베어링의 유동으로 인해 소음이 발생

㉤ 윤활유가 너무 적거나, 부적당한 오일일 때 소음 발생

⑮ 기어의 급유

감속기의 기어에 급유하는 목적은 냉각작용, 방청, 유막형성, 윤활작용으로 인한 응력분산, 마모방지, 소음완화 등이다.

㉠ 기어의 치면이 맞물려서 회전할 때 마찰력이 발생되게 되며 이로 인해 기어가 마모되며 열이 발생된다. 그래서 급유는 기어 치면에 유막을 형성시켜 윤활작용을 돕는 것이다. 윤활작용이 부족할 때는 기어의 마모, 열 발생으로 인한 용착 및 소음이 발생된다. 그러므로 윤활은 기어의 마모방지 및 냉각 작용도 한다.

㉡ 윤활유의 점도는 고 하중 이거나, 사용 온도가 높을수록 고 점도유를 사용하며, 저 하중이거나, 사용 온도가 낮을수록 저 점도유를 사용한다.

㉢ 점도(점성 : 차지고 끈끈한 성질)척도로서 각자의 윤활유에는 점도가 표시되어 있으며 사용자가 점도에 맞게 선택 사용할 수 있다.

ㄹ. 윤활유는 사용 시간이나 주기에 따라 교환한다. 보통은 2,000 시간 사용 후 교환하지만 심한 거품, 악취, 변색, 때는 지체 없이 오일을 교환한다.

ㅁ. 단, 브레이크드럼 및 라이닝 접촉 부분, 차륜과 레일의 접촉 부분에는 오일이 묻지 않게 한다.

ㅂ. 브레이크 드럼 및 라이닝 접촉 부분에 오일이 묻으면 제동력이 떨어지게 되며, 차륜과 레일의 접촉 부분에 오일이 묻으면 미끄러지게 된다.

ㅅ. 천장 크레인에 사용되는 윤활유는 감속기에는 오일을 사용하며 와이어 드럼, 차륜 베어링 등에는 그리스유를 사용한다.

ㅇ. 급우 및 윤활의 목적은 윤활, 소음방지, 냉각, 방청 작용이다.

⑯ 백 래시(Back lash)란?

한 쌍의 기어가 맞물려서 회전할 때 치면 사이에 생기는 틈새를 말한다.

기어의 소음 원인은 백레시(backlash)가 너무 적을 경우 맞물리는 두 기어의 물림이 불량할 때, 축의 평행도, 치면에 홈이 있거나 다듬질의 정도가 나쁠 경우이다.

⑰ 마모(Wear)란?

금속층이 표면에서 불균일하게 손상되는 것이며 일반적인 원인으로는 오일 유막 부족으로 금속 마모, 금속접촉, 오일 중의 연마입자, 접촉면의 오일유막 붕괴, 첨가제 등으로 인한 화학적 마모 등이 있다.

기어박스의 기어를 서서히 길들이고, 천천히 전부하, 전속력으로 올리는 것이 좋다. 이것은 접촉면의 꺼칠한 부분을 서서히 조절된 방식으로 사라지게 한다.

⑱ 소성변형이란?

무거운 하중 하에서 접촉면이 항복, 변형되어 파손되는 것을 말한다. 일반적으로 중간 정도의 재질에서 일어나지만 경화된 기어 표면에서도 일어날 수 있다. 대부분 중 하중에 의해 일어나고 재질의 강도와 경도가 부족한 것이 원인이다.

⑲ 소성 변형의 종류

ㄱ. 리플링(Rippling)

리플링은 소성 유동과 연관된 파손이며 대부분 최종 파손이 될 경우가 많다. 리플링은 기어 맞물림의 미끄럼 운동 방향과 90도 근처의 각도로 접촉면에 물결무늬로 발생한다. 원인은 큰 미끄럼 하중과 재질과 윤활유의 노화에 의한 파손이다. 대책은 기어 재질의 강화, 접촉 응력을 감소시키고 오일 점도를 높힌다.

ㄴ. 리징(Ridging)

리징은 치면 미끄럼 방향으로 주름이 형성된다. 미끄럼 속도가 상대적으로 높은 웜과 웜기어, 하이포이드 기어에서 많이 발생한다. 대부분 중 하중에 의해 발생한다. 이것은 표면 하중을 줄이고 두 접촉 부품 사이의 상대 미끄럼 속도를 증가시키거나, 구동계에 충격 완화 장치를 두면 도움이 된다.

⑳ 치면의 피로의 종류
  ㉠ 피팅(Pitting, Surface fatigue)
     기어 재질이 견딜 수 있는 치면 용량을 초과했을 때 나타나는 피로파괴 현상이다. 하중 작용 중에 기어는 반복적인 응력을 받게 되는데 이것에 의해 골 밑쪽에 작은 구멍이 생기게 된다. 피팅은 치형이 회복할 수 없을 정도로 파괴되기 때문에 치명적이다. 치차 제원의 변경, 열처리 강화를 하는 것이 좋다.
  ㉡ 스폴링(Spalling)
     스폴링은 파인 홈 지름이 크고 상당한 영역에 걸쳐 있을 때를 말한다. 스폴링은 파괴적인 피팅 홈이 상대방에 침입하여 불규칙하고 큰 직경의 공동을 만들 때 발생할 수 있다. 원인과 대책은 피팅과 비슷하다.(내용 출처 : 네이버 지식백과)
  ㉢ 기어 치면 절손(Gear tooth breakage)
     절손은 기어의 전체나 일부분이 과부하나 충격, 굽힘 응력 작용 시 반복응력에 의해 깨지는 파손이다.
  ㉣ 사용한도 : 각 부품을 사용 중에 그 시점이 지나면 파손이 예상되는 최후의 한계이다. 사용한도가 되기 전에 평상 시 점검을 철저히 하여야 한다.
  ※ 마모한도 : 어떤 부품이 마찰로 인하여 마찰부분이 닳아서 없어지는 것으로서 마모한도는 각 부품마다 기준치가 정해져 있으므로 마모한도가 되기 전에 부품을 교환해야 한다.
  ※ 수리한도 : 어떤 부품이나 기계장치가 고장나거나 마모되었을 때 다음 보수 때까지 수리해서 사용할 수 있는지를 판단하는 기준이며 면밀히 관찰 분석하여 수리한도가 지나면 부품을 교환하여야 한다.

6) 베어링(Bearing)

기계가 회전 운동이나 직선 운동을 할 때 축을 받쳐주어 운동을 원활하게 하는 역할을 하는 기계기구이다. 베어링이라 함은 일반적으로 궤도륜, 전동체 및 케이지(Retainer)로 구성되어 있고 베어링의 종류에는 구름 베어링과 미끄럼 베어링이 있고, 하중이 가해지는 방향에 따라 레이디얼 베어링과 스러스트 베어링이 있다. 또한 구름체가 한 줄이면 단열 방식 두 줄이면 복렬 방식이며 베어링의 발열 온도는 100도 이내이며 주위 온도는 40도이다.

① 베어링은 균열, 손상이 없고, 급유가 적정하게 유지할 것
② 베어링은 무부하, 부하 상태에서 이상 발열, 이상음, 이상 진동 등이 없을 것
③ 설치 볼트, 너트는 풀림, 탈락이 없을 것

▶ 베어링(Bearing)의 종류

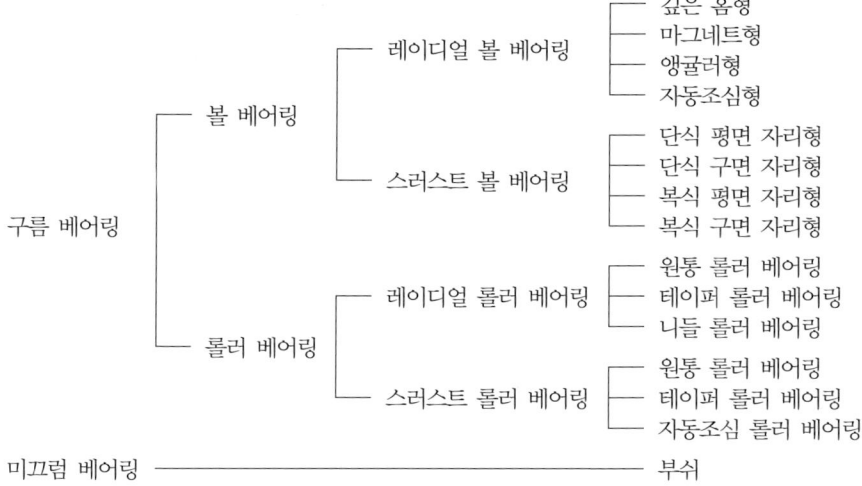

▶ 구름 베어링의 특징

구름 베어링은 미끄럼 베어링과 비교하여 다음과 같은 특징을 갖고 있다.

① 기동마찰이 작고, 동마찰과의 차이도 더욱 작다.
② 국제적으로 표준화, 규격화가 이루어져 있으므로 호환성이 있고 교환사용이 가능하다.
③ 베어링의 주변 구조를 간략하게 할 수 있고 보수·점검이 용이하다.
④ 일반적으로 경방향 하중과 축방향 하중을 동시에 받을 수가 있다.
⑤ 고온도·저온도에서의 사용이 비교적 용이하다.
⑥ 강성을 높이기 위해 負의 클리어런스(예압상태)로도 사용할 수 있다.

▶ 구름 베어링의 단점

충격 하중에 약하고, 값이 비싸며, 소음과 진동이 생기기 쉽다.

▶ 구름 베어링의 장점

① 과열의 위험이 적다.
② 마멸이 적으므로 빗나감도 적다.
③ 길이가 작아도 좋으므로 기계의 소형화가 가능하다.

▶ 레이디얼 베어링(Radial bearing)

회전 축에 수직으로 하중이 가해지는 베어링이다. 베어링 회전체의 형태에 따라 레이디얼 볼 베어링, 레이디얼 롤러 베어링, 레이디얼 미끄럼 베어링으로 호칭된다.

▶ **스러스트 베어링(Thrust bearing)**

회전 축 방향으로 하중이 가해지는 베어링이다. 회전체의 형태에 따라 스러스트 볼 베어링, 스러스트 롤러 베어링, 스러스트 미끄럼 베어링으로 호칭된다. 스러스트 베어링을 사용할 때는 반드시 레이디얼 베어링과 병행 사용해야 한다.

베어링은 하중의 종류, 회전수, 직경에 따라 용도에 맞게 선택 사용할 수 있다. 용도에 맞지 않는 베어링을 사용할 경우 파손될 우려가 있다.

베어링을 선택 사용할 시 아래 기준에 따른다.

※ 구름 베어링의 호칭번호는 KS B 2012에 의하여 다음과 같이 정한다.

① 형식번호(첫 번째 숫자)

1.......복렬 자동 조심 형

2, 3...복렬 자동 조심 형(큰 나비)

② 지름번호(두 번째 숫자)

0,1......특별 경하중 형

2........경하중 형

3........중간 하중 형

4........중하중 형

6........단열 홈 형

7........단열 앵귤러 콘택트 형

N.......원통 롤러 형

③ 안 지름 번호(세 번째, 네 번째 숫자)

00......안 지름 10mm

01......안 지름 12mm

02......안 지름 15mm

03......안 지름 17mm

04,,부터는 5 곱한 수가 안 지름이 된다.

④ 등급기호(다섯 번째 이후의 기호)

무 기호......보통급

H...... 상급

P...... 정밀급

SP...... 초정밀급

> [예] 그림에 있는 베어링 번호가 6319 이므로,
> 첫 번째 숫자 6은 단열 홈형, 두 번째 숫자 3은 중간 하중형, 세 번째, 네 번째 숫자 13이므로 세 번째, 네 번째 숫자가 00 = 10, 01 = 12, 02 = 15, 03 = 17mm 04 이상은 5를 곱한 수가 안 지름이 되므로 안 지름이 19×5 = 95mm이다.

▎볼 베어링(Ball Bearing)▎

▶ 미끄럼 베어링(Sliding bearing)

① 미끄럼 베어링은 연입 청동주물(pbbrc3)을 재료로 사용하여 제작한 미끄럼 베어링으로서 모양은 원통형 및 평판형이 있다. 부시(Bush)라고도 하며, 회전 운동과 직선 운동을 할 때 축과 베어링면이 맞닿아 미끄러지는 베어링이다.

② 맞닿아 미끄러지는 부분에 윤활유를 주입할 수 있게 만든 형식과 윤활유를 주입하기 힘든 장소에서 사용할 수 있도록 흑연을 넣어 제작한 것도 있다.

③ 베어링에 가해지는 힘의 방향에 따라 레이디얼 베어링과 스러스트 베어링으로 나뉜다.

④ 부시의 마모 한도는 축의 직경이 61~100mm일 때는 기어 축의 부시는 1.0mm 이며, 기타 축의 부시는 2mm이다.

▶ 미끄럼 베어링과 구름 베어링의 차이

① 미끄럼 베어링은 마찰만 발생하는 베어링이며 일반적으로는 축을 지지하고 그 면과 축이 서로 미끄럼 운동을 한다. 미끄럼면의 사이에 윤활유가 있으면 마찰은 아주 적게 된다.

② 구름 베어링은 외륜과 내륜 사이에 볼 또는 롤러가 있어 회전 운동에 의해서 작동한다. 구름 베어링은 회전 마찰의 작은 것을 이용하고 있으며 회전체의 원심력의 증대와 리테이너와 내륜, 외륜이 고속 회전 시에 수명에 큰 영향을 준다.

③ 부시(Bush)의 급유 주기는 최소 8시간 이내이다.

▶ 미끄럼 베어링의 특징

유체 윤활로 사용되는 미끄럼 베어링은 수명이 길고 하중이 속도와 함께 증가하는 경우에 유리하다.

① 유체 유막 압력에 지지를 받고 수명은 거의 반영구적이다.
② 부하 능력은 속도와 함께 증가한다.
③ 가동 중 조용하며 내충격성이 있다.
④ 유체 유막 압력은 충격을 흡수하므로 변동이 큰 엔진용 베어링에 좋다.
⑤ 공간이 적게 차지하므로 가격이 저렴하다.

▶ 미끄럼 베어링의 재료

연입 청동주물(pbbrc3)을 재료로 제작된 미끄럼 베어링으로서 모양은 원통형 및 평판형이 있다.

7) 축 이음(Coupling)

기계를 회전시키기 위하여 동력을 전달하는 회전 축과 동력을 전달받는 고정 축을 연결하는 장치이다

축과 축을 연결하기 위하여 사용되는 요소부품으로서 어떤 축에서 다른 축으로 회전을 전달하기 위하여 사용되는 장치이다. 클러치와는 다르며 2축을 직접 연결하기 때문에 회전 중에 힘의 전달을 임의로 차단하는 것은 불가능하다.

▶ 축이음(커플링)의 조건

① 키의 풀림, 빠짐 및 변형이 없고, 키 홈은 균열 또는 변형이 없을 것
② 커플링을 회전시켜 원주 방향 및 축 방향의 흔들림이 없을 것
③ 부시는 풀림, 변형 또는 마모가 없을 것
④ 치차형 커플링은 급유가 적정하고 기름 누유가 없을 것
⑤ 체인커플링은 급유가 적정하게 유지될 것

▶ 산업안전보건기준에 관한 규칙 제87조(원동기·회전 축 등의 위험 방지)

① 사업주는 기계의 원동기·회전 축·기어·풀리·플라이 휠·벨트 및 체인 등 근로자가 위험에 처할 우려가 있는 부위에 덮개·울·슬리브 및 건널다리 등을 설치하여야 한다.
② 사업주는 회전 축·기어·풀리 및 플라이 휠 등에 부속되는 키·핀 등의 기계 요소는 묻힘형으로 하거나 해당 부위에 덮개를 설치하여야 한다.

가) 치차(기어)형 커플링

회전 축과 고정 축 양 끝에 커플링 외접기어부분이 조립되며, 조립된 2개의 축을 내접기어를 가진 플랜지끼리 볼트로 연결하여 감속기 회전 축과 고정 축을 연결시켜 사용한다. 주로 주행 횡행장치에 사용된다.

나) 체인형 커플링(Chain coupling)

① 회전 축과 고정 축 양 끝에 스프로킷(Sprocket)를 조립 후 2열의 롤러체인으로 두 축을 연결하는 방식이다.
② 롤러체인은 스프로킷(Sprocket)의 크기에 맞게 사용되어야 하며 롤러체인의 측면에 크기에 따른 기호가 새겨져 있다.
③ 롤러체인 결합 후 반드시 커버를 씌워 조립해야 한다. 커버를 씌우지 않으면 윤활유가 비산되며 또한 롤러체인이 이탈할 수 있다.

다) 플랜지 형 플렉시블 축 이음(Flexible flanged shaft coupling)
　① 두 개의 축을 정확히 일치시키기 어려울 때나 진동 충격을 완화시킬 목적으로 사용
　② 리머볼트에 탄성체(고무, 합성수지, 가죽)를 끼워 두 개의 축을 연결한다.
　③ 두 개의 축이 정확히 일치되지 않고 3~5도 이내에서 조립되어도 무방하다.
　④ 천장 크레인에는 권상장치의 모터와 감속기의 입력 축이 연결된 곳에 사용된다.

라) 머프 축이음(Muff coupling)
　반달형 모양의 주철제 두 개가 분리, 연결되는 방식이며, 두 개의 축을 양쪽에서 맞대고 키(Key)를 끼운 후 반달형 모양의 주철제 두 개를 볼트로 조립하여 회전력을 전달한다. 축의 지름과 하중이 작고 저속 회전일 때 주로 사용된다.

마) 자재 축이음(Universal coupling) 만능 축이음
　① 두 개의 축을 30도 이하의 각도로 꺾어서 연결할 때 사용하는 축이음법이다. (화물차의 엔진과 뒷바퀴를 연결하는 곳에도 사용된다.)

② 두 개의 축이 꺾어서 연결되어 회전하므로 회전 시 길이의 변화가 발생되므로 축방향으로 이동이 가능하도록 스플라인과 병행 사용해야 된다.
③ 두 개의 축 끝에는 요크(Yoke)가 있으며 + 모양의 스파이더(Spider)를 통해 연결되며, 요크(Yoke)와 스파이더(Spider) 및 스플라인에는 급유가 충분히 이루어져야 한다.

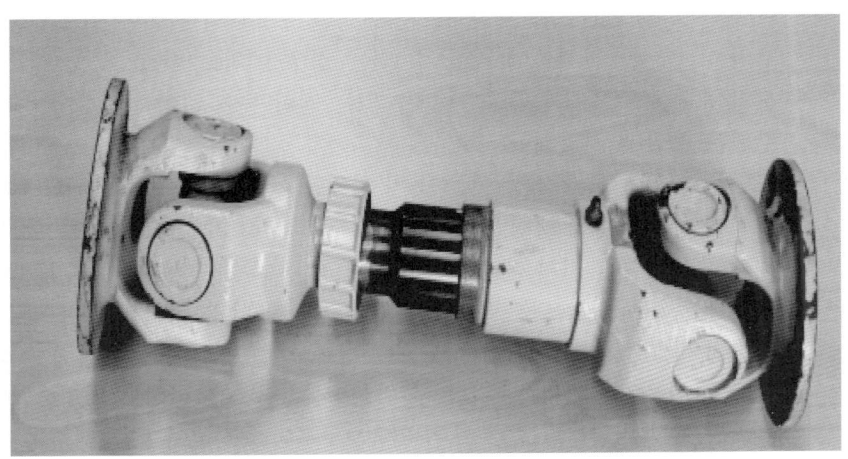

바) **플랜지 형 고정 축 이음(Rigid flanged shaft coupling)**
　두 개의 축 양 끝에 플랜지를 끼우고, 리머 볼트로 고정하여 두 축을 연결시키는 방식

8) 와이어로프 드럼(Wire rope drum)

　와이어 로프 드럼은 권상장치에 포함된 것으로서 중량물을 들어 올리거나 내릴 때 와이어 로프 드럼이 회전하면서 감아 올리거나 풀어 내리면서 중량물을 들고 내리는 기계장치이다. 와이어 로프 드럼의 직경은 와이어 로프 직경의 20~25배로 한다.

▶ 드럼의 홈은 다음과 같이 한다.
① 홈의 반지름은 로프 공칭 직경의 0.525배 이상일 것(로프 직경의 공차를 고려하여 선정할 것)
② 홈의 깊이는 로프 공칭직경의 0.28배(다만, 1열 감기는 0.33배) 이상일 것
③ 홈의 피치는 1열 감기의 경우 로프 공칭 직경의 1.1배 또는 공칭 직경+2mm 중 큰 값 이상일 것(다만, 호이스트는 인접한 로프감김 사이에 로프직경의 공차를 고려한 충분한 간격을 유지할 수 있는 경우 예외로 함)
④ 홈의 표면은 로프에 손상을 미칠 수 있는 결함 등이 없이 완만해야 하며, 모서리 부위는 둥글게 가공될 것
⑤ 드럼은 훅의 위치가 가장 낮은 곳에 위치할 때 클램프 고정이 되지 않은 로프가 드럼에 2바퀴 이상 남아 있어야 하며, 훅의 위치가 가장 높은 곳에 위치할 때 해당 감김 층에 대하여 감기지 않고 남아있는 여유가 1바퀴 이상인 구조여야 한다.
⑥ 드럼에는 드럼의 끝단으로부터 로프가 벗어나서 끼이지 않도록 하는 플랜지, 제한장치가 부착된 로프 가이드, 그 밖에 제한설비 등을 구비해야 하며(다만, 다층 감기용인 경우 플랜지를 구비), 플랜지와 제한설비는 편평한 형상으로서 높이는 가장 바깥 감김층 로프의 외측으로부터 측정하여 로프 직경의 1.5배 이상이어야 한다.
⑦ 드럼 본체의 와이어 로프가 감기는 부분의 마모 한도는 와이어 로프 직경의 20~25% 이내여야 하며 그 이상일 때는 교체한다.
⑧ 드럼 본체의 홈은 와이어 로프 공칭 직경보다 10% 크게 제작한다.

▶ 와이어 로프와 드럼 등과의 연결
와이어 로프와 드럼, 지브, 트롤리 프레임, 훅 블록 등과의 연결은 배빗메탈 채움, 소켓고정, 클램프 고정, 코터 고정방법 등(아이 스플라이스 및 클립 사용방법 등을 포함)을 사용해야 한다.

▶ 와이어 로프 감기
① 권상장치 등의 드럼에 홈이 있는 경우 플리트(Fleet) 각도(와이어 로프가 감기는 방향과 로프가 감겨지는 방향과의 각도)는 4도 이내여야 한다.
② 권상장치 등의 드럼에 홈이 없는 경우 플리트 각도는 2도 이내여야 한다.
③ 권상장치 등의 드럼에 로프를 다층으로 감는 경우 로프가 쌓이는 것을 방지하기 위하여 플랜지부에서의 플리트 각도는 0.5도 이상 4도 이내여야 한다.

9) 키(key)
① 키(Key)란, 축에 기어, 휠, 드럼, 풀리 등 회전체를 고정시켜, 회전력을 전달시키는 기계 부품이며, 축의 재질보다 조금 더 강한 재료로 제작한다.
② 축 방향으로 이동할 우려가 있는 경우, 키를 1/100 정도의 구배를 가지게 제작하여 망치로 때려 박는다.
③ 키의 회전력을 전달시키는 힘의 크기 순서로는 스플라인, 세레이션, 성크 키, 평 키, 새들 키이며 수시로 급유할 필요는 없다.
④ 키는 고정형과 축 방향으로 이동 가능한 것이 있으며 종류는 다음과 같다.

▶ 성크 키, 묻힘 키(Sunk key)
일반적으로 가장 많이 사용되며 축(Shaft)과 보스(Boss)에 홈을 파서 키를 박아 회전체를 고정시킨다.

▶ 새들 키, 안장 키(Saddle key)
축(Shaft)에는 홈을 파지 않고 보스(Boss)에만 홈을 파서 키를 박아 회전체를 고정시킨다.

▶ 접선 키(Tangential key)
① 축(Shaft)과 보스(Boss)에 홈을 파서 키를 박아 회전체를 고정시킨다. 두 개의 키가 1쌍이며 각도는 120도이며 구배(경사)는 1/100이다.
② 큰 회전력을 전달하는데 사용하며 역회전이 가능하다 큰 직경의 축에 적용한다.

▶ 평 키, 플랫 키(Flat key)
키의 모양은 성크 키와 비슷하나 보스(Boss)에만 홈을 파고, 축(Shaft)쪽은 키의 폭만큼 평탄하게 하여 고정시킨다. 주로 가벼운 하중에 사용한다.

▶ 스플라인
① 스플라인은 축과 보스에 홈을 파며 축(Shaft) 둘레에 4~20개의 사각형 돌기 모양으로 깎아 만든 것으로 회전체가 축에 고정되지 않고 축 방향으로 이동할 수 있다.
② 축(shaft) 둘레의 돌기 모양은 정면에서 봤을 때 사각형 모양이며 큰 회전력을 전달할 수 있다.

▶ 세레이션

① 세레이션은 축과 보스에 홈을 파며 축(Shaft) 둘레에 4~20개의 삼각형 돌기 모양으로 깎아 만든 것으로 회전체가 축에 고정되지 않고 축 방향으로 이동할 수 있다.

② 축(Shaft) 둘레의 돌기 모양은 정면에서 봤을 때 세모꼴 모양이며 큰 회전력을 전달할 수 있다.

10) 와이어 로프(Wire rope)

와이어 로프란, 가느다란 강선을 새끼 줄 만들 듯이 기계로 꼬아서 만든 것을 말한다.

11) 집중 급유 장치(Grease pump)

① 원통 안에 윤활유인 그리스(Grease)가 채워져 있으며, 손잡이를 앞뒤로 움직이면 윤활유 공급 라인을 통해서 각 부분의 베어링에 급유하게 된다.

② 한 개의 그리스 펌프로 여러 곳의 급유 장소에 동시에 급유할 수 있다.

③ 베어링 등에 급유할 때 그리스를 1/3정도 채운다.

▶ 윤활유의 조건

윤활유는 유성이 좋으며, 화학적으로 안전해야 하고, 인화점이 높으며, 점도가 적당하여야 한다. 점도가 너무 크면 감속기가 원활한 회전이 이루어지지 않기 때문이다.

▶ 그리스의 조건

그리스가 산, 알칼리, 수분을 함유하고 있으면 와이어 로프가 부식되고, 휘발성이 있거나 물에 잘 씻어질 경우 윤활유의 역할을 못하게 된다. 또한 온도변화에 대한 점도의 변화가 작아야 한다.

12) 도유기

① 도유기보다 높게 설치된 상단에 있는 오일 통에서 호스를 통해 오일이 공급되며 차륜 플랜지에 적당량의 오일을 묻혀줌으로서 레일 측면과 차륜 플랜지의 마모를 줄일 수 있다.

② 많은 양의 오일이 묻혀 지면 레일 상부에 오일이 묻게 되어 천장 크레인 운행 시 미끄러지게 되므로 오일 양 조절 밸브로 적정량이 나오도록 조정해야 한다.

13) 볼트(Bolt)

너트와 조립되어 물체를 조립 및 체결용으로 사용되며, 주로 육각형이 사용된다.

14) 너트(Nut)

볼트와 조립되어 물체를 조립 및 체결용으로 사용 되며, 주로 육각형이 사용된다.

15) 와셔(Washer)

볼트나 너트를 이용하여 물건을 조일 때 볼트나 너트 밑에 끼우는 얇은 쇠붙이로 볼트의 풀림을 방지한다. 와셔의 종류는 평 와셔, 스프링 와셔, 잠금(Lock) 와셔, 혀붙이 와셔, 경사진 와셔 등이 있다.

16) 나사(Screw)

원동 또는 원뿔의 둘레에 코일 스프링 형상으로 일정한 홈을 파서 만든 것으로, 일정한 홈을 나사산이라고 하며, 수 나사와 암 나사로 서로 조립 및 체결할 수 있으며, 나사산의 크기는 나사산 외경 크기로 한다.

① 삼각 나사(triangular thread)

나사산의 단면 모양이 삼각형 형태이며, 주로 부품 및 구조물의 체결용으로 사용되며, 미터 나사와 유니파이 나사가 있다.
- 미터 나사는 나사의 외경이나 피치 등을 mm로 표시하고, 나사산의 각도는 60도인 삼각 나사이다.
- 미터 보통 나사와 미터 가는 나사가 있다.

② 각(角) 나사 (Square thread)

나사산의 단면 모양이 정사각형,또는 직사각형 형태로 만들어진 나사, 주로 큰 힘을 받는데 사용하며, 프레스나 잭, 바이스, 기어 풀러 등에 이용된다.

③ 사다리꼴 나사(Trapezzoidal thread)

나사산의 단면 모양이 사다리 형태의 나사이며, 삼각 나사보다 효율이 좋고 공작기계의 이송 장치에 사용된다.

▶ 수(手)공구 사용

수공구를 사용할 때는 규격에 맞는 공구를 사용해야 하며, 너트를 풀 때는 조금씩 돌려야 하며 몸 쪽으로 당겨서 작업해야 한다. 공구를 잘못 선택하거나 공구의 점검을 소홀히 하거나 사용법을 숙지하지 못했을 때는 작업 시 안전사고가 발생될 수 있다.

▶ 장갑 사용 금지

공작물 또는 축이 회전하는 기계를 취급하는 경우 일반적으로 장갑의 착용을 금지하며, 근로자의 손에 밀착이 잘되는 가죽 장갑 등과 같이 손이 말려 들어갈 위험이 없는 장갑을 사용하도록 하여야 한다.

▶ 녹, 및 도장(塗裝)

도장은 철재의 부식을 방지하기 위하여 철재 표면에 페인트칠 작업을 말하며, 녹 방지를 위한 처음 도장은 2회, 마무리 도장은 1회 실시한다.
보통 도장 면적의 약 10%에 녹이 발생하면 재도장을 한다.

Chapter 02 전기관련

1 관련 용어

1) 전기(電氣 Electricity)
전자 또는 이온의 움직임으로 발생되는 에너지이다

2) 전류(電流 Electric current)
전하(電荷)가 이동하는 현상으로 즉, 유량(流量) 수량(水量)과 같이 전하(電荷)가 흐르는 양이다. 단위는 A(암페어, ampere)이다.

※ 전하(電荷) : 전기를 띠고 있는 물질이다.
※ 직류(直流 DC Direct current) : 일정한 크기를 가진 전류이다.
※ 교류(交流 AC Alternating current) : 일정한 주기를 가지고 크기와 방향을 바꾸는 전류이다.

3) 전압(電壓 Voltage)
① 유압(油壓), 공압(空壓), 수압(水壓)등과 같이 전류가 흐르는 압력이며, 전위차(電位差)를 전압이라고 한다. 사용 단위는 V(볼트 voltage)이다.
② 저압(低壓 Low voltage) : 직류 750V 이하, 교류 600V 이하의 전압
③ 고압(高壓 High voltage) : 7,000V 이하의 전압
④ 특별고압(特別高壓 Extra high voltage) : 7,000V를 초과하는 전압
⑤ 천장 크레인은 주로 440V를 사용하며, 사용되는 전선(電線)은 600V용이다.

4) 저항(抵抗 Resistance)
① 직류(直流, DC, Direct current)에서는 전압과 전류의 비(比)이다. 사용 단위는 옴(Ω, Ohm)이다.
② 옴(Ω, Ohm)이란? 저항(抵抗 Resistance)에 1A의 전류가 흘렀을 때 1V의 전압강하가 발생하는 저항 값이다.
③ 저항의 연결법은 직렬 접속(直列接續)과 병렬 접속(竝列接續)이 있다.
   ㉠ 직렬 접속(直列接續) : 일렬로 연결하는 것
   ㉡ 병렬 접속(竝列接續) : 나란히 연결하는 것

5) 옴(Ω, Ohm)의 법칙
① 서기1827년 독일사람 옴이 발견한 법칙으로 도체에 흐르는 전류의 세기는 두 점 간의 전압에 비례하고, 도체(導體 Conductor)가 갖는 전기 저항에 반비례한다는 법칙이다.
   ㉠ 도체(導體 Conductor) : 열 또는 전기의 전도율이 비교적 큰(높은) 물체
   ㉡ 부도체(不導體 Nonconductor) : 열이나 전기를 잘 전달하지 못하는 물체
   ㉢ 반도체(半導體 Semiconductor) : 전기 전도율이 부도체보다 높고, 도체보다 낮은 물체

6) 전력(電力)
① 전류가 단위시간에 하는 일 또는 단위시간에 사용되는 에너지의 양이다. 기호는 P이고 기본 단위는 와트(W, Watt)이다.
② 소비전력(電力) P = 전압V×전류A이다.

2 전기장치

1) 급전 장치(給電裝置)
천장 크레인이 전기적인 동력을 얻어 운행하기 위해 설치되는 장치인 트롤리바, 부스바를 말한다.

▶ **트롤리선**

가. 전압이 직류에서는 750볼트 이하, 교류에서는 600볼트 이하인 주행용 트롤리선은 크레인 거더의 보도 또는 크레인에 설치하는 계단, 사다리 또는 점검대(주행용 트롤리선을 위한 전용의 점검대를 제외한다.)의 상부 2.3미터 미만, 측방 1.2미터 미만의 위치에 설치해서는 안 된다.

나. 가목의 경우 트롤리선에 의한 감전을 방지하기 위하여 울 또는 절연덮개가 설치되어 있을 때에는 적용하지 않는다.

다. 전압이 직류 750볼트 이상, 교류 600볼트 이상의 트롤리선은 전용피트 또는 닥트에 내장해야 한다. 다만, 감전을 방지하기 위한 울 또는 절연덮개를 설치한 때에는 적용하지 않는다.

라. 집전장치는 다음과 같이 한다.
① 트롤리선과 레일은 해당 전기기계·기구에 대하여 충분한 용량 및 강도를 가진 것으로서 마모, 변형, 손상이 없어야 하며 집전장치는 체결 상태가 균일하고 집전자와의 접촉 불량이 없을 것
② 지지애자는 절연물의 깨짐 등의 이상이 없고, 탈락 또는 부착부분의 풀림이 없을 것
③ 감전방지용 울 등은 손상, 변형이 없고 트롤리선과의 간격이 충분할 것
④ 집전기의 부품 및 리드선의 열화, 손상, 풀림이 없고 집전자는 마모가 없을 것
⑤ 급전케이블의 안내기구는 작동이 원활할 것

▶ **트롤리선의 종류**

① 경동 트롤리선 : 중·소형 천장 크레인에 사용
② 앵글 동바 트롤리선 : 앵글에 구리판을 부착한 것
③ 레일 트롤리선 : 레일에 구리판을 부착 또는 레일을 직접 이용한 것. 대용량 크레인에 사용

▶ **트롤리선의 설치**

① 전압이 직류에서는 750V 이하, 교류에서는 600V 이하인 주행용 트롤리선은 크레인 거더의 보도 또는 크레인에 설치하는 계단, 사다리 또는 점검대(주행용 트롤리선을 위한 전용의 점검대를 제외한다.)의 상부 2.3m 미만으로 당해 크레인 거더의 보도 또는 크레인에 설치하는 계단, 사다리, 점검대의 측방 1.2m 미만의 위치에 설치하여서는 아니 된다.

② 제1항의 경우 트롤리선에 감전을 방지하기 위한 울 또는 절연 덮개가 설치되어 있을 때는 적용하지 않는다.

▶ **부스바(Bus bar), 급전장치(給電裝置)**
① 천장 크레인에 동력을 전달하기 위한 장치이며, 둥그런 환봉바를 8자 형태로 겹쳐놓은 모양으로써 연동(鉛銅)으로 제작된다.
② 겉은 플라스틱 커버로 덮혀 있으며 전류의 용량에 맞게 사용해야 하고, 고용량의 전류에 저용량의 제품을 사용하면 화재의 위험이 있다.
③ 8자 원형식 부스바는 소용량, 저속용에 사용한다.
④ 부스바의 좌, 우 고저(高低) 차이는 ±2mm이다.
⑤ 또한 트롤리바에 통전 중임을 알리기 위해 전원이 인입되는 곳, 트롤리바의 끝단부 구간스위치의 양쪽에 적색의 표시 등을 설치해야 한다.

▶ **케이블 릴 형(Cable reel type) 급전 장치(給電裝置)**
① 전선 케이블을 감고 풀어내는 드럼 형식의 전원공급장치이다.

▶ 횡행장치의 전원공급방식

① 케이블 캐리어(Cable carrier)
② 페스툰 방식(Festoon type)
③ 트롤리 와이어 방식(Trolley wire type)

▶ 집전장치(集電裝置 Collector)

집전장치는 천장 크레인의 몸체에 부착되어 있다.
집전장치는 트롤리선(트롤리바, 부스바)에서 전원을 크레인 내에 도입하는 부분이며 트롤리선에 접촉하는 휠과 슈(shoe)의 고정 방법에 따라 팬터그래프형・포올형・고정형・슈형 등으로 분류한다.

┃레일형 트롤리 바(trolley bar)┃

┃부스 바(bus bar) 및 콜렉터 슈(collector shoe)┃

▶ 전원 차단장치

　가. 전원차단장치는 다음과 같이 한다.
　　　㉠ 기계의 전원 인입선마다 설치할 것
　　　㉡ 작동표시로 "O"(개방) 및 "I"(투입) 표시를 할 것. 다만, 개방 및 투입의 표시가 다른 방법으로도 식별이 명확한 경우에는 예외로 할 수 있다.
　　　㉢ 전원회로의 모든 상을 차단할 수 있을 것.
　　　㉣ 부하전류 및 고장전류를 차단할 수 있는 충분한 용량을 가질 것
　나. 2개 이상의 전원이 공급되는 경우에는 전원차단장치가 상호 연동되어야 한다.
　다. 전원차단장치의 조작손잡이는 쉽게 접근이 가능한 위치에 설치하되, 가능하면 지면으로부터 0.6미터에서 1.9미터 사이에 위치하도록 한다.

2) 전동기(모터 Motor)

① 전동기는 회전자(回轉子)와, 고정자(固定子)로 이루어져 있으며, 계자권선에 전류가 흐르면 자속이 발생하여 도선에 작용하는 힘에 의해서 회전력을 얻는 기계장치이다.
② 전동기 등과 같은 기계의 동력 사용단위로는 마력(馬力, Horsepower, HP)이 사용된다.
③ 1마력은 말 한 마리의 힘에 해당 되는 일로서, 75 킬로그램의 물체를 1초에 1미터 끌어 올리는 힘이다. 영국 1마력 은 746와트(0. 746Kw) 이고, 프랑스(불)1마력은 735와트(0. 735Kw)이다
　1마력(영)= 550 ft·l b /s= 746W
　1마력(불)= 75 kg·m /s= 735W

④ 전동기의 시간 정격
　㉠ 시간 정격이란, 전동기가 정격 출력으로 회전하여 규정된 온도까지 올라갈 때까지를 시간으로 표시하는 것이다.
　㉡ 전동기가 회전을 하면 열이 발생하게 된다. 전동기 발열의 표준 규격은 40℃이나, 50~60℃까지는 사용 가능하지만 그 이상이 되면 전동기가 소손된다.
　㉢ 30분, 60분, 120분 등을 시간 정격이라고 하며, 천장 크레인에는 보통 30분 정격을 채택한다.

$$사용률\ 정격(\%ED) = \frac{운전시간}{운전시간+정지시간} \times 100(\%)이다.$$

⑤ 전동기의 종류
전동기는 직류 전동기(直流電動機, DC, Direct current motor)와 교류 전동기(交流電動機, AC, Alternating current motor)가 있으며, 교류 전동기에는 농형과 권선형이 있다. 전동기의 외형으로 분류하면 개방형, 폐쇄형, 통풍형, 방폭형, 강제통형, 진폐형 등이 있다.

　㉠ 직류 전동기(直流電動機, DC, Direct current motor)
　　회전자(回轉子)와 고정자(固定子)로 구성되어 있다. 고정자는 영구 자석 또는 계자 권선을 사용한다. 직류 전동기는 직류를 사용하며 종류에는 직권, 분권, 복권 전동기가 있다.
　　※ 직권 전동기(直捲電動機 Series motor) : 전동기의 계자 권선과 전기자 권선을 직렬로 연결한 것으로서 저항의 가감으로 속도를 제어한다.
　　※ 분권 전동기(分捲電動機 Shunt motor) : 전동기의 계자 권선과 전기자 권선을 병렬로 연결한 것으로서 계자제어로 속도를 제어한다.
　　※ 복권 전동기(複捲電動機 Compound motor) : 전동기의 계자 권선과 전기자 권선을 직렬 및 병렬로 연결한 것

> ☆ 계자권선(界磁卷線 Field winding)이란?
> 자기장을 만들기 위해 철편에 코일을 감아 넣는 것으로서, 코일에 전류가 흐르면 전자석이 된다.

　㉡ 교류 전동기(交流電動機,, AC, Alternating current motor)
　　사용되는 상수에 따라 구분하면, 단상 전동기와 3상 전동기가 있으며, 회전자의 모양과 구조로 나누면 농형과 권선형이 있다. 단상 교류 전동기는 소용량에 사용되며 3상 교류 전동기는 용량이 큰 곳에 사용한다. 3상 유도전동기는 회전자의 모양과 구조에 따라 권선형과 농형으로 나누어진다.

▶ **3상 권선형 유도전동기**(捲線形 誘導電動機 Three-phase wound rotor induction motor)

회전자에 권선과 슬립링을 가진 유도전동기를 말한다. 농형 전동기에 비해서 운전특성(슬립·효율)은 좋지 않지만 기동특성(기동전류, 기동토크)은 우수하다. 또한 2차 여자에 의해서 속도제어, 역률 개선도 할 수 있다.

┃3상 권선형 유도 전동기┃

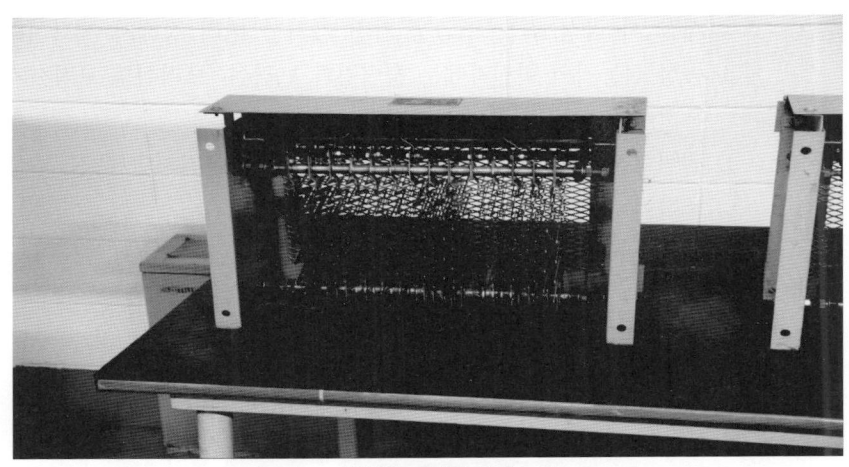

┃2차 저항기┃

※ 교류 농형 전동기는 극수 변환방법으로 속도를 제어 한다

▶ **3상 농형 유도 전동기** [籠形誘導電動機 Three-phase induction motor]

3상 교류전원을 역변환장치로 하여 전압, 주파수를 제어하여 사용하는 전동기이다.

▶ 권선형 삼상 유도전동기나 정류자 전동기와 비교했을 경우

〈장점〉

① 구조가 단순하고 저렴하다.
② 회전자에 절연부가 없어서 고열에 견딜 수 있으므로 높은 회전속도에서의 과부하에 강하다.
③ 브러쉬나 슬립 링과 같은 마모·접촉 통전 부분이 없기 때문에, 보수가 간단하고 견고하다.(몇 년간의 연속 운전이 가능)

〈단점〉

① 시동 토크가 작고 회전속도의 조정 범위가 좁다.
② 권선형 유도전동기에 비해 시동 토크가 작다.

※ 회전자(回轉子) : 전동기의 고정자 안에서 회전하는 부분
※ 고정자(固定子) : 전동기의 몸체에 조립되어 있으며 전류가 흐르면 자장을 형성하는 부분

▶ 3상 농형 유도 전동기(籠形 誘導電動機 Squirrel cage induction motor)

① 농형 전동기는 농형 유도 전동기의 고정자에 계자권선이 있다.
② 농형 전동기의 회전자는 알루미늄 또는 황동으로 제작된 원통형 모양으로 제작 시 극성(N극, S극)을 가진 계자를 미리 정해서 제작한다.
③ 농형 전동기의 회전자에는 슬립링과 브러쉬, 브러쉬를 고정시키는 브러쉬 홀더가 없다.
④ 권선형 유도 전동기에 비해서 기동력은 떨어지지만 운전 특성이 좋으며 조작이 간단하고 가격이 저렴하다.

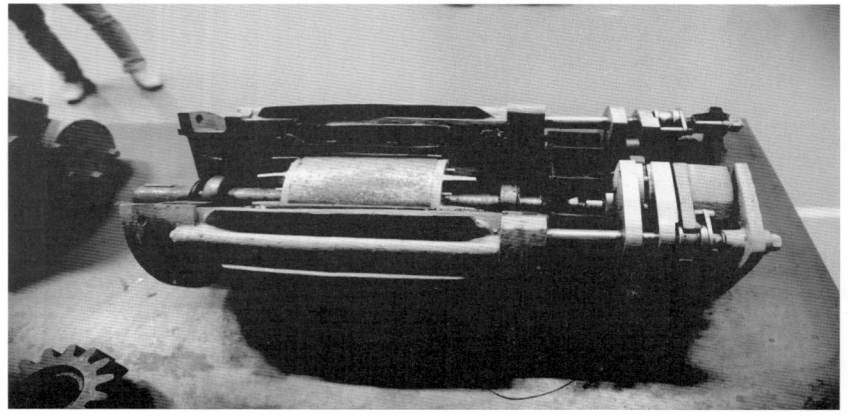

┃농형 전동기의 고정자, 회전자┃

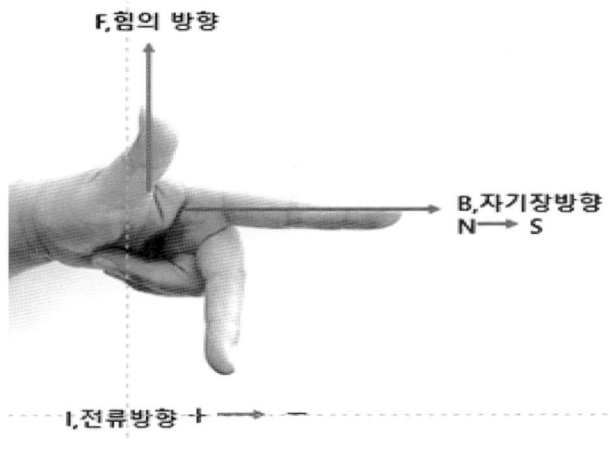

플레밍의 왼손 법칙

▶ 전동기의 회전속도 슬립

자기장이 회전하는 동기 속도 구하는 공식은 $Ss = \frac{120f}{P}(1-s)$ 이다.

P = 극수, f = 주파수(60Hz), 120 = 상수
4극 전동기의 회전 수를 산출하려면 120×60÷4 = 1,800rpm
전동기의 슬립량은 정격 회전수의 보통 3~5%이다.

▶ 천장 크레인에 사용되는 전동기의 조건
① 기동력과 회전력이 크고, 속도 조정이 가능할 것
② 빈번한 기동, 정지 및 정전, 역전 운동 등 반복 운동에 견딜 것
③ 장치 면적이 제한되는 경우가 많으므로 용량에 비해 소형이고, 구입하기 쉬울 것
④ 속도 조정 및 역회전을 할 수 있을 것
⑤ 전원이 보통 사용되는 것으로 구하기 쉬울 것

▶ 전동기의 점검사항
① 일상점검
  ㉠ 이상음이 발생하고 있지 않은지, 소리에 의해 원인을 판단하고 대책을 강구한다.
  ㉡ 밖에서 보아 이상은 없는지, 외부와 특히 단자 부근은 깨끗한 걸레로 닦아내고 청결을 유지한다.
② 정기점검
  ㉠ 축수의 기름과 오래된 구리스를 교환한다.

ⓛ 갭게이지로 고정자, 회전자간의 갭을 측정하고 불평형이 있으면 조정한다.
ⓒ 절연저항계로 각 부의 절연을 조사한다.
ⓔ 운전 중의 각 부의 온도를 조사한다. 손을 대보아 오래 대고 있을 수 없으면 측정기로 온도를 측정해 보고 규정치(대략 75℃ 이하) 이하인 것을 확인한다.
ⓜ 조임부의 이완과 구조상의 흔들림이 없는가를 조사한다.

> **문제**
>
> **전동기 효율 구하는 공식**
> 20kw의 전동기가 23ps의 동력을 발생하고 있을 때, 전동기의 효율은 약 얼마인가?(단, 1ps = 735W이다.)
> 전동기의 출력 = 23ps(마력)×0.735Kw(1마력) = 16.905Kw
> 전동기의 입력 = 20kw×1Kw= 20Kw이므로
> 전동기의 효율 = (전동기의 입력÷전동기의 출력)×100%
> = (16.905Kw÷20Kw)×100 = 84.5%

> **문제**
>
> **전동기 효율 구하는 공식**
> 전동기의 입력 20kw로 운전하여 23HP의 동력을 발생하고 있을 때 전동기의 효율은?
> 전동기의 효율 = (전동기 입력÷전동기 출력)×100
> 20÷23×100 = 86.9%

> **문제**
>
> **전동기 출력 구하는 공식**
> 권상하중 40톤, 권상속도 1.5m/min인 천장 크레인의 전동기의 출력은(kw)은?
> 전동기 출력(kw) 산출 공식은
> (권상하중×권상속도)÷(6.12×권상기 효율)이다.
> 수식은 (40×1.5)÷(6.12×1)이 된다.
> 40×1.5 = 60 이며, 6.12×1(효율 100%) = 6.12 이다.
> 60÷6.12 = 9.8kw

> **문제**
>
> **권상하중 구하는 공식**
> 15kw의 전동기로 12m /min의 속도로 권상할 경우 권상하중은? 단, 전동기를 포함 한 크레인의 효율은 65%이다.)
> 권상속도 = (전동기출력×6.12×효율)÷권상속도이다.
> (15×6.12×0.65)÷12 = 4.97톤

⑥ 절연(絶縁 Insulation)

도체 사이에 부도체를 넣어 전류나 열이 통하지 못하게 하는 부도체를 절연체 또는 절연물이라고 한다. 전기기기의 절연을 내열특성에 따라서 분류한 것을 절연의 종류라고 하며 절연의 종류에 따라 전기기기의 사용온도한계가 정해진다. 절연 저항은 메가테스터로 측정한다.

절연 종류	내용	최고 허용 온도[℃]
Y종	목면, 견, 지류 등의 재료로 구성되고 바니스류를 먹이지 않거나 또는 기름에 적시지 않은 채 절연한 것	90
A종	목면, 견, 지류 등의 재료로 구성되었으나 바니스나 기름에 적신 것	105
E종	에나멜선용 폴리우레탄 및 에폴시 수지, 셀롤로스 트리아세테이트 등의 재료로 구성된 것	120
B종	운모, 석면, 유리섬유 또는 유사한 무기질 재료를 접착제와 함께 사용한 것	130
F종	운모, 석면, 유리섬유 등의 재료를 실리콘 알키드 수지 등의 접착 재료와 함께 사용하여 구성 된 것	155
H종	운모, 석면, 유리섬유 등의 재료를 실리콘수지 또는 같은 성질의 재료로 된 접착재료와 함께 사용한 것	180
C종	운모, 석면, 자기 등을 단독으로 사용해서 구성된 것 또는 접착제와 함께 사용한 것	180초과

▶ 저항기 (抵抗器 Resistor)

저항기는 어떠한 전기 회로에서 전류를 막거나 저지하고, 전압을 강하시키기 위해 사용되는 장치로서, 천장 크레인에서는 주로 3상 권선형 유도전동기의 2차 측에 연결시켜 속도 제어를 목적으로 사용한다.

▶ 컨트롤러(Controller)

제어기는 천장 크레인의 주행, 횡행, 권상장치 등의 운행 속도를 제어하기 위한 것이다.

① 제어기는 작동 중 손을 놓으면 자동 복귀된다.
　㉠ 조종방식으로는 운전자가 운전석에 탑승하여 조종하는 방식, 운전석에 탑승하지 않고 지상에서 펜던트 스위치를 조작 하는 방식, 무선으로 조종하는 방식 또는 운전실과 무선 두 가지를 병행 사용할 수 있도록 설계된 방식이 있다.
　㉡ 리모트 콘트롤(Remote control)은 무선 원격조종이다.
　㉢ 펜던트 스위치(Pendent switch)는 천장 크레인과 전선으로 연결되어 있는 스위치이다.
　㉣ 운전자가 운전석에 탑승하여 조종할 때는, 천장 크레인 운전기능사 자격증이 필요하며 운전석에 탑승하지 않고, 지상에서 무선으로 조종하는 방식(리모트 콘트롤 Remote control), 또는 유선으로(펜던트 스위치 Pendent switch) 조종하는 방식은 특별안전교육 16시간을 이수해야 조종할 수 있다.

② 크레인의 무선 원격제어기의 구조는 다음과 같이 한다.
　㉠ 크레인의 작동 종류, 방향과 일치하는 표시를 해야 하며 정해진 작동 위치가 아닌 중간 위치에서는 작동되지 않도록 할 것
　㉡ 무선 원격제어기는 주위에 설치된 다른 크레인용 제어기의 조작 주파수 또는 주위의 유사 설비용 조작기구의 간섭을 받아서 오동작, 작동불능 상태가 되지 않도록 할 것
　㉢ 무선 원격제어기는 사용 중 충격을 받으면 곧바로 작동이 정지되는 구조로 할 것
　㉣ 운전실 또는 펜던트 스위치와 무선 원격제어기를 겸용 시 선택스위치를 부착하여 동시조작에 의한 불의의 크레인 작동이 일어나지 않도록 할 것
　㉤ 무선 원격제어기는 관계자 이외의 자가 취급할 수 없도록 잠금장치 등이 설치될 것
　㉥ 제어기는 해당 크레인마다 갖추어야 하며 각각의 제어기에는 제어 대상 크레인이 표기되어 있을 것
　㉦ 지정된 제어기 이외의 신호에 의해서는 크레인이 작동되지 아니할 것
　㉧ 무선 원격제어기가 다음에 해당하는 경우 크레인이 자동으로 정지하거나 위험한 작동을 유발시키지 않는 구조일 것. 다만, Ⓐ의 경우에는 자동정지해야 함)
　　Ⓐ 정지신호를 수신한 경우
　　Ⓑ 계통상 고장신호가 감지된 경우
　　Ⓒ 지정시간 이내에 분명한 신호가 감지되지 아니한 경우
　㉨ 제어기가 2개 이상인 경우에는 하나의 제어기에 의해서만 작동이 통제되도록 할 것

ⓒ 배터리 전원을 이용하는 제어기의 경우 배터리 전원의 변화로 인해 위험한 상황이 초래되지 않을 것

ⓚ 무선원격 제어기는 손을 떼면 자동적으로 정지위치(off)로 복귀되는 각각의 작동 종류에 대한 누름 버튼 또는 스위치 등이 비치되어 정상적으로 작동되어야 하며, 레버형 스위치는 정지위치에서의 기계식 잠금장치 또는 무인 작동 방지회로(Deadman's handle circuit) 등 오작동을 방지할 수 있는 기능을 갖출 것

ⓔ 송신기의 최소 보호등급은 옥내용인 경우 IP43, 옥외용인 경우 IP55 이상일 것

ⓟ 펜던트 스위치 또는 무선 원격제어기를 사용한 크레인 및 호이스트는 조작반에 표시된 크레인의 작동방향과 동일한 방향의 표지판을 크레인의 운전자나 조작자가 보기 쉬운 위치에 부착해야 한다. 이 경우, 표지판은 손상이 없고 표시가 선명해야 한다.

ⓗ 컨트롤러는 원활하게 작동해야 하며 제로 노치 스토퍼(Zero notch stopper) 및 핸들은 정지위치에 정확하게 락(Lock) 될 것

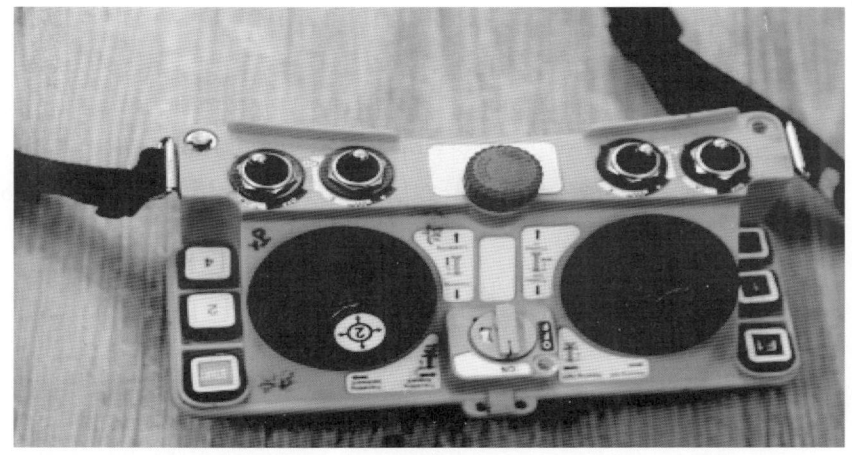

※ 크레인의 리모트 컨트롤러에는 주파수 방식과 적외선 방식이 있다.

㉠ 적외선 방식은 주변의 정밀기기에 영향을 주지 않으며 불필요한 신호에 의한 사고위험이 주파수 방식보다 낮다.

㉡ 주파수 방식은 안테나를 사용하므로 센서가 필요하지 않으며, 컨트롤러(송신기)와 크레인 상부에 설치 되어있는 수신기와 서로 간 주파수가 잡히는 거리 내에 있어야 한다.

※ 송신기 최소 보호등급

옥내용인 경우 IP43, 옥외용인 경우 IP55 이상이어야 한다. IP(International protection)등급이란, 방수, 방진 등급을 뜻한다. 두자리 수의 숫자 중 첫 번째 숫자는 먼지에 대한 등급이며, 두 번째 숫자는 방수에 대한 등급이다. 간단하게 IP45(International protection)의 각 등급의 테스트 방법을 정리해보면 IP45의 앞의 글자는 먼지에 대해서는 최고등급인 4등급이며 방수에 있어서는 5등급이라는 얘기다. 먼지는 거의 들어갈 수 없는 상태이며 5등급의 방수는 생활방수라고 보면 이해가 빠를 것 같다.

※ 크레인의 펜던트 스위치 제어기는 다음 각 호에 적합한 구조이어야 한다.

① 펜던트 스위치에는 크레인의 비상정지용 누름버튼과 손을 떼면 자동적으로 정지위치(off)로 복귀되는 각각의 작동종류에 대한 누름버튼 또는 스위치 등이 비치되어 있고 정상적으로 작동해야 한다.

② 펜던트 스위치에 접속된 케이블은 꼬임이나 무리한 힘이 가해지지 않도록 보조와이어 로프 등으로 지지되어야 하고 크레인과의 사이에 접지선이 연결되어 있어야 한다. 다만, 해당 스위치의 외함 구조가 절연제품의 경우에는 접지선을 생략할 수 있다.

③ 펜던트 스위치의 외함은 식별이 용이한 색상이어야 하며 최소 보호등급은 옥내용인 경우 IP43, 옥외용인 경우 IP55 이상이어야 한다.

④ 펜던트 스위치는 조작위치에서의 바닥면에서 0.9m에서 1.7m 사이에 위치해야 한다.

펜던트 또는 무선원격제어기를 사용하여 작업 바닥면에서 조작하며 화물과 운전자가 함께 이동하는 크레인의 주행속도는 매 분당 45m 이하여야 한다.

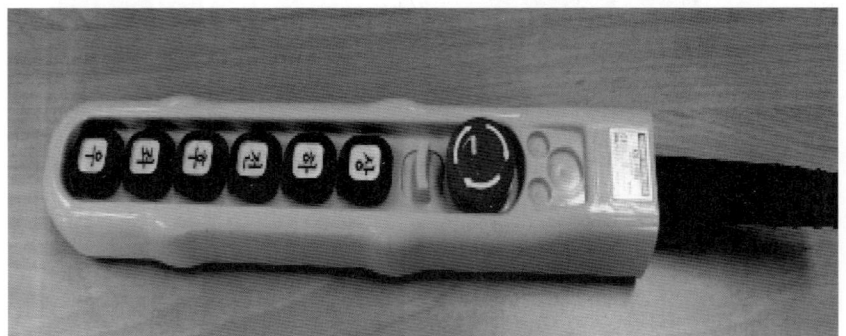

┃유선(펜던트 스위치)┃

▶ 비상 정지장치

① 비상정지장치는 각 제어반 및 그 밖의 비상정지를 필요로 하는 개소에 설치하되, 접근이 용이한 곳에 배치되어야 한다.
② 비상정지장치는 작동된 이후 수동으로 복귀시킬 때까지 회로가 자동으로 복귀되지 않는 구조여야 한다.
③ 비상정지장치의 형태는 기계의 구조와 특성에 따라 위험상황을 해소할 수 있도록 다음과 같은 적절한 형태의 것을 선정해야 한다.

▶ 전기부품의 스파크 발생원인

① 접촉면이 거칠수록 많이 발생한다.
② 주파수가 높을수록 많이 발생한다.
③ 교류보다 직류에서 많이 발생한다.
④ 접촉점 간의 전압이 높을 때 많이 발생한다.
⑤ 전기 스위치를 연결할 때 보다 차단할 때 많이 발생한다.

※ 릴레이(Relay)

릴레이 내부 코일에 전류가 흐르면 철편이 붙어 접점들이 작동하는 장치이다. 평소에는 떼어져 있다가 작동하면 연결(On, Close) 되는 a접점, 평소에는 붙어 있다가 작동하면 차단(OFF, Open)하는 b접점으로 이루어져 있다.

3 방호(防護) 및 안전장치(安全裝置)

방호 및 안전장치는 전기장치 방호와 기계장치 방호로 구분된다.

1) 퓨즈(Fuse)

전자 회로 또는 전기장치에 규정 값 이상의 과도한 전류(過電流 Over current)가 흐르게 될 때 전기회로나 전기장치를 보호하기 위해 설치하는 안전장치이다.

※ 전기식 과부하 방지장치의 특징

① 권상모터의 전류변화를 CT(변류기 Current transformer)로 전류를 감지하여 크레인을 정지시키는 장치이다.
② 구조가 간단하여 다른 종류의 과부하방지장에 비해 가격이 싸다.
③ 호이스트, 천장 크레인 등 비교적 소형 크레인에 많이 쓰인다.
④ 전동기가 구동되어 전류가 흘러야 감지되므로, 정지상태에서는 과부하를 감지하지 못한다.

※ 과전류 보호

① 과전류 보호를 위하여 각 부품의 정격전류 또는 도체의 허용 전류값 중에서 더 작은 값에 대하여 보호되어야 한다.
② 퓨즈의 정격전류 또는 기타 과전류 보호장치의 전류 설정값은 가능한 낮게 선정하되 예상되는 과전류(전동기 기동 전류 등)에 적절하여야 한다.
③ 과전류 보호용으로 차단기 또는 퓨즈를 설치 시 차단용량은 해당 전동기 등의 정격전류에 대하여 차단기는 250퍼센트, 퓨즈는 300퍼센트 이하여야 한다.
④ 과전류 차단장치는 각 분기회로마다 설치되어야 한다.
⑤ 전원전압에 직접 접속되는 제어회로 및 제어회로 변압기는 과전류 보호가 되어야 한다.

⑥ 제어용 변압기 2차측 회로의 과전류 보호장치는 접지회로가 아닌 다른 단에 설치되어야 한다.

2) 열동형 계전기(Thermal relay 熱動形繼電器)

과전류 계전기로서 정격 전류값 이상(통상 110~120%)의 전류가 흘렀을 때, 전동기에 전원을 공급하는 동력 전원 측의 전자 접촉기의 접점이 떨어지도록 하는 계전기로서 전자 접촉기의 단자대에 조립되어 있다. 과부하 계전기는 주로 전동기의 과부하(과전류)에 의한 소손 방지에 사용된다.

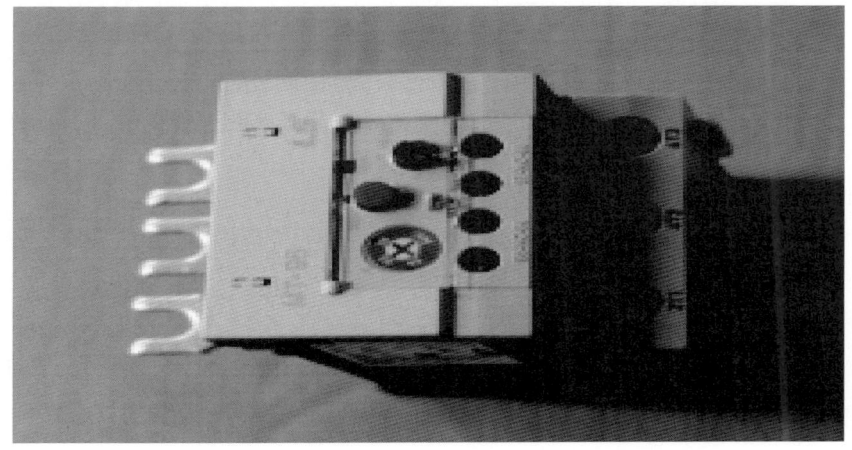

3) 과부하 방지장치

과부하는 부하가 크게 걸렸다는 것이고, 인양 하물 중량과 관계가 있다. 과부하 방지장치는 부하가 크게 걸리는 것을 사전에 방지하는 안전장치이다.

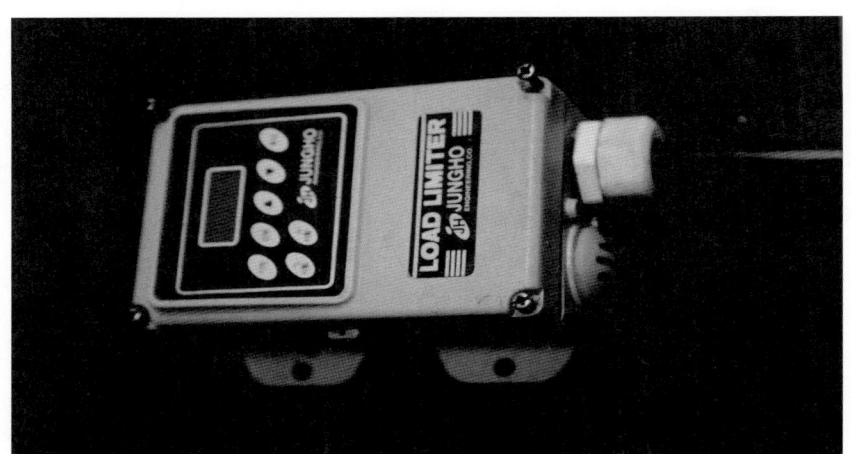

가. 크레인에는 다음과 같은 과부하 방지장치(제28호가목에 따른 안전밸브는 제외한다)를 부착해야 한다.

① 법 제34조제1항에 따른 안전인증품 일 것
② 정격하중의 1.1배 권상 시 경보와 함께 권상동작이 정지되고 횡행, 주행동작 및 과부하를 증가시키는 동작이 불가능한 구조일 것. 다만, 지브형 크레인은 정격하중의 1.05배 권상 시 경보와 함께 권상동작이 정지되고 과부하를 증가시키는 동작이 불가능한 구조일 것
③ 임의로 조정할 수 없도록 봉인되어 있을 것
④ 시험 시 풍속은 8.3m/s를 초과하지 않을 것
⑤ 접근하기 쉬운 장소에 설치해야 하며, 과부하 시 운전자가 용이하게 경보를 들을 수 있을 것
⑥ 과부하 방지장치는 한 번 작동이 될 경우 과부하가 제거되고 해당 제어기가 중립 또는 정지위치로 돌아갈 때까지는 ②의 동작상태를 유지 할 것

※ 과부하 방지장치의 설치장소
① 과부하 방지장치(Load limiter)는 크레인 또는 호이스트의 제어반 내부에 설치하여서는 안 되며 잘 보이고 쉽게 점검할 수 있는 위치(통로 또는 제어반 외부 등)에 부착하여야 한다.
② 운전실이 있는 크레인의 경우 과부하 방지장치를 운전실 내에 설치할 때는 경보 설비를 추가로 운전실 내에 설치하여야 한다.

▶ 과부하 방지장치의 종류

종류	원리	적용기계	비 고
전자식	전자감응방식으로 상태감지	천장 크레인, 곤도라, 리프트, 승강기	
전기식	권상모터의 부하변동에 따른 전류변화를 감지	크레인	정지 상태에서는 감지하지 못함
기계식	기계 기구학적 방법에 의하여 과부하 상태를 감지	천장 크레인, 곤도라, 리프트, 승강기	

※ 과부하 방지장치의 종류별 특징
① 기계식 과부하 방지장치
기계식 과부하 방지장치의 성능을 좌우하는 부분은 스프링이며, 이 스프링은 부하에 따라 처짐량이 일정하여야 한다. 처짐량의 변화는 탄성변화 시험을 통하여 점검하고 허용치 이상은 사용하지 않아야 한다. 이 방호장치의 장점은 과부하와 동시에 감지하여 양중기 작동전에 적재량 조절이 가능하므로 화물의 종류 모양에 따라 과부하량의 추정이 가능하다는 것이다. 압축스프링, 마이크로 스위치, 콘트롤 박스로 구성되어 있다.

② 전기식 과부하 방지장치
전기식 과부하 방지장치는 권상 모터의 부하 변동에 따른 전류 변화를 감지하여 양중기를 정지시키는 방법으로 일반적으로 방호장치가 설치되지 않은 곳에 설치가 용이하며 가격이 저렴하다. 그러나 화물용 승강기와 같이 상하층으로 운반되는 양중기에서는 전기식 과부하 방지장치를 사용 할 수 없다.

③ 전자식 과부하 방지장치
스트레인 게이지의 전기적 저항값의 변화에 따라 민감하게 동작하며 그 변화되는 중량을 디지털로 표시하여 준다. 감지방법은 하중의 방향에 따라 인장, 압축로드 셀 방법이 있으며 가격이 비싸고 열에 약한 것이 단점이다.

4) 제한 개폐기(Limit switch)

① 캠형 또는 웜 기어 형식 (Cam type, Worm gear type limit switch)
캠형 리미트 스위치는 권상장치에 사용되며 와이어 로프 드럼의 회전 축과 리미트 스위치의 웜이 연결되어 같이 회전하게 된다.

② 중추형 제한 개폐기(Weight type limit switch)
중추형 리미트 스위치는 권상장치에 사용되며 2차 비상용 제한 개폐기이다. 레버 부분에 추를 메달아 훅이 추에 접촉되면 레버가 들어 올려져 차단 스위치를 작동 시켜 전원을 차단시킨다.

③ 레버형 제한 개폐기(Lever type limit switch)
레버형 리미트 스위치는 권상장치에는 사용하지 않고 주행, 횡행 장치에 사용된다.

④ 직동식 레버형 제한 개폐기(Lever type limit switch)
호이스트 크레인의 권양장치에 사용되며 훅의 접촉에 의해 작동된다. 권상장치가 작동하여 훅이 상한 구간까지 올라와서 제한 개폐기의 레버를 들어 올리면 권상장치의 전원스위치를 내리는(Off) 구조이다. 정해진 위치에서 확실히 작동(직동식은 0.05m 이상)해야 하며 레버 등의 변형 마모가 없어야 한다.

⑤ 나사형 제한 개폐기(Screw type limit switch)
나사형 리미트 스위치는 회전 운동을 하는 기계장치에 사용되거나 천장 크레인의 권상장치에 사용된다. 나사가 회전 운동을 하면 너트가 수평 이동을 하면서 스위치를 작동시켜 전원을 차단한다. 이때 캠형 및 레버형과 같이 한 쪽 방향의 작동이 제한 되어도 다른 쪽 방향은 작동할 수 있다. 주로 작동 구간이 짧은 곳에 사용된다.

※ 권과 방지장치의 조건

① 권과를 방지하기 위하여 자동적으로 동력을 차단하고 작동을 제동하는 기능을 가질 것.

② 상용 리미트 스위치가 상한선에서 작동했을 때 훅 등 달기기구의 상부와 드럼, 시브, 트롤리프레임 기타 당해 상부가 접촉할 우려가 있는 것의(경사진 시브를 제외) 하부와의 간격이 0.25m 이상(작동 시 권과 방지장치는 0.05m 이상)이 되도록 조정할 수 있는 구조일 것
③ 용이하게 점검할 수 있는 구조일 것
※ 과행 방지장치, 과행 리미트 스위치는 주행, 횡행장치에서 사용되며 권과 방지장치, 과권 방지장치는 권상장치에서 사용된다.

▶ 충돌 방지 장치

한 구간의 주행레일에 2대 이상의 천장 크레인이 운행할 때 서로 충돌을 하게 되면 안전사고의 위험이 있으므로 운행되는 천장 크레인의 충돌을 방지하기 위해 일정 거리 이상 근접하게 되면 경고음이 울리면서 크레인이 더 이상 접근하지 못하게 하는 장치이다. 종류로는 투과형과 확산 반사형이 있다.

▶ 병렬 설치된 크레인의 충돌 방지장치

① 동일한 주행로 상에 2대 이상 병렬 설치된 것(작업 바닥면에서 펜던트 및 무선 원격제어기 등을 조작하며 화물과 운전자가 함께 이동하는 것은 제외)은 크레인이 대면하는 끝 부분에 두 크레인의 충돌을 방지할 수 있는 장치를 설치해야 한다.
② ①의 충돌 방지장치는 두 크레인을 접근시켰을 때 설정된 거리에서 자동으로 경보가 울리면서 정지해야 한다.

∥투광기∥

∥반사판∥

▶ 회전체의 안전 덮개

기어, 축, 커플링 등의 회전 부분으로서 근로자에게 위험을 미칠 수 있는 부분에는 덮개나 울을 설치하여야 한다.

▶ 주행 크레인 경보장치

주행 경보장치는 천장 크레인이 주행 장치를 작동하여 이동할 때는 주행경로의 레일 위에 장애물이 없는지 확인하고 운행해야 하며 이동 중에 사람, 차량 등의 접근 시 돌발상황 경고를 위해 부저 또는 싸이렌을 설치한다. 경보기의 경고음은 120데시벨 이상이어야 한다.

※ 주행크레인은 종 또는 버저 등의 경보장치를 구비해야 한다. 다만, 작업 바닥면에서 조작하며 화물과 운전자가 함께 이동하는 방식의 크레인은 예외로 한다.

※ 비상정지 회로구성

① 스위치 접점의 형식은 순시접점을 사용하고 평상시 닫힘(Normal close)상태를 유지하다가 비상정지용 버튼을 조작하면 열림상태를 유지하고 복귀하고자 하여 수동으로 버튼을 다시 조작하면 닫힘 상태를 유지하는 잠금형(Lock type)이어야 함.

② 비상정지 누름버튼은 한 번 누르면 제어전원 및 주 전원이 차단되도록 회로구성을 하고 버튼을 잡아당겨 원위치로 복귀시키더라도 자동으로 크레인 권상, 권하, 주행 등의 작동이 되어서는 아니되며 운전조작을 처음부터 시작하도록 제어구성을 하여야 함.

▶ 운전석 승차계단

천장 크레인의 운전자는 지정된 장소에서 승, 하차해야 하며 작업이 종료되었을 시 훅을 비롯한 달기구를 다른 작업자에게 방해가 되지 않도록 올려 놓은 다음 천장 크레인 전원을 Off시킨 후에 하차해야 한다.

▶ 훅 해지장치

훅에는 와이어 로프 등이 이탈되는 것을 방지하는 해지장치가 부착되어야 한다.

▶ **산업 안전보건 기준에 관한 규칙 제89조(방호장치의 해체금지)**

① 기계기구 또는 설비에 설치한 방호 장치를 해체하거나 사용을 정지해서는 아니 된다. 다만 방호장치의 수리, 조정, 또는 교체 등의 작업을 하는 경우는 그렇지 않다.

② 제1항의 방호장치의 수리, 조정, 또는 교체 등의 작업을 완료한 후는 즉시 방호장치가 정상적인 기능을 발휘할 수 있도록 해야 한다.

▶ **산업 안전보건 기준에 관한 규칙 제134조(방호장치의 조정)**

① 다음 각 호의 과부하 방지장치, 권과 방지장치, 비상 정지장치 및 그 밖의 방호장치가 정상적으로 작동될 수 있도록 미리 조정해 두어야 한다.

② 제1항 제1호 및 제2호의 양중기에 대한 권과 방지장치는 훅·버킷 등 달기구의 윗면(그 달기구에 권상용 도르래가 설치된 경우에는 권상용 도르래의 윗면)이 드럼, 상부 도르래, 트롤리프레임 등 권상장치의 아랫면과 접촉할 우려가 있는 경우에 그 간격이 0.25미터 이상[직동식(直動式) 권과 방지장치는 0.05미터 이상으로 한다]이 되도록 조정하여야 한다.

Chapter 03 줄걸이 용구

1 와이어 로프(Wire rope)

KS D 3514 와이어 로프는 양질의 탄소강(C0.50~0.85%)으로써 소재를 인발(引拔)한 실같이 얇은 철사(소선)를 기계로 꼬아서 가닥(Strand)으로 만들고, 이 가닥(Strand)을 심(Core) 둘레에 일정한 피치로 감아서 만들어진다.

(1) 와이어 로프(Wire rope)의 구성

와이어 로프는 심(Core), 가닥(Strand), 소선(Wire)으로 구성된다.

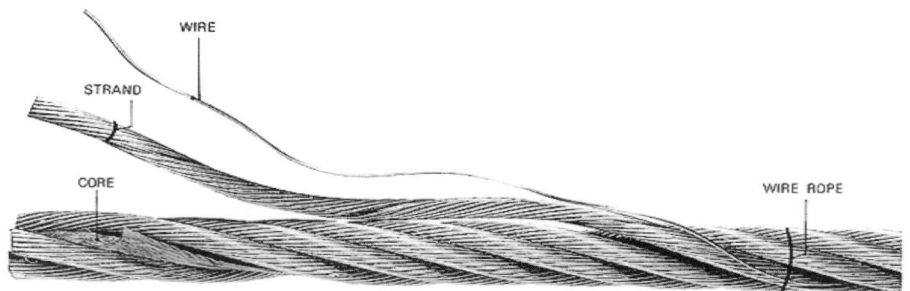

1) 용어와 정의(출처 : KS D 35514 와이어 로프)

① 소선(Wire) : 스트랜드를 구성하는 강선. 비도금 소선과 도금 소선이 있다.
② 심선(Steel core) : 스트랜드를 구성하는 가장 중심의 소선.
③ 스트랜드(Strand) : 복수의 소선 등을 꼰 로프의 구성 요소. 밧줄 또는 연선을 말한다. 즉, 심선과 소선의 조합으로 로프 제작의 중간 단계로서 종류에 따라 3~8개로 이루어지며, 각각의 재료와 개수에 따라 활용도가 달라진다.

④ 심강(Rope core) : 섬유심, 와이어 로프심, 스트랜드심의 총칭이다. 로프의 중심에는 반드시 형태를 유지할 수 있는 심이 사용되며, 사용 재질에 따라 크게 섬유심(Fiber core)과 철심(Steel core)으로 구분된다.

⑤ 섬유심(Fiber core) : 로프 또는 스트랜드의 중심을 이루는 섬유 로프이며, 천연 섬유심과 합성 섬유심이 있다.

⑥ 파단 하중(Braking load) : 로프의 파단 시험인 인장시험으로서 시험편이 파단될 때까지의 최대 하중을 말한다.

(2) 로프의 일반사항

와이어 로프는 사용 장소, 조건, 용도에 따라 그 종류가 다양하지만 심의 종류로 구분할 때 꼬임 안쪽은 심강 대신 스트랜드 한 가닥이 내장된 공심, 섬유 로프가 내장된 섬유심, 와이어 심을 내장한 철심으로 구분되며, 강도는 1470~2160N이다.

1) 파단 하중에 의한 분류 (출처 KS D 3514 와이어 로프)

① 종별
  ㉠ G종 (1470N급) 도금(도금 후 냉간 가공한 것을 포함한다.)
  ㉡ A종 (1620N급) 비도금 및 도금(도금 후 냉간 가공한 것을 포함한다.)
  ㉢ B종 (1770N급) 비도금 및 도금(도금 후 냉간 가공한 것을 포함한다.)
  ㉣ C종 (1960N급) 비도금
  ㉤ D종 (2160N급) 비도금

② KS D 3514의 규정에는 와이어 로프 1가닥의 길이는 200m, 500m, 1000m이다.

2) 로프 지름의 허용차(KS D 3514 와이어 로프 7.3 인용)

로프는 전체 길이를 통해서 찌그러짐, 흠집 등의 사용상 해로운 결함이 없어야 하며 로프 1가닥의 길이는 원칙적으로 200m, 500m 및 1000m로 한다. 로프 지름은 그 허용차는 지름 1㎜ 미만은 공칭 지름에 대하여 +10~0%로 하고, 지름 10㎜ 이상은 +7~0%로 한다.

(3) 와이어 로프 심(Wire Rope Core)의 구성

1) 심의 종류

심강은 섬유심, 철심으로 나뉜다. 심강 또는 심선은 와이어 로프 스트랜드(가닥)의 위치가 흐트러지지 않게 하는 역할과(형태 변형방지) 중량물로 인한 충격 하중을 흡수하고 소선끼리 발생되는 마찰을 적게 하여 마모를 줄여 준다. 기름을 품고 있어 와이어 로프의 내부 녹을 방지해 준다.

① 와이어 로프(Wire Rope)의 호칭

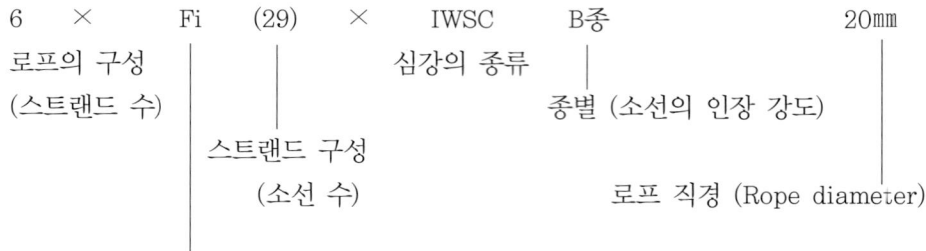

- Fi : 필러형(Filler type)
- S : 씰형(Seale type)
- W : 워링톤형(Warrington type)
- Ws : 워링톤 씰형(Warrington-seal type)

(4) 와이어 로프의 꼬임

1) 보통 꼬임(Regular lay)

로프를 구성하는 스트랜드의 꼬임 방향과 스트랜드를 구성하는 소선의 꼬임 방향이 반대로 된 것으로, 소선의 외부 접촉 길이가 짧으며 외측 소선이 로프축과 평행하다. 주로 크레인, 기계, 건설, 선박, 수산 등에 줄걸이용으로 널리 이용된다.

∥보통 Z 꼬임∥

∥보통 S 꼬임∥

2) 랭 꼬임(Lang lay)

로프를 구성하는 스트랜드의 꼬임 방향과 스트랜드를 구성하는 소선의 꼬임 방향이 동일한 것으로, 줄걸이용으로는 사용되지 않으며 케이블카, 케이블 크레인, 현수교 등에 사용된다.

∥랭 Z 꼬임∥

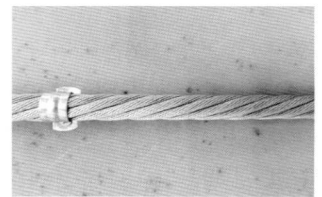
∥랭 S 꼬임∥

(5) 와이어 로프 하역 및 보관

1) 와이어 로프의 하역 및 보관

와이어 로프의 보관은 다음 사항들을 준수하여 관리하여야 한다.

① 와이어 로프를 장기간 보관하는 경우, 건조한 실내에 보관하거나 지붕이 있고 통풍이 잘되는 곳에 보관한다. 습기가 많고 통풍이 안 되는 지하 창고 보관은 금하고, 야외에 보관할 때는 임시 구조물을 세워 직사광선 및 습기와의 직접적인 접촉은 피하고, 습기 제거를 위해 외부와 통풍되도록 보관하여야 하며 주기적으로 습기 발생 상태를 확인한다.

② 와이어 로프가 직접적으로 지면에 닿지 않게 20~30㎝ 이격되도록 팔레트 등으로 받쳐서 보관한다.(지면과 떨어져 있어야 통풍이 될 수 있다.)

③ 와이어 로프는 배터리나 보일러 등 열원(熱源)과 가까운 장소를 피하고 염류(鹽類), 산류(酸類), 아황산가스 또는 약품 저장소와 일정한 거리를 두어 보관하도록 한다. (열원이 있는 장소에서 사용하게 되면 그리스를 건조시켜 방청성을 떨어뜨리며, 산화성·알카리성 성향의 장소에서는 로프 그리스의 성상을 변화시켜 부식을 촉진하게 된다.)

④ 사용한 와이어 로프를 보관할 때는 습기 제거, 먼지 및 토사를 털어낸 후 그리스를 얇게 도포하여 보관한다.

2) 와이어 로프 사용 시 주의사항

로프를 사용할 때에는 다음 사항들에 주의하여야 한다.

① 로프 길들이기

와이어 로프를 와이어 드럼에 감아 설치하여 사용할 때 처음부터 하중을 걸어 사용하지 말고 수회 공운전을 하고, 이상이 없으면 가벼운 하중(정격 하중의 1차 : 10~20% 정도, 2차 50% 정도)을 부여한 상태로 재차 수회 운전한 후 정격 하중으로 사용한다.

이상과 같이 로프를 길들임에 따라 로프를 구성하는 각 소선 및 스트랜드가 자리를 잡아 로프가 훅 블록 방향에 대한 배열 상태가 양호하게 되며, 느슨해진 로프가 탄탄하게 되고 로프의 이탈을 막아 준다.

② 킹크(Kink)

킹크란 반듯했던 것이 구부러지거나 뒤틀린 상태이며 회복이 불가능한 소성변형의 총칭이다.

킹크에는 (+)킹크와 (-)킹크가 있다. 와이어 로프의 스트랜드가 풀리는 방향으로 뒤틀렸으면 (-)킹크, 반대로 감기는 방향으로 뒤틀렸으면 (+)킹크이다. 효율은 킹크가 발생된 와이어 로프를 바로잡은 로프는 정상적인 로프 파단 하중의 80%, (+)킹크 상태는 약 60%, (-)킹크 상태는 약 40%이다.

(6) 와이어 로프 점검

1) 와이어 로프 점검 방법

와이어 로프는 정기적으로 점검하여 손상이나 형태 변형, 마모, 소선의 열화 상태를 체크하여 교체 시기를 놓치는 일이 없도록 한다.(단선의 점검, 마모의 점검, 부식의 점검)

2) 와이어 로프의 점검 및 교체

와이어 로프는 일일 점검, 주기적인 점검, 특별 점검을 통하여 다음에 해당되는 와이어 로프는 사용하지 않아야 한다.

① 이음매가 있는 것
② 와이어 로프의 한 꼬임(스트랜드 Strand)에서 끊어진 소선(素線)의 수가 10% 이상인 것(비자전 로프의 경우에는 끊어진 소선의 수가 와이어 로프 호칭 지름의 6배 길이 이내에서 4개 이상이거나 호칭 지름 30배 길이 이내에서 8개 이상) 또는 동일 스트랜드에서 소선 절단이 5% 이상이면 폐기.
③ 지름(직경)의 감소(마모)가 공칭 직경의 7%를 초과하는 것
④ 와이어 로프 마모 및 소선의 끊어짐
⑤ 꼬인 것
⑥ 심하게 변형되거나 부식된 것(녹이 많으면 강도가 40~50% 저하됨)
⑦ 열과 전기 충격에 의해 손상된 것
⑧ 부풀거나 변형된 것
⑨ 꺾임으로 인한 영구 변형된 것
⑩ 소선 및 스트랜드가 돌출되거나 빠져 나온 것
⑪ 국부적인 직경의 증가 또는 감소가 발생된 것
⑫ 훅에 거는 고리 부분의 섬유 심강이 불거져 나온 것

⑬ 훅에 거는 고리 부분에서 스트랜드가 풀어진 것
⑭ 스트랜드 끼워 넣기 회수 부족
⑮ 압축 고정 소켓에서 스트랜드가 빠져 나온 것
⑯ 압축 고정 소켓이 짓눌려 있는 것
⑰ 압축 고정 소켓 부분에 균열이 있거나 압축이 덜 된 것

※ 안전율(F) = 파단하중(KN)÷9.8×안전 하중
※ 기본 안전 하중 = 파단하중(KN)÷9.8×안전 계수
※ 기본 안전 하중 = 파단하중(KN)÷9.8÷안전 계수

3) 와이어 로프의 절단 방법

와이어 로프를 필요한 길이만큼 절단하여 줄걸이 작업 용구를 제작하는 경우 불, 용접기 등을 사용하여 절단하지 않고 반드시 기계적인 방법으로 절단하여야 한다.

4) 와이어 로프의 시징(Seizing 끝단 처리, 단말 처리)

절단된 끝부분이 풀림이 발생된다. 풀림을 방지하기 위해 로프 끝단을 철사로 감아 마감 처리하는 것을 시징이라고 하며, 시징의 길이는 로프 직경의 2~3배가 적당하다.

5) 와이어 로프의 지름(직경) 측정

① 와이어 로프 직경 측정은 외접원(外接圓)을 측정한다. 와이어 로프의 단면을 봤을 때 직경이 높은 쪽을 측정한다.(버니어 캘리퍼스로 측정)
② 1개 지점만 측정하지 않고 2~3지점을 측정하여 평균값으로 한다. 단, 와이어 로프 끝 1.5m 이내에서는 측정하지 않는다.
③ 와이어 로프 직경의 허용 오차는 공칭 직경의 -0~+7%이다.

※ **와이어 로프의 안전율은 다음의 값 이상이어야 한다.**

권상용 와이어 로프, 지브의 기복용 와이어 로프, 횡행용 와이어 로프 및 케이블 크레인의 주행용 와이어 로프 5.0

6) 슬링 와이어 로프(Sling wire rope)의 사용상 주의점

크레인이나 호이스트 등에서 무거운 물체를 들어 올리거나 이동시킬 때 슬링 로프를 거는 방법에 대하여 주의사항을 열거하면 다음과 같다.

① 예리한 모서리 같은 곳이나 손상되기 쉬운 부분에는 보호대를 설치하여 로프의 손상을 예방한다. 이때 보호대의 재질로는 섬유류를 피하고 목재 또는 금속을 사용하는 것이 좋으며, 목재는 연한 것으로 한다. 로프와의 접촉부는 둥글게 하고 표면은 가능한 한 매끄럽게 한다.
② 줄걸이 각도는 60° 이내로 걸어야 한다.

7) 와이어 로프 단말 고정법 및 효율

① 클립(Clip 조임쇠) 고정법(강도 75~85%)
  ㉠ 줄걸이용이 아닌 로프 고정용 방법으로 사용되는 단말처리 방법 중 하나로 클립 체결 방법에는 다음과 같은 사항에 주의해야 한다.
    - 클립의 새들은 로프의 힘이 걸리는 쪽에 있을 것.
    - 클립 수량과 간격은 로프 직경의 6배 이상, 수량은 최소 4개 이상일 것.

② 아이 스플라이스〈Eye splice〉법
  ㉠ 꼬아 넣기 방향 : 감아 넣기(Spiral) & 엮어 넣기(Cross)의 2가지
  ㉡ 꼬아 넣기 횟수 : (4+1) 회 및 (3+2) 회
  ㉢ 아이(Eye)부의 표준, A의 길이는 감아 넣기 : 로프경의 18배
  ㉣ 아이(Eye)부의 표준, B의 길이 : 로프경의 5배
  ㉤ 가공부의 로프 소요 길이, C의 길이 : 로프 직경 50mm 이하는 로프 직경의 40배, 로프 직경 50mm 초과했을 때, 로프 직경의 50배

2 슬링 벨트(Sling belt)

1) 일반적 특성

① 슬링 벨트(Sling belt)는 가공된 제품이나 손상되어서는 안 되는 제품을 인양할 때 적합하다. 정밀 가공된 제품 작업 시 제품 손상 방지에 탁월한 효과를 발휘한다.
② 섬유 벨트를 서로 걸어 당기지 않는다.(샤클 이용)
③ 원통 매달기 작업 시에는 가능한 깊게 조여 사용한다.
④ 훅에 걸어 사용할 때 웹 벨트의 아이(Eye) 부분이 조여지지 않도록 한다.
⑤ 실이 절단되거나 잘린 홈 등이 발생된 것은 사용하지 않는다.

3 줄걸이용 링크 체인

링크 체인(Link chain)은 숏 링크 체인(Short link chain), 롱 링크 체인(Long link chain), 오픈 체인(Open chain), 스터드 체인(Stud chain)으로 분류한다.

1) 링크 체인의 폐기 기준

① 연결된 5개의 링크를 측정하여 연신율(延伸率)이 제조 당시 길이의 5% 이내일 것
② 링크 단면의 지름 감소가 제조 시보다 10% 이하일 것
③ 균열, 심한 부식, 깨지거나 모양의 결함, 심한 변형 등이 없을 것

4 샤클(Shackle)

샤클은 와이어 로프 또는 체인 등을 연결하거나 고정시키는 데 사용된다.

5 아이 볼트(Eye bolt), 아이 너트(Eye nut)

줄걸이용 와이어 로프 등을 걸 수 없을 때 아이 볼트(Eye Bolt) 및 아이 너트(Eye Nut)를 사용하여 기계장치 또는 그 부품을 인양하여 이동할 때 사용되는 줄걸이 용구이다.

6 훅 및 훅 블록(Hook block)

① 훅은 고리 모양의 기구로써 줄걸이 기구(와이어 로프, 벨트, 링크 체인 등)를 훅에 걸어서 하물을 들어 올려 이동하기 위한 기계 기구이다.
② 중량물을 들어 올릴 때는 반드시 정격 하중을 준수해야 한다.
③ 한쪽 고리 훅과 양쪽 고리 훅이 있다.(작업의 특성에 맞게 적용)
④ 훅과 시브가 조립된 것을 훅 블럭(Hook block) 또는 바텀 블록(Bottom block)이라고 한다.

1) 훅(Hook)의 점검

① 훅은 중량물을 매달아 운반하는 중요한 부분으로써 훅을 제작할 때는 강도와 연성이 갖춰져야 한다. 훅의 재질로는 탄소강 단강품(KS D 3710) 또는 기계 구조용 탄소강(KS D 3517)을 사용한다.
② 훅을 제작한 뒤 훅 입구의 치수를 측정하고 훅에 정격 하중의 2배 (200%)의 힘으로 당긴 다음 멈추었을 때, 훅 입구의 영구 변형율이 0.25% 이하여야 하며 파단 하중은 500%이다.
③ 훅의 안전율(안전계수)은 5이다.
④ 훅의 파단 시험(파괴 시험)은 정격 하중의 5배(500%)이다.
⑤ 은 중요한 달기구이므로 컬러 검사로 자주 점검해야 한다.
⑥ 훅의 줄걸이 부분의 마모는 원 치수의 5% 이하이며, 마모의 깊이가 2㎜ 이하일 때는 다듬어서 사용한다.
⑦ 훅 입구의 열림은 원 치수의 5%이다.
⑧ 훅의 너트 및 각 부분의 볼트가 풀렸는지 점검한다.
⑨ 훅 해지 방지장치의 작동 상태가 정상인지 확인한다.

7 시브(Sheave), 활차(滑車), 도르래, 홈 바퀴

시브란 원형 바퀴에 홈을 파고 줄을 걸어 회전시켜서 하물을 움직이는 장치이며, 철재 시브(Steel sheave)와 MC 나일론 시브(Monomer cast Nylon sheave)가 있다.

① 권상장치용 시브의 피치원 직경(D)은 와이어 로프 직경(d)의 20배 이상으로 한다.
　　$D \geq 20$
② 이퀄라이저 시브(Equalizer sheave 회전하지 않는 시브)는 10배
③ 과부하 방지장치용은 5배 이상으로 할 수 있다.

1) 정활차(定滑車)-고정(固定)된 도르래

고정 시브라고도 하며 천장 크레인의 크래브(Crab) 상단 또는 하단에 설치되며 통상적으로 기계 구조물의 상부에 설치된다. 정활차와 동활차는 와이어 로프로 연결되어 회전한다. 정활차는 힘의 방향을 바꿀 때 사용한다.

2) 동활차(動滑車)-움직이는 도르래

각종 크레인의 훅 블록에 사용되며 상·하 수직으로 이동한다. 동활차는 하물을 당기는 힘을 줄이는 데 사용되며, 동활차 1개당 하물을 당기는 힘은 1/2로 줄어들지만 로프를 당기는 길이는 동활차 1개당 2배가 된다.

3) 복합활차(複合滑車) 도르래
정활차와 동활차를 조합한 것을 '복합활차'라고 하며, 크레인 제작 시 복합활차를 어떻게 조합하느냐에 따라 당기는 힘을 줄일 수 있다. (단, 당기는 힘을 줄일 수 있지만 정활차, 동활차의 개수가 많을수록 로프를 당기는 길이는 그만큼 길어진다) 복합활차는 여러 개의 고정활차 + 여러 개의 동활차를 사용한 것을 말한다.

Chapter 04 줄걸이 역학

1 역학 관련 용어

1) 힘(Force)

정지하고 있는 물체가 있을 때 힘으로 인하여 물체를 움직이게 하고, 움직이고 있는 물체가 있을 때 그 물체의 속도나 운동 방향을 바꾸거나 물체의 형태를 변형시키는 작용을 하는 물리적인 양이 힘이다. 또한 정지상태인 물체를 움직이거나 운동 중인 물체의 속도와 운동 방향을 변화시키며 임의로 물체의 형상을 변형시키는 물리적인 작용이 힘이다. 일반적으로 힘(Force)은 기호 F로 표시되며, 단위는 N(뉴턴)이나 kN(킬로뉴턴)을 사용한다.

2) 힘의 3요소(힘의 방향, 힘의 크기, 힘의 작용점)

힘이 어떤 물체에 작용했을 때, 작용하는 위치가 바뀌거나 또는 힘의 크기와 방향에 따라 물체에 미치는 효과가 달라진다. 즉, 같은 크기의 힘이 같은 방향으로 작용하더라도 힘의 작용점에 따라서 힘의 효과는 다르게 나타난다.

3) 힘의 모멘트

물체가 움직이도록 힘이 작용한 효과 또는 그것을 나타내는 양이다. 그 크기는 기준점에서 힘의 작용선에서 내린 수직선의 길이와 힘의 크기의 곱으로 나타낸다.

※ 힘의 모멘트 M=F(힘의 크기)×L(길이)이며, 이에 따라 모멘트는 힘과 거리에 의한 값이므로 힘의 크기 F를 N(뉴턴), 길이 L을 m(미터)으로 하면, 힘의 모멘트 M의 단위는 N.m(뉴턴미터)로 표기한다.

4) 비중(Specific gravity, 比重)

임의의 물질의 질량과 이 물질과 같은 체적(부피)을 갖는 표준 물질의 질량과의 비율이다.

■ 표준 물질

측정 물질이 고체 및 액체인 경우 : 4℃의 물 1㎤를 1g으로 하고, 이것을 표준으로 한다. 측정 물질이 기체인 경우 : 0℃, 1기압에서의 공기를 사용한다. 고체와 액체에서는 1기압, 4℃의 증류수를 표준 물질로 놓고 그 질량을 1이라 했을 때, 다른 물질과의 비(比)이다.

※ 물체의 중량을 구하는 방식은,
물체의 체적(가로 m×세로 m×높이 m)×비중이다.

문제

가로 1.5m 세로 3m 높이 50㎝인 직사각형인 물체의 체적은?
1.5×3×0.5 = 2.25㎥이다.
주의) 체적을 산출할 때는 이 계통의 특성상 단위를 m(미터)로 바꿔야 한다.

문제

철재로 된 가로 1.5m 세로 3m 높이 50㎝인 직사각형 물체의 중량은?
1.5×3×0.5×철재 비중 7.8 = 17.55톤이다.

문제

지름 90㎝ 높이 3m 원형인 물체의 체적은?
지름×지름×3×0.8 = 1.944 ㎥이다.

문제

삼나무가 지름 90㎝ 높이 3m의 원형일 때 물체 중량은?
0.9×0.9×3×0.8×삼나무 비중 0.36 = 0.699톤이다.

5) 중량물의 인양 각도

인양 각도란 크레인으로 중량물을 들어 올릴 때 중량물에 매단 줄걸이 용구와 훅에 걸리는 줄걸이 용구 사이에 생기는 각도를 말하며 60도 이내여야 한다.

6) 줄걸이 용구의 장력 계수

장력은 중량물을 인양할 때 줄걸이 용구에 당기는 힘이 발생되는 것을 말하며, 장력 계수는 작용되는 힘에 얼마만큼의 힘을 더한 것이다.

7) 모드 계수(Mode cofficient)

크레인으로 줄걸이 작업을 할 때 줄걸이 용구의 수, 줄걸이 용구를 거는 방법, 줄걸이 용구를 사용하는 방식에 의한 물체의 최대 질량과 1개의 줄걸이 용구에서 매달 수 있는 질량과의 달라지는 비율이다.

M = N×cos   M : 모드 계수, N : 줄걸이 수, α : 인양 각도

물체를 들어 올릴 때, 인양 각도와 장력계수에 의한 계산식으로 줄걸이 용구가 한 줄당 받는 하중을 알 수 있다.

문제
질량 10t의 물체를 와이어 로프 4줄로 하여 각도 60도로 들어 올릴 경우 와이어 로프 한 줄에 적용되는 기본 안전 하중은?
기본 안전 하중 = 물체의 질량×(장력계수÷줄걸이 수) = 10×(1.16÷4) = 2.9t

※ 위의 문제 풀이에서 알 수 있듯이 줄걸이 각도가 커질수록 줄걸이 로프에 가해지는 하중이 커진다는 것을 알 수 있다. 또한 같은 규격의 와이어 로프라도 줄걸이 각도가 크면 기본 안전 하중이 작게 된다.

Chapter 05 줄걸이 작업

1 줄걸이 작업이란?

크레인의 훅에 줄걸이 기구(와이어 로프 및 달기 체인(링크 체인 Link chain), 섬유 벨트, 섬유 로프 등)를 걸어 하물을 인양(引揚)하기 위한 작업과 하물을 이동(移動), 이송(移送)하는 작업을 말한다. 여기에는 하물의 중심 파악 줄걸이 기구 선정, 폐기 기준, 줄걸이 각도 및 장력 등이 포함된다.

2 줄걸이 작업 전 보호구 착용

(1) 보호구의 개요

1) 보호구의 정의

보호구란 산업재해를 방지하기 위해 외계(外界 : 자기 몸 밖의 범위)의 유해 위험 요인을 차단하거나 또는 그 영향을 감소시키고자 근로자의 신체 일부 또는 전부에 착용하는 것을 말한다.

2) 보호구의 기능

보호구의 기능은 유해 위험 요인을 완화하거나 흡수, 여과, 보급하는 것이다. 안전모는 외부로부터 충격을 완화하고 흡수하여 뇌를 보호하며, 방진 마스크는 분진을 여과하여 폐를 보호하고, 방독 마스크는 유독가스의 흡수에 의한 여과로 중독을 예방한다. 또 산소 호흡기는 산소를 보급한다.

3) 안전화

① 안전화의 종류

안전화는 그 기능에 따라 다음과 같이 분류한다.

㉠ 가죽제 : 물체의 낙하, 충격, 위험 방지 및 날카로운 것에 대한 찔림 방지용
㉡ 고무제 : 기본 기능 및 방수, 내화학성
㉢ 정전화 : 기본 기능 및 정전기의 인체 대전 방지
㉣ 절연화 : 기본 기능 및 저압의 전기 감전 방지
㉤ 절연장화 : 고압의 전기 감전 방지 및 방수

안전화는 장소에 따라 다음과 같이 구분하며, 작업 특성에 따라 그에 적합한 등급을 선택해야 한다.

3 중량물 이동작업 전 관계자 회의

1) 작업 계획 및 작업자 배치

줄걸이 작업을 시작하기 전에 이동할 하물을 파악한 후 줄걸이 방법과 줄걸이 용구 선정, 작업 방법, 순서, 운반 경로 등에 대한 정보를 줄걸이 작업자가 공통으로 공유한다.

▶ **운반 하역 표준안전 작업지침 제20조(용구의 선정)**

걸이 용구의 선정은 다음 각 호의 사항을 준수하여야 한다.
① 와이어 로프나 체인 등은 안정성이나 작업성 및 물체의 손상을 고려하여 적합한 걸이 용구를 선정하여야 한다.
② 걸이 용구는 반드시 사용 전에 점검을 하여 이상 유무를 확인하고 불량한 것은 사용치 말아야 한다.

▶ **운반 하역 표준안전 작업지침 제25조(물체의 보관과 적재)**

물체의 보관과 적재 작업은 다음 각 호의 사항을 준수하여야 한다.
① 물체를 적치시킬 때에는 요동이나 진동으로 인하여 미끄러지거나 기울어짐이 없도록 고임목을 사용하여야 하며, 작은 물체 위에 큰 물체를 쌓아놓거나 너무 높게 쌓지 않도록 하여야 한다.(적재 높이는 약 2미터 정도로 한다.)
② 적치 시에 매달린 물체의 위치를 수정할 필요가 있을 때에는 물체를 당기지 말고 밀어서 고쳐야 한다.
③ 적치 시에 매달린 물체 밑에 손, 발 등이 끼어 있지 않도록 하여야 한다.

▶ **운반 하역 표준안전 작업지침 제27조(걸이 신호)**

신호자는 안전작업 수행을 위해서 작업 내용, 환경 조건을 정확히 파악하고 다음 각 호의 사항을 준수하여야 한다.

① 걸이 신호는 「크레인작업 표준신호」(고용노동부 고시)에서 정한 바에 따른다.
② 신호는 반드시 1명의 신호자만을 선임하여 신호하도록 하여야 한다.
③ 신호는 크레인 운전자가 잘 보이는 위치에서 하여야 한다.
④ 걸이자 및 걸이 보조자의 작업 행동을 주시하여야 한다.
⑤ 선임된 신호자는 신호자 표시를 반드시 착용하여야 한다.
⑥ 신호자는 통행로 부근의 안전을 항상 확인하여야 한다.
⑦ 걸이작업 시작 전에 물체를 적재할 장소를 파악해 두어야 한다.
⑧ 물체의 반전 및 전도작업을 할 때에는 다음 각 목의 사항을 준수하여야 한다.
　㉠ 작업 공간을 넓게 확보할 것
　㉡ 중심을 이동할 때 와이어 로프 등의 느슨함이나 미끄럼의 유무를 주시하면서 서서히 할 것. 신호의 종류 및 방법 신호 방법은 크레인을 이용한 하물 이동 작업을 안전하고 능률적으로 수행하기 위해서 꼭 숙지해야 할 사항 중 하나이다. 신호 방법에는 수신호와 깃발신호 등이 있으며, 신호수와 조종자 간의 거리가 멀어서 수신호의 식별이 어려울 때에는 무전기를 사용한다. 작업자는 크레인을 사용해서 작업할 때 크레인 작동에 대해 신호수를 지명해서 표준신호법에 따라 크레인 조종자가 잘 보이는 곳에서 신호해야 한다. 또한 크레인 조종자는 정해진 신호에 따르지 않으면 안 된다.

4 신호의 종류 및 방법

신호 방법은 크레인을 이용한 하물 이동작업을 안전하고 능률적으로 수행하기 위해서 꼭 숙지해야 할 사항 중 하나이다.

▶ 신호수의 복장

신호수는 조종자와 작업자가 잘 볼 수 있도록 붉은색 장갑 등 눈에 잘 띄는 색의 장갑을 착용토록 하여야 하며, 신호 표지를 몸에 부착토록 하여야 한다.

▶ 수신호에 대한 요구 조건(일반 사항)

수신호는 다음의 요구 조건이 적용된다.
① 신호는 사용에 알맞고 크레인 조종사에 의해 충분히 이해되어야 한다.
② 신호는 오해를 피하기 위해 명확하고 간결하여야 한다.
③ 불특정한 한 팔 신호는 어떤 팔을 사용해도 수용되어야 한다.(좌우 방향을 가리키는 것은 특정한 신호이다.)

▶ 신호수
① 신호수는 반드시 안전한 곳에 위치하여야 하며, 조종자를 명확히 볼 수 있어야 하고 하물 또는 장비를 명확하게 볼 수 있어야 한다.
② 조종자에게 수신호를 보내는 사람은 한 사람이어야 한다. 예외는 단 한 가지, 비상 멈춤 신호뿐이다.
③ 적용 가능한 경우, 신호를 조합하여 사용할 수 있다.
④ 신호수는 신호뿐만 아니라 안전 작업 수행을 위해서 줄걸이 작업 내용, 환경, 조건 등을 숙지함과 동시에 크레인의 운전 성능, 정격 하중, 이동 범위 등을 충분히 이해해야 한다.
⑤ 신호는 정해진 동작을 절도 있고 명료하게 할 것(망설임 없이 신호)
⑥ 무전기 사용 시 복창하는 방법으로 확실하게 할 것
⑦ 크레인 운전자가 잘 볼 수 있는 곳에 위치할 것
⑧ 하물과 장비를 잘 볼 수 있도록 할 것
⑨ 크레인 조종 구역 바깥 쪽의 사람에게도 유의할 것
⑩ 신호수는 통행로 부근의 안전을 항상 확인할 것
⑪ 근로자가 있는 방향으로 하물을 유도하지 말 것
⑫ 걸이자 및 걸이 보조자의 작업 행동을 주시할 것
⑬ 걸이작업 시작 전에 물체를 적재할 장소를 파악해 둘 것

▶ 크레인 운전자
① 신호수 한 사람이 보내는 신호에 따라 크레인을 조종한다.
② 정지 신호는 신호수가 아닌 다른 사람이 신호해도 이에 따라야 한다.
③ 신호가 명확하지 않을 시 다시 한 번 명확하게 확인한다.
④ 크레인 조종자 개인이 판단하여 크레인을 작동시키지 아니 한다

5 줄걸이 작업 시 준수 사항

인양할 화물의 중심 위치가 정확해야 하며, 하물의 중량에 따라 걸이 방법과 하중에 맞는 용구를 사용한다.

1) 줄걸이 작업은 다음 각 호의 사항을 준수하여야 한다.
① 와이어 로프 등은 크레인의 훅 중심에 걸어야 한다.
② 인양 물체의 안정을 위하여 2줄걸이 이상 사용하여야 한다.
③ 밑에 있는 물체를 걸고자 할 때에는 위의 물체를 제거한 후 행하여야 한다.
④ 매다는 각도는 60°이내로 하여야 한다.
⑤ 근로자를 매달린 물체 위에 탑승시키지 않아야 한다.

6 줄걸이 상태의 확인

줄걸이용 와이어 로프가 팽팽해지면 일단 정지하고, 다음 사항에 대한 줄걸이 상태를 점검 및 확인한다. 줄걸이 상태가 좋지 못할 때나 하물이 수평으로 인양되지 않았을 때는 다시 줄걸이한다.

7 미동 권상

1) 지면에서 떨어지기 전 일단 정지

크레인 등의 운반작업 중에 가장 긴장해야 할 단계로 작업자의 위치, 자세, 행동 및 줄걸이 상태를 확인할 필요가 있다.

① 신호는 크레인 조종자가 보기 쉬운 안전한 위치에서 한다.
② 지면에서 떨어지는 순간에 하물이 흔들리는 경우가 있으므로, 작업자는 좁은 곳에 절대로 들어가지 않는다. 또한 하물이 흔들리는 것을 가정하여 하물을 인력으로 밀거나 당기지 않는다.
③ 하물 중심이 맞지 않은 상태에서 물체를 끌어올리지 않는다.

2) 지면에서 약간 띄운 후 일단 정지

인양 하물을 지면에서 약간 띄우고 인양 하물의 안정성, 줄걸이 상태를 재확인 및 수정한다. 높이는 바닥 위 10~20㎝ 정도의 낮은 위치에서 확인하는 것이 바람직하다.

① 인양 하물이 안정적인지 확인한다.
② 이동 중에 낙하할 우려는 없는지 확인한다.
③ 줄걸이 용구 설치 상태, 하물 용구 보호 상태가 양호한지 확인한다.
④ 받침목 등 불필요한 것을 모두 제거한 상태인지 확인한다.
⑤ 하물이 흔들리면 멈춘다.
⑥ 주위의 상황에 주의하고, 공동 작업자의 안전을 확인하며 안전한 장소에 대피시킨다.

8 하물 이동을 위한 인양 전 안전 확인

지면에서 떨어뜨려 정지한 후 하물의 수평 등 전반적인 안정을 재확인한다. 인양 하물이 불안정할 때는 내려서 다시 줄걸이를 조정한다.

① 주위의 상황을 확인하고 '감아올리는 신호'로 감아올린다. 매달린 물체가 다른 물체에 닿을 위험이 있을 때는 '수평 미동 신호'로 피하고 나서 감아올린다. 감아올리는 도중 매달린 물체의 회전을 정지할 때는 갈고리, 봉, 가이드 로프 등을 이용한다.

② 안전한 높이에서 '정지 신호'로 정지한다(2미터를 기준으로 한다). 운반 경로에 장해물이 없는 경우에는 가능한 한 낮게 하물을 이동해야 하므로 낮은 위치에서 권상을 정지한다.
③ 근로자를 대피시키고(필요하면) '수평 이동 신호'로 매달린 물체에 선행하고 유도한다. 신호수의 선행 거리는 5미터를 표준으로 하며, 신호수는 인양 하물보다 먼저 목적지까지 유도하여 착지 위치를 지시한다.

※ 긴 물건은 흔들리지 않도록 로프를 매어 걸이자가 붙잡도록 한다.
※ 작업 장소 및 인양 하물에 따라서 여러 보조 로프를 부착 사용한다.
※ 크레인 이동 중에 다른 물체에 보조 로프가 걸리지 않도록 주의한다.

9 줄걸이 작업자의 위치

줄걸이 작업자는 크레인이 갑자기 기동해도 인양 하물과 바닥에 둔 하물 또는 설비 등의 사이에 끼이거나 매달린 하물에 충돌할 우려가 없는 곳에 위치한다.

① 주행, 횡행 기능이 있는 천장 크레인 등의 경우, 주행이나 횡행 방향의 45°방향으로 인양 하물의 끝에서 2m 이상 또는 인양 하물 높이가 2m 이상인 경우, 매달린 하물 높이에 해당하는 거리 이상 떨어진 곳으로 대피한다.
② 이동식 크레인, 지브 크레인 등 선회 기능이 있는 경우, 인양 하물 끝에서 선회 바깥 방향으로 2m 이상 또는 인양 하물의 높이가 2m 이상인 경우, 인양 하물 높이에 해당하는 거리 이상 떨어진 위치로 대피한다.

10 작업 중 출입 금지

① 크레인의 이동 경로 또는 작업 반경 안으로 사람, 차량 등을 출입 금지시킨다.
② 하물이 회전하는 경우를 대비하여 하물의 회전 반경 안으로 사람, 차량 등을 출입 금지시킨다.

11 하물 이동

크레인을 이용한 하물 이동작업은 다음 각 호의 사항을 준수하여야 한다.

① 줄걸이 작업자
　㉠ 인양 하물 아래에 절대 서 있지 않도록 하고, 하물이 쓰러져도 피할 수 있는 안전한 거리를 유지한다.

ⓛ 사람의 머리 위를 운반 경로로 선택하지 않는다. 가능한 한 다른 작업자로부터 떨어진 곳을 지나도록 한다.
　　ⓒ 인양 하물 위에는 절대 타지 않는다.
　　ⓔ 하물이 흔들리거나 무너지는 것을 막기 위해 손으로 잡거나 누르지 않는다.
　　ⓜ 하물을 지탱할 필요가 있을 때는 고리를 사용하거나 보조 로프를 사용한다. 또한 줄걸이 하물이 회전하거나 흔들려서 건물 등에 접촉하는 등 위험한 상태를 방지하기 위해 보조 로프를 달아 인양한 하물을 유도한다.

② 크레인 운전자
　　㉠ 근로자 (특히 신호자, 걸이자)의 위치, 장애물의 유무, 인접 크레인의 움직임 등 주위의 상황을 확인하고 경보를 울린 후 이동하여야 한다.
　　ⓛ 급격한 기동이나 정지를 해서는 안 된다.
　　ⓒ 장척물이나 이형물을 운반할 때에는 특히 신중히 한다.
　　ⓔ 사람의 머리 위를 운반 경로로 선택하지 않는다. 가능한 한 다른 작업자로부터 떨어진 곳을 지나도록 한다.
　　ⓜ 감아 올림(풀어 내림)과 주행 또는 가로 방향 운전의 이중 조작 조종을 할 때에는 매단 물체의 바닥 면과 작업 면과의 최소 이격 거리를 2미터 이상으로 한다.

③ 신호수의 하물 유도
　　㉠ 줄걸이 작업자는 안전하고 조종자가 보기 쉬운 곳에 위치하며, 목적지까지 하물을 유도하고, 필요한 경우 다른 작업자를 물러나게 한다.
　　ⓛ 장척물, 이형물 또는 대형 물체를 매달 때에는 가이드 로프를 사용하여야 한다.
　　ⓒ 휘어지기 쉬운 긴 물체는 편심 하중, 휘어짐, 빠짐 등이 없도록 매달아야 한다.

(1) 하물 내리기
하물을 내리는 작업은 다음 작업 표준에 준하여 실시하여야 한다.
① 크레인 조종자에게 하물을 내려놓을 자리의 위치를 알린다.
② 하물을 내려놓을 장소의 지반 및 주위의 상황을 확인한 후 주위를 정리하고 받침목 등을 안전하게 배치한 후 크레인을 유도한다.
③ 안전한 장소나 높이에서 인양 하물의 방향을 수정한다.

(2) 하물 착지 및 적재

1) 하물 착지
적치 장소의 중심에 인양 하물의 착지 위치를 정한다.
① 착지 위치 바로 위에서 '천천히 내리기 신호'로 인양 하물을 내린다.

② 이때 인양 하물이 다른 물체에 닿지 않도록 주의하며 신호수와 줄걸이 작업자는 하물과 거리를 두고 떨어져서 물체의 상태를 보면서 '천천히 내리기 신호'로 하물을 내린다.
③ 한꺼번에 권하하지 말고 착지 전에 받침목 위에 일단 정지하고 나서 착지 후의 안전을 확인한다.

2) 하물 적재작업

하물을 두거나 쌓는 경우에는 다음과 같이 주의할 필요가 있다.
① 줄걸이 용구 제거 또는 다음 작업이 수월할 수 있도록 하물에 적당한 받침대나 고정목을 선정하여 하물이 안정되도록 한다.
③ 작은 물체 위에 큰 물체를 쌓아 놓거나 너무 높게 쌓지 않도록 한다.
   (적재 높이는 약 2m 정도로 한다.)

3) 작업 종료, 뒷정리

줄걸이 작업 종료 시 크레인 조종자에게 반드시 종료 신호를 보낸다. 줄걸이 작업은 정리 정돈까지 끝내는 것을 줄걸이 작업이 완료되는 것으로 하고, 각종 줄걸이 용구 및 보조구가 방치된 채로 두어서는 안 되며, 다음 작업을 위해 현장을 정리 정돈하고 줄걸이 용구 및 보조구는 점검한 후 지정된 보관대에 정리해서 보관한다.

▶ **크레인 조종 시작 전 점검사항**
① 작업 시작 전 조종자는 작업 내용과 작업 순서에 대하여 관계자와 충분히 협의한다.
② 크레인 주행 중에 혹은 크레인이 이동하는 영역 안에 장애물은 없는가 확인한다.
③ 크레인 정지 기구 및 레일, 클램프와 같은 고정장치의 해제 유무를 확인한다.
④ 기계실 또는 조종실 내의 각종 레버와 스위치의 이상 유무를 확인한다.
⑤ 방호장치의 이상 유무를 확인한다.
⑥ 크레인에 결속되어 있는 와이어 로프가 통하고 있는 곳의 상태 등을 확인한다.
⑦ 하물을 매달지 않은 무부하 상태에서 시운전을 3회 이상 실시한다.

※ **천장 크레인의 작업 시작 전 무부하 및 부하 시험**
① 먼저 무부하 상태에서 수회 조작하여 안전을 확인한 후 규정된 하중을 매달고 정격 속도로 횡행·주행을 3회 이상 반복하여 브레이크 성능을 조사한다.
② 부하 시 브레이크 능력을 확인할 경우에는 하물의 출렁거림에 주의하고 안전을 확인하는 것이 필요하다.
③ 정격 속도로 약 10m 주행한 후 제동시켜 소정의 위치에 정지 가능할 것

④ 횡행은 거더 각부에서 크러브를 소정의 위치에 제동시켜 정지 가능한 것을 확인하여야 한다.
⑤ 무부하 시에는 충돌 방지장치의 작동 유무도 확인하여야 한다.

※ 천장 크레인 브레이크 능력 시험
① 브레이크 능력 시험은 정격 하중의 화물을 달고 정격 속도로 하강, 정지를 3회 이상 실시하고 정지 후 1분간 제동을 유지시켜 브레이크 능력의 유무를 확인해야 한다.
② 기계식 브레이크는 하강 시의 정속성능(定速性能) 및 공중 매달기 기능을 확인한다.

▶ 크레인 조종 시작 전 점검사항
※ 무부하 조종에 의한 점검사항
① 권과 방지장치 작동 이상 유무 확인(메인 및 보조 호이스트 상·하한용)
② 브레이크 작동 이상 유무 확인(주행, 횡행, 메인 및 보조 호이스트)
③ 각 구성품들의 이상 유무 확인(전동기, 베어링, 감속기 등의 이상 음, 진동 및 과열 등)

▶ 크레인 조종 중 점검사항
① 주행, 횡행, 메인 및 보조 호이스트 스위치를 작동하기 전에 장애물 주의
② 매달린 하물은 움직이므로 하물의 크기 및 이동 장소의 장애물에 대하여 어떻게 대처해야 하는가를 생각하여 충분한 여유를 두고 조종한다.
③ 신호수의 사소한 신호에도 주의를 기울여 집중해서 확인한다.
④ 각 부품 마모 및 수명 연장을 위해 필요 없는 빈번한 시동 및 정지를 자제한다.
⑤ 조종자는 조종 중 항상 기계 각부의 이상 음, 이상 진동, 발열 등을 수시로 확인한다.
⑥ 주행, 횡행, 메인 및 보조 호이스트의 정지를 위해 역상 제동을 금지한다.
⑦ 정격 하중 이상의 하물 인양 금지

▶ 크레인 조종 후 점검사항
① 각 스위치를 정지 위치에 두고 배전반의 스위치를 차단한다.
② 각 브레이크의 제동 상태를 확인한다.
③ 각 동작 부위의 이완 및 풀림을 주의 깊게 확인한다.
④ 각 베어링부, 기어 등을 점검하여 필요 부위에 급유한다.
⑤ 오염된 오일, 먼지 등을 제거한다.
⑥ 전원 스위치의 차단을 확인하고 조종실에 시건 장치를 한다.
⑦ 조종일지를 기록 보관한다.

※ 점검 시의 주의사항
　① 점검 실시 전 크레인 거더에 '점검중'이라는 안전 표시판을 부착하여 일반 작업자에게 점검 중임을 주지시킨다.
　② 조작 스위치에는 '점검 중 스위치 조작 금지'의 표시 및 시건장치를 실시한다.
　③ 동일 주행로 상에 복수의 크레인이 있는 경우 주행레일 양 측면에 가설 스토퍼를 설치하여 인접 크레인의 충돌을 방지한다.
　④ 점검자가 2명 이상일 경우에는 상호간 점검 범위를 정한다.

▶ **조종실 조작식 천장 크레인의 조종**
　① 정격 하중, 성능 및 안전장치 기능을 완전히 이해하고 위해·위험작업의 취업제한에 관한 규칙에 의한 자격을 갖춘 자가 조종한다.
　② 조종 전에 다음 사항을 확인한다.
　　㉠ 주행로 및 크레인에 접촉할 만한 장애물 존재 여부
　　㉡ 급유 및 볼트, 너트 체결 상태
　　㉢ 기계실, 조종실 등의 레버, 스위치류 정지 상태
　③ 지상에 설치된 승강용 계단이나 사다리의 출입문은 확실히 닫아 관계자 외의 출입을 금지시킨다.
　④ 출입문용 열쇠는 조종자 본인이 휴대하고 관리한다.
　⑤ 권과 방지장치, 브레이크 및 기타 각 장치에 대해 동작 테스트를 실시한 후 조종 개시한다.
　⑥ 신호가 명확하지 않을 때에는 크레인 조종을 중단하고 신호수에게 재확인한다.
　⑦ 조종 중 갑자기 경보음이 울리면 즉시 크레인의 주행을 정지하고 그 원인을 파악, 제거한 후 작업한다.
　⑧ 조종 중 갑자기 정전될 때는 핸들을 모두 정지 위치에 놓고 주스위치를 끈 후 송전이 될 때까지 대기하며, 정전 보상 안전장치가 설치된 크레인도 안전장치를 과신하지 말고, 마그네트 등에 매단 물체는 지상에 내려놓는다.(마그네트 크레인의 정전 보증 시간 10분)
　⑨ 지상 20~30cm에서 일단 정지 확인 후 물체를 들어 올리며, 정해진 위치에 내려놓기 직전에 일단 정지 후 천천히 바닥에 내려놓는다.
　⑩ 하물을 매달고 이동할 때, 진행 방향으로 사람이 지나가고 있을 때, 또는 조종자가 위험을 느낄 때는 경보를 실시한다.
　⑪ 조종 종료 시 트롤리는 조종실 가까이 또는 정해진 위치에 정지하고, 훅은 상한 위치에 가깝게 감아 올린다.

Chapter 06 작업안전 관련

1 관계법령

▶ **산업안전보건법 제31조(안전, 보건교육) 관련 특별교육**

1. 사업주는 당해 사업장의 근로자에 대하여 노동부령이 정하는 바에 의하여 정기적으로 안전, 보건에 관한 교육을 실시하여야 한다.
2. 사업주는 근로자를 채용할 때와 작업내용을 변경할 때에는 근로자에 대하여 노동부령이 정하는 바에 의하여 당해 업무와 관계되는 안전, 보건에 관한 교육을 실시하여야 한다.
3. 사업주는 유해 또는 위험한 작업에 근로자를 사용할 때에는 노동부령이 정하는 바에 의하여 당해 업무와 관계되는 안전, 보건에 관한 특별교육을 실시하여야 한다.(이하 생략)

▶ **사내 안전, 보건교육 내용(제33조 제1항 관련) 규칙 별표8**

가. 정기교육
  사무직 근로자 : 매월 1시간 이상
  사무직 근로자 이외의 근로자 : 매월 2시간 이상(판매업무에 직접 종사하는 근로자는 매월 1시간 이상
  관리감독자의 지위에 있는 자 : 반기 8시간 이상 또는 연간 16시간 이상

나. 채용 시 교육
  당해 근로자로서 건설업 근로자를 제외한 자 : 8시간 이상
  당해 근로자로서 건설업에 종사하는 근로자 : 1시간 이상

다. 작업 변경 시 교육 : 당해 근로자로서 건설업 근로자를 제외한 자 : 8시간 이상 당해 근로자로서 건설업에 종사하는 근로자 : 1시간 이상

라. 특별교육 : 별표8의 제1호, 라 목
　　각호의 어느 하나에 해당하는 작업에 종사하는 근로자로서 건설업 종사자를 제외한 자 : 16시간 이상

▶ **산업안전보건법 시행규칙 제33조의 3(작업 시작 전 점검)**
- 사업주는 별표 1의 3에서 정하는 바에 따라 작업 시작 전에 필요한 사항을 점검하게 하여야 한다.
- 사업주는 제1항의 규정에 의한 점검 결과 이상이 발견된 때에는 즉시 보수 그 밖의 필요한 조치를 하여야 한다.(이하 생략)

▶ **작업 시작 전 점검사항(제31조3 관련) 별표1의3**
8. 양중기의 와이어 로프, 달기 체인, 섬유로프, 섬유벨트 또는 훅, 샤클, 링 등의 철구 (이하 와이어 로프 등 이라 한다.)를 사용하여 작업하는 때는 와이어 로프 등의 이상 유무를 점검해야 한다.(제3편11장6절, 제164조~171조)

▶ **산업안전기준에 관한 규칙 제164조 (와이어 로프 등의 안전계수)**
① 사업주는 양중기의 와이어 로프 또는 달기 체인(고리 걸이용 와이어 로프 및 달기 체인을 포함한다.)의 안전계수가 다음 각 호의 기준에 적합하지 아니하는 경우 이를 사용하여서는 아니 된다.
　1. 근로자가 탑승하는 운반구를 지지하는 경우에는 10 이상
　2. 하물의 하중을 직접 지지하는 경우에는 5 이상
　3. 물체를 메달아 놓기 위한 고정용 로프는 4 이상
② 사업주는 고리 걸이용 로프 또는 달기 체인의 경우 최대허용하중 등의 표시된 견고하게 붙어있는 것을 사용하여야 한다.

▶ **산업안전기준에 관한 규칙 제165조 (고리걸이 훅 등의 안전계수)**
사업주는 양중기의 고리 걸이 용구 인, 훅 또는 샤클의 안전계수가 사용되는 와이어 로프 또는 달기 체인의 안전계수와 같은 값 이상이 아니면 이를 사용하여서는 아니 된다.

▶ **산업안전기준에 관한 규칙 제166조 (와이어 로프의 절단방법)**
① 사업주는 와이어 로프를 절단하여 양중(楊重) 작업용구를 제작하는 때에는 반드시 기계적인 방법에 의하여 절단하여야 하며 가스용단(溶斷) 등 열에 의한 방법으로 절단하여서는 아니 된다.
② 사업주는 아크, 화염, 고온 부 접촉 등으로 인하여 열 영향을 받은 와이어 로프를 사용하여서는 아니 된다.

▶ **산업안전기준에 관한 규칙 제167조(이음매가 있는 와이어 로프 등의 사용금지)**
사업주는 다음 각호의 1에 해당하는 와이어 로프를 양중기에 사용하여서는 아니 된다.
1. 이음매가 있는 것.
2. 와이어 로프의 한 꼬임[스트랜드(Strand)를 의미한다.]에서 끊어진 소선(素線)의 수가 10퍼센트 이상인 것.[필러(Pillar)선을 제외한다.]
3. 지름의 감소가 공칭지름의 7퍼센트를 초과하는 것
4. 꼬인 것
5. 심하게 변형 또는 부식된 것

▶ **산업안전기준에 관한 규칙 제168조(늘어난 달기 체인 등의 사용금지)**
사업주는 다음 각호의 1에 해당하는 달기 체인을 양중기에 사용하면 안 된다.
1. 달기 체인의 길이의 증가가 그 달기 체인이 제조된 때의 길이의 5퍼센트를 초과한 것
2. 링의 단면 지름의 감소가 그 달기 체인이 제조된 때의 당해 링의 지름의 10퍼센트를 초과한 것
3. 균열이 있거나 심하게 변형된 것

▶ **산업안전기준에 관한 규칙 제169조(변형되어 있는 훅, 샤클 등의 사용금지)**
사업주는 훅, 샤클 및 링 등의 철구로서 변형되어 있는 것 또는 균열이 있는 것을 크레인의 고리 걸이 용구로 사용하여서는 아니 된다.

▶ **산업안전기준에 관한 규칙 제170조(꼬임이 끊어진 섬유로프 등의 사용금지)**
사업주는 다음 각호의 1에 해당하는 섬유로프 또는 섬유 벨트를 양중기에 사용하여서는 아니 된다.
1. 꼬임이 끊어진 것
2. 심하게 손상 또는 부식 된 것

▶ **산업안전기준에 관한 규칙 제171조(링의 구비)**
① 사업주는 엔드레스(Endless)가 아닌, 와이어 로프 또는 달기 체인에 대하여는 그 양단에 훅, 샤클, 링 또는 고리를 구비한 것이 아니면, 크레인의 고리 걸이 용구로 사용 하여서는 아니 된다.
② 제1항의 규정에 의한 고리는, 꼬아 넣기[아이 스프라이스(Eye splice)를 의미한다.] 압축, 멈춤 또는 이러한 것과 동등 이상의 힘을 유지하는 방법에 의하여 제작된 것이어야 한다.
③ 이 경우 꼬아 넣기는 와이어 로프의 모든 꼬임을 3회 끼워 짠 후 각각의 꼬임의 소선의 절반을 잘라내고 남은 소선을 다시 2회 이상(모든 꼬임을 4회 이상 끼워 짤 때에는 1회 이상) 끼워 짜야 한다.

▶ 줄걸이 작업을 위한 안전 절차
  ① 적절한 의복, 인명 보호구 사용
  ② 지적 확인 및 구호 등으로 안전 확보

▶ 신 호
  ① 수(手)신호
  ② 깃발 신호
  ② 무선통신(음성신호)

▶ 장치의 선택 및 점검
  ① 무게중심 결정 및 하물 질량 판단
  ② 줄걸이 작업 장치의 선택
  ③ 줄걸이 작업 장치 점검(검사)

▶ 줄걸이 작업
  ① 줄걸이 작업 장치 장착
    - 무게중심 및 줄걸이 장착 지점의 결정
    - 하물 위로 훅 안내 및 훅 내리기
    - 하물 및 훅에 줄걸이 작업 장치 장착
    - 줄걸이 상태 안전 확인
  ② 하물의 시험 인양 및 인양장치
    - 정확한 인양 장치 및 정지
    - 안전 확인
    - 하물 인양 장치
  ③ 하물 수송
    - 하물의 주행 경로 계획
    - 교차(다른 크레인과 공유된 공간)
    - 이송 경로 및 하역 위치에 대하여 운전자와 신호수 사이의 신호
    - 하물의 안내(위치 조정, 흔들림 방지 등)
  ④ 하물 하강
    - 지면 또는 지지 구조면 상태 평가
    - 하단 및 준비된 적치대(Sleeper)로 하물 이동
    - 하물 하강 및 하강 중지
    - 정밀한 하강, 하물 지면에 내리기 및 안정성 확인
    - 훅 및 하물에서 줄걸이 작업 장치 탈거
    - 줄걸이 작업 장치 점검 및 지정된 장소에 보관

2 일반 안전

1) **재해의 직접 원인**
   ① 불안전한 행동 : 기계·기구 위험장소 접근, 안전장치의 기능 제거, 복장·보호구의 잘못 사용, 운전 중인 기계장치의 손질, 불안전한 속도 조작, 위험물 취급 부주의 불안전한 상태 방치, 불안전한 자세 동작, 감독 및 연락 불충분
   ② 불안전한 상태 : 물 자체 결함, 안전 방호장치 결함, 보호구의 결함, 물의 배치 및 작업장소 결함, 작업환경의 결함, 생산 공정의 결함, 경계표시·설비의 결함

2) **사고의 종류**
   ① 중상(휴업 8일 이상~사망)
   ② 경상(휴업 1일 이상~7일 미만)
   ③ 무상해 사고(휴업 1일 미만)

3) **산업재해의 원인**

   불안전한 행동 : 안전사고를 일으키는 원인이 된다.
   ① 권한 없이 행한 조작
   ② 불안전한 속도 조작 및 위험 경고 없이 조작
   ③ 안전한 장치를 고장내거나 기능 제거
   ④ 결함이 있는 장비 수리, 공구, 차량 등 운전 시설의 불안전한 사용
   ⑤ 보호구 미착용 및 위험한 장비로 작업
   ⑥ 필요 장비를 사용하지 않거나 불안전한 기구를 대신 사용
   ⑦ 불안전한 적재, 배치, 결한, 정리 정돈하지 않음
   ⑧ 불안전한 인양, 운반
   ⑨ 불안전한 자세 및 위치
   ⑩ 당황, 놀람, 잡담, 장난

4) **산업재해의 원인**

   불안전한 상태는 사고 발생의 직접적인 원인이 되는 것으로 기계적, 물리적 위험 요소를 말한다.(물적 원인)
   ① Guard(가드, 보호하는) 미비, 불완전한 Guard(부적절한 설치)
   ② 결함이 있는 기계 설비 및 장비
   ③ 불안전한 설계, 위험한 배열 및 공정
   ④ 부적절한 조명, 환기, 복장, 보호구 등

⑤ 불량한 정리 정돈
⑥ 불량상태(미끄러움, 날카로움, 거침, 깨짐, 부식됨 등)

5) 안전사고의 원인

불안전한 행위
① 안전수칙의 무시
② 불안전한 작업행동
③ 방심(태만)
④ 기량의 부족

불안전한 위치
① 신체조건의 불량
② 주의산만
③ 업무량의 과다
④ 무관심

6) 재해예방 4원칙(산업안전의 4원칙)
① 손실 우연의 원칙
② 원인 계기의 원칙
③ 예방 가능의 원칙
④ 대책 선정의 원칙

7) 보호구의 구비조건
① 착용이 간편할 것
② 작업에 방해가 되지 않도록 할 것
③ 유해·위험요소에 대한 방호성능이 충분할 것
④ 재료의 품질이 양호할 것
⑤ 구조와 끝마무리가 양호할 것
⑤ 외양과 외관이 양호할 것

8) 호흡용 보호구
① 방독마스크 : 유기용제, 유독가스, 미스트, 흄 발생작업
② 송기마스크, 산소마스크 : 저장소, 하수구 청소 및 산소 결핍 작업장
③ 방진마스크 : 분체작업, 연마작업, 광택작업, 배합작업 등 먼지가 많은 작업장

9) 해머 작업 시 안전수칙

① 열처리된 재료는 해머로 때리지 않도록 주의한다.
② 녹이 있는 재료를 작업할 때는 보호안경을 착용하여야 한다.
③ 자루가 불안정한 것(쐐기가 없는 것 등)은 사용하지 않는다.
④ 장갑을 벗고 시작은 천천히, 점차 강하게 타격한다.

10) 장갑을 착용하면 안 되는 작업

해머작업, 연삭 작업, 드릴작업, 선반작업, 정밀기계작업 등이 있다.

11) 안전보건 표지의 제작

① 안전·보건 표지는 그 종류별로 별표 4에 따른 기본모형에 의하여 별표 2의 구분에 따라 제작하여야 한다.
② 안전·보건 표지는 그 표시내용을 근로자가 빠르고 쉽게 알아볼 수 있는 크기로 제작하여야 한다.
③ 안전·보건 표지 속의 그림 또는 부호의 크기는 안전·보건 표지의 크기와 비례하여야 하며, 안전·보건 표지 전체 규격의 30퍼센트 이상이 되어야 한다.
④ 안전·보건 표지는 쉽게 파손되거나 변형되지 아니하는 재료로 제작하여야 한다.
⑤ 야간에 필요한 안전·보건 표지는 야광물질을 사용하는 등 쉽게 알아볼 수 있도록 제작하여야 한다.

12) 안전·보건표지의 색채

① 빨간색(금지, 경고)
  정지신호, 소화설비 및 그 장소, 유해행위의 금지, 화학물질 취급장소에서의 유해·위험경고
② 노란색(경고)
  화학물질 취급장소에서의 유해·위험경고 이외의 경고, 주의 표지 또는 기계 방호물
③ 파란색(지시)
  특정행위의 지시 및 사실의 고지
④ 녹색(안내)
  비상구 및 피난소, 사람 또는 차량의 통행 표시
⑤ 흰색
  파란색 또는 녹색에 대한 보조색
⑥ 검은색
  문자 및 빨간색 또는 노란색에 대한 보조색

13) 소화의 원리
① 연소의 3요소인 가연물, 산소, 점화원을 분리한다.
② 연쇄반응 인자의 전달을 차단한다.(부촉매를 사용한다.)

14) 화재 시 소화의 방법은
① 냉각소화
② 질식소화
③ 제거소화
④ 연쇄반응을 단절시키는 억제소화가 있다

15) 화재연소의 3요소는
점화원, 산소(공기), 가연성 물질이다.

16) 화학물질 방호복
피부로 침입하는 화학물질 또는 강산성 물질 취급 작업 시에는 보호복을 착용하여야 하며, 침투를 방지하기 위해 고무로 만든 옷이 적합하다.

17) 화상
전기용접의 아크 빛으로 인해 눈이 혈안이 되고 눈이 붓는 경우가 있다. 이럴 때 응급조치사항으로 가장 적절한 방법은 냉습포를 눈 위에 올려놓고 안정을 취하면 눈의 붓기와 안압이 진정된다.
화상을 입었을 때는 시원한 물에 담근다.

18) 연삭기 작업
연삭기에서 연마를 할 때는 숫돌이 회전을 하고 있으므로 받침대에 의존해서 연삭 작업을 해야 한다 이때 숫돌과 받침대 간격은 가능한 가깝게 유지한다.

19) 작업장에서 지켜야 할 준수사항
① 불필요한 행동을 삼가할 것
② 작업장에서 급히 뛰지 말 것
③ 대기 중이 차량에는 고임목을 고여 둘 것
④ 공구를 전달할 경우 던지면 안 된다

20) 안전 관리상 보안경을 사용해야 하는 작업
① 장비 밑에서 정비 작업을 할 때
③ 철분 또는 모래 등이 날리는 작업을 할 때
④ 전기용접 및 가스용접 작업을 할 때

21) 산소 결핍 발생이 쉬운 장소에서 작업을 할 때 산소마스크를 착용해야 한다.

22) 안전관리의 근본적인 목적은 근로자의 생명과 신체보호, 안전사고를 미연에 방지하는데 그 목적이 있다.

23) 작업자가 실시하는 안전점검
    ① 장비 및 공구의 상태
    ② 안전보호구의 적정성 여부
    ③ 작업장의 정리·정돈

24) 작업장에서 전기가 별도의 예고 없이 정전되었을 경우
    ① 즉시 스위치를 끈다.
    ② 안전을 위해 작업장을 미리 정리해 놓는다.
    ③ 퓨즈의 단선 유·무를 검사한다.
    ④ 컨트롤러를 중립으로 놓고 각종 스위치를 OFF 한다.

25) 인간 공학적인 안전 설정
    ① 페일 세이프(Fail-Safety)의 정의
        인간 또는 기계에 과오나 동작상의 실수가 있어도 안전사고를 발생시키지 않도록 2중 또는 3중으로 통제를 가하도록 한 체제
    ② 페일 세이프의 종류
        다경로 하중 구조, 하중 경감 구조, 교대 구조, 중복 구조

26) 천장 크레인의 몇 가지 부품에 대하여 예비품을 두어야 하는 이유
    ① 운전 중 고장이 쉽게 발생되는 부품에 대하여 정비시간을 단축시킴
    ② 부품 값이 비싸며 운반이 불편함
    ③ 쉽게 구할 수 있는 부품이며 값이 쌈

27) 벨트 작업
    벨트를 풀리에 걸 때 또는 점검 및 보수를 할 때는 항상 회전체는 정시 시킨 후 해야 한다. 동력 전달장치 중 재해가 가장 많이 발생되는 장치는 벨트, 체인, 기어순이다.

28) 근로자 1,000명당 1년간에 발생하는 재해자 수를 나타낸 것은 연천인율이다.

$$연천인율 = \frac{재해자수}{평균근로자수} \times 1000$$

29) 렌치(Wrench)의 종류

① **오픈렌치** : 스패너라고 하며, 볼트 머리 6각 중 두 군데만 고정하여 돌리기 때문에 볼트 머리가 훼손될 가능성이 있다.
② **복스렌치** : 오픈렌치와 달리 6각 볼트, 너트 주위를 완전히 감싸게 되어 사용 중에 미끄러지지 않으며, 고른 힘이 분산되어 볼트, 너트를 손상시키지 않고 큰 힘을 전달할 수 있다.
③ **컴비네이션(조합)렌치** : 오픈렌치와 복스 렌치의 장점을 하나로 모아 만든 렌치이며, 한쪽은 오픈렌치, 반대편은 복스 렌치로 되어 있다.
④ **조정렌치** : 일명 몽키 스패너라고도 불리며 볼트 또는 너트를 조이거나 풀 때 고정 죠(Jaw)에 힘이 가해지도록 해야 한다.

30) 렌치, 스패너 사용 시 유의 사항

① 스패너의 입이 볼트, 너트의 치수에 맞는 것을 사용해야 한다.
② 스패너의 자루에 파이프를 이어서 사용해서는 안 된다.
③ 스패너와 너트 사이에는 쐐기를 넣고 사용하면 안 된다.
④ 너트에 스패너를 깊이 물리도록 하여 조금씩 앞으로 당기는 식으로 풀고 조인다.

【 수신호 방법 】 (별첨-1)

1. 조종자 호출

호루라기 등을 사용하여 조종자와 신호수의 주의를 집중시킨다.

2. 작업시작 (나의 지시를 따르시오.)

두 팔을 수평으로 뻗고 손바닥은 펴서 정면을 향하도록 한다.

3. 멈춤(보통 멈춤)

팔을 수평으로 뻗고 손바닥은 바닥을 향하고 팔은 수평을 유지하여 앞뒤로 움직인다.

4. 비상 멈춤(긴급 멈춤)

두 팔을 수평으로 뻗고 손바닥은 펴서 정면을 향하고, 팔은 수평을 유지하여 앞뒤로 움직인다.

5. 작업 중지 (나의 지시 따름을 중지하시오.)

양손을 가슴 높이에 모으고 움켜쥔다.

6. 미동 혹은 최저속

손바닥을 맞대고 원을 그리듯 문지른다. 이 신호 이후 해당되는 다른 수신호를 적용한다.

7. 수직 거리 표시

두 팔을 몸 앞쪽으로 뻗고, 두 손바닥을 마주하여 수직거리를 표시한다.

8. 하물을 일정한 속도로 올리기

한쪽 팔을 올리고, 검지를 펴서 위쪽을 가리키며 팔뚝과 함께 작은 평면 원을 그린다.

9. 천천히 올리기

한 손으로 올리기 신호를 하면서 다른 손바닥을 신호를 하는 손위에서 대고 움직이지 않는다.

10. 하물을 일정한 속도로 내리기

한쪽 팔을 벌려 아래로 내리고, 검지를 펴서 아래쪽을 가리키며 팔뚝과 함께 작은 원을 그린다.

11. 천천히 내리기

인하 신호를 하는 손 아래에 다른 손바닥을 펼쳐 댄 후 움직이지 않는다.

12. 주행/선회 방향 표시

한 팔을 수평으로 뻗으며 손을 펴서 손바닥을 아래로 하여 원하는 방향을 가리킨다.

13. 주행 (나로부터 멀어지시오.)	14. 주행 (나에게로 오시오.)	15. 수평거리 표시
 두 팔을 앞으로 뻗고 두 손바닥을 아래로 편 채 두 팔을 위아래로 반복하여 움직인다.	 두 팔을 앞으로 뻗고 두 손바닥을 위로 편 채 두 팔을 위아래로 반복하여 움직인다.	 두 팔을 몸 앞쪽으로 뻗고, 두 손바닥을 마주한다.
16. 뒤집음(a) (두 크레인 혹은 두 개의 훅)	17. 뒤집음(b) (두 크레인 혹은 두 개의 훅)	18. 메인 호이스트 사용하기
 두 팔을 몸 앞쪽으로 평행하게 뻗고, 뒤집을 방향으로 90도 회전시킨다.	 두 팔을 몸 앞쪽으로 평행하게 뻗고, 뒤집을 방향으로 90도 회전시킨다.	 한 손은 머리 위로 올리고, 다른 한 손은 몸 측면에 붙인다. 이 신호 이후의 수신호는 메인 호이스트에만 적용한다. 하나 이상의 메인 호이스트가 존재하는 경우, 신호수는 크레인 번호를 표시하거나 손가락으로 가리킨다.
19. 보조 호이스트 사용하기	20. 마그네틱 붙이기	21. 마그네틱 떼기
 한쪽 팔목을 수직으로 세우고 주먹을 쥔다. 다른 손바닥으로 팔꿈치를 움켜쥔다. 이 신호 이후의 수신호는 보조 호이스트에만 적용한다.	 양손을 몸 앞에다 대고 꽉 낀다.	 양팔을 몸 앞에서 측면으로 벌린다. (손바닥은 지면을 향하도록 한다.)
22. 물건 걸기	23. 작업 완료	24. 크레인 이상 발생
 양손을 몸 앞에 대고 두 손을 깍지낀다.	 크레인 운전자를 향해 거수경례 또는 두 손을 머리 위로 올린다.	 오른손을 주먹을 쥔 상태에서 왼 손바닥을 3~4회 두드린다.

25. 양쪽 크롤러 트랙 주행(a)	26. 양쪽 크롤러 트랙 주행(b)	27. 한 쪽 크롤러 트랙 주행

두 주먹을 몸 앞쪽에 모은 후 앞쪽 혹은 뒤쪽 주행하는 방향으로 서로 회전시킨다.	두 주먹을 몸 앞쪽에 모은 후 앞쪽 혹은 뒤쪽 주행하는 방향으로 서로 회전시킨다.	한쪽 트랙의 잠금을 표시하기 위해 한 손 주먹을 들어올린다. 다른 손 주먹은 몸 앞에서 반대쪽 트랙의 주행 방향을 가리키며 수직으로 회전시킨다.

28. 붐 올리기	29. 붐 하강	30. 붐 확장 또는 트롤리 확장

한쪽 팔을 수평으로 뻗고 엄지손가락을 위로 펼친다.	한쪽 팔을 수평으로 뻗고 엄지손가락을 아래로 펼친다.	양손을 앞쪽으로 뻗고(주먹을 쥔 상태) 엄지손가락을 서로 반대 방향인 바깥쪽으로 편다.

31. 붐 축소 또는 트롤리 축소	32. 붐 상승과 동시에 하물 인하	33. 붐 하강

양손을 앞쪽으로 뻗고(주먹을 쥔 상태) 엄지손가락을 서로 반대 방향인 안쪽으로 편다.	한쪽 팔을 수평으로 뻗고 엄지손가락을 위로 편다. 다른 팔은 아래로 뻗어 약간 벌리고 작은 원을 그린다.	한쪽 팔을 수평으로 뻗고 엄지손가락을 아래로 편다. 다른 팔은 위쪽으로 들어 손가락으로 작은 원을 그린다.

34. 버킷 열림	35. 버킷 닫음

두 팔을 어깨 높이로 들어 벌리고 양 손바닥을 아래로 향한다.	양손 끝을 몸 앞쪽 대고 가지런히 붙인다.

【 산업안전표지 】 (별첨-2)

천장 크레인 운전 기능사

기출문제 정답 및 해설

2014년 제1회 최근 기출문제

01 천장 크레인 주행장치에서 감속기의 역할은?

① 차륜의 회전속도를 감속시켜 전동기의 회전력을 향상시킨다.
② 축의 회전속도를 감속시켜 브레이크의 제동력을 향상시킨다.
③ 전동기의 회전속도를 감속시켜 차륜에 전달한다.
④ 레일의 마찰력을 감소시켜 원활한 주행이 이루어지도록 한다.

> 해설 ○ 주행 장치에의 동력 전달 순서는 전동기 → 감속기 → 차륜이며 이 세 개의 부품은 서로 조립되어 있다. 즉 전동기의 회전속도가 감속기의 입력 축(Shaft)에 전달되어 감속기 내부의 기어를 거치면서 감속기 출력축(Shaft)의 회전속도가 현저하게 줄게 된다. 감속기는 설계, 제작 시 감속 비율이 정해지므로 필요한 출력과 형태, 감속비 등에 맞춰 선정해서 사용해야 한다.

02 천장 크레인 운전실에 대한 설명으로 틀린 것은?

① 운전자가 안전운전을 할 수 있도록 충분한 시야를 확보할 수 있는 구조여야 한다.
② 운전실의 제어기에는 작동방향표시가 있어야한다.
③ 운전자가 인양물을 잘 볼 수 있도록 운전실에는 조명장치를 설치하지 아니한다.
④ 운전자가 쉽게 조작할 수 있는 위치에 기폐기, 제어기, 브레이크, 경보장치를 설치하여야 한다.

> 해설 ○ 운전실의 설치
> 가. 다음에서 정하는 크레인에 대하여는 안전하게 운전할 수 있는 운전실을 설치해야 한다. 다만, 작업 바닥면에서 운전하는 크레인은 제외한다.
> 　1) 분진이 현저하게 발산하는 장소에 설치하는 크레인
> 　2) 현저하게 저온이 될 우려가 있는 장소에 설치하는 크레인
> 　3) 옥외에 설치하는 크레인
> 나. 가목에 따라 운전실을 설치한 크레인 이외의 크레인은 운전대를 구비해야 한다. 다만, 작업 바닥면에서 운전하는 방식의 크레인은 제외한다.

Answer　01 ③　02 ③

운전실
가. 크레인에 구비한 운전실 또는 운전대의 구조는 다음과 같이 한다.
   1) 운전자가 안전한 운전을 할 수 있는 충분한 시야를 확보할 수 있을 것
   2) 운전자가 쉽게 조작할 수 있는 위치에 개폐기, 제어기, 브레이크, 경보장치 등을 설치할 것
   3) 운전자가 접촉하는 것에 의해 감전위험이 있는 충전부분에는 감전방지를 위한 덮개나 울을 설치할 것
   4) 제43호가목1)에 정한 크레인의 운전실은 분진의 침입을 방지할 수 있는 구조일 것
   5) 물체의 낙하, 비래 등의 위험이 있는 장소에 설치되는 크레인의 운전대에는 안전망 등 안전한 조치를 할 것
   6) 운전실 등은 훅 등의 달기기구와 간섭되지 않아야 하며 흔들림이 없도록 견고하게 고정할 것
   7) 운전실에는 적절한 조명을 갖출 것
   8) 운전실의 바닥은 미끄러지지 않는 구조일 것
   9) 운전실에는 자연환기(창문열기) 또는 기계장치 등 환기장치를 갖출 것
나. 운전실은 다음과 같이 한다.
   1) 운전실과 거더의 부착부분은 용접부의 균열이 없어야 하며, 부착볼트는 확실하게 고정될 것
   2) 제어기에는 작동방향 등의 표시가 있을 것

03 브레이크 중에서 전기를 투입하여 유압으로 작동되는 것은?

① 오일 디스크 브레이크
② 마그넷 브레이크
③ 스러스트 브레이크
④ 다이나믹 브레이크

해설 ○─ 스러스트(Thruster) 브레이크는 압상기 브레이크라고도 하며 전기를 투입하여 유압으로 작동한다. 주로 주행, 횡행 장치의 브레이크로 사용된다.

04 1대의 제어기로 주 제어기(Master controller) 2대의 기능을 가져, 주행과 횡행 또는 주권과 보권을 같이 사용할 수 있고 설치면적이 절감되는 등의 특징을 가진 제어기는?

① 수동 드럼형 제어기
② 캠 작동식 제어기
③ 푸시 버튼 제어기
④ 유니버설 제어기

해설 ○─ 유니버설 제어기(십자형 제어기, 만능제어기)는 1대의 제어기로 2가지 장치의 제어 기능을 가져, 주행과 횡행 또는 주권과 보권을 같이 사용할 수 있어 설치면적이 절감된다.

Answer 03 ③ 04 ④

05. 크레인 거더의 처짐은 정격하중 및 달기기구 자중을 합한 하중을 가장 불리한 조건으로 권상하였을 때, 스팬의 얼마 이하여야 하는가?

① 1/800
② 1/200
③ 1/700
④ 1/1,000

해설 ○ 처짐한도
    가. 크레인 거더의 처짐은 정격하중 및 달기기구 자중을 합한 하중에 상당하는 하중을 가장 불리한 조건으로 권상하였을 때, 당해 스팬의 800분의 1 이하가 되어야 한다.
    나. 크레인의 박스 거더에는 자중에 의한 처짐과 정격하중의 1/2에 의한 처짐을 합산한 값에 상당하는 캠버를(Camber) 주어야 한다.

06. 비상정지 스위치에 대한 설명으로 옳은 것은?

① 비상정지용 누름 버튼은 황색으로 한다.
② 비상정지용 누름 버튼은 머리 부분이 돌출되지 않게 한다.
③ 스위치의 복귀로 비상정지 조작 직전의 작동이 자동으로 되어야 한다.
④ 운전 조작을 처음의 시동 상태에서 시작하도록 회로를 구성한다.

해설 ○ 비상정지장치
    가. 비상정지장치는 각 제어반 및 그 밖의 비상정지를 필요로 하는 개소에 설치하되, 접근이 용이한 곳에 배치되어야 한다.
    나. 비상정지장치는 작동된 이후 수동으로 복귀시킬 때까지 회로가 자동으로 복귀되지 않는 구조여야 한다.
    다. 비상정지장치의 형태는 기계의 구조와 특성에 따라 위험상황을 해소할 수 있도록 다음과 같은 적절한 형태의 것을 선정해야 한다.
        1) 버섯형(돌출) 누름버튼
        2) 로프작동형, 봉형
        3) 복부 또는 무릎작동형
        4) 보호덮개가 없는 페달형 스위치
    라. 누름버튼형 비상정지장치의 엑추에이터는 적색이고 주변의 배경색은 황색이어야 한다.
    마. 로프작동형 비상정지장치는 상시 로프의 적정 장력이 유지되어야 하며, 로프에 적색과 황색으로 식별이 가능하여야 한다.
    바. 비상정지장치는 다음 조건을 만족하여야 하며, 작동과 동시에 구동부 동력이 차단되는 0정지 방식이어야 한다. 다만, 관성 등에 의해 급정지 시 추가적인 위험을 초래할 수 있는 경우에는 1정지 방식으로 할 수 있다.
        1) 0정지 방식의 경우에는 직접배선으로 정지회로를 구성[이하 "하드와이어드(hard-wired)방식"이라 한다]하여야 하며, 작동신호가 전자로직이나 통신회로망을 경유하는 신호전송방식[이하 "소프트와이어드(soft-wired)방식"이라 한다.]으로 이루어지지 않아야 한다. 다만, 안전프로그램 로직과 같이 안전성과 신뢰성이 입증된 부품을 사용하여 회로를 구성하는 경우에는 소프트와이어드 방식으로 구성할 수 있다.

Answer 05 ① 06 ④

2) 1정지 방식을 채택하는 경우 기계 엑추에이터 동력의 최종적인 제거를 위한 전기회로는 하드와이어드 방식으로 구성되어야 한다.
주1) 0정지 방식 : 액추에이터 전원의 즉각적인 차단에 의한 정지
주2) 1정지 방식 : 액추에이터에는 전원이 공급된 상태에서 기계가 정지한 후 전원이 차단되는 제어정지방식

사. 회로상에 여러 개의 비상정지장치가 설치된 경우, 작동된 모든 비상정지장치가 복귀되기 전에는 기계가 작동되지 않아야 한다.
아. 동력으로 전원을 사용하는 경우 바목에 따라 구동부 동력이 차단되면 주 전원도 함께 차단되어야 한다. 다만, 입출력회로가 이중화(접점, 전자접촉기 등) 된 경우에는 예외로 할 수 있다.

07 전동기의 필요조건과 가장 거리가 먼 것은?

① 기동 회전력이 클 것
② 속도 조종 및 역회전이 가능할 것
③ 기동 속도가 빠르고, 용량에 비해 대형일 것
④ 기동, 정지 및 역회전 등에 대해 충분히 견딜 수 있는 구조일 것

해설 전동기
1. 기동 회전력이 클 것
2. 속도 조종 및 역회전이 가능할 것
3. 기동속도가 빠르고 용량에 비해 소형이어야 한다.
4. 기동, 정지 및 역회전 등에 대해 충분히 견딜 수 있는 구조일 것

08 고속형 천장 크레인의 집전장치로 중간지지를 갖는 수평배열이며 휠이나 슈를 사용하는 것은?

① 팬터그라프형 집전장치
② 포올형 집전장치
③ 고정형 집전장치
④ 자유형 집전장치

해설 팬터그라프 형(Pantograph Type) 집전장치는 큰 용량의 천장 크레인에 사용되는 미끄럼 접촉에 의해 전기를 공급받는 장치이다. 작은 용량의 천장 크레인에는 부스바(Bus Bar)를 사용하며 미끄럼 접촉에 의해 전기를 공급받는 장치이다.

Answer 07 ③ 08 ②

09 크레인의 레일 정지기구(Stopper)를 설명한 것으로 틀린 것은?

① 크레인의 횡행레일에 양끝부분 또는 이에 준하는 장소에 당해 크레인 횡행 차륜 직경의 1/4 이상 높이의 정지기구를 설치하여야 한다.
② 주행거리를 연장하거나 또는 필요 시 정지기구(Stopper)를 철거하여 편리하게 작업할 수 있어야 한다.
③ 크레인의 주행레일에는 양끝부분 또는 이에 준하는 장소에 당해 크레인 주행차륜 직경의 1/2 이상 높이의 정지기구를 설치하여야 한다.
④ 크레인의 주행레일에는 차륜 정지기구에 도달하기 전의 위치에 리미트 스위치 등 전기적 정지장치가 설치되어야 한다.

해설 ○ 레일의 정지기구
  가. 크레인의 횡행레일에는 양끝부분 또는 이에 준하는 장소에 완충장치, 완충재 또는 해당 크레인 횡행 차륜 지름의 4분의 1 이상 높이의 정지 기구를 설치해야 한다.
  나. 크레인의 주행레일에는 양끝부분 또는 이에 준하는 장소에 완충장치, 완충재 또는 해당 크레인 주행차륜 지름의 2분의 1 이상 높이의 정지 기구를 설치해야 한다.
  다. 크레인의 주행레일에는 차륜정지기구에 도달하기 전의 위치에 리미트스위치 등 전기적 정지장치가 설치되어야 한다.
  라. 횡행 속도가 매 분당 48m 이상인 크레인의 횡행레일에는 차륜정지 기구에 도달하기 전의 위치에 리미트스위치 등 전기적 정지장치가 설치되어야 한다.

10 훅(Hook)에 대한 설명으로 옳은 것은?

① 훅 본체는 균열 또는 변형이 없어야 한다.
② 훅의 재질은 탄소강 단강품이나 기계구조용 탄소강이며, 강도와 연성이 작은 것이 바람직하다.
③ 훅은 마모되면서 와이어 로프가 걸리는 부분에 홈이 생기며, 이 홈의 깊이가 10mm가 되면 평편하게 다듬질 하여야 한다.
④ 훅 입구의 벌어짐이 신품의 50% 이상 되면 교환하여야 한다.

해설 ○ 훅 및 훅블록(Hook & Hook block)
  ① 훅은 고리 모양의 기구로서, 줄걸이 기구(와이어 로프, 벨트, 링크체인 등)를 이용, 훅에 걸어서 중량물을 들어 올려 이동하기 위한 기계기구이다.
  ② 한 쪽고리 훅과 양쪽 고리 훅이 있다.(작업의 특성에 맞게 적용)
  ③ 훅과 시브가 조립된 것을 훅 블럭(Hook block) 또는 바텀 블럭(Bottom block)이라고 한다.
  ④ 또한 훅 블록에 전동기와 감속기를 설치하여 운전실에서 조작스위치로 훅을 회전시켜 사용하는 것도 있다.

Answer 09 ② 10 ①

Hook의 점검
① 훅은 중량물을 매달아 운반하는 중요한 부분으로서 훅을 제작할 때는 강도와 연성이 갖춰져야 한다.
② 훅의 안전율(안전계수)는 5이다.
③ 훅의 파단시험(파괴시험)은 정격하중의 5배(500%)이다.
④ 훅은 중요한 달기구이므로 컬러검사로 자주 점검해야 한다.
⑤ 훅 본체는 균열 또는 변형 등이 없어야 하고, 국부마모는 원 치수의 5% 이내일 것. 훅의 줄걸이 부분의 마모는 원 치수의 5% 이하이며, 마모의 깊이가 2mm 이하일 때는 다듬어서 사용한다.
⑥ 훅의 입구의 열림은 원 치수의 5%이다.
⑦ 훅의 너트 및 각 부분의 볼트가 풀렸는지 점검한다.
⑧ 훅을 제작하고 나서 훅 입구의 치수를 측정한 후 훅에 정격하중의 2배(200%)의 힘으로 당긴 다음 멈추었을 때, 훅 입구의 영구 변형율이 0.25% 이하여야 한다.
⑨ 훅은 단조품이며 훅의 표면은 강하게 하고 내부는 연성(늘어나는 성질)을 갖게 제작하여 훅이 충격이나 마모에 견딜 수 있게 한다.
⑩ 훅 블록 또는 달기구에는 정격하중이 표기되어 있을 것
⑪ 해지장치는 균열, 변형 등이 없을 것
⑫ 훅의 재질로는 탄소강 단강품(KS D 3710) 또는 기계구조용 탄소강 (KS D 3517)을 사용한다.
⑬ 연성(延性) : 물질이 탄성한계 이상의 힘을 받아도 부서지지 않고 가늘고 길게 늘어나는 성질
⑭ 단조품(鍛造品) : 철강제품을 고열에서 가열시킨 후 프레스로 누르거나, 기계 해머로 두들겨서 만드는 만든 제품

11 천장 크레인용 고리걸이 훅의 안전계수는?

① 4 이상
② 5 이상
③ 8 이상
④ 10 이상

해설 훅의 안전율(안전계수)는 5이다.

12 천장 크레인 횡행장치의 동력전달순서로 알맞은 것은?

① 횡행 전동기 – 감속기어 – 횡행 차륜
② 횡행 전동기 – 횡행차륜 – 감속기어
③ 감속기어 – 횡행 전동기 – 횡행 차륜
④ 감속기어 – 횡행 차륜 – 횡행 전동기

해설 횡행장치의 동력전달순서는
횡행 전동기 – 횡행 감속기(감속기 내부의 기어) – 횡행차륜 순이다.

Answer 11 ② 12 ①

13 천장 크레인의 시험하중은 정격하중의 몇% 인가?

① 110   ② 120
③ 130   ④ 140

해설 ◦ 천장 크레인 제작기준 제62조(검사 시 준비사항)
① 완성(또는 성능) 검사 또는 정기검사 시 수검자가 준비하여야 할 시험용 하중은 최초완성(또는 성능)검사 시 정격하중의 1.1배, 정기검사 시 임의하중으로 한다.

14 횡행스토퍼를 설명한 것 중 틀린 것은?

① 재료는 경질고무나 스프링을 사용한다.(보기 문항은 버퍼임)
② 횡행차륜 정지용 스토퍼의 높이는 차륜 지름의 1/4이상 되어야 한다.
③ 고무 및 유압 등을 이용하여 완충시켜 주는 장치이다.
④ 횡행 스토퍼에는 자주 그리스를 도포하여 보호한다.

해설 ◦ 더 이상 진행하지 못하도록 하는 정지장치인 횡행스토퍼는 그리스를 도포하지 않는다.

15 전기식 과부하 방지장치의 설명으로 틀린 것은?

① 권상모터의 전류변화를 CT로 감지하여 크레인을 정지시키는 장치이다.
② 가격이 다른 종류의 과부하 방지장치에 비해 비싸다.
③ 정지상태에서는 과부하를 감지하지 못하는 단점이 있다.
④ 호이스트, 천장 크레인 등 비교적 소형 크레인에 많이 활용된다.

해설 ◦ 전기식 과부하 방지장치는 구조가 간단하며, 다른 종류의 과부하 방지장치에 비해 저렴하다.

16 천장 크레인의 주요장치 중 속도제어장치가 부착되지 않는 것은?

① 횡행장치
② 주행장치
③ 신호장치
④ 주권장치

해설 ◦ 천장 크레인의 3가지 주요 구성장치는 횡행장치, 주행장치, 권상장치(권양장치)가 있으며 5대 주요 부분은 거더, 새들, 크래브, 운전실, 훅이다.

Answer 13 ① 14 ④ 15 ② 16 ③

17 주행레일 위에 설치된 새들에 직접적으로 지지되는 거더가 있는 크레인을 가장 바르게 나타낸 것은?

① 갠트리 크레인 ② 천장 크레인
③ 지브형 크레인 ④ 고정식 크레인

해설 ○ 천장 크레인 제작기준 제3조(용어의 정의)
"천장 크레인(Overhead travelling crane)"이라 함은 주행레일 위에 설치된 새들에 직접적으로 지지되는 거더가 있는 크레인을 말한다.

18 크레인에 사용되는 각종 시브(Sheave)의 주요 점검사항이 아닌 것은?

① 시브 홈의 이상 마모는 없는가?
② 시브 홈과 와이어 로프 지름이 적정한가?
③ 시브 홈의 윤활상태는 적정한가?
④ 원활히 회전하고 암이나 보스 등에 균열은 없는가?

해설 ○ 시브(Sheave)란?
1. 시브, 활차, 도르래, 홈바퀴로 호칭되며 원형바퀴에 홈을 파고 줄을 걸어, 회전시켜 물건을 움직이는 장치이다.
2. 시브(Sheave)의 주요 점검사항은,
   ① 시브 홈의 이상 마모는 없는가?
   ② 시브 홈과 와이어 로프 지름이 적정한가?
   ③ 원활히 회전하고 본체의 암이나 보스 등에 균열은 없는가?
   ④ 시브는 외이어로프와 접촉되는 면이 마모되므로 이상 마보가 진행되는지 주의해서 점검해야 한다.
   ⑤ 시브의 교체 시기는 플랜지 파손 시, 시브 홈의 마모가 와이어 로프 직경의 20%일 것
   ⑥ 시브의 파손 및 외이어로프와 접촉면의 마모를 줄이기 위해서는 권상장치를 사용하여 중량물을 올리고 내릴 때 항상 물체의 중심에서 훅을 올려야 하며 이동 시 물체가 흔들림 없이 이동해야 한다.
   ⑦ 시브본체는 균열, 변형 등이 없을 것
3. 활차에는 고정활차와 동 활차가 있으며 동 활차와 정 활차를 여러 개씩 사용된 것을 조합활차 또는 복합활차라고 한다.
4. 천장 크레인에서는 조합활차 또는 복합활차를 이용하여 작은 힘으로도 중량물을 들어 올릴 수 있다.
5. 고정활차는 힘의 방향만 바꿔주며, 동활차는 힘의 크기를 1/2로 줄여준다.
   즉, 동활차 1개당 힘의 크기를 1/2로 줄여준다.
6. 권상장치용 시브의 피치원 직경(D)은 와이어 로프 직경(d)의 20배 이상으로 하고, 이퀄라이저 시브(Equalizer sheave 회전 하지 않는 시브)는 10배, 과부하 방지 장치용은 5배 이상으로 할 수 있다. $D \geq 20d$
7. 시브의 직경은 시브 피치원에서 측정한다. 즉 시브의 홈에 와이어 로프가 끼워진 상태에서 와이어 로프 중심에서 중심까지의 거리이다.

Answer 17 ② 18 ③

19 천장 크레인 브레이크 라이닝의 마모량은?

① 원 치수의 10% 이내일 것
② 원 치수의 25% 이내일 것
③ 원 치수의 50% 이내일 것
④ 원 치수의 80% 이내일 것

해설 ◦ 브레이크 라이닝의 마모한도는 원 치수 두께의 50% 이내이고, 브레이크 드럼 림의 마모한도는 40%이다.

20 천장 크레인에서 와이어 로프가 드럼에 감기 때 홈이 없는 경우 플리트(Fleet)각도는 얼마가 좋은가?

① 2° 이내
② 4° 이내
③ 15° 이내
④ 30° 이내

해설 ◦ 와이어 로프의 감기
가. 권상장치 등의 드럼에 홈이 있는 경우 플리트(Fleet) 각도(와이어 로프가 감기는 방향과 로프가 감겨지는 방향과의 각도)는 4도 이내여야 한다.
나. 권상장치 등의 드럼에 홈이 없는 경우 플리트 각도는 2도 이내여야 한다.
다. 권상장치 등의 드럼에 로프를 다층으로 감는 경우 로프가 쌓이는 것을 방지하기 위하여 플랜지부에서의 플리트 각도는 0.5도 이상 4도 이내여야 한다.

21 천장 크레인의 주기적인 정비를 위한 예비 품목과 가장 거리가 먼 것은?

① 퓨즈
② 브레이크 라이닝
③ 전동기 브러시
④ 제어반(판넬)

해설 ◦ 천장 크레인의 주기적인 정비를 위한 예비 품은 퓨즈, 브레이크라이닝, 전동기의 브러쉬 전자접촉기, 램프 등 간단하고 가격이 비싸지 않고 취급이 용이한 것이어야 한다.

22 가을에서 겨울로 계절이 바뀔 때 옥외용 크레인의 감속기어 오일로 가장 적합한 것은?

① 점도가 낮은 것
② 점도가 높은 것
③ 점도가 같은 것
④ 옥외는 오일량을 높게 할 것

해설 ◦ 옥외용 크레인의 감속기 오일은 겨울철에는 기온이 낮아 오일이 뭉치는 현상이 발생하므로 점도(끈적거림의 척도)가 낮은 오일을 사용해야 하고, 여름철에는 기온이 높아 오일이 묽어지므로 점도가 높은 것을 사용한다.

Answer 19 ③ 20 ① 21 ④ 22 ①

23 전기를 전달하기 어려운 물질은?

① 전도재료 ② 절연재료
③ 도전재료 ④ 자성체

해설 　**절연재료란?**
전류나 열이 통하지 못하게 하는 재료이며 기체, 액체, 고체가 있다. 절연재료는 석면, 운모, 유리섬유 PE, PP 애자 등이 있다.

절연 종류	내 용	최고 허용 온도[℃]
Y종	목면, 견, 지류 등의 재료로 구성되고 바니스류를 먹이지 않거나 또는 기름에 적시지 않은 채 절연한 것	90
A종	목면, 견, 지류 등의 재료로 구성되었으나 바니스나 기름에 적신 것	105
E종	에나멜선용 폴리우레탄 및 에폭시 수지, 셀룰로스트리아세테이트 등의 재료로 구성된 것	120
B종	운모, 석면, 유리섬유 또는 유사한 무기질 재료를 접착제와 함께 사용한 것	130
F종	운모, 석면, 유리섬유 등의 재료를 실리콘 알키드 수지 등의 접착 재료와 함께 사용하여 구성 된 것	155
H종	운모, 석면, 유리섬유 등의 재료를 실리콘수지 또는 같은 성질의 재료로 된 접착재료와 함께 사용한 것	180
C종	운모, 석면, 자기 등을 단독으로 사용해서 구성된 것. 또는 접착재료와 함께 사용한 것	180초과

24 천장 크레인의 전원공급은 트롤리선으로 하며 선의 배열 방법에는 수평배열과 수직배열이 있다. 트롤리선의 종류가 아닌 것은?

① 경동 트롤리선 ② 애자 트롤리선
③ 앵글 동 바 트롤리선 ④ 레일 트롤리선

해설 　애자는 전선로나 전기기기의 나선 부분을 전기가 통하지 않게 트롤리선을 절연하고 동시에 기계적으로 고정시키기 위해 사용하는 절연체이다.

25 제어기(Controller)에 스파크가 심하게 발생하는 고장과 대책 중 틀린 것은?

① 전동기에 과부하가 걸려 있다. - 부하를 적정하게 한다.
② 핑거 및 S접촉판이 거칠다. - 사포로 다듬질 한다.
③ 저항기가 부적당하다. - 적정한 것으로 교한 또는 저항치를 수정한다.
④ 핑거의 조정이 불량하다. - 접촉압력이 1.5kgf 정도로 되게끔 재조정한다.

해설 　저항기는 천장 크레인을 설계 할 때 저항기의 용량과 저항값이 설정되어 제작 되였으므로 제어기(Controller)에서 스파크가 발생한다고 해서 저항기를 바꿀 필요가 없다

Answer 23 ② 24 ② 25 ④

26 축 이음의 종류가 아닌 것은?

① 플렉시블 커플링
② 부시 커플링
③ 플랜지 커플링
④ 유니버설 조인트

> **해설** 축 이음이란 기계를 회전시키기 위하여 동력을 전달하는 회전 축과 동력을 전달받는 고정 축을 연결하는 장치이며, 종류로는 다음과 같은 것이 있다.
> ① 기어형 축이음(Geared type shaft coupling)
> ② 플랜지 형 플렉시블 축 이음(Flexible flanged shaft coupling)
> ③ 자재 축 이음, 만능 축 이음(Universal coupling)
> ④ 플랜지 형 고정 축 이음(Rigid flanged shaft coupling)
> ⑤ 죠 축 이음(Jaw coupling)
> ⑥ 머프 축 이음(Muff coupling)
> ⑦ 체인 축 이음(Chain coupling)
> ⑧ 그리드 축 이음(Grid coupling)
> ⑨ 그 밖에도 유체커플링, 자분체 커플링 등이 있다.
> 커플링은 다음과 같이 한다.
> 1) 커플링을 회전시켰을 때 원주 방향 및 축 방향의 이상 진동이 없을 것
> 2) 플렉시블 커플링의 경우 고무부시는 풀림, 변형 또는 마모가 없을 것
> 3) 치차형 커플링의 경우 급유상태가 양호하고 기름누설이 없을 것
> 4) 체인형 커플링의 경우 급유상태가 양호할 것
> 5) 볼트, 너트는 풀림 또는 탈락이 없을 것

27 천장 크레인의 전자석 브레이크 등에 사용하는 것으로 코일을 여러 번 감고 전류를 흐르게 하였을 때 자석이 되게 한 것은?

① 라이닝
② 솔레노이드
③ 디스크
④ 드럼

> **해설** 솔레노이드(Solenoid)는 도선을 촘촘하고 균일하게 속이 빈 긴 원통형의 코일모양으로 감은 것으로 도선에 전류가 통하면 자기장을 생성시켜 전자석이 된다.

Answer 26 ② 27 ②

28 천장 크레인의 감속기어 오일은 약 몇 시간마다 교환하는 것이 좋은가?

① 2,000시간
② 200시간
③ 20시간
④ 매일

해설 ⊙ 감속기어 오일은 약 2,000시간 사용 후 교환하여야 한다.

29 고정자 및 회전자의 양쪽에 권선을 지니고 있으며, 회전자의 권선에 슬립링을 통해서 외부 저항을 증감하면 부하를 걸었을 때 속도를 가감할 수 있고, 특히 크레인의 기동 시에 기계에 충격을 주지 않고 서서히 가속할 수 있는 전동기는?

① 권선형 유도 전동기
② 농형 유도 전동기
③ 직류 분권 전동기
④ 직류 직권 전동기

해설 ⊙ 권선형 유도 전동기는 고정자 및 회전자의 양쪽에 권선을 지니고 있으며 저항값을 증감시킴으로서 회전속도를 가감하는 전동기이다. 농형 전동기는 고정자에만 권선을 지니고 있으며 직류 분권 전동기와 직류 직권 전동기는 직류 전동기의 종류에 속한다.

30 천장 크레인 운전자가 작업 시작 전 점검에 대한 설명으로 적합하지 않은 것은?

① 건물과 건물 사이의 거리 상태
② 주행로의 상측 및 트롤리가 횡행하는 레일의 상태
③ 와이어 로프가 통과할 곳의 상태
④ 권과방지장치, 브레이크, 크러치 및 운전장치의 기능

해설 ⊙ 건물과 건물사이의 거리 상태는 건축 관련 또는 건물관리 사항이므로 천장 크레인 운전자의 작업 시작 전 점검사항이 아니다.

31 크레인 운전 후 전동기 부분의 발열이 심한 것을 발견하였다. 발열의 원인으로서 가장 거리가 먼 것은?

① 사용빈도가 높았다.
② 부하가 과대하였다.
③ 저항기가 부적정하였다.
④ 단선이 되었다.

해설 ⊙ 단선이란? 전기 선로가 서로 연결되지 않고 끊긴 상태로서 전선이 단선되면 전동기가 회전하지 못하므로 전동기의 발열과는 상관이 없다. 즉 전동기의 발열은 전동기가 작동(회전)해야 발생되는 것이다.

Answer 28 ① 29 ① 30 ① 31 ④

32 천장 크레인 부품에서 수리한도에 대한 설명으로 맞는 것은?

① 차기의 검사까지 보증할 여유를 두고 정해진 한도이다.
② 재료역학 관점에서 최후의 한도이다.
③ 마모한도라고도 한다.
④ 사용한도보다 큰 한도로 되어 있다.

> **해설** 수리한도(修理限度)란?
> 어떤 기계장치나 부품이 고장나거나 마모된 것 등을 수리하고 교체하는 일정한 정도 또는 한정된 정도로서 통상적으로 다음 보수 때까지 수리해서 사용할 수 있는지를 판단하는 기준이다.

33 전동기에서 2차 저항기의 역할로 가장 알맞은 것은?

① 전동기에 과전류가 흐르는 것을 막아 전동기를 보호하는 역할을 한다.
② 전동기의 저항을 줄임으로서 전동기의 회전수를 일정하게 하는 역할을 한다.
③ 권선형 유도전동기의 2차 회로에 부착되어 저항량을 조정함으로써 속도를 변속하는 역할을 한다.
④ 농형 전동기에 저항이 너무 크므로 2차 저항기를 부착하여 저항량을 줄임으로서 안전하게 작동할 수 있는 역할을 한다.

> **해설** 2차 저항기는 권선형 유도전동기의 2차 회로(U, V, W 또는 X, Y, Z)에 부착되어 저항값을 증감시킴으로서 전동기의 회전속도제어 목적으로 사용한다.

34 "권상에 있어서 새로운 로프를 교환 후 ( )을 걸지 말고 ( )정도로 수회 고르기 운전을 행한 후 사용한다." ( )에 적당한 것은?

① 하중, 1/2 속도
② 전하중, 1/2 하중
③ 하중, 규정속도
④ 전하중, 규정속도

> **해설** 권상장치의 와이어드럼에 감겨 있는 와이어 로프를 새로운 로프로 교체 후 로프가 축적을 받지 않도록 반드시 로프 길들이기 작업을 해야 하며 전하중(정격하중)을 걸지 말고 정격하중의 1/2 하중 정도로 수회 고르기 운전을 행한 후 사용한다.

Answer 32 ① 33 ③ 34 ②

35 구름 베어링에 대한 설명으로 틀린 것은?

① 미끄럼 베어링에 비하여 마찰손실이 적다.
② 미끄럼 베어일보다 소음이나 진동이 생기기 쉽다.
③ 미끄럼 베어링보다 충격이 강하다.
④ 미끄럼 베어링에 비해 윤활과 보수가 용이하다.

해설 베어링은 다음과 같이 한다.
1) 베어링은 균열, 손상 등이 없어야 하며, 급유상태가 양호할 것
2) 미끄럼 베어링은 무부하, 부하상태에서 이상발열 및 타붙음이 없어야 하고, 부시에는 현저한 마모가 없을 것
3) 구름 베어링은 무부하, 부하상태에서 이상음, 이상 진동 및 이상발열이 없을 것

미끄럼 베어링에 비교한 구름 베어링의 특성
- 폭은 작지만 지름이 크게 된다.
- 전동체가 있어 구조가 복잡하다.
- 마찰손실이 적다.
- 기동 토크가 작다.
- 감쇠력이 작아 충격 흡수력이 작다.
- 일반적으로 소음이 크다.
- 진동이 생기기 쉽다.
- 충격에 약하다.
- 전동체가 있어 고속 회전에 불리하다.
- 윤활유가 비산된다.
- 추력하중을 용이하게 받는다.
- 윤활과 보수가 용이하다.
- 축심의 변동이 작다.
- 표준형 양산품으로 호환성이 높다.

36 크레인의 운전종료 후 조치사항으로서 틀린 것은?

① 각 제어기를 OFF하고 전원 스위치(S/W)를 OFF한다.
② 각 부의 기기를 청소한다.
③ 크레인 작업종료 지점에 정지하고 메인 스위치(S/W)를 OFF한다.
④ 운전 중 이상을 느꼈던 부분을 점검한다.

해설 크레인은 운전 종료 후 지정된 탑승 지점(탑승 계단)에 크레인을 정지하고 메인 스위치를 OFF한다.

Answer 35 ③ 36 ③

37 천장 크레인 운전 시작 전 고려하여야 할 사항으로 틀린 것은?

① 작업내용과 작업순서에 대하여 관계자와 충분히 협의한다.
② 크레인 이동하는 영역 내에 장애물이 없는지를 사전에 확인한다.
③ 방호장치의 이상 유무를 확인한다.
④ 이동할 물품 종류 등에 대해서 고려할 필요가 없으며, 신속한 작업의 고려가 우선이다.

> 해설 ◦ 이동할 물품의 종류, 이동구간, 중량확인, 줄걸이용구 선택, 작업방법, 및 작업순서를 작업자 상호간 긴밀하게 협의해야 안전한 작업을 할 수 있다.

38 천장 크레인 점검 보수작업 중 감전사고가 발생하였을 때 조치 방법으로 틀린 것은?

① 즉시 전원을 차단한다.
② 즉시 피해자를 잡아 당겨 접촉물로부터 분리시킨다.
③ 감전되어 인사불성에 빠지더라도 전원 차단 후 인공호흡을 실시한다.
④ 전원을 차단하기 어려운 경우에는 마른 헝겊이나 플라스틱 등 절연물을 이용하여 접촉물을 제거한다.

> 해설 ◦ ① 먼저 전원을 끊는다. 전원을 끊기 어려우면 구조자는 고무장갑, 고무 장화, 마른 면 양말 등을 착용하고 마른 나무판자 위에 올라서는 등의 조치를 한 후 전선을 나무 막대기 등 전류가 통하지 않는 물건을 이용해 부상자에게서 떼어낸다.
> ② 환자를 조용히 눕힐 수 있는 곳, 낙뢰 시는 보다 안전한 곳으로 옮긴다.
> ③ 필요 시 구급소생술을 시행한다. 쉽게 의사의 치료를 받을 수 없는 장소라 하더라도 포기하지 말고 계속한다.
> ④ 환자가 의식이 있으면 가장 편한 자세로 안정을 취하게 한다. 감전 후 대부분의 환자가 전신 피로감을 호소하고 흥분하여 떨고 있는 경우도 있으므로 안정과 휴식, 보온조치와 음료수 등을 공급한다.
> ⑤ 의식이 분명하고 건강해 보여도 감전으로 인해 심부 화상을 입기도 하므로 속히 전문병원에서 진단을 받게 한다.

39 기어의 손상 중 잇면으로부터 일부 금속편이 떨어지는 원인으로 가장 적당한 것은?

① 과하중 또는 중심선의 불일치
② 윤활유의 부적당
③ 윤활유량 과다
④ 기어의 회전속도가 느릴 때

> 해설 ◦ 과하중 또는 기어 또는 축의 중심선 불일치, 과도한 사용, 무리한 운전, 충격 등으로 인해 기어의 잇면(치면)의 일부 금속파편이 떨어질 수 있다.

Answer   37 ④   38 ②   39 ①

40 크레인에서 주행차륜 베어링의 점검항목이 아닌 것은?

① 현저한 마모가 없을 것
② 이상 진동 또는 현저한 발열이 없을 것
③ 급유가 적정할 것
④ 용접부 크랙이 없을 것

> 해설 ○ 베어링은 다음과 같이 한다.
> 1) 베어링은 균열, 손상 등이 없어야 하며, 급유상태가 양호할 것
> 2) 미끄럼 베어링은 무부하, 부하상태에서 이상발열 및 타붙음이 없어야 하고, 부시에는 현저한 마모가 없을 것
> 3) 구름 베어링은 무부하, 부하상태에서 이상음, 이상 진동 및 이상발열이 없을 것 베어링에는 용접부가 없다.

41 크레인에서 와이어 로프를 교환 후 작업 개시 전 권상시험을 해 볼 때 가장 양호한 방법은?

① 정격하중의 1/2를 매달아 여러번 권상·하 해본다.
② 정격하중을 매달아 여러번 권상·하 해본다.
③ 시험하중을 매달아 여러번 권상·하 해본다.
④ 적당량의 부하하중을 운전자가 선정하여 여러번 권상·하 해본다.

> 해설 ○ 권상장치의 와이어드럼에 감겨있는 와이어 로프를 새로운 로프로 교체 후 로프가 축격을 받지 않도록 반드시 로프 길들이기 작업을 해야 하며 전하중(정격하중)을 걸지 말고 정격하중의 1/2하중 정도로 수회 고르기 운전을 행한 후 사용한다.

42 크레인에 사용하는 권상용 와이어 로프의 안전율은 얼마인가?

① 3   ② 5
③ 7   ④ 10

> 해설 ○ 와이어 로프의 안전율
>
> | 와이어 로프의 종류 | 안전율 |
> |---|---|
> | 권상용 와이어 로프
지브의 기복용 와이어 로프
횡행용 와이어 로프 및 케이블 크레인의 주행용 와이어 로프 | 5.0 |
> | 지브의 지지용 와이어 로프
보조로프 및 고정용 와이어 로프 | 4.0 |
> | 케이블 크레인의 주 로프 및 레일로프 | 2.7 |
> | 운전실 등 권상용 와이어 로프 | 10.0 |

Answer 40 ④ 41 ① 42 ②

43 천장 크레인에서 사용하는 일반 와이어 로프 소선의 표준인장강도는?

① 135~180kg·f/mm²
② 85~150kg·f/mm²
③ 40~50kg·f/mm²
④ 10~20kg·f/mm²

해설 소선의 강도에 의한 와이어 로프의 구분

구 분	공칭인장강도	적 요
E종	135kg·f/mm²	라(裸)
G종	150kg·f/mm²	도금
A종	165kg·f/mm²	라(裸) 및 도금 후 신선한 것
B종	180kg·f/mm²	라(裸)

2018년 12월 11일 개정(KSD3514 와이어 로프)

표 2 - 파단 하중에 의한 구분

종 별	공칭인장강도	적 요
G종	1470N/mm² 급	라(裸)
A종	1620N/mm² 급	도금
B종	1770N/mm² 급	라(裸) 및 도금 후 신선한 것
C종	1960N/mm² 급	라(裸)
D종	2160N/mm² 급	

비고 : 표2의 ( ) 안에 표시한 수치는 부표 1~부표 18에 나타낸 로프 파단하중의 산출기초라고 생각되는 소선의 공칭 인장강도를 나타낸다.

44 크레인이 작동 중에 위험한 상황이 발생되어 신호수가 아닌 낯모르는 사람이 정지신호를 보내왔다. 이때 운전자는 어떻게 행동해야 하는가?

① 무조건 정지시키고 난 후 확인한다.
② 신호수가 아니므로 무시하고 작업을 진행한다.
③ 신호수에게 물어보거나 가까이에 신호수가 없으면 사이렌을 울린다.
④ 운전자가 주위를 확인한 후 정지한다.

해설 운전자는 다음의 경우 운전을 중지하고 신호수에게 주의를 줄 것
- 신호가 불명확하거나 규정의 신호가 아닌 때
- 2인 이상이 신호를 할 때(신호는 반드시 1인이 해야 함)
- 지정된 줄걸이 신호수 이외의 다른자가 신호할 때
- 매달린 물체의 중량이 크레인의 정격하중 이상이라는 것을 알았을 때
- 위험한 줄걸이 방법 또는 위험한 상태를 알았을 때
❑ 운전자는 신호수의 신호에 따라 작업하지만, 작동 및 작업 중 위험한 상황이 발생되면 위험 상황을 알리는 비상정지 신호는 어느 누구의 신호라도 반듯이 이행해야 하며 정지 후 안전 상태를 확인하여야 한다.

Answer 43 ① 44 ①

45 와이어 로프를 드럼(drum)에 설치할 때, 와이어 로프가 벗겨지지 않도록 무엇을 사용하여 볼트로 조이는가?

① 너트
② 클램프(고정구)
③ 새클
④ 링크

해설 ○ 와이어 로프가 와이어드럼에서 벗겨지거나 빠지지 않게 조여주는 것은 클램프이다.

46 와이어 로프에 관한 설명 중 틀린 것은?

① 랭 꼬임은 소선의 경사가 완만하여 외부와의 접촉면이 길다.
② 보통 꼬임은 스트랜드와 와이어 로프의 꼬임 방향이 서로 반대이다.
③ 보통 꼬임은 외부와 접촉 면적이 작아서 마모는 크지만 킹크 발생이 적고 취급이 용이하다.
④ 랭 꼬임은 보통 꼬임에 비해서 손상도가 심해 장시간의 사용에 불리하다.

해설 ○ 랭 꼬임 특성
① 스트랜드와 소선의 꼬임 방향이 같다.
② 사용 시 소선과 외부 접촉 표면 전체가 균일하게 마모됨으로 마모가 적어 수명이 길다.
③ 내마모성과 유연성이 좋다.
④ 꼬임이 풀리기 쉽고, 킹크(Kink)발생이 쉽다.

보통 꼬임 특성
① 스트랜드와 소선의 꼬임 방향이 반대이다.
② 랭 꼬임보다 유연하며 로프 자체의 변형이 적다.
③ 킹크(Kink)가 잘 생기지 않는다.
④ 사용 시 소선과 외부 접촉 표면이 점 접촉 형태이므로 접촉면이 적어 랭 꼬임에 비해 마모가 크고 수명이 짧다.
⑤ 하중을 걸었을 때 잘 견딘다.

47 직경이 500mm이고, 길이가 1mm인 환봉을 크레인으로 운반하고자 할 때, 이 환봉의 무게는? (단, 환봉의 비중은 8.7)

① 1.70kg·f
② 17.0kg·f
③ 170.8kg·f
④ 1,708kg·f

해설 ○ 물체의 무게 = 단면적 × 길이 × 비중
또는 체적 × 비중이다.
$\pi \times (0.25)^2 \times 1m \times 8.7 = 1.707375 m^3$이므로 약1,707kg·f이다.

Answer 45 ② 46 ④ 47 ④

48 크레인에서 와이어 로프를 고정할 때 가장 효율이 높고 양호한 고정방법은?

① 합금고정
② 클립고정
③ 쐐기고정
④ 엮어넣기

해설 ◦ 와이어 로프 고정 방법과 효율
• 합금 고정법(Power lock 가공법) : 효율 100%
• 소켓(Socket) 가공법 : 효율 100%
• 클립(Clip)고정법 효율 : 75~85%
• 쐐기(Wedge)고정 효율 : 65~75%
• 엮어넣기(Eye splice) 효율 : 75~80% 정도이다.

49 크레인 신호 중 〈그림〉과 같이 한 손을 들어 올려 주먹을 쥐는 수신호는?

① 정지
③ 작업 완료
② 비상정지
④ 위로 올리기

해설 ◦ 신호방법참조 p.106

50 신호법 중 운전자가 사이렌을 울리거나 한쪽 손 주먹을 손의 손바닥으로 2, 3회 두드리는 신호는?

① 기중기의 이상 발생
③ 물건 걸기
② 기다려라
④ 신호 불명

해설 ◦ 수신호 방법 참조 p.106

Answer 48 ① 49 ① 50 ①

51 안전보건표시의 종류와 형태에서 〈그림〉의 표지로 맞는 것은?

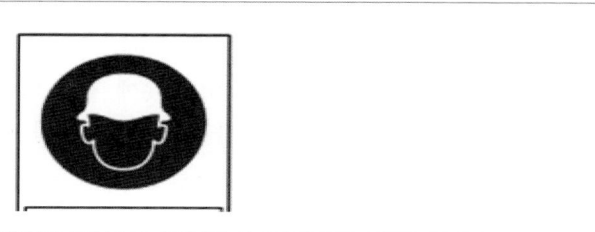

① 안전복 착용　　② 안전모 착용
③ 보안면 착용　　④ 출입금지

해설 ○— 산업안전표지 참조

Answer　51 ②

52 드라이버 사용 시 주의할 점으로 틀린 것은?

① 규격에 맞는 드라이버를 사용한다.
② 드라이버는 지렛대 대신으로 사용하지 않는다.
③ 클립(clip)이 있는 드라이버는 옷에 걸고 다녀도 무방하다.
④ 잘 풀리지 않는 나사는 플라이어를 이용하여 강제로 뺀다.

해설 ◦ 잘 풀리지 않는 나사는 WD40을 뿌려 놓은 후 기다렸다가 작은 힘으로 조금씩 돌려서 뺀다. 나사를 강제로 빼면 나사가 망가질 수 있다.

53 전장품을 안전하게 보호하는 퓨즈의 사용법으로 틀린 것은?

① 퓨즈가 없으면 임시로 철사를 감아서 사용한다.
② 회로에 맞는 전류 용량의 퓨즈를 사용한다.
③ 오래되어 산화된 퓨즈는 미리 교환한다.
④ 과열되어 끊어진 퓨즈는 과열된 원인을 먼저 수리한다.

해설 ◦ 퓨즈(Fuse)는 과도한 전류가 흐르면 전선 또는 전기 부품보다 먼저 녹아 끊어져서 전류의 흐름을 차단시키는 역할을 하는 금속선(주석, 납)을 말한다. 퓨즈를 교체할 때는 동일 용량의 것을 사용하여야 한다.

54 산업재해의 통계적 분류 중에서 경상해란?

① 부상으로 1일 이상 7일 이하의 노동 상실을 가져온 상해 정도
② 응급 처치 이하의 상처로 작업에 종사하면서 치료를 받는 상해 정도
③ 부상으로 인하여 8일 이상의 노동 상실을 가져온 상해 정도
④ 업무상 목숨을 잃게 되는 경우

해설 ◦ **산업재해의 통계적 분류**
  • 사망 : 업무로 인해서 목숨을 잃게 되는 경우
  • 중경상 : 부상으로 인하여 8일 이상의 노동 상실을 가져온 상해 정도
  • 경상해 : 부상으로 1일 이상 7일 이하의 노동 상실을 가져온 상해 정도
  • 무상해 사고 : 응급 처치 이하의 상처로 작업에 종사하면서 치료를 받는 상해 정도

Answer 52 ④ 53 ① 54 ①

55 벨트를 풀리에 걸 때는 어떤 상태에서 걸어야 하는가?

① 저속으로 회전 상태
② 중속으로 회전 상태
③ 고속으로 회전상태
④ 회전을 중지한 상태

해설 ◦ 어떠한 기계, 기구라도 회전(작동) 중 일 때는 안전사고의 위험이 있으므로 절대 손으로 접촉하지 않는다. 반드시 회전을 중지한 상태에서 벨트를 걸어야 한다.

56 다음 중 전기 화재에 대하여 가장 적합하지 않은 것은?

① 분말 소화기
② 포말 소화기
③ CO_2 소화기
④ 할론 소화기

해설 ◦ 포말소화기는 일반화재나 유류화재에 적합하다.

57 무거운 짐을 이동할 때 설명으로 틀린 것은?

① 힘겨우면 기계를 이용한다.
② 기름이 묻은 장갑을 끼고 한다.
③ 지렛대를 이용한다.
④ 2인 이상이 작업할 때는 힘센 사람과 약한 사람과의 균형을 잡는다.

해설 ◦ 무거운 짐을 이동할 때 기름이 묻은 장갑을 끼고 작업하면 운반 중 무거운 짐이 미끄러져 안전사고의 위험이 있으므로 사용하지 않는다.

58 지렛대 사용 시 주의사항이 아닌 것은?

① 손잡이가 미끄럽지 않을 것
② 화물 중량과 크기에 적합할 것
③ 화물 접촉면을 미끄럽게 할 것
④ 둥글고 미끄러지기 쉬운 지렛대는 사용하지 말 것

해설 ◦ 지렛대 사용 시 화물과의 접촉면이 미끄러우면 작업 중 미끄러져 안전사고의 위험이 있으므로 사용하지 않는다.

Answer   55 ④   56 ②   57 ②   58 ③

59 크레인 운전 시 운전자 안전수칙을 설명한 것으로 틀린 것은?

① 운반물을 작업자 머리 위로 운반해서는 안 된다.
② 운전석을 이석할 때는 크레인을 정지위치로 이동시킨 후 훅을 최대한 내려놓는다.
③ 옥외크레인은 강풍이 불어올 경우 운전 및 옥외 점검, 정비를 제한한다.
④ 운반물이 흔들리거나 회전하는 상태로 운반해서는 안 된다.

> 해설 ◦ 운전자가 어쩔 수 없이 운전석을 떠날 때는 크레인을 정위치(승강용 계단)로 이동시킨 후 통행이 용이하도록 훅을 최대한 올려놓는다.
> **산업안전보건기준에 관한 규칙 제41조(운전위치의 이탈금지)**
> ① 사업주는 다음 각 호의 기계를 운전하는 경우 운전자가 운전위치를 이탈하게 해서는 아니 된다.
>   1. 양중기(크레인, 호이스트, 리프트, 곤돌라, 승강기)
> ② 제1항에 따른 운전자는 운전 중에 운전위치를 이탈해서는 아니 된다.
> 운전석을 비울 때 훅은 최대한 올려놓은 상태이어야 한다.

60 마이크로미터를 보관하는 방법으로 틀린 것은?

① 습기가 없는 곳에 보관한다.
② 직사광선에 노출되지 않도록 한다.
③ 앤빌과 시픈들을 밀착시켜서 둔다.
④ 측정부분이 손상되지 않도록 보관함에 보관한다.

> 해설 ◦ 앤빌과 시픈들을 밀착시켜 놓으면 안 된다.

Answer 59 ② 60 ③

2014년 제2회 최근 기출문제

01 전자 브레이크의 라이닝 두께가 20% 감소되었을 때 올바른 방법은?

① 라이닝을 갈아 끼운다.
② 스트로크를 조정한다.
③ 브레이크 드럼의 지름을 키운다.
④ 60% 마모될 때까지 계속 사용한다.

> 해설 ○── 브레이크 라이닝은 50% 이상 마모 시 교체하며 그 이전까지는 브레이크의 스트로크와 라이닝 간극을 조정해서 사용하면 된다.

02 천장 크레인용 배선의 절연저항 값으로 틀린 것은?

① 대지전압 150V 이하인 경우 0.1MΩ 미만일 것
② 대지전압 150V 초과 300V 이하인 경우 0.2MΩ 이상일 것
③ 대지전압 300V 초과 400V 미만인 경우 0.3MΩ 이상일 것
④ 사용전압 400V 이상인 경우 0.4MΩ 이상일 것

> 해설 ○── 배선의 절연저항
> - 대지전압 150V 이하 : 0.1MΩ
> - 대지전압 150V~300V : 0.2MΩ
> - 사용전압 300V~400V : 0.3MΩ   이상일 것
> - 사용전압 400V이상 : 0.4MΩ

03 화물의 운반을 용이하게 하기 위하여 화물과 크레인 본체 간을 와이어 로프 혹은 체인 등으로 연결하여 권상작업을 하게 되는데, 이때 크레인 등의 훅에 걸린 와이어 로프 등의 이탈을 방지하기 위해 설치, 사용하는 것은?

① 권과 방지장치   ② 비상 정지장치
③ 훅 해지장치   ④ 훅 딤블장치

> 해설 ○── 훅에는 하물을 운반하기 위한 줄걸이 용구를 걸어서 사용하게 되므로 이것이 빠지지 않도록 훅 해지장치가 있어야 한다.

Answer   01 ②   02 ①   03 ③

04 크레인에서 권상용으로 사용하는 와이어 로프의 안전율은 얼마인가?

① 최소 1 이상 ② 최소 3 이상
③ 최소 5 이상 ④ 최소 7 이상

해설

와이어 로프의 종류	안전율
○ 권상용 와이어 로프 ○ 지브의 기복용 와이어 로프 ○ 횡행용 와이어 로프 및 케이블 크레인의 주행용 와이어 로프	5.0
○ 지브의 지지용 와이어 로프 ○ 보조로프 및 고정용 와이어 로프	4.0
○ 케이블 크레인의 주 로프 및 레일로프	2.7
○ 제45호의 운전실 등 권상용 와이어 로프	10.0

05 신호수의 다음과 같은 신호를 보일 때 운전자가 취해야 할 행동은?

① 권상레버를 당겨 화물을 권상한다. ② 주행레버를 밀어 빠르게 주행한다.
③ 비상 정지 버튼을 누른다. ④ 아무 문제없으므로 작업을 속행한다.

해설 수신호 방법 참조 p.106

06 천장 크레인의 성능 및 기타사항을 상세하게 표기할 때의 순서로 맞는 것은?

① 양정 - 스팬 - 정격하중 - 아웃리치 ② 정격하중 - 스팬 - 양정 - 사용동력
③ 사용동력 - 스팬 - 정격속도 - 양정 ④ 양정 - 스팬 - 차륜간격 - 정격하중

해설 천장 크레인을 표기 할 때는 정격하중(주권, 보권) 스팬, 양정, 사용동력(Kw)이다.
예) 150X20X30X25는 주권이 150톤, 보권이 20톤, 스팬 30미터, 양정 25미터이다.

Answer 04 ③ 05 ③ 06 ②

07 크래브(Crab)에 설치되는 것이 아닌 것은?

① 횡행차륜
② 주권모터
③ 보권모터
④ 주행차륜

해설 ○ 크래브는 거더 위에 설치된 레일을 따라 이동하는 구조물로서 권상장치(주권 보권 모터, 감속기, 브레이크)와 횡행장치(횡행모터, 감속기, 브레이크, 횡행차륜) 권상용, 캠형, 중추형, 횡행용, 레버형, 리미트 등이 설치되어 있다.

08 원판 마찰차의 원둘레면 위에 이를 깎은 것으로 평행한 두 축 사이에 일정한 속도비로 회전운동을 전달하며, 천장 크레인에 가장 많이 사용하는 기어는?

① 베벨(Bevel) 기어
② 스퍼(Spur) 기어
③ 헬리컬(Helical) 기어
④ 랙 및 피니언(Rack and pinion) 기어

해설 ○ ① 베벨기어 : 서로 교차(통상 90도)하는 두 축 사이에서 동력을 전달 할 때 이용하는 원추형의 기어이다. 기어의 치면 상태에 따라 직선 베벨기어, 스파이럴 베벨기어, 나선형 베벨기어 등이 있다.
② 스퍼기어 : 기어의 치면이 반듯하게 제작된 기어로서 2개의 축이 평행을 이루는 가장 많이 사용되는 기어이다.
③ 헬리컬기어 : 2개의 축이 평행을 이루며 치면이 비스듬히 경사져 있어서 헬리컬이라고 한다. 치면이 나선 곡선인 원통기어로서 스퍼기어보다 치면의 접촉선 길이가 길어서 큰 힘을 전달할 수 있고, 원활하게 회전하므로 소음이 작다.
④ 랙 : 직선으로 된 쇠에 기어 치면을 가공한 것으로서 피니언(작은 기어)과 맞물려 회전 운동을 직선 운동으로 바꾸는 데 사용한다.

09 크레인의 팬던트 스위치에 대한 설명으로 틀린 것은?

① 비상정지스위치가 설치되어야 한다.
② 충격을 받으면 자동으로 정지되어야 한다.
③ 크레인의 작동방향이 표기되어야 한다.
④ 주행 버튼에서 손을 떼면 자동적으로 정지되어야 한다.

해설 ○ 가. 펜던트 스위치에는 크레인의 비상정지용 누름버튼과 손을 떼면 자동적으로 정지위치(off)로 복귀되는 각각의 작동종류에 대한 누름버튼 또는 스위치 등이 비치되어 있고 정상적으로 작동해야 한다.
나. 펜던트 스위치에 접속된 케이블은 꼬임이나 무리한 힘이 가해지지 않도록 보조와이어 로프 등으로 지지되어야 하고 크레인과의 사이에 접지선이 연결되어 있어야 한다. 다만, 해당 스위치의 외함 구조가 절연제품의 경우에는 접지선을 생략할 수 있다.
다. 펜던트 스위치의 외함은 식별이 용이한 색상이어야 하며 최소 보호등급은 옥내용인 경우 IP43, 옥외용인 경우 IP55 이상이어야 한다.
라. 펜던트 스위치는 조작위치에서의 바닥면에서 0.9m에서 1.7m 사이에 위치해야 한다.

Answer 07 ④ 08 ② 09 ②

10 천장 크레인의 운전실에 대한 내용으로 적당하지 않은 것은?

① 운전자가 쉽게 조작할 수 있는 위치에 개폐기, 제어기, 브레이크, 경보장치 등을 설치하여야 한다.
② 운전자가 안전한 운전을 할 수 있도록 충분한 시야를 확보하여야 한다.
③ 작업 바닥면에서 운전하는 크레인에도 운전실을 설치하여야 한다.
④ 운전실의 바닥은 미끄러지지 않는 구조이어야 한다.

> **해설** 가. 크레인에 구비한 운전실 또는 운전대의 구조는 다음과 같이 한다.
> 1) 운전자가 안전한 운전을 할 수 있는 충분한 시야를 확보할 수 있을 것
> 2) 운전자가 쉽게 조작할 수 있는 위치에 개폐기, 제어기, 브레이크, 경보장치 등을 설치할 것
> 3) 운전자가 접촉하는 것에 의해 감전위험이 있는 충전부분에는 감전방지를 위한 덮개나 울을 설치할 것
> 4) 제43호가목1)에 정한 크레인의 운전실은 분진의 침입을 방지할 수 있는 구조일 것
> 5) 물체의 낙하, 비래 등의 위험이 있는 장소에 설치되는 크레인의 운전대에는 안전망 등 안전한 조치를 할 것
> 6) 운전실 등은 훅 등의 달기기구와 간섭되지 않아야 하며 흔들림이 없도록 견고하게 고정할 것
> 7) 운전실에는 적절한 조명을 갖출 것
> 8) 운전실의 바닥은 미끄러지지 않는 구조일 것
> 9) 운전실에는 자연환기(창문열기) 또는 기계장치 등 환기장치를 갖출 것
>
> 나. 운전실은 다음과 같이 한다.
> 1) 운전실과 거더의 부착부분은 용접부의 균열이 없어야 하며, 부착볼트는 확실하게 고정될 것
> 2) 제어기에는 작동방향 등의 표시가 있을 것

11 천장 크레인의 주행레일에서 스팬이 10m 이하인 경우 스팬 편차 한계는?

① ±3㎜
② ±6㎜
③ ±10㎜
④ ±18㎜

> **해설** 주행레일의 스팬 편차한계는 다음 각목 범위 내일 것
> 가. 스팬이 10m이하 △S = ± 3㎜
> 나. 스팬이 10m초과 △S = ± [3+0.25×(L-10)] ㎜
> 단, 최대 15㎜를 초과해서는 아니됨.
> 여기에서
> △S : 스팬 편차한계(㎜)
> L : 스팬(m)

Answer 10 ③ 11 ①

12 천장주행크레인의 권과방지장치의 기능에 대한 설명 중 틀린 것은?

① 전기식 권과방지장치는 접점이 개방되면 권과가 방지되는 구조이어야 한다.
② 작동식 권과방지장치는 훅 등 달기기구의 상부와 드럼과의 간격이 0.25미터 이상이어야 한다.
③ 권과방지장치는 용이하게 점검할 수 있는 구조이어야 한다.
④ 권과를 방지하기 위하여 자동적으로 전동기용 동력을 차단하고 작동을 제동하는 기능을 가져야 한다.

> **해설** 가. 권과방지장치의 기능은 다음과 같이 한다.
> 1) 권과를 방지하기 위하여 자동적으로 전동기용 동력을 차단하고 작동을 제동하는 기능을 가질 것
> 2) 훅 등 달기기구의 상부(해당 달기기구의 권상용 시브를 포함)와 드럼, 시브, 트롤리프레임, 기타 해당 상부가 접촉할 우려가 있는 것의(경사진 시브를 제외) 하부와의 간격이 0.25m 이상(직동식 권과방지장치는 0.05m 이상)이 되도록 조정할 수 있는 구조일 것
> 3) 용이하게 점검할 수 있는 구조일 것
>
> 나. 제24호의 권과방지장치 중 전기식은 가목에 정하는 사항 이외에 다음과 같이 한다.
> 1) 접점, 단자, 배선, 그 밖에 전기가 통하는 부분(이하 "통전부분"이라 한다.)의 외함은 강판제작 또는 견고한 구조일 것
> 2) 물에 젖을 염려가 있는 장소 또는 분진 등이 비산(飛散)하는 장소에 설치하는 전선의 피복은 물 또는 분진 등에 의해 열화가 발생할 염려가 없는 것으로 할 것
> 3) 접점이 개방되면 권과가 방지되는 구조로 할 것

13 천장 크레인의 감속기에 관한 설명으로 옳지 않은 것은?

① 감속기어의 오일은 여름철에 점도가 낮은 것을 사용하여야 한다.
② 감속기 오일은 약 2,000시간마다 교환하는 것이 좋다.
③ 감속기의 오일은 1/4정도 오일을 채워준다.
④ 감속기의 급유법은 유욕식이다.

> **해설** 기온이 높을 때는 점도가 높은 것을 사용하고 기온이 낮을 때는 전도가 낮은 것을 사용해야 한다.

14 천장 크레인용 와이어 드럼의 지름 D와 와이어 로프의 지름 d와의 비로 다음 중 가장 적합한 것은?

① D/d = 20
② D/d = 10
③ D/d = 5
④ D/d = 4

> **해설** 와이어 드럼의 지름 D와 와이어 로프의 지름 d와의 비는 20~25배이다.

Answer 12 ② 13 ① 14 ①

15 크레인에서 시브 홈 바퀴의 지름은 일반적으로 와이어 로프 지름의 몇 배 이상이어야 하는가?

① 5
② 10
③ 15
④ 20

해설 ◦ 권상장치용 시브의 피치원 직경(D)은 와이어 로프 직경(d)의 20배 이상으로 하고, 이퀄라이저 시브(Equalizer sheave 회전하지 않는 시브)는 10배, 과부하 방지 장치용은 5배 이상으로 할 수 있다. D≧20d

16 천장주행 크레인의 권상 모터에 투입되는 전기의 정격전류가 10 암페어(A)이다. 권상모터의 과전류 보호용 차단기의 차단용량으로 적합한 것은?

① 20A
② 30A
③ 40A
④ 50A

해설 ◦ 과전류 보호용 차단 시는 정격전류의 2배이다.

17 캠(cam)형 리미트 스위치에 대한 설명으로 옳은 것은?

① 드럼에 연동되어 회전을 하며 나사봉이 돌려지면서 나사봉에 들어가 있는 너트는 훅의 권상, 권하되는 거리에 비하여 이동하고 너트의 좌우 극한점에 도달하면 스위치 레버에 의해 회로를 개방하여 전원을 차단하게 되어 있다.
② 드럼과 연동되어 회전을 하고, 원판 모양으로 주위에 배치된 볼록 및 오목 캠에 의해 스위치의 레버를 작동시키는 구조이다.
③ 훅의 상승에 의해 중추에 닿아 직접 작동되는 방식이다.
④ 작동위치의 오차를 적게 할 수 있으며, 드럼의 회전과 관계없이 와이어 로프를 교환한 후 위치의 재조정이 불필요하다.

해설 ◦ ③ 캠 또는 웜 및 웜기어식 리미트 스위치(Cam type worm & Worm gear type limit switch)권상장치에 사용되며 와이어 로프 드럼의 회전 축과 리미트 스위치 웜의 축이 연결되어 같이 회전하게 된다. 훅이 수직으로 움직일 수 있는 구간(상한, 하한)을 설정하여, 캠을 조정한다. 웜이 1회전 하면, 웜기어는 기어의 1개 잇수 만큼 회전하면서 설정 구간이 되면 캠이 마이크로 스위치 누르면 접점을 개폐하는 방식이다. 작동 구간이 길 때 적합하며 한 방향의 작동이 제한되어도 다른 쪽 방향은 작동이 가능하다.

Answer 15 ④ 16 ① 17 ②

18 천장 크레인의 횡행 운전 중 갑자기 장애물이 나타났을 때 가장 먼저 해야 할 일은?

① 조작 스위치를 중립 위치에 놓는다. ② 비상정지 스위치를 누른다.
③ 횡행운전을 중지한다. ④ 사이렌을 울린다.

해설 ◦ 횡행 운전 중 갑자기 장애물이 나타났을 때 가장 먼저 해야 할 일은 비상정지 스위치를 누른다.

19 크레인의 주행레일 설명으로 틀린 것은?

① 주행레일은 균열, 두부의 변형이 없을 것
② 레일 연결부의 엇갈림은 상하 및 좌우 모두 0.5㎜ 이하일 것
③ 레일 측면의 마모는 원래 규격 치수의 20% 이내일 것
④ 레일 연결부의 틈새는 기타 크레인의 경우 5㎜ 이하일 것

해설 ◦ 주행레일은 다음과 같이 한다.
1) 주행레일은 균열, 두부의 변형이 없을 것
2) 레일부착 볼트는 풀림, 탈락이 없을 것
3) 연결부위의 볼트 풀림 및 부판의 빠져나옴이 없을 것
4) 완충장치는 손상 및 어긋남이 없어야 하며, 부착볼트의 이완 및 탈락이 없을 것
5) 연결부의 틈새는 천정크레인은 3㎜, 기타 크레인은 5㎜ 이하일 것
6) 레일 연결부의 엇갈림은 상하 0.5㎜ 이하, 좌우 0.5㎜ 이하일 것
7) 레일 측면의 마모는 원래 규격치수의 10% 이내일 것

20 브레이크는 제동용과 속도제어용으로 나눌 수 있는데 속도제어용 브레이크 중 운동에너지를 전기에너지로 변환시키고 이 전기에너지를 소모시켜 제어하는 브레이크 방식은?

① 다이나믹(Dynamic) 브레이크 ② 스러스트(Thrust) 브레이크
③ 와류(Eddy current) 브레이크 ④ 전자(Magnet) 브레이크

해설 ◦ E,C브레이크(Eddy current brake)
① 전류 브레이크, 또는 소용돌이 브레이크라고도 하며,
② 권상장치에만 설치되며 주행, 횡행에는 설치하지 않는다.
③ 권하 시 미세한 동작에 유리하며 권하 1단에서 작동된다.
④ 특히 권하 시 중량물이 규정된 속도보다 빠른 속도로 내려오는 걸 방지하는데 효과적 이며 정격 속도의 1/5 의 감속비를 쉽게 얻을 수 있다.
⑤ 브레이크의 조정이 필요 없으나 설치비용이 많이 들어 요즘 제작되는 천장크레인에는 설치되지 않는다.
⑥ 작동 방식은 권상장치의 전동기(Motor)와 연결된 E,C브레이크의 회전자 축이 회전하면서, 운전자 가 조작레버(Controller)를 1단, 2단, 3단, 4단으로 변속시킬 때 전기 회로 장치에 의해 그에 맞는 정격 속도에 반응한다. 정격 속도보다 초과되었을 때, E,C브레이크의 고정자에 회전자가 회전 하는 반대 방향으로 전류를 흘려 보내 회전자가 과회전하는 것을 방지한다.

Answer 18 ② 19 ③ 20 ①

21 크레인 운전자가 화물을 권상할 때 위험한 상태에서 작업안전을 위해 급정지시키는 비상정지 장치에 대한 설명으로 가장 적합한 것은?

① 작업 종료 시 전원을 차단하기 위한 장치이다.
② 누름 버튼은 적색으로 머리 부분이 돌출되고, 수동 복귀되는 형식이다.
③ 누름 버튼은 황색으로 머리 부분이 돌출되고, 자동 복귀되는 형식이다.
④ 탑승용(운전석) 크레인일 경우 권상레버와 같이 부착된다.

해설 가. 비상정지장치는 각 제어반 및 그 밖의 비상정지를 필요로 하는 개소에 설치하되, 접근이 용이한 곳에 배치되어야 한다.
나. 비상정지장치는 작동된 이후 수동으로 복귀시킬 때까지 회로가 자동으로 복귀되지 않는 구조여야 한다.
다. 비상정지장치의 형태는 기계의 구조와 특성에 따라 위험상황을 해소할 수 있도록 다음과 같은 적절한 형태의 것을 선정해야 한다.
  1) 버섯형(돌출) 누름버튼
  2) 로프작동형, 봉형
  3) 복부 또는 무릎작동형
  4) 보호덮개가 없는 페달형 스위치
라. 누름버튼형 비상정지장치의 엑추에이터는 적색이고 주변의 배경색은 황색이어야 한다.
마. 로프작동형 비상정지장치는 상시 로프의 적정 장력이 유지되어야 하며, 로프에 적색과 황색으로 식별이 가능하여야 한다.

22 축과 보스에 작은 삼각형의 돌기 홈을 이용하여 고정하는 것은?

① 스플라인
② 세레이션
③ 유니버설 커플링
④ 플랜지 커플링

해설 세레이션
① 세레이션은 축과 보스에 홈을 파며 축(Shaft)둘레에 4~20개의 삼각형 돌기 모양으로 깎아 만든 것으로 회전체가 축에 고정되지 않고 축 방향으로 이동할 수 있다.
② 축(Shaft)둘레의 돌기 모양은 정면에서 봤을 때 세모꼴 모양이며 큰 회전력을 전달할 수 있다.

23 운전종료 후의 조치사항으로 틀린 것은?

① 각 제어기를 OFF하고 전원 S/W를 OFF한다.
② 각 부의 청소를 한다.
③ 운전종료 지점에 크레인을 정지시키고 S/W를 OFF한다.
④ 각 부의 이상유무를 점검한다.

해설 크레인은 운전 종료 후 지정된 탑승 지점(탑승 계단)에 크레인을 정지하고 메인 스위치를 OFF한다.

Answer 21 ② 22 ② 23 ③

24 윤활유가 유입되거나 부착되어서는 안되는 것은?

① 와이어 로프 및 드럼
② 브레이크 라이닝 및 드럼
③ 체인 및 스프로켓
④ 베어링 및 하우징

해설 ○ 기계기구의 작동면에는 윤활유가 급유되어야 하지만 브레이크 제동면에는 윤활유가 묻으면 안된다.

25 천장 크레인의 주행에 대한 설명으로 틀린 것은?

① 급격한 주행을 하지 말 것
② 주행과 동시에 운반물을 권상 또는 권하시키지 말 것
③ 운반물 위에 사람이 타고 있을 때에는 주행을 서서히 할 것
④ 주행로 상에 장애물이 있을 때에는 주행을 멈출 것

해설 ○ 운반물에는 절대 사람이 타서는 안된다.

26 천장 크레인에서 교류전류가 널리 사용되는 주된 이유는?

① 발전이 간단하므로
② 직류보다 위험이 적어서
③ 모터를 돌리는데 적당하므로
④ 전압을 자유롭게 변화시키는 것이 가능하므로

해설 ○ 교류(AC)는 전압을 자유롭게 변화시키는 것이 가능하다.

27 전동기에 부하가 크게 걸릴 경우 미치는 영향과 관계없는 것은?

① 발열한다.
② 최대 토크가 증가한다.
③ 퓨즈가 끊어질 수 있다.
④ 과부하 계전기가 작동한다.

해설 ○ **전동기에 부하가 크게 걸릴 경우**
① 발열한다.
② 과부하 계전기가 작동한다.
③ 퓨즈가 끊어질 수 있다.

Answer 24 ② 25 ③ 26 ④ 27 ②

28 전동기 회로의 보호장치가 아닌 것은?

① 퓨즈
② 차단기
③ 과전류 릴레이
④ 변압기

해설 ○─ 변압기는 전압을 변환시켜주는 것으로서 전압을 올릴 때 사용되는 승압기와 내릴 때 사용되는 감압기가 있다.

29 전원 440V, 60Hz이며, 전동기의 극수가 6극인 전동기의 동기 회전속도는?

① 1500rpm
② 1000rpm
③ 1200rpm
④ 900rpm

해설 ○─ $\dfrac{120f(60Hz)}{P(전동기의 극수)} = \dfrac{7,200}{4} = 1,800 rpm$

30 제어기에서 전기 접촉자의 면이 거칠 경우, 자주 일어나는 전기적인 현상은?

① 스파크가 일어난다.
② 회전력이 커진다.
③ 핸들이 무거워진다.
④ 기동이 잘된다.

해설 ○─ 전기 접촉자의 면이 거칠 경우, 스파크가 일어난다.

31 와이어 로프용 그리스의 구비조건 중 틀린 것은?

① 산, 알칼리, 수분을 함유하지 않을 것
② 휘발성이 아닐 것
③ 물에 잘 씻어질 것
④ 온도변화에 대한 점도의 변화가 작을 것

해설 ○─ 와이어 로프용 그리스가 산, 알칼리, 수분을 함유하고 있으면 와이어 로프가 부식이 발생되고 휘발성이 있거나 물에 잘 씻어질 경우 윤활유의 역할을 못하게 된다. 또한 온도변화에 대한 점도의 변화가 작아야 한다.

Answer 28 ④ 29 ③ 30 ① 31 ③

32 키(Key)는 다음 중 어느 경우에 사용하는가?

① 축이 손상되었을 때
② 압연재나 형재를 영구적으로 연결할 때
③ 축에 풀리, 기어 등을 고정시킬 때
④ 와이어 로프가 손상되었을 때

> **해설** 키(Key)
> ① 키(Key)란, 축에 기어, 휠, 드럼, 풀리 등 회전체를 고정시켜 회전력을 전달시키는 기계 부품이며, 축의 재질보다 조금 더 강한 재료로 제작한다.
> ② 축 방향으로 이동할 우려가 있는 경우, 키를 1/100 정도의 구배를 가지게 제작하여 망치로 때려 박는다.
> ③ 키는 고정형과 축 방향으로 이동 가능한 것이 있으며 종류는 다음과 같다.
> ④ 키의 회전력을 전달시키는 힘의 크기 순서로는 스플라인, 세레이션, 성크 키, 평 키, 새들 키이며 수시로 급유할 필요는 없다.

33 크레인의 운전시작 전 점검 중 크레인 본체에 대한 무부하 운전 시의 점검사항이 아닌 것은?

① 권과방지장치의 작동 이상 유무를 점검한다.
② 과부하 방지장치의 정상 작동 유무를 확인한다.
③ 브레이크 작동 및 이상 유무를 점검한다.
④ 전동기, 베어링, 감속기 등의 이상음, 진동 및 과열 등을 점검한다.

> **해설** 무부하 운전이란? 훅에 하물을 걸지 않고 운전하는 것으로서 과부하 방지장치가 작동되는지를 확인하려면 훅에 하물을 걸어야 한다.

34 전기 기기의 철심으로 가장 많이 사용하는 것은?

① 탄소강판
② 규소강판
③ 동판
④ 주철판

> **해설** 전기 기기의 철심으로 가장 많이 사용하는 것은 규소강판이다.

Answer 32 ③ 33 ② 34 ②

35 90도로 교차하고 있는 2개의 축을 연결할 때 사용하는 기어는?

① 스퍼기어　　　　　　　② 헬리컬기어
③ 인터널기어　　　　　　④ 베벨기어

해설　① 베벨기어 : 서로 교차(통상 90도)하는 두 축 사이에서 동력을 전달할 때 이용하는 원추형의 기어이다. 기어의 치면 상태에 따라 직선 베벨기어, 스파이럴 베벨기어, 나선형 베벨기어 등이 있다.

36 권선형 유도 전동기의 2차 저항 제어방식의 특징 중 거리가 먼 것은?

① 2차 저항치의 가변에 의해 속도가 제어된다.
② 기동 시 쿠션 스타트로서도 사용된다.
③ 어떤 용량의 전동기에도 제어가 가능하다.
④ 부하변동에 의한 속도변동이 작고, 효율이 제어방식 중 가장 우수하다.

해설　2차 저항 제어방식의 특징은 부하변동에 의한 속도변동이 크고, 효율이 제어방식 중 가장 우수한 것은 아니다.

37 천장 크레인의 안전한 운전방법으로 틀린 것은?

① 항상 짐의 중량과 크기를 염두에 두고, 장애물 대처 방안과 충분한 여유를 가지고 운전한다.
② 안전커버를 벗긴 채로 운전하는 것을 금한다.
③ 리밋 스위치가 있으면 리밋 스위치에 의존하는 운전을 한다.
④ 현장작업자와 운전자와의 연락 미비로 인한 사고가 발생할 우려가 있으므로 항상 세심한 주의를 한다.

해설　리미트 스위치가 오동작 될 수도 있으니 리밋 스위치에 의존하지 말고 항상 주의해서 운전을 한다.

38 베어링 유닛에 발생하는 이상음의 원인이 아닌 것은?

① 취부 시 부주의에 의해 회전면에 생긴 흠집
② 베어링 정지 시 진동에 의해 발생한 흠집
③ 윤활유의 과다 공급
④ 세트 스크루가 풀린 경우

해설　윤활유의 과다 공급은 베어링 발열의 원인이 될 수 있다.

Answer　35 ④　36 ④　37 ③　38 ③

39 퓨즈가 끊어져 다시 끼웠을 때도 끊어졌다면?

① 다시 한 번 끼워본다.
② 좀 더 굵은 선으로 끼운다.
③ 합선 및 이상여부를 점검한다.
④ 좀 더 용량이 큰 퓨즈로 끼운다.

해설 ▸ 퓨즈는 용량이 정해져 있으므로 규정에 맞는 퓨즈를 사용해야 한다.

40 저항기 사용 중 온도가 높아졌을 때 그 허용 값은?

① 약 250℃   ② 약 300℃
③ 약 350℃   ④ 약 400℃

해설 ▸ 저항기의 발열온도는 350℃ 이내이다.

41 와이어 로프의 양 끝을 고정하는 방법으로 틀린 것은?

① 소켓가공이라고도 하는 합금고정법은 양호하게 하면 이용효율을 100%로 할 수 있다.
② 지름 32㎜ 이상의 굵은 와이어 로프는 합금고정이 양호하다.
③ 합금고정의 소켓 재질은 일반적으로 주철제를 사용한다.
④ 클립고정법은 이음효율을 100%로 할 수 있다.

해설 ▸ 합금고정의 소켓 재질은 고강도 알루미늄 합금이다.

42 동일조건에서 2중 걸기 작업의 줄걸이 각도 α 중 로프에 장력이 가장 크게 걸리는 각도는?

① α=30° 일 때   ② α=60° 일 때
③ α=90° 일 때   ④ α=120° 일 때

해설 ▸ 줄걸이 각도가 클수록 장력이 커진다.

43 안전계수를 구하는 공식은?

① 안전하중÷절단하중   ② 시험하중÷정격하중
③ 시험하중÷안전하중   ④ 절단하중÷안전하중

해설 ▸ 안전계수 = 절단하중÷안전하중
안전하중 = 절단하중÷안전계수

Answer 39 ③ 40 ③ 41 ③ 42 ④ 43 ④

44 그림과 같이 양쪽 손을 몸 앞에 대고 두 손을 깍지 끼는 수신호가 의미하는 것은?

① 정지
② 보권 사용
③ 기다려라
④ 물건 걸기

해설 ◦ 수신호 방법 참조 p.106

45 와이어 로프의 구조 중 소선을 꼬아 합친 것을 무엇이라고 하는가?

① 심강
② 스트랜드
③ 소선
④ 공심

해설 ◦ 심강은 중심 코어로서 와이어 로프의 형태유지 및 강도에 큰 영향이 있는 것이며 공심은 심강의 한 종류이고 소선은 스트랜드를 만드는 얇은 한가닥의 철선이다.

46 아래 그림과 같은 강괴를 들어 올릴 때 중량은? (단, 비중 7.85)

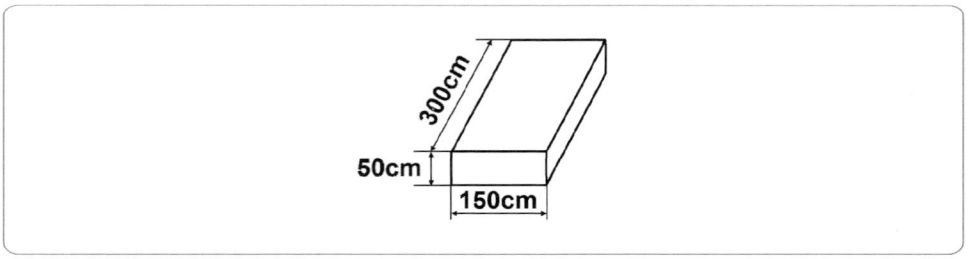

① 약 2250kg·f
② 약 9000kg·f
③ 약 17663kg·f
④ 약 26493kg·f

해설 ◦ 중량을 구하는 공식은 물체의 체적×비중이다 체적을 구할 때는 미터 단위로 계산해야 한다.
3×1.5×0.5×7.85 = 176625 kg·f 이다.

Answer 44 ④ 45 ② 46 ③

47 크레인 운전자가 손바닥을 안으로 하여 얼굴 앞에서 2~3회 흔드는 수신호는?

① 미동신호
② 들어올리기
③ 감아올림
④ 신호불명

해설 ○ 수신호 방법 참조 p.106

48 와이어 로프에 관한 설명으로 틀린 것은?

① 부식은 표면 침식이 적은 것 같아도 내부 깊숙이 진행될 수 있다.
② 아연 도금한 것은 절대 사용하지 않는다.
③ 꼬임은 S형, Z형이 있다.
④ 와이어 로프에 도금한 것을 사용할 수도 있다.

해설 ○ 염분이 있는 해안가 등에서는 아연 도금한 것을 사용할 수 있다.

49 와이어 로프의 절단하중을 100%로 하였을 때 킹크(Kink)가 발생한 와이어 로프의 절단하중에 대한 설명 중 옳은 것은?

① 변화가 없다.
② 절단하중은 증가한다. 즉, 더 절단되지 않는다.
③ 절단하중은 감소한다. 즉, 더 쉽게 절단된다.
④ (+)킹크의 경우 절단하중은 크게 증가하고, (-)킹크의 경우에는 절단하중이 감소한다.

해설 ○ 킹크란? 와이어 로프가 급격히 꺾인 것을 말하며 (+)킹크, (-)킹크가 있다.
킹크가 발생되면 와이어 로프의 수명이 급속히 감소된다.

50 정격하중이 40톤인 크레인을 제작할 때, 와이어 로프는 몇 가닥을 설치해야 하는가? (단, 와이어 로프의 절단하중 20톤, 직경 20mm, 안전계수는 5로 한다.)

① 2
② 4
③ 5
④ 10

해설 ○ • 와이어 로프의 안전하중 = 절단하중÷안전계수 = 20÷7 = 2.857(톤)
• 와이어 로프의 가닥 수 = 부마물의 하중÷안전하중 = 40÷2.857 = 14줄

Answer 47 ④ 48 ② 49 ③ 50 ④

51 기계, 기구 또는 설비에 설치한 방호장치를 해체하거나 사용을 정지할 수 있는 경우로 틀린 것은?

① 방호장치의 수리 시
② 방호장치의 정기점검 시
③ 방호장치의 교체 시
④ 방호장치의 조정 시

해설 ○ 방호장치는 평상 시, 정기점검 시에는 해체해서는 안된다.

52 산업안전보건표지에서 그림이 나타내는 것은?

① 비상구 없음 표지
② 방사선위험 표지
③ 탑승금지 표지
④ 보행금지 표지

해설 ○ 산업안전표지 참조 p.109

53 정비작업에서 공구의 사용법에 대한 내용으로 틀린 것은?

① 스패너의 자루가 짧다고 느낄 때는 반드시 둥근 파이프로 연결할 것
② 스패너를 사용할 때는 앞으로 당길 것
③ 스패너는 조금씩 돌리며 사용할 것
④ 파이프 렌치는 반드시 둥근 물체에만 사용할 것

해설 ○ 스패너의 자루가 짧다고 느낄 때는 둥근 파이프로 연결해서 사용하면 안된다.

54 연삭작업 시 주의사항으로 틀린 것은?

① 숫돌 측면을 사용하지 않는다.
② 작업은 반드시 보안경을 쓰고 작업한다.
③ 연삭작업은 숫돌차의 정면에 서서 작업한다.
④ 연삭숫돌에 일감을 세게 눌러 작업하지 않는다.

해설 ○ 연삭 중 숫돌이 튕겨질 수 있으므로 측면에 서서 작업한다.

Answer 51 ② 52 ④ 53 ① 54 ③

55 안전보건표지의 종류와 형태에서 그림과 같은 표지는?

① 인화성 물질 경고 ② 폭발물 경고
③ 고온 경고 ④ 낙하물 경고

해설 ○— 산업안전표지 참조 p.109

56 산업안전에서 근로자가 안전하게 작업을 할 수 있는 세부 작업 행동 지침을 무엇이라고 하는가?

① 안전수칙 ② 안전표지
③ 작업지시 ④ 작업수칙

해설 ○— 작업자가 안전하게 작업을 할 수 있는 세부 작업 행동 지침은 안전수칙이다.

57 방호장치 및 방호조치에 대한 설명으로 틀린 것은?

① 충전전로 인근에서 차량, 기계장치 등의 작업이 있는 경우 충전부로부터 3m 이상 이격시킨다.
② 지반 붕괴의 위험이 있는 경우 흙막이 지보공 및 방호망을 설치해야 한다.
③ 발파 작업 시 피난장소는 좌우측을 견고하게 방호한다.
④ 직접 접촉이 가능한 벨트에는 덮개를 설치해야 한다.

해설 ○— 발파작업 시 피난장소는 전체를 견고하게 방호한다.

58 안전사고와 부상의 종류에서 재해 분류상 중상해는?

① 부상으로 1주 이상의 노동 손실을 가져온 상해 정도
② 부상으로 2주 이상의 노동 손실을 가져온 상해 정도
③ 부상으로 3주 이상의 노동 손실을 가져온 상해 정도
④ 부상으로 4주 이상의 노동 손실을 가져온 상해 정도

해설 ○— 중상해는 부상으로 2주 이상의 노동 손실을 가져온 상해 정도

Answer 55 ① 56 ① 57 ③ 58 ②

59 사고로 인하여 위급한 환자가 발생하였다. 의사의 치료를 받기 전까지 응급처치를 실시할 때 응급처치 실시자의 준수사항으로 가장 거리가 먼 것은?

① 사고현장 조사를 실시한다.
② 원칙적으로 의약품의 사용은 피한다.
③ 의식 확인이 불가능하여도 생사를 임의로 판정하지 않는다.
④ 정확한 방법으로 응급처치를 한 후 반드시 의사의 치료를 받도록 한다.

> **해설** 사고현장조사는 응급환자를 이송 조치 후 실시한다.

60 전기시설과 관련된 화재로 분류되는 것은?

① A급 화재
② B급 화재
③ C급 화재
④ D급 화재

> **해설**
>
> | 등급 | 종류 | 표시색 | 내용 |
> |---|---|---|---|
> | A급 | 일반화재 | 백색 | 목재, 섬유, 고무류, 합성수지 등 |
> | B급 | 유류화재 | 황색 | 인화성 액체 등 기름 성분인 것 |
> | C급 | 전기화재 | 청색 | 통전중인 전기설비 및 기기의 화재 |
> | D급 | 금속화재 | 무색 | 급속분, 박 등의 금속화재 |
> | E급 | 가스화재 | 황색 | LPG, LNG, 도시가스 등의 화재 |

Answer 59 ① 60 ③

2014년 제4회 최근 기출문제

01 제한 개폐기(Limit switch)의 점검 및 보수에 대하여 설명한 것으로 틀린 것은?

① 개폐의 작용점을 잘 맞추어야 한다.
② 작동부분에 소량의 주유 및 접촉면 등의 청결을 철저히 한다.
③ 최대 부하 시와 무부하시 개폐점이 틀리므로 양쪽에 적합하도록 조정한다.
④ 권상 높이를 높이고자 할 때는 제한 개폐기(Limit switch)를 제거하고 작업을 한다.

해설 ○─ 방호장치 및 안전장치는 제거하거나 떼어내서는 안된다.

02 천장 크레인 운전 중 전동기에 열이 나는 원인이 아닌 것은?

① 저속으로 운전하는 경우
② 전압강하가 심한 경우
③ 부하가 클 경우
④ 저항기가 부적당한 경우

해설 ○─ 2차 저항제어 방식의 천장 크레인은 저속 운전 시 저항기 전체를 사용하게 되므로 저항기에서 열이 발생한다.

03 크래브 트롤리의 권상장치에 사용되는 브레이크는?

① 밴드 브레이크(Band brake)
② 중력 브레이크(Gravity brake)
③ 스러스터 브레이크(Thruster brake)
④ 마그넷 브레이크(Magnet brake)

해설 ○─ 주행, 횡행장치(크래브, 트롤리)에서 사용되는 브레이크는 스러스트(압상기) 브레이크다.

Answer 01 ④ 02 ① 03 ④

04 급전(집전)설비에 대한 설명으로 옳지 않은 것은?

① 집전장치는 트롤리선에서 전원을 크레인 내에 도입하는 부분이다.
② 주행전선 가설 시 선과 선의 거리는 150~300mm로 한다.
③ 주행전선 가설 시 지상 및 기체 외부에서 보기 쉬운 장소에 황색 표시등을 설치하여 통전상태를 표시한다.
④ 기내 배선은 지상 전원설비로부터의 집전장치에서 각 전동기 및 전기기구에 이르는 배선을 말한다.

해설 주행전선 가설 시 보기 쉬운 장소에 적색 표시등을 설치하여 통전상태를 표시한다.

05 감속기의 부품이 아닌 것은?

① 기어
② 축
③ 베어링
④ 새들

해설 감속기는 기어, 축(샤프트), 베어링으로 구성된다.
새들은 거더에 조립되는 구주요조물이며 통상 주행차륜이 조립된다.

06 중추형 권과방지장치의 특징과 거리가 먼 것은?

① 매달린 중추의 위치에서 동작하므로 동작위치의 오차가 적다.
② 동작 후의 복귀거리가 짧다.
③ 권상드럼의 회전수와 관련이 있어 와이어 로프 교환 시 위치를 조정할 필요가 있다.
④ 권상위치 제한은 가능하나, 권하위치의 제한은 불가능하다.

해설 중추형 리미트 스위치는 2차 비상용이며 드럼의 회전과는 관계가 없고 훅의 접촉에 의해서 작동된다.

07 천장주행 크레인의 주행차륜과 레일에 대한 설명으로 옳지 않은 것은?

① 차륜의 재질은 주철품인 경우 FC25 이상으로 해야 한다.
② 차륜의 재질은 주강품인 경우 SC46 이상으로 해야 한다.
③ 각강 레일은 SS50 이상의 일반압연강재를 사용한다.
④ 차륜을 표면 강화할 경우 Hs=5 이하, 픽이 30mm 이상으로 한다.

Answer 04 ③ 05 ④ 06 ③ 07 ④

08 천장 크레인에서 건물의 양 끝이나 천장 크레인끼리 서로 충돌 시 충격을 완화시켜 주며 피해를 감소시켜 주는 장치는?

① 레일 스토퍼(Rail stopper)
② 주행 버퍼 스토퍼(Buffer stopper)
③ 앤드 스토퍼(End stopper)
④ 크래브 스토퍼(Crab stopper)

해설 ○─ 주행 스토퍼는 주행레일 양쪽 끝단에 설치되며 스토퍼는 크레인 새들 양쪽 끝단에 설치되어 충격을 완화시켜주는 장치이다. 버퍼의 재질은 연질의 고무 또는 유압식이 있다.

09 15kW의 전동기가 12m/min의 속도로 권상할 경우, 권상하중은?

① 5톤
② 10톤
③ 15톤
④ 20톤

해설 ○─ 권상하중 = (전동기출력×6.12×1)÷속도 = (15×6.12×1)÷12 = 7.65톤

10 크레인의 용량을 표시하는 아래 용어 중 훅, 버킷 등 달아 올림 기구의 무게에 상당하는 하중을 뺀 것은?

① 시험하중
② 선회하중
③ 정격하중
④ 최대정격 총 하중

해설 ○─ ① 정격하중(Rated load)은 크레인의 권상(호이스팅)하중에서 훅, 크래브 또는 버킷 등 달기기구의 중량에 상당하는 하중을 뺀 하중을 말한다.
② 권상하중(Hoisting load)은 훅, 버킷, 달기구 등의 무게를 포함한 들어 올릴 수 있는 최대의 하중을 말한다.

11 천장주행크레인 크래브(Crab) 프레임 등의 용접부에 대한 비파괴 검사 방법이 아닌 것은?

① 자분탐상검사(Magnet particle Testing : MT)
② 와전류탐상검사(Eddy current Testing : ECT)
③ 초음파탐상검사(Ultrasonic Testing : UT)
④ 낙중시험검사(Falling weight Testing : FWT)

해설 ○─ ① 비파괴검사는 제작된 제품 내부의 기공(氣孔)이나 균열 등의 결함 및 용접부의 내부 결함 등을 제품을 파괴하지 않고 외부에서 검사하는 방법이다.
② 낙중시험은 충격 시험법의 일종으로 제품 위에 크고 무거운 추를 낙하시켜 그 충격에 잘 견디는가를 검사하는 방법이다.

Answer 08 ② 09 ① 10 ③ 11 ④

12 천장 크레인의 비상정지 스위치를 작동시키면 어떻게 되는가?

① 권상 중인 화물을 자동으로 지면에 내려놓는다.
② 작동 중인 동력이 차단된다.
③ 권상을 제외한 모든 전동기의 동력을 차단한다.
④ 주행 중인 크레인을 서서히 정지시킨다.

해설 ○— 비상스위치를 작동시키면 모든 작동 중인 전원이 차단된다.

13 크레인의 훅(Hook)에 걸린 와이어 로프의 이탈을 방지하기 위한 안전장치는?

① 충돌 방지장치
② 해지장치
③ 리미트 스위치
④ 미끄럼 방지장치

해설 ○— 훅에 줄걸이 용구를 걸어서 줄걸이 작업을 할 때 줄걸이 용구가 훅에서 벗겨지지 않도록 훅 해지장치가 있어야 한다.

14 그림에서 지시하는 곳(플리트 각도)의 가장 양호한 각도는?

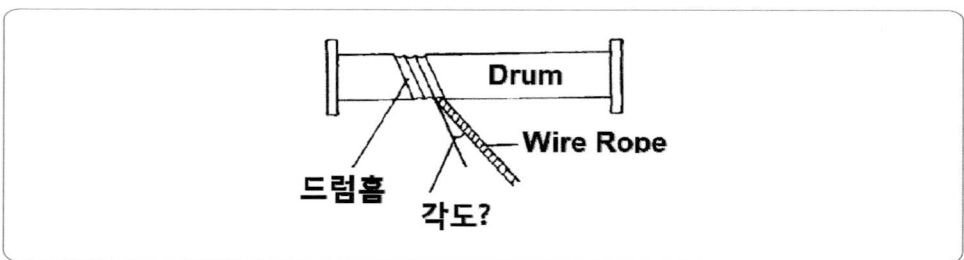

① 4° 이내
② 8° 이내
③ 10° 이내
④ 20° 이내

해설 ○— ① 권상장치 등의 드럼에 홈이 있는 경우 플리트(Fleet) 각도(와이어 로프가 감기는 방향과 로프가 감겨지는 방향과의 각도)는 4도 이내여야 한다.
② 권상장치 등의 드럼에 홈이 없는 경우 플리트 각도는 2도 이내여야 한다.

Answer 12 ② 13 ② 14 ①

15 다음 그림에서 유니버설 제어기의 Ⓐ 방향이 횡행이고, Ⓑ 방향이 주행이라면, Ⓒ 방향에 대한 설명 중 옳은 것은?

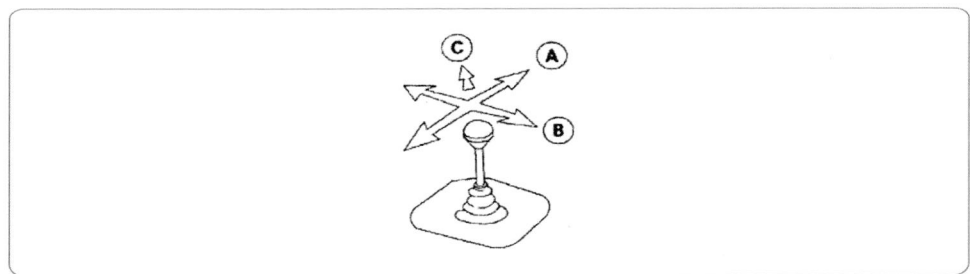

① 권상의 방향이다.
② 권하의 방향이다.
③ 권상과 주행의 동시작업이다.
④ 주행과 횡행의 동시작업이다.

해설 ○─ 횡행이 전진하면서 주행이 오른쪽으로 동시에 작동한다.

16 정격하중에 상당하는 부하물을 달았을 때 제동용 브레이크에서의 제동력은 토크 최대값의 몇 배 이상이어야 하는가?

① 1
② 1.5
③ 2
④ 3

해설 ○─ 제동토크(Torque) 값(권상 또는 기복장치에 2개 이상의 브레이크가 설치되어 있을 때는 각각의 브레이크 제동토크 값을 합한 값)은 크레인의 정격하중에 상당하는 하중을 권상 시 해당 크레인의 권상 또는 기복장치의 토크 값(당해 토크 값이 2개 이상 있을 때는 그 값 중 최대의 값)의 1.5배 이상일 것

17 제조 시 또는 장기간 반복 사용한 훅에 적합한 열처리 방법은?

① 뜨임
② 풀림
③ 담금질
④ 불림

해설 ○─ 훅은 장기간 사용하면 금속의 조직이 응력을 받아 경화되므로 풀림 처리를 해야 한다.
풀림(Annealing)이란?
• 금속 재료를 적당한 온도로 가열한 다음 서서히 상온(常溫)으로 냉각시키는 작업으로서, 가공 또는 담금질로 인하여 경화한 재료의 내부 균열을 제거하고, 결정 입자를 미세화하여 전연성을 높인다.

Answer 15 ④ 16 ② 17 ②

18 전동기에서 스파크(Spark)가 발생하는 원인이 아닌 것은?

① 접촉점 간의 전압이 높을 때
② 접촉면이 거칠 때
③ 접촉점을 흐르는 전류가 정격 이상일 때
④ 주파수가 낮을수록

해설 ○ **스파크의 발생 원인**
① 접촉점 간의 전압이 높을 때
② 접촉면이 거칠 때
③ 접촉점을 흐르는 전류가 정격 이상일 때
④ 주파수가 높을수록
⑤ 전원을 ON보다 OFF할 때 많이 발생된다.

19 다음 중 천장 크레인 권상장치의 주요 구성요소가 아닌 것은?

① 전동기　　　　　　② 감속기
③ 브레이크　　　　　④ 캠버

해설 ○ • 권상장치의 구조는 전동기, 감속기, 브레이크, 와이어드럼, 캠형 리미트 스위치, 중추형 리미트 스위치 등으로 구성되어 있다.
• 캠버는 거더에 해당하는 용어로서 거더의 처짐에 대한 값(스팬의 1/800)이다.

20 천장 크레인의 주행레일 연결부의 틈새는?

① 3㎜ 이하　　　　　② 4㎜ 이하
③ 5㎜ 이하　　　　　④ 6㎜ 이하

해설 ○ 연결부의 틈새는 천정 크레인은 3㎜, 기타 크레인은 5㎜ 이하일 것

21 2차 측 저항의 조정 저항값을 증감함으로써 회전속도를 가감하는 전동기는?

① 직류 직권 전동기　　　② 교류 농형 유도 전동기
③ 직류 분권 전동기　　　④ 교류 권선형 전동기

해설 ○ 2차 측 저항의 조정 저항값을 증감함으로써 회전속도를 가감하는 전동기는 교류 권선형 3상 유도전동기이다.

Answer　18 ④　19 ④　20 ①　21 ④

22 너트의 종류별 설명으로 틀린 것은?

① 사각 너트 : 건축용, 목공용 너트
② 나비 너트 : 공구가 필요치 않고 손으로 조일 수 있는 너트
③ 둥근 너트 : 일반적으로 많이 사용되는 너트
④ 캡 너트 : 유체의 누출을 방지하기 위한 너트

해설 ○ 일반적으로 많이 사용되는 볼트, 너트는 육각이다.

23 제어반에서 주전원 차단기나 퓨즈가 자주 차단될 때 점검해야 할 사항과 가장 거리가 먼 것은?

① 전선로 상호간의 절연저항 점검
② 퓨즈 용량이 맞는지 점검
③ 과부하 여부 점검
④ 전선로의 길이 점검

24 측압을 받는 곳에 쓰이는 베어링은?

① 트러스트(Thrust) 베어링
② 레이디얼(Radial) 베어링
③ 평면(Plane) 베어링
④ 분할 베어링

해설 ○ 스러스트 베어링은 축 방향(측압)으로 힘을 받는 곳에 사용되며 레이디얼 베어링은 축에 직각으로 힘을 받는 곳에 사용된다.

25 변압기의 1차 권수 80회, 2차 권수 320회인 경우 1차 측에 25V의 전압을 가하면 2차 전압(V)은?

① 50
② 72
③ 100
④ 125

해설 ○ 1차 권수 80회, 2차 권수 320회는 2차 권선수가 4배이므로 1차 측 전압의 4배를 곱하면 2차 측 전압이 계산된다.

Answer 22 ③ 23 ④ 24 ① 25 ③

26 크레인 운전 전 확인사항으로 틀린 것은?

① 운전실의 각 레버, 컨트롤러 핸들, 스위치 등이 정상인가를 확인한다.
② 무부하로 운전을 행하여 각 안전장치, 브레이크 기능을 알아본다.
③ 운전개시 시에는 앵커 또는 레일 클램프를 확실히 작동시켜 둔다.
④ 전임 사용자로부터 전달받은 사항을 확인하고, 그 내용을 파악하여 둔다.

> **해설** 앵커 또는 레일 클램프는 강풍(태풍)에 대비하기 위한 안전장치이므로 운전 개시 전에는 반드시 풀어야 (해지)한다.

27 두 개의 동작을 한 개의 핸들(Handle)로서 동시에 조작하는 제어기는?

① 유니버설식　　　　　② 크랭크식
③ 수평식　　　　　　　④ 마그네트식

> **해설** 유니버설식(만능제어기)는 두 가지 동작을 한 개의 콘트롤러(레버, 핸들)로 조작하는 제어기이다.

28 저항기의 온도상승 요인이 아닌 것은?

① 통풍이 불량하다.
② 사용빈도가 높다.
③ 인칭운전의 빈도가 높다.
④ 최종 노치의 운전이 길다.

> **해설**
> • 저항기의 발열원인에는 통풍불량, 사용빈도 과다, 인칭운전 등이 있다.
> • 인칭운전이란 1단으로 조금씩 자주 조작하는 것을 말하며, 이때는 저항기의 저항을 전체적으로 사용하기 때문에 과열된다.
> • 반대로 최종노치운전이란 4단 또는 5단으로 저항기의 저항사용을 최대한 줄인 상태로서 전동기의 회전수가 최대치이며 저항기는 발열이 적다.

29 베어링의 온도상승 원인으로 가장 거리가 먼 것은?

① 정격속도를 초과한 경우
② 과하중이 작용한 경우
③ 베어링의 수명이 초과한 경우
④ 베어링의 유격이 과대한 경우

> **해설** 베어링의 유격이 크면 소음 및 진동의 원인이 된다.

Answer　26 ③　27 ①　28 ④　29 ④

30 크레인 운전 후 점검 및 조치사항으로 틀린 것은?

① 각 브레이크의 제동상태를 확인한다.
② 각 동작부위의 이완 및 풀림을 주의 깊게 확인한다.
③ 배전반의 스위치는 차단하지 말고 그대로 둔다.
④ 운전일지를 기록하여 보관한다.

> **해설** 운전 후에는 배전반의 스위치는 반드시 차단해야 한다.

31 훅의 열처리 방법으로 실온에서 냉각시켜 가단성을 높이고 깨지기 쉬운 성질을 줄이는 것은?

① 담금질
② 구상화 처리
③ 석출경화
④ 풀림

> **해설** 풀림(Annealing)이란?
> 금속 재료를 적당한 온도로 가열한 다음 서서히 상온(常溫)으로 냉각시키는 작업으로서, 가공 또는 담금질로 인하여 경화한 재료의 내부 균열을 제거하고, 결정 입자를 미세화하여 전성, 연성을 높인다.

32 치차면은 원추형이고, 동력을 직각(90°)으로 전달할 경우에 사용되는 치차는?

① 베벨기어
② 랙과 피니언
③ 스퍼기어(평기어)
④ 헬리컬기어

> **해설**
> ① 베벨기어 : 서로 교차(통상 90도)하는 두 축 사이에서 동력을 전달할 때 이용하는 원추형의 기어이다. 기어의 치면 상태에 따라 직선 베벨기어, 스파이럴 베벨기어, 나선형 베벨기어 등이 있다.
> ② 스퍼기어 : 기어의 치면이 반듯하게 제작된 기어로서 2개의 축이 평행을 이루는 가장 많이 사용되는 기어이다.
> ③ 헬리컬기어 : 2개의 축이 평행을 이루며 치면이 비스듬히 경사져 있어서 헬리컬이라고 한다. 치면이 나선 곡선인 원통기어로서 스퍼기어보다 치면의 접촉선 길이가 길어서 큰 힘을 전달할 수 있고, 원활하게 회전하므로 소음이 작다.
> ④ 랙 : 직선으로 된 쇠에 기어 치면을 가공한 것으로서 피니언(작은 기어)과 맞물려 회전 운동을 직선 운동으로 바꾸는데 사용한다.

Answer 30 ③ 31 ④ 32 ①

33 크레인의 급유에 대하여 설명한 것 중 틀린 것은?

① 윤활유는 점도, 유막의 강도, 변질 가능성 등을 고려하여 선정한다.
② 그리스 니플에 급유 시에는 그리스 건을 사용한다.
③ 집중급유장치는 수동 또는 전동으로 급유관 및 분배변을 통하여 각각의 축 베어링에 일정량을 급유하는 방법이다.
④ 그리스컵이나 그리스건식은 집중급유장치에 비하여 급유 시간이 짧게 걸린다.

해설○ 그리스컵이나 그리스건식은 집중급유장치에 비하여 급유 시간이 오래 걸린다.

34 축(Shift)에 관한 설명 중 틀린 것은?

① 기계장치의 일부로써 회전에 의한 운동이나 동력을 전달하는 역할을 한다.
② 회전 축과 전동 축 두 가지로 구분한다.
③ 기계를 돌리기 위하여 동력을 전달하는 축을 전동 축이라 한다.
④ 축끼리의 연결은 축 커플링 또는 조인트라 한다.

해설○ 회전 축은 프로펠러나 물체의 회전이 일어나는 중심 축으로서 동력을 전달하지는 않으며 전동 축은 회전 운동이나 동력을 전달하는 역할을 한다.

35 전동기에서 미끄럼(Slip)을 구하는 공식은? (단, S : Slip, Ns : 동기속도, N : 전동기속도, P : 극수)

① $S = Ns - \dfrac{P \times Ns}{Ns} \times 100\%$

② $S = \dfrac{N \times Ns}{P} \times 100\%$

③ $S = \dfrac{Ns + N}{Ns} \times 100\%$

④ $S = \dfrac{Ns - N}{Ns} \times 100\%$

해설○ 전동기의 동기속도를 구하는 공식은 $Ns = \dfrac{120f}{P}(1-s)$이며,
전동기의 슬립을 구하는 공식은 $S = \dfrac{Ns - N}{Ns} \times 100\%$ 이다.

Answer 33 ④ 34 ② 35 ④

36 우리나라에서 사용되고 있는 전력계통의 주파수는?

① 50Hz　　② 60Hz
③ 70Hz　　④ 80Hz

해설 ○— 우리나라에서는 60Hz를 사용하며 일본, 중국 등은 50Hz를 사용한다.

37 천장 크레인을 작동시킬 때의 전원투입 순서는?

① 부하 측에서 전원 측으로　　② 전원 측에서 부하 측으로
③ 순서를 가릴 필요가 없다.　　④ 운전자 가까이에 있는 스위치부터 켠다.

해설 ○— 전원투입 순서는 전원 측에서 부하 측으로 해야 한다 반대로 부하 측에서 전원 측으로 하게 되면 전기 및 기계장치가 예상치 못하게 작동되어 안전사고의 위험이 있다.

38 축(Shaft)에는 홈을 가공치 않고 보스(Boss)에만 홈을 가공하여 축의 표면과 보스의 홈에 모양이 일치하도록 가공하여 박은 키(Key)를 무엇이라 하는가?

① 성크 키(Sunk key)　　② 반달 키(Woodruff key)
③ 안장 키(Saddle key)　　④ 접선 키(Tangential key)

해설 ○— (a) 성크 키(Sunk key)
일반적으로 가장 많이 사용되며 축(Shaft)과 보스(Boss)에 홈을 파서 키를 박아 회전체를 고정시킨다. 키의 부빼는 1/100이다.
(b) 새들 키(Saddle key), 안장키
축(Shaft)에는 홈을 파지 않고 보스(Boss)에만 홈을 파서 키를 박아 회전체를 고정시킨다.
(c) 접선 키(Tangential key)
① 축(Shaft)과 보스(Boss)에 홈을 파서 키를 박아 회전체를 고정 시킨다. 두 개의 키가 1쌍이며, 각도는 120도 이며, 구배(경사)는 1/100이다.
② 큰 회전력을 전달하는데 사용하며 큰 역회전이 가능하고 직경의 축에 적용한다.
(d) 평 키, 플랫 키(Flat key)
키의 모양은 성크 키와 비슷하나 보스(Boss)에만 홈을 파고, 축(Shaft)쪽은 키의 폭만큼 평탄하게 하여 고정시킨다. 주로 가벼운 하중에 사용한다.
(e) 원형 키(Round key), 둥근 키
둥근 키는 원형의 막대 모양의 키로서, 축(Shaft)과 보스(Boss)에 구멍을 뚫어 원형의 키를 박아 회전체를 고정시킨다. 주로 공작기계의 핸들 등 작은 회전력을 전달하는 축에 사용된다.
(f) 반달 키(Woodruff key)
① 축(Shaft)의 홈에 끼우는 반원형의 키로서, 보스(Boss)쪽은 성크 키와 같이 홈을 파고, 축(Shaft)쪽의 홈은 반원 모양이다.
② 반달 키는 저절로 중심이 맞춰짐으로 경사(구배)진 축에 적합하다.
③ 단점으로는 축에 깊은 홈을 파는 관계로 축이 약해진다.

Answer　36 ②　37 ②　38 ③

39 천장 크레인에서 전기 스파크가 일어났을 때 운전자가 가장 먼저 취해야 할 조치는?

① 퓨즈를 끊는다.
② 메인 전원을 차단(OFF)한다.
③ 레버를 급속히 중립위치로 한다.
④ 전동기 전원을 차단(OFF)한다.

해설 ○— 스파크가 일어났을 때는 감전사고의 위험이 있기 때문에 가장 먼저 메인전원을 차단시켜야 한다.

40 천장 크레인의 배전판에 설치되는 기기가 아닌 것은?

① 유니버설 컨트롤러
② 과전류 개폐기
③ 단락보호장치
④ 퓨즈

해설 ○— 유니버설 컨트롤러는 크레인의 제어기이므로 운전실에 설치한다.

41 분진이 발생하는 작업 장소에서 착용하는 일반적인 보호구는?

① 방독마스크
② 헬멧
③ 귀덮개
④ 방진마스크

해설 ○— 방독마스크 = 가스, 헬멧 = 머리보호, 귀마개 = 청력보호, 방진마스크 = 먼지

42 다음 중 인화성이 가장 큰 물질은?

① 산소
② 질소
③ 황산
④ 알코올

Answer 39 ② 40 ① 41 ④ 42 ④

43 산업재해를 예방하기 위한 재해예방 4원칙으로 틀린 것은?

① 대량 생산의 원칙　　② 예방 가능의 원칙
③ 원인 계기의 원칙　　④ 대책 선정의 원칙

해설 재해예방 4원칙
1. 손실 우연의 원칙
2. 원인 계기의 원칙
3. 예방 가능의 원칙
4. 대책 선정의 원칙

44 안전표지 색채 중 대피장소 또는 방향 표시의 색채는?

① 청색　　② 녹색
③ 빨간색　　④ 노란색

해설 대피 장소 또는 대피 방향 표시는 녹색이다.

45 안전한 해머작업을 위한 해머 상태로 옳은 것은?

① 머리가 깨어진 것　　② 쐐기가 없는 것
③ 타격면에 홈이 있는 것　　④ 타격면이 평탄한 것

해설 해머는 타격면이 평탄한 것이어야 한다.

46 화재 시 소화원리에 대한 설명으로 틀린 것은?

① 기화소화법은 가연물을 기화시키는 것이다.
② 냉각소화법은 열원을 발화온도 이하로 냉각하는 것이다.
③ 질식소화법은 가연물에 산소공급을 차단하는 것이다.
④ 제거소화법은 가연물을 제거하는 것이다.

해설 화재 시 소화의 방법
1. 냉각소화
2. 질식소화
3. 제거소화
4. 연쇄반응을 단절시키는 억제소화가 있다.

Answer　43 ①　44 ②　45 ②　46 ①

47 벨트를 풀리에 걸 때 가장 올바른 방법은?

① 회전을 정지시킨 때
② 저속으로 회전할 때
③ 중속으로 회전할 때
④ 고속으로 회전할 때

해설 ○ 점검 및 보수를 할 때는 항상 회전체는 정시 시킨 후 해야 한다.

48 안전 관리상 보안경을 사용해야 하는 작업과 가장 거리가 먼 것은?

① 장비 밑에서 정비 작업을 할 때
② 산소 결핍 발생이 쉬운 장소에서 작업을 할 때
③ 철분 또는 모래 등이 날리는 작업을 할 때
④ 전기용접 및 가스용접 작업을 할 때

해설 ○ 산소 결핍 장소에서는 산소마스크를 착용해야 한다.

49 화상을 입었을 때 응급조치로 옳은 것은?

① 된장을 바른다.
② 메틸알코올에 담근다.
③ 미지근한 물에 담근다.
④ 시원한 물에 담근다.

해설 ○ 화상을 입었을 때는 시원한 물에 담근다.

50 안전표지의 구성요소가 아닌 것은?

① 모양
② 색깔
③ 내용
④ 크기

해설 ○ 안전·보건표지의 제작
① 안전·보건표지는 그 종류별로 별표 4에 따른 기본모형에 의하여 별표 2의 구분에 따라 제작하여야 한다.
② 안전·보건표지는 그 표시내용을 근로자가 빠르고 쉽게 알아볼 수 있는 크기로 제작하여야 한다.
③ 안전·보건표지 속의 그림 또는 부호의 크기는 안전·보건표지의 크기와 비례하여야 하며, 안전·보건표지 전체 규격의 30퍼센트 이상이 되어야 한다.
④ 안전·보건표지는 쉽게 파손되거나 변형되지 아니하는 재료로 제작하여야 한다.
⑤ 야간에 필요한 안전·보건표지는 야광물질을 사용하는 등 쉽게 알아볼 수 있도록 제작하여야 한다.

Answer   47 ①   48 ②   49 ④   50 ④

51 줄걸이용 체인을 사용해야 되는 곳으로 적합하지 않은 곳은?

① 고열물 작업 장소
② 수중 작업 장소
③ 마그넷 크레인의 마그넷 지지
④ 천장 크레인의 완충장치

해설 ○─ 천장 크레인의 완충장치는 버퍼이다. 버퍼는 유압식 및 연질 고무로 제작하여 부착한다.

52 줄걸이용 와이어 로프의 안전율은 몇 이상인가?

① 2   ② 3
③ 4   ④ 5

해설 ○─ 줄걸이용 와이어 로프의 안전율(안전계수)는 5이다.

53 다음 그림과 같이 1500kgf의 짐을 90°로 걸어 올렸을 때 한 줄에 걸리는 무게는 약 몇 kgf인가? (단, 로프의 수는 2줄임)

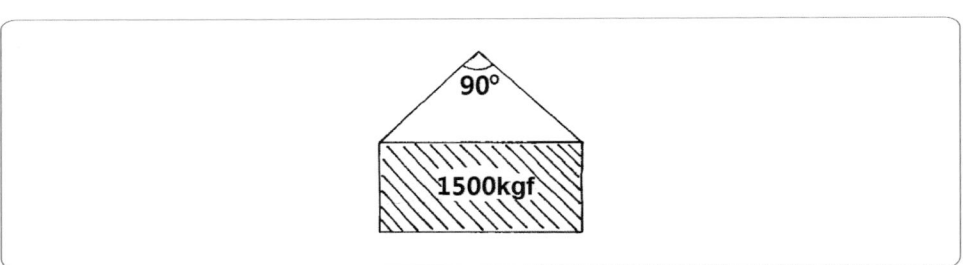

① 1050   ② 1060
③ 1500   ④ 1750

해설 ○─ 1줄에 걸리는 하중

$$= \frac{부하물의 하중}{줄걸이수 \times 조각도} = \frac{1500}{2 \times \cos\frac{90°}{2}}$$

$$= \frac{1500}{2 \times \cos 45°} ≒ 1060[kgf]$$

• 쉬운 방법으로는 하물의 중량 × 줄걸이 각도별 장력계수 ÷ 줄걸이수이다.
• 각도별 장력계수는 수직 = 1배, 30도 = 1.04배, 60도 = 1.16배, 90도 = 1.41배, 120도 = 2배이므로 1,500×1.41÷2 = 1,057.5

Answer 51 ④ 52 ④ 53 ②

54 화물의 중량을 구하는 방법으로 옳은 것은?

① 체적 × 비중
② 넓이 × 높이
③ 넓이 × 체적
④ 넓이 × 비중

해설 ○ 화물의 중량을 구하는 방법은 체적 × 비중이며 체적을 계산할 때는 미터 단위로 계산해야 한다.

55 그림과 같이 양손의 손바닥을 앞으로 하여 머리 위에서 급히 좌우로 2~3회 흔드는 작업 신호는?

① 호출
② 신호 불명
③ 비상 정지
④ 작업 완료

해설 ○ 수신호 방법 참조 p.106

56 『와이어 로프의 사용한도는 소선수가 (   )% 이상 절단된 경우와 직경의 감소가 원직경의 (   )% 이상인 경우이다.』에서 (   )에 들어갈 각각의 숫자는?

① 7, 10
② 10, 7
③ 10, 15
④ 15, 10

해설 ○ 와이어 로프는 소선수의 10% 이상, 직경의 감소가 7% 이상 마모되었을 때 교체한다.

57 줄걸이 작업 시의 안전사항으로 틀린 것은?

① 정지 시 역 브레이크는 되도록 쓰지 말 것
② 가능한 매다는 물체의 중심을 높게 할 것
③ 매다는 물체의 중량 판정을 정확히 할 것
④ 가능하면 한 가닥으로 중량물을 인양하지 말 것

58 와이어 로프 선정 시의 고려사항과 가장 거리가 먼 것은?

① 사용빈도
② 작업환경조건
③ 하중의 종류
④ 와이어 로프의 자체중량

59 신호수의 준수사항이 아닌 것은?

① 신호수는 운전자에게 정확한 신호로 전달한다.
② 신호수는 규정된 신호방법에 의거 신호한다.
③ 대형 화물을 권상할 때는 반드시 2명의 신호수를 배치한다.
④ 짐 밑에 들어가거나 짐 위에 타는 사람이 없도록 한다.

해설 ④번항은 줄걸이 방법으로서 하물을 이동할 때 지켜야할 수칙이다.

60 와이어 로프의 주요 구성요소가 아닌 것은?

① 소선
② 스트랜드
③ 심강
④ 클립

해설 클립은 와이어 로프의 단말 고정방법 중 하나이다.

Answer 57 ② 58 ④ 59 ③ 60 ④

2014년 제5회 최근 기출문제

01 크레인 리미트 스위치의 종류가 아닌 것은?

① 크랭크식　　　　　　　② 스크루식
③ 캠식　　　　　　　　　④ 중추식

해설 크랭크식은 크레인을 작동시키는 콘트롤러의 종류에 속한다.
권상장치의 권과방지장치
1. **캠형 또는 웜 기어 형식 제한 개폐기(Cam type, Worm gear type limit switch)**
　① 캠형 리미트 스위치는 권상장치에 사용되며, 와이어 로프 드럼의 회전 축, 리미트 스위치의 웜이 연결되어 같이 회전하게 된다.
　② 훅이 수직으로 움직일 수 있는 구간(상한, 하한)을 설정하여 캠을 조정한다.
　③ 웜이 1회전하면 웜기어는 기어의 1개 잇수 만큼 회전하면서 설정 구간이 되면 캠이 차단 스위치를 작동시켜 전원이 차단되고 동작이 제한된다.
　④ 작동 구간이 길 때 적합하다. 한 방향의 작동이 제한되어도 다른 쪽 방향은 작동이 가능하다.
2. **중추형 제한 개폐기(Weight type limit switch)**
　① 중추형 리미트 스위치는 권상장치에 사용되며 제한 개폐기의 레버 부분에 추를 메달아 훅이 추에 접촉되면 레버가 들어 올려져 차단 스위치를 작동시켜 전원을 차단시킨다.
　② 캠형 제한 개폐기가 작동되지 않았을 때, 훅이 계속 수직으로 올라오는 것을 방지하기 위해 설치하는 비상용 2차 제한 개폐기이다. 중추형 제한 개폐기가 작동되면 메인전원 스위치가 OFF된다.
3. **레버형 제한 개폐기(Lever type limit switch)**
　① 레버형 리미트 스위치는 권상장치에는 사용하지 않고, 주행, 횡행 장치에 사용된다.
　② 제한 개폐기가 천장 크레인이 주행, 횡행 운동을 할 때 설정된 장소에서 더 이상 진행되는 것을 방지하기 위해 사용된다. 설치된 브라켓(Bracket)에 제한 개폐기 레버가 접촉되면 차단 스위치를 작동시켜 전원을 차단한다. 이때 캠형과 마찬가지로 한 쪽 방향의 작동이 제한되어도 다른 쪽 방향은 작동할 수 있다.
4. **나사형 제한 개폐기(Screw type limit switch)**
　① 나사형 리미트 스위치는 회전 운동을 하는 기계 장치에 사용되며,
　② 나사가 회전 운동을 하면 너트가 수평 이동을 하면서 스위치를 작동시켜 전원을 차단한다.
　③ 이때 캠형 및 레버형과 마찬가지로 한 쪽 방향의 작동이 제한되어도 다른 쪽 방향은 작동할 수 있다. 주로 작동 구간이 짧은 곳에 사용된다.

Answer　01 ①

02 감속기의 소음발생 원인에 해당하지 않는 것은?

① 윤활유의 공급이 과다한 경우
② 감속기 제작 상측의 평행도가 맞지 않은 경우
③ 기어의 치면에 흠집이 있는 경우
④ 기어의 백래시(Backlash)가 너무 작은 경우

해설 윤활유가 과다한 경우는 발열의 원인이 되지만 부족하거나 부적당한 오일이면 소음이 발생한다.

03 천장 크레인의 주요 구조에 해당하지 않는 것은?

① 거더(Girder)
② 새들(Saddle)
③ 크래브(Crab)
④ 훅(Hook)

해설 천장 크레인의 주요 구조는 크래브, 거더, 새들, 횡행장치, 주행장치, 권상장치, 운전실 등이 있다.

04 천장 크레인에서 통로의 설치조건으로 틀린 것은?

① 통로 바닥면은 미끄러지거나 넘어지는 등의 위험이 없는 구조여야 한다.
② 통로의 폭은 최소 60cm 이상이어야 한다.
③ 정격하중이 3톤 이상인 천장 크레인의 거더에는 통로를 설치하여야 한다.
④ 통로에 설치되는 난간의 높이는 90cm 이상이어야 한다.

해설 **통로**
가. 천장주행 크레인, 갠트리 크레인 및 언로더에 있어서는 정격하중이 3톤 이상의 크레인 거더 및 지브형 크레인 등의 지브에는 폭 40cm 이상의 통로를 전 길이에 걸쳐서 설치해야 한다. 다만, 점검대 또는 그 밖에 해당 크레인을 점검할 수 있는 설비가 구비되어 있는 것은 제외할 수 있다.
나. 가목의 통로는 다음과 같이 한다.
 1) 크레인 거더 또는 수평 지브 위에 설치된 트롤리 및 그 밖에 장치의 횡행 및 수평지브의 선회에 설치되는 통로부분은 바닥면으로부터 높이 90cm 이상의 튼튼한 손잡이로 된 난간이 설치되어야 하고 중간대 및 바닥면으로부터 높이 10cm 이상의 발끝막이판을 설치할 것
 2) 바닥면은 미끄러지거나 넘어지는 등의 위험이 없는 구조일 것

Answer 02 ① 03 ④ 04 ②

05 크레인의 권상용 와이어 로프는 달기기구 및 지브의 위치가 가장 아래쪽에 위치할 때 드럼에 몇 바퀴 이상 감기어 남아 있어야 하는가?

① 1바퀴
② 2바퀴
③ 3바퀴
④ 4바퀴

해설 ◦ 드럼은 훅의 위치가 가장 낮은 곳(하한 리미트 작동지점)에 위치할 때 클램프 고정이 되지 않은 로프가 드럼에 2바퀴 이상 남아 있어야 하며, 훅의 위치가 가장 높은 곳(상항리미트가 작동된 지점)에 위치할 때 감기지 않고 남아있는 여유가 1바퀴 이상인 구조여야 한다.

06 나사형 권과방지장치를 설명한 것으로 틀린 것은?

① 권상드럼의 회전수와 관계가 없다.
② 상하한 전양정에서 작동하므로 정지 정도가 나쁘다.
③ 와이어 로프를 교환한 경우에는 권과방지장치를 재조정하여야 한다.
④ 스프로킷을 교환하는 경우에 기어의 치수를 변경시키면 양정 간격을 확보할 수 없다.

해설 ◦ 나사형 제한 개폐기(Screw type limit switch)
① 나사형 리미트 스위치는 회전 운동을 하는 기계 장치에 사용되며
② 나사가 회전 운동을 하면 너트가 수평 이동을 하면서 스위치를 작동시켜 전원을 차단한다.
③ 이때 캠형 및 레버형과 마찬가지로 한 쪽 방향의 작동이 제한되어도 다른 쪽 방향은 작동할 수 있다, 주로 작동 구간이 짧은 곳에 사용된다.

07 권선의 변환·수리 시 잘못해서 계자의 회전방향을 거꾸로 결선하면 역전하여 위험하므로 이런 경우 회로를 자동적으로 차단하는 기기는?

① 무전압 보호장치
② 타임 릴레이
③ 역상 보호계전기
④ 역전 연동기

해설 ◦ R,S,T 3상 중 2상의 방향이 바뀌어 결선되면 전동기의 회전방향이 바뀌게 되어 위험하므로 역상운전 배전반에 보호기를 설치한다.

08 천장 크레인의 제어반 구조로 틀린 것은?

① 내부 배선은 전용의 단자를 사용할 것
② 외함의 구조는 충전부가 노출되도록 오픈형일 것
③ 제어반에는 과전류 보호용 차단기 또는 퓨즈가 설치되어 있을 것
④ 제어반에는 제어반의 명칭, 저원의 정격이 표시된 이름판을 각각 붙일 것

해설 ◦ 제어반 외함의 구조는 충전부가 노출되지 않도록 폐쇄형이어야 한다.

Answer 05 ② 06 ① 07 ③ 08 ②

09 유압 압상 브레이크(Thruster Brake)의 설명 중 틀린 것은?

① 전동기, 원심펌프, 실린더, 피스톤으로 구성되어 있다.
② 유압을 발생시켜 압상력을 얻어 제동이 일어난다.
③ 전자 브레이크에 비해 충격이 작아 각부의 파손 및 마모가 적다.
④ 동작시간이 빨라 속도제어용으로 사용하는 것이 아니고, 오로지 정지의 목적으로만 사용한다.

해설 ○ C,F(Control frequency)와 S,C(Speed control brake)는 유압 압상기 속도제어 브레이크는 권상장치에 사용되며, 속도제어용으로 사용한다.
C,F(Control frequency)주파수 제어, 유압 압상기 브레이크(Oil thruster brake)
① 권상장치에만 사용되며 주행, 횡행 장치에는 사용되지 않는다. 단 권상장치에 사용할 때는 반응속도가 느린 관계로 마그넷 브레이크(Magnet brake)와 혼용 사용한다.
② 브레이크 윗 부분에 소형 모터가 설치되어 있으며,
③ 브레이크 아랫 부분의 원통형에는 브레이크를 개방하기 위한 원형판(Disk)이 있고
④ 디스크를 들어 올려 브레이크를 개방시키는 데 필요한 추진력을 얻기 위해 원통 안에 오일이 채워져 있으며 전기 합선을 방지하기 위해 전기가 통하지 않는 절연유를 사용한다.
⑤ 절연유(Oil transformer)또는 변압기 오일이라고 하며 전기가 통하지 않는 오일이다.
S,C(Speed control brake)스피드 제어, 브레이크의 형태, 작동 방식과 원리는, C,F,(Control frequency)주파수 제어 브레이크, 유압 압상기 브레이크(Oil thruster brake)와 같다.

10 작업 중 와이어 로프 등이 훅에서 이탈되는 것을 방지하기 위하여 훅에 설치되는 장치는?

① 권과방지장치 ② 감속장치
③ 해지장치 ④ 제동장치

해설 ○ 훅에 줄걸이 용구를 걸어서 줄걸이 작업을 할 때 줄걸이 용구가 훅에서 벗겨지지 않도록 훅 해지장치가 있어야 한다.

11 버퍼 스토퍼(Buffer stopper)에 대한 설명으로 맞는 것은?

① 경질고무나 스프링 또는 유압을 이용하여 충돌 시 완충시켜 주는 장치이다.
② 전기식과 기계식이 있다.
③ 권상장치에 부착하는 안전장치이다.
④ 차륜에 부착하여 차륜의 마모를 방지해 준다.

해설 ○ 주행 버퍼스토퍼는 크레인 운행 시 충돌되거나 스토퍼에 부딪혔을 때 충격을 완화하기 위해 경질고무나 스프링이 들어있는 유압식 버퍼를 사용한다.

Answer 09 ④ 10 ③ 11 ①

12 천장 크레인의 주행레일의 연결부 틈새는 몇 mm 이하여야 하는가?

① 10
② 15
③ 3
④ 5

해설 가. 주행레일은 다음과 같이 한다.
1) 주행레일은 균열, 두부의 변형이 없을 것
2) 레일부착 볼트는 풀림, 탈락이 없을 것
3) 연결부위의 볼트 풀림 및 부판의 빠져나옴이 없을 것
4) 완충장치는 손상 및 어긋남이 없어야 하며, 부착볼트의 이완 및 탈락이 없을 것
5) 연결부의 틈새는 천정크레인은 3㎜, 기타 크레인은 5㎜ 이하일 것
6) 레일 연결부의 엇갈림은 상하 0.5㎜ 이하, 좌우 0.5㎜ 이하일 것
7) 레일 측면의 마모는 원래 규격치수의 10% 이내일 것
8) 주행레일의 스팬 편차한계는 다음 각각의 범위 이내일 것
   가) 스팬이 10m 이하 △S = ±3㎜
   나) 스팬이 10m 초과 △S = ± [3+0.25×(L - 10)] ㎜
       (단, 최대 15㎜를 초과해서는 아니됨)
       여기에서 △S : 스팬 편차한계(㎜)
       L : 스팬(m)
9) 주행레일의 높이편차는 기준면으로부터 최대 ±10㎜ 이내이고, 좌우레일의 수평차는 10㎜ 이내, 레일의 구배량은 주행길이 2m 마다 2㎜를 초과하지 않을 것
10) 주행레일의 진직도는 전 주행길이에 걸쳐 최대 10㎜ 이내이고, 수평 방향의 휨 량은 주행길이 2m 마다 ±1㎜ 이내일 것

13 횡행레일 양 끝에 설치하는 횡행차륜 정지용 스토퍼(Stopper)의 높이는?

① 횡행차륜 지름의 1/2 이상
② 횡행차륜 지름의 1/3 이상
③ 횡행차륜 지름의 1/4 이상
④ 횡행차륜 지름의 1/5 이상

해설 레일의 정지기구
가. 크레인의 횡행레일에는 양끝부분 또는 이에 준하는 장소에 완충장치, 완충재 또는 해당 크레인 횡행 차륜 지름의 4분의 1 이상 높이의 정지 기구를 설치해야 한다.
나. 크레인의 주행레일에는 양끝부분 또는 이에 준하는 장소에 완충장치, 완충재 또는 해당 크레인 주행차륜 지름의 2분의 1 이상 높이의 정지 기구를 설치해야 한다.
다. 크레인의 주행레일에는 차륜정지기구에 도달하기 전의 위치에 리미트스위치 등 전기적 정지장치가 설치되어야 한다.
라. 횡행 속도가 매 분당 48m 이상인 크레인의 횡행레일에는 차륜정지 기구에 도달하기 전의 위치에 리미트스위치 등 전기적 정지장치가 설치되어야 한다.

Answer 12 ③ 13 ③

14 천장 크레인 운전실의 구비조건과 가장 거리가 먼 것은?

① 운전실에는 적절한 조명을 갖출 것
② 운전실은 달기기구의 흔들림과 연동되도록 트롤리에 설치할 것
③ 운전자가 안전한 운전을 할 수 있는 충분한 시야를 확보할 수 있을 것
④ 운전자가 용이하게 조작할 수 있는 위치에 개폐기 및 경보 장치 등을 설치할 것

해설 가. 크레인에 구비한 운전실 또는 운전대의 구조는 다음과 같이 한다.
   1) 운전자가 안전한 운전을 할 수 있는 충분한 시야를 확보할 수 있을 것
   2) 운전자가 쉽게 조작할 수 있는 위치에 개폐기, 제어기, 브레이크, 경보장치 등을 설치할 것
   3) 운전자가 접촉하는 것에 의해 감전위험이 있는 충전부분에는 감전방지를 위한 덮개나 울을 설치할 것
   4) 제43호가목1)에 정한 크레인의 운전실은 분진의 침입을 방지할 수 있는 구조일 것
   5) 물체의 낙하, 비래 등의 위험이 있는 장소에 설치되는 크레인의 운전대에는 안전망 등 안전한 조치를 할 것
   6) 운전실 등은 훅 등의 달기기구와 간섭되지 않아야 하며 흔들림이 없도록 견고하게 고정할 것
   7) 운전실에는 적절한 조명을 갖출 것
   8) 운전실의 바닥은 미끄러지지 않는 구조일 것
   9) 운전실에는 자연환기(창문열기) 또는 기계장치 등 환기장치를 갖출 것
나. 운전실은 다음과 같이 한다.
   1) 운전실과 거더의 부착부분은 용접부의 균열이 없어야 하며, 부착볼트는 확실하게 고정될 것
   2) 제어기에는 작동방향 등의 표시가 있을 것

15 천장 크레인 주행용 레일(Rail)의 구배량은?

① 주행길이 2m당 0.5mm를 초과하지 않을 것
② 주행길이 2m당 2mm를 초과하지 않을 것
③ 주행길이 10m당 1mm를 초과하지 않을 것
④ 주행길이 10m당 2mm를 초과하지 않을 것

해설 주행레일의 높이편차는 기준면으로부터 최대 ±10mm 이내이고, 좌우레일의 수평차는 10mm 이내, 레일의 구배량은 주행길이 2m 마다 2mm를 초과하지 않아야 한다.

16 옥내에 설치된 크레인에서 횡행을 제동하기 위한 브레이크를 설치하지 않아도 되는 속도는?

① 20m/mim 이하
② 30m/mim 이하
③ 40m/mim 이하
④ 50m/mim 이하

해설 크레인은 횡행을 제동하기 위한 브레이크를 설치해야 한다. 다만, 횡행속도가 매 분당 20m 이하로서 옥내에 설치되거나 인력으로 횡행되는 크레인에는 적용하지 않는다.

Answer 14 ② 15 ② 16 ①

17 천장 크레인의 횡행장치는?

① 크레인 전체를 움직이기 위한 장치이다.
② 크레인에서 짐을 들어 올리거나 내리기 위한 장치이다.
③ 센터포스트를 중심으로 선회하기 위한 장치이다.
④ 크래브 또는 트롤리를 크레인의 거더 위에서 수평 방향으로 이동시키기 위한 장치이다.

> **해설** 횡행(Traversing)이란 거더 위에 설치된 레일을 따라 크래브(Crab) 또는 트롤리(Trolley)가 이동하는 것을 말한다.

18 천장 크레인 권상장치의 주요 구성요소에 해당하지 않는 것은?

① 전동기　　　　　　　　② 감속기
③ 브레이크　　　　　　　④ 경보장치

> **해설** 권상장치의 구성요소는 전동기, 감속기, 와이어 드럼, 브레이크, 리미트 스위치 등이다.

19 다음 중 크레인에서 사용하는 훅의 일반적인 재질은?

① 기계 구조용 탄소강　　② 구조용 고장력 탄소강
③ 용접 구조용 압연강　　④ 리벳용 원형강

> **해설** 훅의 재질로는 탄소강 단강품이나 기계 구조용 탄소강을 사용한다.

20 전동기의 보호, 제어 및 전원의 개폐를 목적으로 설치된 것은?

① 권과방지장치　　　　　② 배전함
③ 집전장치　　　　　　　④ 리미트 스위치

> **해설** 배전함은 전동기의 보호, 제어 및 전원의 개폐를 목적으로 설치된다.

21 배선 및 전기기기의 점검·정비를 위하여 측정 장비로 널리 활용되는 것은?

① 충전기　　　　　　　　② 변압기
③ 멀티 테스터　　　　　　④ 청진기

> **해설** 멀티테스터는 만능 테스터기라고도 호칭되며 하나의 장치로 전류, 저항, 전압 등을 측정하는 장비이다.

Answer　17 ④　18 ④　19 ①　20 ②　21 ③

22 슬라이딩 베어링에서는 원통 모양의 베어링 메탈을 끼워 사용하는데, 이것을 무엇이라고 하는가?

① 저널   ② 롤러
③ 부시   ④ 붐

해설 ○ 부시는 원통형의 파이프 모양으로 제작되며 미끄럼 베어링에 사용한다.

23 다음 중 급유주기가 가장 짧은 것은?

① 구름 베어링 하우징   ② 롤러
③ 부시   ④ 롤러체인

해설 ○ 부시(Bush)의 급유 주기는 최소 8시간 이내이다.

24 천장 크레인 운전 작업 시 전동기가 발열하는 원인이 아닌 것은?

① 사용빈도가 높을 경우
② 부하가 과대할 경우
③ 전압강하가 심할 경우
④ 단선되었을 경우

해설 ○ 단선이란? 전기 선로가 서로 연결되지 않고 끊긴 상태로서 전선이 단선되면 전동기가 회전하지 못하므로 전동기의 발열과는 상관이 없다. 즉 전동기의 발열은 전동기가 작동(회전)해야 발생되는 것이다.

25 크레인 운전 시의 안전수칙으로 알맞지 않은 것은?

① 정격하중을 초과하는 작업 금지
② 매일 작업 개시 전 브레이크, 클러치, 컨트롤러 기능 및 와이어 로프의 이상 여부 등을 점검
③ 지정된 신호수에 의해 명확한 신호를 받아 작업
④ 화물의 적재장소가 협소한 경우에는 통로 확보를 위해 권상한 상태를 유지

해설 ○ 훅에 하물을 매단 상태에서 장시간 소요되면 안되며 하물은 작업이 끝나면 내려 놓은 후 훅은 통행에 방해가 되지 않도록 높이 올려 놓는다.

Answer 22 ③ 23 ③ 24 ④ 25 ④

26 플렉시블 커플링 러버(Rubber)의 가장 주된 역할은?

① 유연성 및 쇼크 흡수성을 부여하기 위해서
② 커플링 볼트를 보호하기 위해서
③ 브레이크 슈를 보호하기 위해서
④ 브레이크 모터의 센터링을 좋게 하기 위해서

해설 ○ 플렉시블 커플링 러버는 두 개의 축을 정확히 일치시키기 어려울 때나 진동 및 충격을 흡수하는 목적으로 사용한다.

27 축은 그대로 두고 보스에만 홈을 판 키는?

① 새들 키
② 평 키
③ 성크 키
④ 미끄럼 키

해설 ○ (a) **성크 키(Sunk key)**
일반적으로 가장 많이 사용되며 축(Shaft)과 보스(Boss)에 홈을 파서 키를 박아 회전체를 고정시킨다. 키의 부빼는 1/100이다.
(b) **새들 키(Saddle key), 안장 키**
축(Shaft)에는 홈을 파지 않고 보스(Boss)에만 홈을 파서 키를 박아 회전체를 고정시킨다.
(c) **접선 키(Tangential key)**
① 축(Shaft)과 보스(Boss)에 홈을 파서 키를 박아 회전체를 고정시킨다. 두 개의 키가 1쌍이며 각도는 120도이며 구배(경사)는 1/100이다.
② 큰 회전력을 전달하는데 사용하며 큰 직경의 축에 적용한다.
(d) **평 키, 플랫 키(Flat key)**
키의 모양은 성크 키와 비슷하나 보스(Boss)에만 홈을 파고, 축(Shaft)쪽은 키의 폭만큼 평탄하게 하여 고정시킨다. 주로 가벼운 하중에 사용한다.
(e) **원형 키(Round key), 둥근 키**
둥근 키는 원형의 막대 모양의 키로서, 축(Shaft)과 보스(Boss)에 구멍을 뚫어 원형의 키를 박아 회전체를 고정시킨다. 주로 공작기계의 핸들 등 작은 회전력을 전달하는 축에 사용된다.
(f) **반달키(Woodruff key)**
① 축(Shaft)의 홈에 끼우는 반원형의 키로서, 보스(Boss)쪽은 성크 키와 같이 홈을 파고, 축(Shaft)쪽의 홈은 반원 모양이다.
② 반달 키는 저절로 중심이 맞춰짐으로 경사(구배)진 축에 적합하다.
③ 단점으로는 축에 깊은 홈을 파는 관계로 축이 약해진다.

Answer 26 ① 27 ①

28 권선형 유도전동기의 속도조정 목적으로 사용되는 것은?

① 슬립링 ② 회전자
③ 고정자 ④ 2차 저항기

해설ㅇ 2차 저항기는 권선형 유도전동기 2차 측(U,V,W, 또는 X,Y,Z)에 접속되어 저항값을 가감시킴으로서 전동기의 회전속도제어 목적으로 사용된다.

29 다음 절연재료의 종류 중 가장 높은 온도 상승에 견딜 수 있는 것은?

① A종 ② B종
③ E종 ④ F종

해설ㅇ 절연의 종류 및 허용 최고온도

절연의 종류	허용 최고온도(℃)
Y종	90
A종	105
E종	120
B종	130
F종	155
H종	180
C종	180 초과

30 퓨즈(Fuse)의 설명으로 가장 거리가 먼 것은?

① 전기회로 보호장치이다.
② 퓨즈의 재료는 주석과 납 등이 있다.
③ 퓨즈는 회로에 병렬로 연결한다.
④ 과대전류가 흐르면 녹아 끊어져 전류를 차단 한다.

해설ㅇ 퓨즈는 회로에 직렬로 연결한다.

31 다음 중 산업안전보건법상 크레인의 최초 검사 후 안전검사 주기는?(단, 건설현장에서 사용하지 아니함을 전제한다.)

① 2년에 1회 ② 1년에 1회
③ 1년에 2회 ④ 1년에 4회

해설ㅇ 크레인은 사업장에 설치가 끝난 날부터 3년 이내 최초 안전검사를 하고, 그 이후부터는 2년 마다 안전검사를 실시한다.

Answer 28 ④ 29 ④ 30 ③ 31 ①

32 비교적 대용량의 크레인에 사용하는 트롤리선의 종류는?

① 경동 트롤리선
② 앵글 트롤리선
③ 레일 트롤리선
④ 황경동 트롤리선

해설 트롤리선의 종류
- 경동 트롤리선 : 중·소형 천장 크레인에 사용
- 앵글 동바 트롤리선 : 앵글에 구리판을 부착한 것
- 레일 트롤리선 : 레일에 구리판을 부착 또는 레일을 직접 이용한 것. 대용량 크레인에 사용

33 구름 베어링 하우징에 1/3 정도 그리스를 급유하면 일반적으로 몇 시간 후 재급유를 하여야 하는가?

① 약 1,000시간
② 약 2,000시간
③ 약 3,000시간
④ 약 4,000시간

해설 윤활유는 2,000시간 사용 후 교체한다.

34 전동기 회전수를 구하는 계산식은? (단, N : 회전수, f : 주파수, P : 극수, s : Slip)

① $N = 120\dfrac{f}{P}(1-s)$
② $N = 120\dfrac{P}{f}(1-s)$
③ $N = \dfrac{f}{120}P(10-s)$
④ $N = 120\dfrac{P}{(1-s)} \times f$

해설 $N = 120\dfrac{f}{P}(1-s)$ 이다

35 천장 크레인 전장품(電裝品)의 예비품으로 반드시 확보되지 않아도 되는 것은?

① 전자접촉기 팁과 코일
② 브레이크 라이닝과 코일
③ 터미널 박스와 주 인입 개폐기
④ 퓨즈와 램프

해설 천장 크레인의 주기적인 정비를 위한 예비품은 퓨즈, 브레이크라이닝, 전동기의 브러쉬 전자접촉기, 램프 등 간단하고 가격이 비싸지 않고 취급이 용이한 것이어야 한다.

Answer 32 ③ 33 ② 34 ① 35 ③

36 운전작업 중의 일반사항으로 틀리게 설명한 것은?

① 운전 중에 운전수는 짐이나 작업 장소로부터 주의력을 다른 곳으로 돌려서는 안 된다.
② 운전 중 전원이 차단되면 즉시 제어기를 OFF위치에 놓아야 한다.
③ 주행 시작시마다 사이렌을 울려 여러 사람에게 주의하게 해야 한다.
④ 옆 크레인의 스러스트 브레이크가 OFF일 때 운전자가 없으면 조금씩 밀어나가는 작업은 무방하다.

해설 한 작업라인에서 2대 이상의 크레인이 운용될 때 대부분의 크레인에 충돌방지장치가 설치되어 있어 옆 크레인에 근접하면 경보음이 울리며 더 이상 접근할 수 없다. 그러므로 운전자가 없을 때 충돌방지장치 OFF시키고 크레인을 밀어나가는 작업을 하면 안 된다.

37 크레인 운전자가 갖추어야 할 기본사항이 아닌 것은?

① 크레인을 설계할 수 있는 능력이 있어야 한다.
② 크레인의 올바른 운전방법을 습득하여야 한다.
③ 크레인 관련 법령, 지침을 충분히 이해한다.
④ 크레인의 동작특성을 충분히 이해한다.

해설 설계하는 것은 크레인설계자가 하는 일이다.

38 두 축이 서로 직접 교차하여 맞물려 돌아가는 기어는?

① 평 기어
② 내접 기어
③ 베벨 기어
④ 더블 헬리컬 기어

해설 ① 베벨기어 : 서로 교차(통상 90도)하는 두 축 사이에서 동력을 전달할 때 이용하는 원추형의 기어이다. 기어의 치면 상태에 따라 직선 베벨기어, 스파이럴 베벨기어, 나선형 베벨기어 등이 있다.
② 스퍼기어 : 기어의 치면이 반듯하게 제작된 기어로서 2개의 축이 평행을 이루는 가장 많이 사용되는 기어이다.
③ 헬리컬기어 : 2개의 축이 평행을 이루며 치면이 비스듬히 경사져 있어서 헬리컬이라고 한다. 치면이 나선 곡선인 원통기어로서 스퍼기어보다 치면의 접촉선 길이가 길어서 큰 힘을 전달할 수 있고, 원활하게 회전하므로 소음이 작다.
④ 랙 : 직선으로 된 쇠에 기어 치면을 가공한 것으로서 피니언(작은 기어)과 맞물려 회전 운동을 직선 운동으로 바꾸는 데 사용한다.

Answer 36 ④ 37 ① 38 ③

39 전동기를 접지하는 목적으로 가장 적합한 것은?

① 감전을 방지하기 위해
② 누전을 방지하기 위해
③ 전동기의 과열을 방지하기 위해
④ 전동기에 전기를 공급하기 위해

> 해설 ◦ 감전을 방지하기 접지를 한다.

40 동력전달용 나사에서 사다리꼴 나사의 특징이 아닌 것은?

① 사각나사보다 제작이 어렵고 정밀도가 낮다.
② 마모에 대한 조정이 쉽다.
③ 동력전달이 정확하다.
④ 강도가 크다.

> 해설 ◦ 사다리꼴 나사는 사각 나사보다 제작이 쉽고 정밀도가 높다.

41 안전율을 구하는 공식으로 맞는 것은?

① 안전율 = 이동하중/고정하중
② 안전율 = 시험하중/정격하중
③ 안전율 = 사용하중/전단하중
④ 안전율 = 절단하중/사용하중

> 해설 ◦ 안전율(안전계수) = 절단하중 ÷ 안전하중

42 줄걸이 와이어 로프의 끝단 처리방법과 그 효율이 옳게 짝지어진 것은?

① 소켓고정 : 100%
② 코터(쐐기)고정 : 100%
③ 클립고정 : 90 ~ 95%
④ 아이 스플라이스(Eye splice) : 65~70%

> 해설 ◦ 줄걸이 와이어 로프 끝단 처리방법과 효율
> • 소켓 고정 : 100%
> • 쐐기고정 : 65~15%
> • 클립 고정 : 15~85%
> • 아이스플라이스 고정 : 75~80%

Answer 39 ① 40 ① 41 ④ 42 ①

43 줄걸이 용구에 해당되지 않는 것은?

① 와이어 로프(Wire Rope) ② 조인트(Joint)
③ 체인(Chain) ④ 새클(Shackle)

해설ㅇ 조인트는 축이음에 사용한다.

44 와이어 로프 랭꼬임에 대한 설명으로 틀린 것은?

① 보통꼬임보다 손상도가 적다.
② 보통꼬임에 비하여 킹크를 잘 일으키지 않는다.
③ 로프의 꼬임방향과 스트랜드의 꼬임방향이 같다.
④ 보통꼬임보다 사용 수명이 길다.

해설ㅇ 랭꼬임의 특징
 • 스트랜드와 소선의 꼬임 방향이 같다.
 • 소선과 외부 접촉 면적이 길어서 마모가 적고, 유연하며 수명이 길다.
 • 꼬임이 풀리기 쉽고, 킹크(Kink)발생이 쉽다.

45 와이어 로프 선정에 있어서 고려할 사항으로 가장 거리가 먼 것은?

① 차륜의 단면 ② 사용상의 마모
③ 사용 빈도 ④ 하중의 종류

해설ㅇ 와이어 로프 선정 시 고려할 사항은 사용상의 마모, 사용빈도, 하중의 종류 등이 있다.

46 〈그림〉과 같이 주먹을 머리에 대고 떼었다 붙였다 하여 호각을 짧게, 길게 부는 신호 방법은?

① 보권사용 ② 주권사용
③ 위로 올리기 ④ 작업완료

해설ㅇ 수신호 방법 참조 p.106

Answer 43 ② 44 ② 45 ① 46 ②

47 와이어 로프 사용 중(+) 킹크(Kink) 현상이 발생했다면 이 로프의 절단하중은 신품 기준으로 몇[%] 저하되었는가?

① 약 90~95%
② 약 50~80%
③ 약 20~40%
④ 변함없다.

해설 ○— 킹크에 의한 절단하중의 감소율

와이어 로프상태	감소율(%)
킹크없음	0
(+)킹크	25~40
(-)킹크	50~80

48 다음〈그림〉과 같이 1,500kgf의 짐을 90°로 걸어 올렸을 때, 한 줄에 걸리는 무게는 약 몇 [kgf]인가?

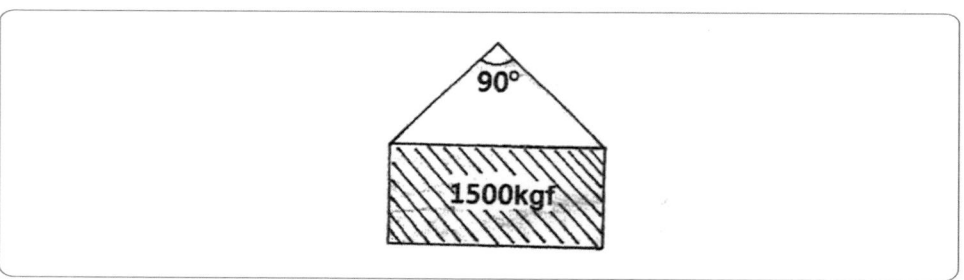

① 1,500　　② 1,350
③ 1,060　　④ 750

해설 ○— 1줄에 걸리는 하중
$$= \frac{\text{부하물의 하중}}{\text{줄걸이수} \times \text{조각도}} = \frac{1500}{2 \times \cos\frac{90°}{2}}$$
$$= \frac{1500}{2 \times \cos 45°} ≒ 1060[kgf]$$

쉬운 방법으로는 하물의 중량 × 줄걸이 각도별 장력계수 ÷ 줄걸이수이다.
각도별 장력계수는 수직 =1배, 30도=1.04배, 60도=1.16배, 90도=1.41배, 120도=2배 이므로 1,500×1.41÷2=1,057.5

Answer　47 ③　48 ③

49 와이어 로프 지름이 가늘 때 사용하는 짝감아 걸이는?

해설 ① 짝감아 걸기 ② 아이부 걸기 ③ 훅 어깨걸기 ④ 훅 어깨 짝감아걸기

50 줄걸이 작업 시 짐을 매달아 올릴 때 주의사항으로 맞지 않는 것은?
① 매다는 각도는 60° 이내로 한다.
② 짐을 전도시킬 때는 가급적 주위를 넓게 하여 실시한다.
③ 큰 짐 위에 작은 짐을 얹어서 짐이 떨어지지 않도록 한다.
④ 전도 작업 도중 중심이 달라질 때는 와이어 로프 등이 미끄러지지 않도록 주의한다.

해설 크레인의 줄걸이 방법에서는 하물을 포개어 2단 적재를 하지 말도록 하고 있다.

51 작업 시 준수해야 할 안전사항으로 틀린 것은?
① 대형 물건의 기중 작업 시 신호 확인을 철저히 할 것
② 고장 중인 기기에는 표시를 해 둘 것
③ 정전 시에는 반드시 전원을 차단할 것
④ 자리를 비울 때 장비 작동은 자동으로 할 것

해설 운전석을 비울 때 훅은 통행에 지장을 받지 않도록 최대한 올려놓은 상태이어야 한다.

52 크레인은 중량물을 운반할 때의 주의사항으로 틀린 것은?
① 시선은 반드시 운반물만을 주시한다.
② 운반물이 추락하지 않도록 한다.
③ 규정 무게를 초과하여 들어 올리지 않는다.
④ 운반물이 흔들리지 않도록 한다.

해설 하물을 운반할 때는 시선은 운반물만 주시할 것이 아니라 주행레일상부의 장애물 여부, 스토퍼에 충돌 여부 등을 잘 살펴보면서 운전해야 한다.

Answer 49 ① 50 ③ 51 ④ 52 ①

53 6각 볼트·너트를 조이고 풀 때 가장 적합한 공구는?

① 바이스
② 플라이어
③ 드라이버
④ 복스렌치

해설 복스렌치는 공구의 끝부분이 원통형으로 되어 있어 볼트나 너트를 완전히 감싸게 되어 있어 힘이 골고루 작용되는 렌치이다.

54 사고의 원인 중 가장 많은 부분을 차지하는 것은?

① 불가항력
② 불안전 환경
③ 불안전한 행동
④ 불안전한 지시

해설 안전사고를 많이 발생시키는 순서는
불안전한 행동 - 불안전한 조건 - 불가항력 순이다.

55 작업 개시 전에 실시하는 훅(Hook)의 점검기준이 아닌 것은?

① 균열이 없는 것을 사용할 것
② 개구부가 원래 간격의 5%를 초과하지 않을 것
③ 단면지름의 감소가 원래 지름의 5%를 초과하지 않을 것
④ 두부 및 만곡의 내측에 홈이 있는 것을 사용할 것

해설 훅 블록 또는 달기기구
- 훅 본체는 균열 또는 변형 등이 없어야 하고, 국부마모는 원 치수의 5% 이내일 것
- 훅 블록 또는 달기기구에는 정격하중이 표기되어 있을 것
- 볼트, 너트 등은 풀림 또는 탈락이 없을 것
- 해지장치는 균열, 변형 등이 없을 것

56 화재 시 연소의 주요 3요소로 틀린 것은?

① 고압
② 가연물
③ 점화원
④ 산소

해설 화재연소의 3요소는 가연물, 점화원, 산소이다.

Answer 53 ④　54 ③　55 ④　56 ①

57 다음 중 장갑을 끼고 작업할 때 가장 위험한 작업은?

① 건설기계 운전작업　② 타이어 교환 작업
③ 해머 작업　④ 오일 교환 작업

> 해설 ○─ 장갑을 착용해서는 안 되는 작업
> 연삭 작업, 해머 작업, 드릴 작업, 정밀기계 작업

58 가스용접 시 사용하는 봄베의 안전수칙으로 틀린 것은?

① 봄베를 넘어뜨리지 않는다.
② 봄베를 던지지 않는다.
③ 산소 봄베는 40℃ 이하에서 보관한다.
④ 봄베 몸통에는 녹슬지 않도록 그리스를 바른다.

> 해설 ○─ • 봄베는 (Bombe)압축 가스, 액화 가스 저장용의 내압성 고압 가스 용기의 통칭으로서 그 보관은 어둡고 서늘하며 통풍이 잘되는 안전한 장소를 선택하고, 특히 화기와 햇볕이 비추는 곳 등은 엄금해야만 한다.
> • 봄베 몸통에 녹 방지를 위해 그리스나 오일을 바르면 폭발할 수 있다.

59 근로자 1,000명당 1년간에 발생하는 재해자 수를 나타낸 것은?

① 도수율　② 강도율
③ 연천인율　④ 사고율

> 해설 ○─ 연천인율 = $\frac{재해자수}{평균근로자수} \times 1000$

60 작업환경 개선방법으로 가장 거리가 먼 것은?

① 채광을 좋게 한다.
② 조명을 밝게 한다.
③ 부품을 신품으로 모두 교환한다.
④ 소음을 줄인다.

> 해설 ○─ 작업환경은 작업시간·작업방법·작업자세 등 작업 조건과 작업 상태를 의미한다.

Answer 57 ③ 58 ④ 59 ③ 60 ③

2015년 제1회 최근 기출문제

01 다음 중 크레인의 훅 블록 또는 달기구의 구비조건이 아닌 것은?

① 훅의 국부 마모는 원 치수의 10% 이내일 것
② 훅 블록에는 정격하중이 표기되어 있을 것
③ 훅 부의 볼트, 너트 등은 풀림, 탈락이 없을 것
④ 훅 해지 장치는 균열, 변형 등이 없을 것

해설 **훅, 및 훅 블록(Hook & Hook block)**
① 훅은 고리 모양의 기구로서, 줄걸이 기구(와이어 로프, 벨트, 링크체인 등)를 이용하여 훅에 걸어서 중량물을 들어 올려 이동하기 위한 기계기구이다.
② 한 쪽 고리 훅과 양쪽 고리 훅이 있다.(작업의 특성에 맞게 적용)
③ 훅과 시브가 조립된 것을 훅 블럭(Hook block) 또는 바텀 블럭(Bottom block)이라고 한다.
④ 또한 훅 블록에 전동기와 감속기를 설치하여 운전실에서 조작스위치로 훅을 회전시켜 사용하는 것도 있다.

Hook의 점검
① 훅은 중량물을 매달아 운반하는 중요한 부분으로서 훅을 제작할 때는 강도와 연성이 갖춰져야 한다.
② 훅의 안전율(안전계수)는 5이다.
③ 훅의 파단시험(파괴시험)은 정격하중의 5배(500%)이다.
④ 훅은 중요한 달기구이므로 컬러검사로 자주 점검해야 한다.
⑤ 훅 본체는 균열 또는 변형 등이 없어야 하고, 국부마모는 원 치수의 5% 이내일 것. 훅의 줄걸이 부분의 마모는 원 치수의 5% 이하이며, 마모의 깊이가 2mm 이하일 때는 다듬어서 사용한다.
⑥ 훅의 입구의 열림은 원 치수의 5%이다.
⑦ 훅의 너트 및 각 부분의 볼트가 풀렸는지 점검한다.
⑧ 훅을 제작하고 나서 훅 입구의 치수를 측정한 후 훅에 정격하중의 2배(200%)의 힘으로 당긴 다음 멈추었을 때, 훅 입구의 영구 변형율이 0.25% 이하여야 한다.
⑨ 훅은 단조품이며 훅의 표면은 강하게 하고 내부는 연성(늘어나는 성질)을 갖게 제작하여 훅이 충격이나 마모에 견딜 수 있게 한다.
⑩ 훅 블록 또는 달기구에는 정격하중이 표기되어 있을 것
⑪ 해지장치는 균열, 변형 등이 없을 것
⑫ 훅의 재질로는 탄소강 단강품(KS D 3710) 또는 기계구조용 탄소강 (KS D 3517)을 사용한다.

Answer 01 ①

02 천장 크레인의 용량은 정격하중과 스팬으로 표기하는 것이 보통이지만 한 가지를 더 추가 한다면?

① 양정
② 권상속도
③ 횡행속도
④ 주행속도

해설 천장 크레인의 용량
① 정격하중(주권을 기준으로 함)
② 스팬(주행레일 양쪽 중심간 거리)
③ 양정(하한 리미트 스위치 작동지점부터 상한 리미트 스위치 작동 지점까지의 거리)으로 표기한다.

03 크레인 권상 브레이크의 제동 토크는 정격하중에 상당하는 하중을 걸고 권상 시 권상 토크의 몇 배 이상이어야 하는가?

① 1.5배
② 2배
③ 2.5배
④ 3배

해설 권상장치 등의 브레이크
가. 권상장치 및 기복장치(이하 "권상장치"이라 한다)는 화물 또는 지브의 강하를 제동하기 위한 브레이크를 설치해야 한다. 다만, 수압실린더, 유압실린더, 공기압실린더 또는 증기압실린더를 사용하는 권상장치 또는 기복장치에 대해서는 그렇지 않다.
나. 가목의 브레이크는 각각 다음과 같이 한다.
  1) 제동토크(Torque) 값(권상 또는 기복장치에 2개 이상의 브레이크가 설치되어 있을 때는 각각의 브레이크 제동토크 값을 합한 값)은 크레인의 정격하중에 상당하는 하중을 권상 시 해당 크레인의 권상 또는 기복장치의 토크 값(당해 토크 값이 2개 이상 있을 때는 그 값 중 최대의 값)의 1.5배 이상일 것
  2) 인력에 의한 것일 때는 다음과 같이 할 것

브레이크
① 크레인은 주행을 제동하기 위한 브레이크를 설치하여야 한다.
   다만, 인력으로 주행되는 크레인에는 적용하지 아니한다.
② 주행을 제동하기 위한 제동토크 값은 전동기 정격토크의 50% 이상이어야 한다.
③ 크레인은 횡행을 제동하기 위한 브레이크를 설치하여야 한다. 다만, 횡행속도가 매분 20m 이하로서 옥내에 설치되거나 인력으로 횡행되는 크레인에는 적용하지 아니한다.
④ 동력에 의하여 작동되는 선회부를 갖는 크레인은 브레이크를 설치하여야 한다.

Answer   02 ①   03 ①

04 크레인의 과부하 방지장치용 시브 피치원 직경과 통과하는 와이어 로프 지름의 비는 얼마 이상이어야 하는가?

① 2이상　　　　　　　　② 3이상
③ 4이상　　　　　　　　④ 5이상

> **해설** 시브(Sheave)란?
> ① 시브, 활차, 도르레, 홈바퀴로 호칭되며 원형바퀴에 홈을 파고 줄을 걸어 회전시켜 물건을 움직이는 장치이다.
> ② 권상장치용 시브의 피치원 직경(D)은 와이어 로프 직경(d) D≧20d의 20배 이상으로 하고,
> ③ 이퀄라이저 시브(Equalizer sheave 회전하지 않는 시브)는 10배
> ④ 과부하 방지장치용은 5배 이상으로 할 수 있다.

05 천장 크레인 구동축의 안전조건과 가장 거리가 먼 것은?

① 축은 변형 또는 마모가 없을 것
② 축에 가공된 키 홈은 균열 또는 변형이 없을 것
③ 축에 사용된 키는 풀림, 빠짐 및 변형이 없을 것
④ 축심은 축의 회전속도와 비례하는 진동을 할 것

> **해설** 크레인에서 회전력을 전달하는 구동축
> ① 축은 변형 또는 마모가 없을 것
> ② 축에 가공된 키 홈은 균열 또는 변형이 없을 것
> ③ 축에 사용된 키는 풀림, 빠짐 및 변형이 없을 것
> ④ 축의 중심이 정확하게 일치해야 하며 축을 회전시켰을 때 진동이 없을 것(축의 중심이 정확하게 일치하지 않았을 때 진동, 떨림 현상이 발생된다.)

06 거더 중 부식에 강하며 대 하중, 편심 하중을 받는데 가장 유리한 것은?

① 플레이트 거더　　　　② 트러스 거더
③ 박스 거더　　　　　　④ 강관구조 거더

> **해설**
> ① **플레이트 거더** : 거더를 I빔으로 만들거나 철판을 절단하여 I빔 형태로 만든 거더(요즘은 제작을 안함)
> ② **트러스 거더** : 거더를 앵글로 대각선 방향으로 서로 엮어서 제작한 거더(고압 철탑을 연상하면 됨, 요즘은 제작을 안 함)
> ③ **박스 거더** : 철판을 절단하여 4각 박스 형태로 만든 거더(가징 많이 사용 됨) 박스모양으로 공간 이용이 용이하고, 부식에 강하며 큰 하중, 편심하중에 강하다.
> ④ **강관구조 거더** : 원형 파이프로 만든 거더(요즘은 제작을 안함)

Answer　04 ④　05 ④　06 ③

07 크레인에 사용되는 훅에 대한 설명 중 틀린 것은?

① 훅의 재질은 단조강을 사용한다.
② 양훅은 일반적으로 소형 크레인(소용량)에 사용된다. 훅은 매다는 하중이 50톤 이하일 때는 편훅(한쪽 훅)을 사용하고, 50톤 이상일 때는 양훅 사용
③ 장기간 사용하면 벤딩, 경화가 일어나므로 일정기간 사용 후 소둔 처리한다.
④ 훅은 사용 상태에 따라 편훅과 양훅이 있다.

해설 ○ 훅은 매다는 하중이 50톤 이하일 때는 편훅(한쪽 훅)을 사용하고, 50톤 이상일 때는 양훅(양쪽 훅)을 사용하지만 50톤 이하라도 작업 여건에 따라 양쪽 훅을 사용한다.

08 직류전동기가 아닌 것은?

① 복권 전동기
② 농형 유도 전동기
③ 복권 전동기
④ 직권 전동기

해설 ○ 전동기 종류는 사용하는 전류에 따라
- 교류 전동기(交流, AC, (Alternating current)와 직류전동기(直流, DC, (Direct current)로 나뉜다.
- 교류 전동기는 3상 유도전동기와 단상 유도 전동기로 나뉜다.
3상 유도전동기 : 농형, 권선형 전동
- 단상 유도 전동기 : 분상기동형, 콘덴서기동형, 반발기동형, 콘덴서운전형, 셰이밍코일형 직류 전동기는 직권 전동기·분권 전동기·복권 전동기, 영구 여자자석식 전동기가 있다.

09 천장 크레인 운전실에 대한 설명으로 옳지 않은 것은?

① 거더의 한쪽 끝 상단부에 설치한다.
② 운전실 내부에는 배전반, 제어기, 브레이크 페달 등이 운전에 편리하도록 배치되어 있다.
③ 개방형은 단열을 하지 않는다.
④ 밀폐형은 매연, 혹서·혹한 시에 대한 대책을 세울 수 있다.

해설 ○ 운전실은 개방형과 밀폐형으로 나뉜다.
① 대부분의 천장 크레인의 운전실은 거더의 한 쪽(왼쪽 거더 또는 오른쪽 거더)끝 하단부에 설치하지만
② 작업현장의 특성상 크래브 하단에 설치되어 크래브와 같이 움직이는 무빙 타입, 트롤리 이동 타입도 있다
③ 내부에는 배전반, 제어기(콘트롤러) 등이 배치되어 있다.
④ 브레이크 페달은 자동차 운전실에 설치된 페달로서 오일디스크 브레이크의 부품 중 하나이다. 요즘 크레인에는 오일디스크 브레이크를 사용하지 않으므로 운전실에 브레이크 페달이 없다.

Answer 07 ② 08 ② 09 ①

10 드럼 홈의 지름은 와이어 로프의 공칭지름보다 몇 % 크게 하는 것이 좋은가?

① 10
② 20
③ 30
④ 40

해설ㅇ 와이어 로프 드럼의 홈은 와이어 로프 공칭지름(직경)보다 10% 크게 제작한다.

11 브레이크 드럼과 라이닝에 기술한 것이다. 틀린 것은?

① 드럼의 제동 면이 과열하면 마찰계수가 증가한다.
② 드럼과 라이닝의 간격은 드럼 직경의 $\frac{1}{150} \sim \frac{1}{200}$ 이다
③ 드럼은 열팽창에 의하여 직경 변화가 있다.
④ 드럼 제동면의 요철이 2mm에 도달하면 가공 또는 교환하여야 한다.

해설ㅇ ① 드럼과 라이닝의 간격은 편측(한쪽측면)에서 드럼 직경의 $\frac{1}{150} \sim \frac{1}{200}$ 또는 1~1.5mm이다.
② 드럼과 라이닝의 간격 조정이 잘되어 있어야 발열이 없고 제동력도 확실하다.
③ 드럼은 라이닝과의 마찰에 의해 열팽창에 의하여 직경 변화가 있다.
④ 드럼 제동면은 라이닝과의 마찰에 의해 드럼이 마모되어 요철이 2mm에 도달하면 가공 또는 교환하여야 한다.
⑤ 브레이크 드럼의 제동면이 과열하면 마찰계수가 감소하여 라이닝 재질이 변하므로 150℃를 초과하면 안 된다.

12 크레인 권상장치용 제한 개폐기(Limit switch)에 대한 설명으로 맞는 것은?

① 전기적으로 되어 있으므로 고장이 없다.
② 드럼에 로프가 과권이 될 경우 전류를 차단하여 회전을 정지시키는 장치이다.
③ 드럼의 회전수를 조정하는 장치이다.
④ 필히 주전원을 연결하고 조정 작업을 하여야 한다.

해설ㅇ ① 리미트 스위치는 권상, 횡행, 주행 등 각 장치의 운동에 대한 과행, 과권 방지기구로 보조 전원에 연결시켜 주 전원을 제어한다.
② 권상용의 경우 로프가 과권이 될 때 전류를 차단하여 드럼 회전을 정지시키는 장치이다.
③ 또한 권상장치에는 1차 리미트와인 캠형, 웜 및 웜기어형 2차 비상용 리미트인 중추형 리미트가 있다.

Answer 10 ① 11 ① 12 ②

13 비상정지장치에 대한 설명으로 부적합한 것은?

① 비상 시 조작할 경우에만 작동된다.
② 운전자가 조작 가능한 위치에 설치한다.
③ 작동된 경우에는 동력이 차단되어야 한다.
④ 위험구역에 접근하면 자동으로 작동되어야 한다.

> **해설** 비상정지장치(非常停止裝置 Emergency stop equipment)란?
> 모든 기계장치 또는 천장 크레인 작동 중 이상사태가 발견된 경우, 위험 상황이 발생되어 안전사고의 위험이 있을 때 이런 상황을 목격한 운전자나 작업자가 비상스위치를 눌러 기계의 작동을 정지하는 것을 목적으로 하는 장치를 말한다.
>
> **비상정지장치**
> 모든 크레인 및 호이스트는 운전자가 비상 시 조작 가능한 위치에 비상정지스위치를 비치하여야 하며, 비상정지스위치는 다음 각 호에 적합한 기능을 가진 것이어야 한다.
> 가. 비상정지장치는 각 제어반 및 그 밖의 비상정지를 필요로 하는 개소에 설치하되, 접근이 용이한 곳에 배치되어야 한다.
> 나. 비상정지장치는 작동된 이후 수동으로 복귀시킬 때까지 회로가 자동으로 복귀되지 않는 구조여야 한다.
> 다. 비상정지장치의 형태는 기계의 구조와 특성에 따라 위험상황을 해소할 수 있도록 다음과 같은 적절한 형태의 것을 선정해야 한다.
>   1) 버섯형(돌출) 누름버튼
>   2) 로프작동형, 봉형
>   3) 복부 또는 무릎작동형
>   4) 보호덮개가 없는 페달형 스위치
> 라. 누름버튼형 비상정지장치의 엑추에이터는 적색이고 주변의 배경색은 황색이어야 한다.
> 마. 로프작동형 비상정지장치는 상시 로프의 적정 장력이 유지되어야 하며, 로프에 적색과 황색으로 식별이 가능하여야 한다.
> 바. 비상정지장치는 다음 조건을 만족하여야 하며, 작동과 동시에 구동부 동력이 차단되는 0정지 방식이어야 한다. 다만, 관성 등에 의해 급정지 시 추가적인 위험을 초래할 수 있는 경우에는 1정지 방식으로 할 수 있다.

14 비상정지장치가 작동된 후의 상태가 아닌 것은?

① 주행레버의 작동불능상태
② 횡행레버의 작동불능상태
③ 권상레버의 작동불능상태
④ 모든 조명의 소등상태

> **해설** 비상정지장치의 목적은 위험상황 발생 시 기계장치의 정지를 목적으로 설치한 것이므로 비상 스위치가 동력 전원을 차단시키기 때문에 작동 중인 크레인에 연결된 동력이 차단되어 모든 기계장치가 정지 상태가 되지만 모든 조명은 소등되지 않는다.(운전실 조명, 운전실 계기판, 작업 조명은 조작전원에 속하기 때문에 차단되지 않는다.)

Answer 13 ④ 14 ④

15 천장 크레인 좌우 차륜의 직경 차 한도로 알맞은 것은?

① 구동륜 - 원 치수의 0.3%, 종동륜 - 원 치수의 0.5%
② 구동륜 - 원 치수의 0.2%, 종동륜 - 원 치수의 0.5%
③ 구동륜 - 원 치수의 0.3%, 종동륜 - 원 치수의 0.2%
④ 구동륜 - 원 치수의 0.3%, 종동륜 - 원 치수의 0.3%

해설 **구동차륜, 종동차륜**
천장 크레인을 움직이기 위해 동력이 전달되는 차륜이며 종동차륜은 동력이 전달되지 않는 차륜이다. 자동차의 전륜구동방식을 예로 들면 구동차륜은 앞바퀴이고 종동차륜은 뒷바퀴에 해당된다.
① 차륜과 레일접촉면의 마모한도는 차륜직경의 3%까지
② 각 차륜의 직경차이는, 구동륜 : 직경의 0.3%까지, 종동륜 : 직경의 0.5%까지
③ 차륜 직경의 마모한도는 원 치수의 3% 이내이다.
④ 차륜 플랜지의 경사는 수직위치에서 20도까지
⑤ 차륜 플랜지의 마모는 원 치수의 50%까지이다.

16 전동기에 대한 설명으로 옳지 않는 것은?

① 교류전동기는 기동회전력이 크고 부하의 변동에 따라 속도가 변화하는 정출력 특성이 있으므로 크레인의 감아올림, 프로펠러, 팬 등에 사용된다.
② 교류 권선형 유도전동기는 고정자 및 회전자의 양쪽에 권선이 있으며, 이 회전자의 권선에 슬립링을 통해서 외부저항을 증감하면 부하를 걸었을 때 속도를 가감할 수 있다.
③ 직류전동기에서 전기자는 회전부분을 가리키며, 코일이 들어가는 슬롯이 있는 성층철심으로 구성된다.
④ 교류전동기 고정자의 슬롯에 넣은 코일은 위상이라는 3개의 권선을 형성하도록 연결되어 있다.

해설 ①항은 교류전동기가 아닌 직류 직권전동기의 특징이다.
① 직류전동기는 여자의 전류를 가감하여 자기극의 세기를 변화시켜 전동기의 회전속도를 바꿀 수 있어 속도제어가 용이하며 효율 또한 높다.
② 회전방향과 가속토크를 임의적으로 선택할 수 있다. 그래서 전철이나 엘리베이터, 압연기 등과 같이 속도 조정이 필요한 경우 사용된다.
③ 교류전동기에 비해 구조가 복잡하고 가격이 비싸다는 단점이 있다.
④ 또한 브러쉬나 정류기를 정기적으로 점검 및 보수해야 하며
⑤ 정류나 기계적인 강도상의 문제로 고속 가동에 제한을 받는다.
교류전동기의 장, 단점
① 교류전동기의 용량은 수십W의 소형에서 수백kW의 대형에까지 이르며 선풍기, 세탁기, 냉장고, 펌프, 크레인 등 가정과 산업현장 전반에서 널리 사용되고 있다.
② 교류전동기는 구조가 간단하다.
③ 브러시나 정류자와 같은 기계 소모부가 다
④ 고속에서 순간 최대 토크를 출력할 수 있어 응답특성이 빠르다.
⑤ 무게당 토크가 크므로 소형 경량화할 수 있다는 장점이 있다.
⑥ 직류전동기에 비해 제어 방법이 복잡하다는 단점이 있다.

Answer 15 ② 16 ①

17 제어기(Controller)의 설명으로 옳지 않은 것은?

① 전동기의 1차와 2차 제어를 실시하는 것을 직접 가역제어기라 한다.
② 1차의 보조회로를 직접 접촉하여 전자코일을 제어하는 것을 마스터 컨트롤러라 한다.
③ 핸들의 외형 구조에 따라 크랭크식과 레버식이 있다.
④ 제어조작기구에 따라 드럼형과 캠형의 두 종류가 있다.

> **해설** ○─ 제어기는 전동기의 1차 전원(R,S,T)과 2차 전원(U,V,W 또는 X,Y,Z)의 제어를 직접하는 직접가역식과 1차의 주회로를 전자접촉기 내부의 전자코일을 제어하는 마스터 컨트롤러(Master controller)가 있다. 크랭크식은 요즘에는 사용되지 않는다.

18 크레인 용어 중 양정을 옳게 표현한 것은?

① 주행레일과 레일의 간격
② 횡행레일과 레일의 간격
③ 건물바닥이나 지상에서 크레인 상면까지의 거리
④ 상한 리미트 스위치 작동지점부터 하한 리미트 스위치 작동지점까지의 수직 거리

> **해설** ○─ 양정이란?
> ① 하한리미트 스위치 작동지점부터 상한 리미트 스위치 작동 지점까지의 거리)이다.
> ② 훅을 권상시켜 상한 리미트 스위치가 작동하는 최고의 높이에서부터 훅을 권하시켜 하한 리미트 스위치가 작동하는 최저의 위치까지의 거리를 의미한다.
> ③ 일반적으로 바닥면이 평편하나 천장 크레인이 가동되는 장소의 바닥면에 지하실 및 피트(Pit)가 있을 경우 양정은 바닥면까지의 거리가 아닌 지하실 및 피트(Pit)의 바닥면까지이다.

19 어떤 천장 크레인의 시험하중이 110톤일 때 이 크레인으로 작업할 수 있는 하중의 범위는?

① 100톤 이하
② 120톤 이하
③ 125톤 이하
④ 175톤 이하

> **해설** ○─ 천장 크레인을 제작 설치 후 크레인에 대한 완성검사에서 정격하중의 110%(1.1배)를 훅에 메달고 거더의 처짐량 및 기계장치, 전기장치, 방호장치가 원활하게 작동하는지 시험한다.

Answer 17 ② 18 ④ 19 ①

20 과부하 방지장치의 구비조건이 아닌 것은?

① 안전인증품일 것
② 정격하중의 1.1배 권상 시 경보와 함께 권상, 횡행, 주행 동작이 불가능한 구조일 것
③ 과부하 시 운전자가 용이하게 조정할 수 있는 곳에 설치할 것
④ 임의로 조정할 수 없도록 봉인되어 있을 것

> **해설** 과부하 방지장치
> ① 크레인에는 다음 각호와 같은 과부하 방지장치(제31조 제1항에 규정하는 안전밸브를 제외)를 부착하여야 한다.
>   1. 법 33조의 규정에 의한 성능검정 합격품일 것
>   2. 정격하중의 1.1배 권상 시 경보와 함께 권상동작이 정지되고 횡행, 주행동작 및 과부하를 증가시키는 동작이 불가능한 구조일 것. 다만, 지브형 크레인은 정격하중의 1.05배 권상 시 경보와 함께 권상동작이 정지되고 과부하를 증가시키는 동작이 불가능한 구조일 것
>   3. 임의로 조정할 수 없도록 봉인되어 있을 것
>   4. 시험 시 풍속은 8.3m/s를 초과하지 않을 것
>   5. 접근이 용이한 장소에 설치하여야 하며, 과부하시 운전자가 용이하게 경보를 들을 수 있을 것
>   6. 과부하 방지장치는 한 번 작동이 될 경우 과부하가 제거되고 해당 제어기가 중립 또는 정지위치로 돌아갈 때까지는 동작상태를 유지할 것
> ② 지브크레인은 제1항의 규정에 의한 과부하 방지장치를 구비하여야 한다. 다만, 다음 각호에서 정하는 크레인으로서 과부하 방지장치 이외의 장치(제31조제1항에서 규정하는 안전밸브는 제외)로써 과부하를 방지할 수 있는 경우에는 예외로 한다.
>   1. 권상하중이 3톤 미만의 지브 크레인
>   2. 지브의 경사각 및 길이가 일정한 지브 크레인
>   3. 정격하중이 변하지 않는 지브 크레인

21 저항기에 있어서 중간속도로 장시간 운전할 경우 일어나는 현상에 대한 설명으로 가장 적합한 것은?

① 저항기의 온도가 상승한다.
② 전동기의 온도가 내려간다.
③ 다른 속도의 운전과 전동기 온도는 동일하다.
④ 정격속도로 운전하는 것보다 유리하다.

> **해설** 2차 저항제어 방식으로 제어되는 크레인에서 저항기는 저항 값을 가감시켜 전동기의 속도를 제어하므로 크레인 작동 중에는 온도가 상승하며 정지된 때에는 저항기가 작동하지 않으므로 상온으로 유지된다. 저항기의 발열온도의 허용값은 350℃ 이하이다.

Answer 20 ③ 21 ①

22 천장 크레인의 운동속도에 대한 설명 중 틀린 것은?

① 권상장치에서 속도는 양정이 짧은 것과 권상능력이 큰 것은 빠르게 작동하도록 한다.
② 권상장치에서 속도는 하중이 가벼운 것보다 무거운 것을 느리게 작동되게 한다.
③ 위험물을 운반 시에는 가능한 저속으로 운전함이 좋다.
④ 주행속도는 가능한 저속으로 운전하는 것이 좋다.

해설 크레인의 권상장치에서 속도는 양정이 짧은 것과 권상능력이 큰 것은 느리게 작동하도록 하여야 한다.

23 다음 중 크레인의 안전작업과 거리가 먼 것은?

① 크레인의 탑승은 지정된 사다리를 이용한다.
② 신호수의 사소한 신호에도 주의를 한다.
③ 정격하중 이상의 중량물 권상을 금지한다.
④ 크레인의 정지 시는 신속한 정지를 위하여 역상제동을 사용한다.

해설 역상 제동법
유도전동기 고정자 권선의 3상(三相 Three phase) 중 2상을 전환하여 회전 자계의 방향을 뒤집어 회전 방향과 반대 방향의 토크를 주어 제동하는 방식으로 전동기 및 감속기에 충격을 주게 되므로 역상제동을 금지한다.

24 전기 기기의 불꽃(Spark)발생을 막기 위한 방법으로 틀린 것은?

① 스위치류의 개폐를 신속히 행한다.
② 스위치의 접촉면에 먼지나 이물질이 없도록 한다.
③ 접촉면을 매끄럽게 유지시킨다.
④ 교류보다 직류를 많이 사용해야 한다.

해설 전기 스파크
① 주파수가 클수록
② 교류보다 직류에서
③ 접촉면이 거칠수록
④ 스위치를 ON 보다 OFF할 때 많이 발생한다.

Answer 22 ① 23 ④ 24 ④

25 변압기는 어떤 원리를 이용한 전기장치인가?

① 전자 유도작용
② 전류의 화학작용
③ 정전 유도작용
④ 전류의 발열작용

> 해설 ○ **변압기(Transformer, 變壓器)**
> 코일의 상호유도 원리를 이용하여 교류전압을 전압을 높이거나 낮추는 장치이다

26 볼베어링에서 볼을 적당한 간격으로 유지시키는 것은?

① 부시(Bush)
② 레이스(Race)
③ 하우징(Housing)
④ 리테이너(Retainer)

> 해설 ○ 볼베어링은 외륜, 내륜, 볼, 볼과 볼의 간격을 유지시켜주는 리테이너로 구성되어 있다.

27 다음 구름 베어링에 대한 설명으로 틀린 것은?

① 과열의 위험이 적다.
② 마찰계수가 적고 동력 손실이 적다.
③ 윤활유가 적게 들고 급유에 드는 수고가 적다.
④ 저널의 길이를 짧게 할 수 있다.

> 해설 ○
> • 구름 베어링은 외륜과 내륜 사이에 볼 또는 롤러를 넣어 회전 시 마찰력을 줄인 베어링으로서 미끄럼 베어링보다 마찰이나 동력 손실이 적고 윤활작업과 보수가 쉽다.
> • 회전 축을 지지하여 축에 작용하는 하중 및 마찰력을 부담하는 역할을 하는 것을 베어링이라 하고, 베어링에 접촉된 부분을 저널이라 하는데, 구름 베어링은 저널의 길이를 짧게 할 수 없다.

28 양축이 동일평면 내에 있고, 그 축선이 꺾인 경우에 사용되는 축 이음으로서 훅 조인트라고도 하며, 양축 단에 각각 요크(Yoke)를 부착하고, 이것을 십자형의 핀으로 자유로이 회전할 수 있도록 연결한 축 이음은?

① 플렉시블 커플링
② 자재이음(유니버설조인트)
③ 오울덤 커플링(Oldham's coupling)
④ 고정 축이음

> 해설 ○ 자재이음(유니버설 조인트 Universal joint)은 두 축의 각도가 30° 이하의 각도로 교차하는 경우에 사용되는 축이음(커플링)이다.

Answer 25 ① 26 ④ 27 ④ 28 ②

29. 운전 중 컨트롤러(Controller) 베어링에 기름이 마르거나 레버(Lever)조정이 불량하였을 때 나타나는 현상으로 가장 적합한 것은?

① 스파크가 일어난다.
② 핸들(레버)이 무겁다.
③ 작동이 안 된다.
④ 정지한다.

해설
- 콘트롤러를 작동하여 크레인을 운전할 때 콘트롤러가 회전하는 베어링에 윤활유가 마르거나 핑거 레버의 조정이 불량하거나 이물질이 혼입되어 있으면 콘트롤러(레버)가 무겁다.
- 요즘 제작되는 크레인의 콘트롤러는 윤활유를 주입하지 않아도 되는 간단한 구조로 되어 있다.

30. 다음은 전동기 분해순서를 열거한 것이다. 올바른 순서대로 열거한 항목은?

ⓐ 외선 커버의 급유용 그리스 니플과 부속 파이프 및 외선 커버를 분해한다.
ⓑ 고정자와 회전자를 분리한 후 베어링을 뽑는다.
ⓒ 슬립링 측의 측함 커버 취부 볼트를 뽑은 후 슬립링 측의 베어링을 분해한다.
ⓓ 외선 팬을 뽑고 브라켓을 불리시킨다.

① ⓐ - ⓑ - ⓒ - ⓓ
② ⓐ - ⓒ - ⓑ - ⓓ
③ ⓓ - ⓐ - ⓑ - ⓒ
④ ⓐ - ⓒ - ⓓ - ⓑ

31. 다음은 기어에 대하여 서로 관계있는 것끼리 묶어 놓았다. 틀린 것은?

① 두 축이 평행 - 헬리컬기어
② 두 축이 교차 - 인터널기어(내 치차)
③ 두 축이 평행도 아니고 교차도 아님 - 웜기어
④ 두 축이 평행 - 스퍼기어(평 치차)

해설
① 인터널 기어(Internal gear 내접기어)는 원통형의 안쪽에 큰기어가 있고 여기에 맞물리는 작은기어가 큰기어를 회전시키는 구조이다
② 엑스터널 기어(External gear 외접기어)는 원통형의 바깥쪽에 큰기어가 있고 여기에 맞물리는 작은기어가 큰기어를 회전시키는 구조이다
③ 두 축의 회전 방향이 같으며 높은 감속비를 필요로 하는 곳에서 사용한다.(굴삭기, 타워 크레인의 스윙장치 등)

Answer 29 ② 30 ④ 31 ②

32 크레인 작업종료 시의 주의사항으로 틀린 것은?

① 크레인은 작업을 종료한 위치에 정지시켜 둔다.
② 주 배선용 차단기를 내려놓는다.
③ 전용의 줄걸이 작업 용구를 사용하고 있는 경우는 소정의 위치에 내려놓는다.
④ 훅 블록은 작업자나 차량의 통행에 지장을 주지 않는 높이까지 권상시켜 둔다.

해설 ○ 크레인 작업 종료 시 크레인을 정해진 위치(탑승계단)에 정지하고 줄걸이 용구는 훅에서 벗겨내고 훅 블록은 작업자나 차량의 통행에 지장을 주지 않는 높이까지 권상시켜 둔다. 컨트롤러는 중립에 놓은 후 전원을 차단시킨다.

33 천장 크레인의 자동 도유 장치는 일반적으로 어느 곳에 도유하는가?

① 주행차륜 축
② 주행차륜 보스
③ 주행차륜 플랜지
④ 주행레일기어

해설 ○ 천장 크레인의 자동 도유 장치는 오일 급유통, 호스, 도유기로 구성되어 있으며 오일 통에서 호스를 통해 도유기에 오일이 공급되며, 원형의 도유기는 주행차륜의 플랜지에 맞닿아 있어 주행 운행 시 주행차륜이 회전하면 원형의 도유기가 같이 회전하면서 차륜플랜지에 적당량의 오일을 묻혀주면 레일 측면과 차륜 플랜지의 맞닿은 부분의 마모를 줄일 수 있다.

34 전기 저항의 설명으로 틀린 것은?

① 물질 속을 전류가 흐르기 쉬운가 어려운가의 정도를 표시하며, 단위는 옴[Ω]이다.
② 온도 1℃ 상승하였을 때 변화한 저항 값의 비가 재료의 고유저항 또는 비저항이다.
③ 도체의 저항은 그 길이에 비례하고 단면적에 반비례한다.
④ 도체의 접촉면에 생기는 접촉 저항이 크면 열이 발생하고 전류의 흐름이 떨어진다.

해설 ○ ① 전기 회로에서 전류의 흐름을 방해하는 정도를 전기 저항이라고 한다.
② 고유저항 또는 비저항은 단위 면적당 단위 길이당 도체의 전기저항을 말한다.

35 천장 크레인에 사용하는 전원은 주로 몇 볼트를 사용하는가?

① 110
② 440
③ 540
④ 640

해설 ○ 천장 크레인에 사용하는 주 전압은 380V, 440V를 주로 사용한다. 변전반이 없는 공장은 대부분 380V를 사용하며 변전반이 있는 공장은 440V를 주로 사용한다.

Answer 32 ① 33 ③ 34 ② 35 ②

36 베어링의 식별기호이다. 안지름에 해당하는 번호는?

62 05 · 2RSR · N · C
㉠   ㉡   ㉢   ㉣

① ㉠
② ㉡
③ ㉢
④ ㉣

해설 ㉠ 형식번호와 지름번호(6 : 단열홈형, 2 : 경하중형)
㉡ 베어링 내경(안지름)
㉢ 베어링 외륜 외경

37 천장 크레인을 급출발, 급정지하면 안 되는 사유와 가장 거리가 먼 것은?

① 크레인에 기계적 무리를 가하지 않도록 하기 위하여
② 갑자기 출발하면 인양 화물의 움직임이 비교적 적으므로
③ 취급 물건이 관성에 의하여 심하게 흔들리면 매우 위험하므로
④ 갑자기 과전류가 흘러 전기장치에 무리가 갈 수 있으므로

해설 천장 크레인을 급출발시키면 인양 화물의 움직임이 갑자기 커져 낙하 위험이 있다.

38 다음 중 브러시를 사용하지 않는 전동기는?

① 직류 전동기
② 권선형 유도 전동기
③ 정류자 전동기
④ 농형 유도 전동기

해설 농형 유도 전동기는 브러시를 사용하지는 않는다.

39 임시수리에 대해서 기술한 것으로 맞지 않는 것은?

① 순회검사에서 발견한 것으로 수리를 필요로 하는 사항
② 돌발적으로 생긴 고장에 대하여 바로 수리를 행하는 사항
③ 정기검사까지의 기간이 길 때 사용 정도에 따라서 중간에 국부적으로 검사 수리하는 사항
④ 고장이 생기지는 않았으나 운전자가 고장 가능성이 있다고 판단하고 수리하는 사항

해설 ④번 항은 연간 정비사항에 포함된다.

Answer   36 ②   37 ②   38 ④   39 ④

40 운전 전 배전반의 점검 중 가장 옳은 것은?

① 파워(Power)램프의 점등을 확인한다.
② 제어기를 운전하여 본다.
③ 크래브의 움직임을 확인한다.
④ 주행, 횡행 시의 요동 또는 속도를 확인한다.

> **해설** 운전 전 점검이란? 기계장치를 작동시키기 전에 하는 점검으로서 배전반 점검은 파워 램프의 점등 유무를 확인해야 한다.

41 와이어 로프의 굵기는 무엇으로 나타내는가?

① 외접원의 직경
② 원둘레
③ 스트랜드의 직경
④ 내접원의 직경

> **해설** 와이어 로프 지름(직경)을 측정할 때는 와이어 로프의 외접원을 측정하며 와이어 로프의 단면적을 봤을 때 직경이 큰 쪽을 측정한다. {버니어 캘리퍼스(Vernier calipers)로 측정}

42 권상용 체인으로 적합하지 않는 것은?

① 안전율이 5 이상일 것
② 연결된 5개의 링크를 측정하여 연신율이 제조 당시 길이의 7% 이하일 것
③ 링크 단면의 지름감소가 당해 체인의 제조 시보다 10% 이하일 것
④ 심한 부식이 없을 것

> **해설** **권상용 체인은 다음과 같이 한다.**
> ① 안전율은 5 이상일 것
> ② 연결된 5개의 링크를 측정하여 연신율이 제조당시 길이의 5% 이하일 것(습동면의 마모량 포함)
> ③ 링크 단면의 지름 감소가 해당 체인의 제조시보다 10% 이하일 것
> ④ 균열이 없을 것
> ⑤ 심한 부식이 없을 것
> ⑥ 깨지거나 홈 모양의 결함이 없을 것
> ⑦ 심한 변형 등이 없을 것
> 가목의 안전율은 체인 절단하중의 값을 해당 체인에 걸리는 하중의 최대값으로 나눈 값으로 한다.

Answer 40 ① 41 ① 42 ②

43 와이어 로프의 교체시기가 아닌 것은?

① 녹이 생겨 심하게 부식된 것
② 소선의 수가 10% 이상 단선된 것
③ 공칭지름이 3% 초과 마모된 것
④ 킹크가 생긴 것

해설 ○ 사용이 금지되는 와이어 로프
① 이음매가 있는 것
② 와이어 로프의 한 꼬임에서 끊어진 소선(素線)(필러선은 제외)의 수가 10% 이상인 것
④ 비자선 로프의 경우에는 끊어진 소선의 수가 와이어 로프 호칭지름의 6배 길이 이내에서 4개 이상이거나 호칭지름 30배 길이 이내에서 8개 이상인 것
⑤ 지름의 감소가 공칭지름의 7%를 초과하는 것
꼬인 것
⑥ 심하게 변형되거나 부식된 것
⑦ 열과 전기충격에 의해 손상된 것

44 천장 크레인에서 하중이 40톤인 화물을 들어올리기 위해서는 와이어 로프를 몇 가닥으로 해야 하는가?(단, 와이어 로프의 직경은 20mm, 절단하중은 20톤, 자체무게는 0톤이며, 안전계수는 7호로 한다.)

① 2가닥(2줄걸이)
② 8가닥(8줄걸이)
③ 14가닥(14줄걸이)
④ 20가닥(20줄걸이)

해설 ○ • 와이어 로프의 안전하중 = 절단하중÷안전계수 = 20÷7 = 2.857(톤)
• 와이어 로프의 가닥 수 = 부마물의 하중÷안전하중 = 40÷2.857 = 14줄

45 와이어 로프 1줄걸이 방법의 특징으로 틀린 것은?

① 짐의 중심 잡기가 용이하다.
② 작업이 용이하고 회전이 쉽다.
③ 달아올리는 순간 짐이 돌거나 이동하기 쉽다.
④ 짐이 한쪽으로 치우치면 동여 맨 로프에서 짐이 빠져 떨어질 위험이 있다.

해설 ○ 1줄걸이는 원칙적으로 금지되어 있다. 와이어 로프 1줄걸이는 짐의 올바른 중심잡기가 어렵다.

46 가로 3m, 세로 2m, 높이 1m인 구리의 무게는 몇 톤(ton)인가? (단, 구리의 비중은 9로 한다.)

① 0.54
② 5.4
③ 54
④ 540

해설 ○ • 구리의 무게 = 체적×비중 =(3×2×1)×9 = 54톤(ton)이다.
• 체적을 계산할 때는 미터단위로 계산한다.

Answer 43 ③ 44 ③ 45 ① 46 ③

47 와이어 로프 구성기호 6 × 19의 설명으로 옳은 것은?

① 6은 소선 수, 19는 스트랜드 수
② 6은 안전계수, 19는 절단하중
③ 6은 스트랜드 수, 19는 절단하중
④ 6은 스트랜드 수, 19는 소선 수

해설 ○ 와이어 로프 구성기호는 스트랜드 수 × 소선 수 이므로, 구성기호 6 × 19에서 6은 스트랜드 수이고 19는 소선 수이다.

48 줄걸이 작업 시의 기본적인 주의사항으로 틀린 것은?

① 줄걸이 작업 중 훅은 운반물체의 중심 위에 위치시킬 것
② 권하 작업 시 급격한 충격을 피할 것
③ 줄걸이 각도는 원칙적으로 60° 이상으로 할 것
④ 권하 작업 시 안전사항을 눈으로 확인할 것

해설 ○ 줄걸이 작업 시 줄걸이 각도는 각도가 작을수록 좋지만 여러 요인을 감안할 때 60° 이내로 하는 것이 좋다.

49 크레인용 와이어 로프에 대한 설명으로 틀린 것은?

① 와이어 로프의 재질은 탄소강이며, 소선의 강도는 135~180kgf/㎟ 정도이다.
② 고열 작업용으로 스트랜드 한 줄을 심으로 하여 만든 로프도 있다.
③ 와이어 로프의 꼬기와 스트랜드의 꼬기 방향이 반대인 것은 랭꼬임이라 한다.
④ 랭꼬임이 보통꼬임보다 손상율이 적으며, 장시간 사용에도 잘 견딘다.

해설 ○ 와이어 로프 소선의 꼬임 방향과 스트랜드의 꼬임이 같은 방향이면 랭꼬임이고, 소선의 꼬임 방향과 스트랜드의 꼬임 방향이 반대이면 보통꼬임이라 한다.

50 와이어 로프 작업자가 줄걸이 작업을 실시할 때 짐의 중량에 따른 안전작업 방법이 아닌 것은?

① 짐의 중량을 어림짐작하여 작업한다.
② 정격하중을 넘는 무게의 짐을 매달지 않는다.
③ 상례적으로 정해진 짐의 전문적인 줄걸이 용구를 만들어 작업한다.
④ 짐의 중량 판단에 자신이 없을 때는 상급자에게 문의하여 작업한다.

해설 ○ 와이어 로프를 이용한 줄걸이 작업자는 하물을 권상할 때 중량의 정확한 추정을 해야 거기에 맞는 줄걸이 용구를 사용할 수 있다.

Answer   47 ④   48 ③   49 ③   50 ①

51 안전·보건표지의 종류와 형태에서 〈그림〉의 안전 표지판이 나타내는 것은?

① 병원 표지
② 비상구 표지
③ 녹십자 표지
④ 안전지대 표지

해설 ○ 산업안전표지 참조 p.109

52 해머 사용 시 주의사항이 아닌 것은?

① 쐐기를 박아서 자루가 단단한 것을 사용한다.
② 기름 묻은 손으로 자루를 잡지 않는다.
③ 타격면이 닳아 경사진 것은 사용하지 않는다.
④ 처음에는 크게 휘두르고 차차 작게 휘두른다.

해설 ○ 해머 작업을 할 때 처음에는 작은 힘으로 두드리고 차차 큰 힘으로 두드린다.

53 훅(Hook)의 점검과 관리 방법을 설명한 것 중 맞는 것은?

① 입구의 벌어짐이 5% 이상된 것은 교환하여야 한다.
② 훅의 안전계수는 3 이하이다.
③ 훅의 마모, 균열 및 변형 등을 점검하여야 한다.
④ 훅의 마모는 와이어 로프가 걸리는 곳에 5mm의 홈이 생기면 그라인딩 한다.

해설 ○ 훅의 안전계수는 5 이상이고, 훅 입구의 벌어짐이 5% 이상된 것은 폐기하여야 하며, 훅의 마모는 와이어 로프가 걸리는 곳에 2mm 이상의 홈이 생기면 그라인딩해서 홈을 없앤 후 사용한다.

Answer 51 ③ 52 ④ 53 ①, ③

54 볼트머리나 너트의 크기가 명확하지 않을 때나 가볍게 조이고 풀 때 사용하며 크기는 전체 길이로 표시하는 렌치는?

① 소켓 렌치
② 조정 렌치
③ 복스 렌치
④ 파이프 렌치

해설 ○ 조정 렌치는 몽키 스패너로 호칭되며 조(Jaw)의 폭을 조정하여 볼트·너트를 풀거나 조이는 작업에 사용하며, 호칭치수는 전체 길이로 나타낸다.

55 정비작업 시 안전에 가장 위배되는 것은?

① 깨끗하고 먼지가 없는 작업환경을 조성한다.
② 회전 부분에 옷이나 손이 닿지 않도록 한다.
③ 연료를 가득 채운 상태에서 연료통을 용접한다.
④ 가연성 물질을 취급 시 소화기를 준비한다.

해설 ○ 연료를 채운 상태에서 연료통을 용접하면 폭발 및 화재의 위험이 있다.

56 다음 중 기계작업 시 적절한 안전거리를 가장 크게 유지해야 하는 것은?

① 프레스
② 선반
③ 절단기
④ 전동 띠톱 기계

해설 ○ 전동 띠톱 기계는 파편에 의한 안전사고의 우려가 있으므로 안전 덮개를 씌우고 충분한 안전거리를 확보한 상태로 작업해야 한다.

57 구급처치 중에서 환자의 상태를 확인하는 사항과 가장 거리가 먼 것은?

① 의식   ② 상처
③ 출혈   ④ 격리

해설 ○ 격리는 감염자나 보균자 또는 감염이 의심되는 환자로부터 다른 환자나 직원이 감염되거나 미생물이 전파되는 것을 예방하여, 환자뿐만 아니라 보호자, 방문객, 직원, 병원 환경을 보호하기 위하여 실시하는 개념이다.

Answer 54 ② 55 ③ 56 ④ 57 ④

58 공장에서 엔진 등 중량물을 이동하려고 한다. 가장 좋은 방법은?

① 여러 사람이 들고 조용히 움직인다.
② 체인 블록이나 호이스트를 사용한다.
③ 로프로 묶어 인력으로 당긴다.
④ 지렛대를 이용하여 움직인다.

해설 ◦ 사람의 힘으로 이동시킬 수 없는 무거운 중량물은 체인 블록이나 권상(호이스트)장치를 사용하는 것이 좋다.

59 화재의 분류가 옳게 된 것은?

① A급 화재 : 일반 가연물 화재
② B급 화재 : 금속 화재
③ C급 화재 : 유류 화재
④ D급 화재 : 전기 화재

해설

등급	종류	표시색	내용
A급	일반화재	백색	목재, 섬유, 고무류, 합성수지 등
B급	유류화재	황색	인화성 액체 등 기름 성분인 것
C급	전기화재	청색	통전중인 전기설비 및 기기의 화재
D급	금속화재	무색	금속분, 박 등의 금속화재
E급	가스화재	황색	LPG, LNG, 도시가스 등의 화재

60 중량물을 들어 올리거나 내릴 때 손이나 발이 중량물과 지면 등에 끼어 발생하는 재해는?

① 낙하
② 충돌
③ 전도
④ 협착

해설 ◦
• 낙하 : 높은데서 떨어짐
• 충돌 : 서로 맞부딪침
• 전도 : 엎어져서 넘어지거나 넘어뜨림
• 협착 : 곡간이 협소하여 끼임

Answer 58 ② 59 ① 60 ④

2015년 제2회 최근 기출문제

01 천장 크레인용 시브 홈의 마모 한도는?

① 와이어 로프 원 직경의 50%
② 와이어 로프 원 직경의 40%
③ 와이어 로프 원 직경의 30%
④ 와이어 로프 원 직경의 20%

해설 ○ 시브(Sheave)란?
1. 시브, 활차, 도르래, 홈바퀴로 호칭되며 원형바퀴에 홈을 파고 줄을 걸어, 회전시켜 물건을 움직이는 장치이다.
2. 시브(Sheave)의 주요 점검사항은
    ① 시브 홈의 이상 마모는 없는가?
    ② 시브 홈과 와이어 로프 지름이 적정한가?
    ③ 원활히 회전하고 본체의 암이나 보스 등에 균열은 없는가?
    ④ 시브는 와이어 로프와 접촉되는 면이 마모되므로 이상 마모가 진행되는지 주의해서 점검해야 한다.
    ⑤ 시브의 교체 시기는 플랜지 파손 시, 시브 홈의 마모가 와이어 로프 직경의 20%일 때 교체한다.
    ⑥ 시브의 파손 및 와이어 로프와 접촉면의 마모를 줄이기 위해서는 권상장치를 사용하여 중량물을 올리고 내릴 때 항상 물체의 중심에서 훅을 올려야 하며 이동 시 물체가 흔들림 없이 이동해야 한다.
3. 활차에는 고정활차와 동 활차가 있으며 동 활차와 정 활차를 여러 개씩 사용된 것을 조합활차 또는 복합활차라고 한다.
4. 천장 크레인에서는 조합활차 또는 복합활차를 이용하여 작은 힘으로도 중량물을 들어 올릴 수 있다.
5. 고정활차는 힘의 방향만 바꿔주며, 동활차는 힘의 크기를 1/2로 줄여준다.
    즉 동활차 1개당 힘의 크기를 1/2로 줄여준다.
6. 권상장치용 시브의 피치원 직경(D)은 와이어 로프 직경(d)의 20배 이상으로 하고, 이퀄라이저 시브(Equalizer sheave 회전하지 않는 시브)는 10배, 과부하 방지장치용은 5배 이상으로 할 수 있다. $D \geq 20d$
7. 시브의 직경은 시브 피치원에서 측정한다. 즉 시브의 홈에 와이어 로프가 끼워진 상태에서 와이어 로프 중심에서 중심까지의 거리이다.

Answer 01 ④

02 리미트 스위치(Limit S/W)에 대한 설명 중 틀린 것은?

① 보통 권상장치에 사용하나, 필요에 따라 주행·횡행에도 설치·사용할 수 있다.
② 권하 시 리미트 스위치가 작동하는 지점은 드럼에 와이어 로프가 약 3바퀴 정도 남아 있는 지점이다.
③ 비상용 리미트 스위치는 상용 리미트 스위치가 고장이 났을 때 작동하는 것이다.
④ 횡행 리미트 스위치는 중추식이 이용된다.

해설 ○ 크레인 리미트 스위치(Limit switch 제한 개폐기)의 종류
① 중추식(Weight type limit switch)
권상장치에 사용되며 2차 비상용 리미트 스위치이다. 훅(Hook)의 접촉으로 인하여 작동하며 작동 시 메인 전원이 차단된다.
② 스크루식(Screw type)나사식
- 권상장치에 사용되며 와이어 드럼의 회전에 의하여 작동하며, 와이어 드럼의 홈에 부착되어 움직이는 디바이스(Device)가 드럼 홈을 따라 좌, 우로 움직이면서 드럼의 플랜지 부분에 설치된 마이크로 스위치를 누르면 접점을 개폐하는 방식이다. 즉 너트(Nut)부분이 드럼홈을 따라 이동하여 개폐기의 레버 또는 마이크로 스위치를 움직여 접점을 개폐 하는 방식의 리미트 스위치이다.
- 나사형 리미트 스위치는 회전 운동을 하는 기계장치에 사용되며 나사가 회전 운동을 하면 너트가 수평 이동을 하면서 스위치를 누르면 접점을 개폐하는 방식이다. 이때 캠형 및 레버형과 마찬가지로 한 쪽 방향의 작동이 제한되어도 다른 쪽 방향은 작동할 수 있다. 주로 작동 구간이 짧은 곳에 사용된다.
③ 캠 또는 웜 및 웜기어식 리미트 스위치(Cam type worm & Worm gear type limit switch)
권상장치에 사용되며 와이어 로프 드럼의 회전 축과 리미트 스위치 웜의 축이 연결되어 같이 회전하게 된다. 훅이 수직으로 움직일 수 있는 구간(상한, 하한)을 설정하여, 캠을 조정한다. 웜이 1회전 하면, 웜기어는 기어의 1개 잇수 만큼, 회전하면서 설정 구간이 되면 캠이 마이크로 스위치 누르면 접점을 개폐하는 방식이다. 작동 구간이 길 때 적합하며 한 방향의 작동이 제한되어도 다른 쪽 방향은 작동이 가능하다.
④ 레버형 제한 개폐기(Lever type limit switch)
레버형 리미트 스위치는 권상장치에는 사용하지 않고 주행, 횡행 장치에 사용된다. 천장 크레인이 주행, 횡행 운동을 할 때 설정된 거리 이상 진행되는 것을 방지하기 위해 사용된다. 주행레일 양 끝단 또는 거더의 양 끝단에 설치된 브라켓(Bracket)에 리미트 스위치의 레버가 접촉되면 접점을 개폐하는 방식이다. 이때 캠형과 마찬가지로 한 쪽 방향의 작동이 제한되어도 다른 쪽 방향은 작동할 수 있다.

Answer 02 ④

03 마그넷 브레이크 점검결과 라이닝 두께가 30% 감소되었을 때 조치 방법으로 가장 적절한 것은?

① 스트로크를 조정한다.
② 라이닝을 교환한다.
③ 브레이크 드럼직경을 크게 한다.
④ 마모한도에 달할 때까지 계속 사용한다.

> **해설** 브레이크 라이닝 두께의 마모한도는 50%까지이므로 30%가 마모되었으면 스트로크를 조정한 후 브레이크 드럼의 측면에서 라이닝이 벌어지는 간극이 맞는지 확인 후 다시 사용한다.

04 천장 크레인에서 일반적으로 가장 널리 사용되는 차륜구동방식으로 맞는 것은?

① 1륜과 3륜
② 3륜과 6륜
③ 5륜과 7륜
④ 2륜과 4륜

> **해설** ① 천장 크레인에서 4륜 구동방식은 거더 끝단 새들 연결부 4지점에 각각 1개씩 4륜을 설치하고 2개의 거더 중 1개의 거더 양쪽 끝단에 각각 1개씩 2개의 구동차륜을 설치하고 반대쪽에 각각 1개씩 2개의 종동 차륜을 설치하는 방식(4륜 중 2륜 구동방식)과
> ② 차륜 4개 전체를 구동차륜으로 하는 방식(4륜 중 4륜 구동방식)도 있다.
> ③ 8륜 구동방식은 거더 끝단 새들 연결부 4지점에 각각 2개씩 8륜을 설치하고 2개의 거더 중 1개의 거더 양쪽 끝단에 각각 2개씩 4개의 구동차륜을 설치하고 반대쪽에 각각 2개씩 4개의 종동차륜을 설치하는 방식(8륜 중 4륜 구동방식)이 있다. 대형 크레인에는 8륜 중 4륜 구동방식을 많이 사용되고 있다.

05 크레인에서 횡행속도가 얼마 이상일 경우 횡행레일의 차륜 정지기구에 리미트 스위치 등 전기적 정지장치를 설치하여야 하는가?

① 20m/min
② 32m/min
③ 40m/min
④ 48m/min

> **해설** 레일의 정지기구
> ④ 횡행 속도가 매 분당 48m 이상인 크레인의 횡행레일에는 차륜정지 기구에 도달하기 전의 위치에 리미트스위치 등 전기적 정지장치가 설치되어야 한다.

Answer 03 ① 04 ④ 05 ④

06 천장 크레인에 설치되어 있는 통로에 관한 설명으로 틀린 것은?

① 통로의 바닥면은 미끄러지거나 넘어질 위험이 없어야 한다.
② 통로의 폭은 40cm 이하로 해야 한다.
③ 통로에는 바닥면으로부터 높이 90cm 이상의 안전난간이 설치되어야 한다.
④ 통로에는 바닥면으로부터 높이 10cm 이상의 발끝막이 판이 설치되어야 한다.

해설 ○ 통로
① 천장 크레인, 갠트리 크레인 및 언로더에 있어서는 정격하중이 3톤 이상의 크레인 거더 및 지브 크레인 등의 지브에는 폭 40cm 이상의 보도를 전길이에 걸쳐서 설치하여야 한다. 단, 점검대 기타 당해 크레인을 점검할 수 있는 설비가 구비되어 있는 것은 제외할 수 있다.
② 제1항의 보도는 다음 각호에 정하는 바에 의하여야 한다.
1. 크레인 거더 또는 수평 지브 위에 설치된 트롤리 및 기타 장치의 횡행 및 수평지브의 선회에 설치되는 보도부분은 보도면으로부터 높이 90cm 이상의 튼튼한 손잡이로 된 난간이 설치되어야 하고 중간대 및 보도면으로부터 높이 10cm 이상의 덮판을 설치할 것
2. 보도면은 미끄러지거나 넘어지는 등의 위험이 없는 구조일 것

07 와이어 로프의 지름이 20mm인 경우 한국산업표준에서 정하고 있는 제조 시 지름의 허용차는 얼마인가?

① 0 ~ -7%
② 0 ~ +7%
③ 0 ~ -5%
④ 0 ~ +5%

해설 ○ KSD3514 와이어 로프에서 정하는 와이어 로프 지름의 허용차는 지름10mm 공칭 지름에 대하여 미만은 허용차는 -0% ~ +10%로 하고 지름10mm 이상은 -0% ~ +7%로 한다.

08 훅(Hook)에 대한 내용 중 틀린 것은?

① 50톤 이상의 훅은 고리가 반드시 1쪽만으로 되어 있어야 하중을 집중해서 들어 올릴 수 있다.
② 훅에는 와이어 로프 슬링, 와이어 로프걸이용기구 등이 이탈되는 것을 방지하는 해지장치가 부착되어야 한다.
③ 훅의 강도는 각 부분에 인장하중, 압축하중, 전단하중이 걸리므로 그 응력을 이겨내는 강도를 필요로 하므로 안전계수 5 이상의 것을 사용한다.
④ 훅 사용 중에 줄걸이 부분의 마모는 원 치수의 5% 이하이고, 2mm 이하일 때는 다듬어서 사용한다.

해설 ○ 훅을 선정할 때는 작업 여건과 작업의 종류에 따라 훙쪽 훅 또는 한쪽 훅을 선정하여 사용한다. 그러나 편의상 훅에 매다는 화물의 중량이 50톤 이하는 1쪽 현수 훅을 사용하고, 50톤 이상인 것은 양쪽 현수 훅을 사용한다.

Answer 06 ② 07 ② 08 ①

09 천장주행크레인의 크래브(Crab) 프레임 위에 설치되는 기계 구성품이 아닌 것은?

① 드럼
② 권상용 전동기
③ 횡행용 전동기
④ 주행용 전동기

해설 ① 크래브 프레임 상단에는 권상장치의 전동기, 감속기, 와이어드럼, 브레이크, 캠형, 중추형 리미트 스위치
② 횡행창치의 전동기, 감속기, 브레이크가 설치되어 있다.

10 사용 중인 천장 크레인에서 저항기의 발열온도는 몇 ℃까지 허용되는가?

① 150
② 250
③ 350
④ 550

해설 운전 중인 천장 크레인에서 저항기의 발열온도 한계는 350℃ 이내이다.

11 천장 크레인 배전반의 설치목적이 아닌 것은?

① 전동기 보호
② 전동기 제어
③ 발전기 구동제어
④ 전원의 개폐

해설 배전함에는 각종 제어장치, 전원 차단장치, 방호장치, 보호 장치가 설치되어 있으며 전동기의 보호, 제어 및 전원의 개폐를 목적으로 설치된다.

12 전자 브레이크 라이닝 20% 마모 시 상태를 가장 올바르게 표현한 것은?

① 전자석이 손상될 염려가 있다.
② 브레이크 드럼과 라이닝의 간격이 좁아진다.
③ 사용 가능 범위에 있는 상태이므로 정상 사용이 가능하다.
④ 브레이크 드럼의 면이 손상될 우려가 있다.

해설 전자 브레이크 라이닝 20% 마모 시
① 브레이크 드럼과 라이닝의 간격이 넓어진다.
② 전자 브레이크 라이닝 두께의 마모한도는 50% 이내이므로 20% 마모 시점에는 사용 가능 범위에 있는 상태이므로 정상 사용이 가능하다.

Answer 09 ④ 10 ③ 11 ③ 12 ③

13 일반적으로 차륜의 재료로 사용되지 않는 것은?

① 주철
② 주강
③ 특수 주강
④ 구리

> **해설** 차륜의 재질에는 하중, 차륜압, 사용 상태, 사용조건에 따라 주철 또는 주강이나 특수 주강, 특수 단강 등이 사용된다.

14 천장 크레인 주행장치의 동력전달부분에 관한 설명으로 틀린 것은?

① 단일전동기로서 단일감속기어 케이스에 출력을 공급하는 구조를 중앙기어 케이스 구동식이라 한다.
② 출력축이 전동기 양쪽으로 연결된 2중 전동기를 사용하는 것을 중앙전동기 구동식이라 한다.
③ 중앙전동기 구동과 중앙기어 케이스의 복합형태를 이중기어 케이스 구동식이라 한다.
④ 독립륜 구동식은 2개의 전동기가 각각 독립적으로 설치되어 있다.

> **해설** 중앙전동기 구동식은 출력축이 전동기 양쪽으로 연결된 단일전동기를 사용한다.

15 크레인에 과부하 방지장치(안전밸브는 제외)를 부착 시 해당되는 내용이 아닌 것은?

① 법 규정에 의한 안전인증품일 것
② 정격하중의 1.1배 권상 시 경보와 함께 권상 작동이 정지될 것
③ 선회, 횡행 및 주행 작동이 가능한 구조일 것
④ 임의로 조정할 수 없도록 봉인되어 있을 것

> **해설** ① 크레인에는 다음 각호와 같은 과부하 방지장치(제31조 제1항에 규정하는 안전밸브를 제외)를 부착하여야 한다.
> 1. 법 33조의 규정에 의한 성능검정 합격품일 것
> 2. 정격하중의 1.1배 권상 시 경보와 함께 권상동작이 정지되고 횡행 및 주행동작이 불가능한 구조일 것. 다만, 타워 크레인은 정격하중의 1.05배 이내로 할 것
> 3. 임의로 조정할 수 없도록 봉인되어 있을 것
> 4. 시험 시 풍속은 8.3m/s를 초과하지 않을 것
> 5. 접근이 용이한 장소에 설치하여야 하며, 과부하 시 운전자가 용이하게 경보를 들을 수 있을 것
> ② 지브 크레인은 제1항의 규정에 의한 과부하 방지장치를 구비하여야 한다. 다만, 다음 각호에서 정하는 크레인으로서 과부하 방지장치 이외의 장치(제31조제1항에서 규정하는 안전밸브는 제외)로써 과부하를 방지할 수 있는 경우에는 예외로 한다.
> 1. 권상하중이 3톤 미만의 지브 크레인
> 2. 지브의 경사각 및 길이가 일정한 지브 크레인
> 3. 정격하중이 변하지 않는 지브 크레인

Answer 13 ④ 14 ② 15 ③

16 천장 크레인의 비상정지장치에 대한 설명으로 틀린 것은?

① 비상정지장치가 작동되어도 권하 동작만은 중지되지 아니한다.
② 비상정지장치의 누름버튼은 돌출형이고 적색이어야 한다.
③ 비상정지장치는 접근이 용이한 곳에 배치되어야 한다.
④ 비상정지장치가 작동된 경우 수동으로 전원을 복귀시키는 구조이어야 한다.

> **해설** **비상정지장치**
> 모든 크레인 및 호이스트는 운전자가 비상 시 조작 가능한 위치에 비상정지스위치를 비치하여야 하며, 비상정지스위치는 다음 각 호에 적합한 기능을 가진 것이어야 한다.
> 1. 당해 크레인의 비상정지스위치를 작동한 경우에는 작동 중인 동력이 차단되도록 할 것
> 2. 스위치의 복귀로 비상정지 조작 직전의 작동이 자동으로 되어서는 아니되며, 반드시 운전조작을 처음의 시동상태에서 시작하도록 할 것
> 3. 비상정지용 누름버튼은 적색으로 머리부분이 돌출되고 수동 복귀되는 형식일 것

17 양정이 50m를 넘는 천장 크레인의 사용하중 결정법으로 가장 적당한 것은?

① 와이어 로프의 절단하중을 정격하중으로 한다.
② 와이어 로프의 안전율은 정격하중에 훅과 블록의 무게만을 고려하여 정한다.
③ 와이어 로프의 안전율은 정격하중에 훅, 블록 및 로프 중량까지를 고려하여 정한다.
④ 와이어 로프의 안전율은 정격하중에 대하여 정격하중을 2~3으로 하는 것이 적당하다.

> **해설** 와이어 로프 안전율은 정격하중에 훅, 블록 및 로프 중량까지를 고려하여 결정한다. 즉 권상 하중으로 계산 적용한다.
> **권상하중이란?**
> 정격하중에 훅 블록 및 로프 중량, 달기구 중량까지 포함된 하중을 말한다.

18 와이어 로프를 드럼에서 최대로 풀었을 때 드럼에 최소 몇 바퀴 이상 남겨 놓아야 하는가?

① 1바퀴　　　　② 2바퀴
③ 4바퀴　　　　④ 6바퀴

> **해설** 와이어 로프는 훅의 위치가 가장 낮은 곳(하한 리미트 스위치 작동지점)에 위치할 때 클램프에 고정이 되지 않은 로프가 와이어 드럼에 최소 2바퀴 이상 남아있어야 하며, 훅의 위치가 가장 높은 곳(상한 리미트 스위치 작동지점)에 위치할 때 와이어 드럼의 홈이 감기지 않고 남아있는 여유가 1바퀴 이상인 구조여야 한다.

Answer　16 ①　17 ③　18 ②

19 와이어 로프 등이 훅으로부터 이탈되는 것을 방지하는 안전장치는?

① 훅 고정장치
② 훅 해지장치
③ 로프 고정장치
④ 로프 해지장치

해설 **해지장치의 사용**
사업주는 훅 걸이용 와이어 로프 등이 훅으로부터 벗겨지는 것을 방지하기 위한 장치(이하 "해지장치"라 한다.)를 구비한 크레인을 사용하여야 하며, 그 크레인을 사용하여 짐을 운반하는 경우에는 해지장치를 사용하여야 한다.
단, 전용 달기기구로서 작업자의 도움 없이 짐 걸이가 가능하며 작업 경로에 작업자의 접근이 없는 경우는 예외로 할 수 있다.
◆ 해지장치의 종류는 스프링식과 편심 웨이트식이 있다.

20 천장 크레인에서 리모컨 크레인의 작업에 대하여 설명으로 틀린 것은?

① 걸어가면서 운전하는 경우는 안전통로를 이용한다.
② 화장실 용무 등 운전을 일시 정지할 경우는 제어기의 전원 스위치를 끈다.
③ 리모컨 크레인은 운전시작 전 제어기의 제어 방향과 당해 크레인의 작동 방향과의 일치 여부는 확인할 필요가 없다.
④ 휴식 시나 작업종료 시 크레인 작업을 종료할 때에는 제어기에서 키를 빼어 조정의 장소에 보관한다.

해설 크레인의 무선 원격제어기는 다음 각 호에 적합한 구조이어야 한다.
1. 크레인의 작동종류, 방향과 일치하는 표시를 하여야 하며 정해진 작동 위치가 아닌 중간위치에서는 작동되지 않도록 할 것
2. 무선 원격제어기는 주위에 설치된 다른 크레인용 제어기의 조작 주파수 또는 주위의 유사 설비용 조작기구의 간섭을 받아서 오동작, 작동불능 상태가 되지 않도록 할 것
3. 무선 원격제어기는 사용 중 충격을 받으면 곧바로 작동이 정지되는 구조로 할 것
4. 운전실과 무선 원격제어기를 겸용 시에는 선택스위치를 부착할 것
5. 무선 원격제어기는 관계자 이외의 자가 취급할 수 없도록 잠금 스위치 등이 설치될 것
6. 각각의 제어기에는 제어 대상 크레인이 표기가 되어 있을 것
7. 지정된 제어기 이외의 신호에 의해서는 크레인이 작동되지 아니할 것
8. 무선 원격제어기가 다음 각목에 해당하는 경우 크레인이 자동으로 정지하거나 위험한 작동을 유발시키지 않는 구조일 것. 가항의 경우에는 자동 정지하여야 한다.
   가. 정지신호를 수신한 경우
   나. 계통상 고장신호가 감지된 경우
   다. 지정시간 이내에 분명한 신호가 감지되지 아니한 경우
9. 제어기가 2개 이상인 경우에는 하나의 제어기에 의해서만 작동이 통제되도록 할 것
10. 배터리 전원을 이용하는 제어기의 경우 배터리 전원의 변화로 인해 위험한 상황이 초래되지 않을 것

Answer 19 ② 20 ③

21 전동기 브러시 마모한도는 원 치수의 몇 % 이하이어야 하는가?

① 20   ② 30
③ 40   ④ 50

해설 ○─ 전동기 브러시(Brush) 마모한도는 원 치수의 50% 이하이어야 한다.

22 윤활제의 구비조건으로 틀린 것은?

① 유성이 좋을 것
② 점도가 클 것
③ 화학적으로 안전할 것
④ 인화점이 높을 것

해설 ○─ 윤활유는 유성이 좋으며, 화학적으로 안전하여야 하고, 인화점이 높으며, 점도가 적당하여야 한다. 점도가 크면 감속기가 원활한 회전이 이루어지지 않는다.

23 크레인 운전 중에 경보음이 울리는 경우로 바람직하지 않은 경우는?

① 크레인의 운전을 시작할 때
② 미끄러지기 쉬운 물건, 기타 위험물을 운반할 때
③ 하중을 매달고 이동 중 진행 방향에 사람이 있는 경우
④ 크레인 운전 중에는 항상 경보를 울린다.

24 천장 크레인에서 주권, 보권이 동시에 표시되어 있을 때 천장 크레인의 사용 방법으로 맞는 것은?

① 주감기의 정격하중 이내로 한다.
② 보조감기의 정격하중 이내로 한다.
③ 주감기 및 보조감기 하중의 합계 이내로 한다.
④ 주감기에서 보조감기의 하중을 뺀 값 이내로 한다.

해설 ○─ 천장 크레인에 정격하중은 보권이 설치되어 있어도 주권을 기준으로 한다.

Answer 21 ④   22 ②   23 ④   24 ①

25 피치원의 지름이 30cm, 잇수 12인 평치차의 모듈은 얼마인가?

① 3.6　　　　　　　　　　② 2.5
③ 3.3　　　　　　　　　　④ 2.4

해설 모듈$(M) = \dfrac{\text{피치원의 지름}}{\text{잇수}(Z)}$　30 ÷12 = 2.5 이다.

26 440V 전동기의 절연저항은 최소 얼마 이상이어야 하는가?

① 0.04MΩ　　　　　　　② 0.4MΩ
③ 4MΩ　　　　　　　　　④ 40MΩ

해설 배선의 절연저항
- 대지전압 150V 이하 : 0.1MΩ
- 대지전압 150V~300V : 0.2MΩ
- 사용전압 300V~400V : 0.3MΩ 이상일 것
- 사용전압 400V 이상 : 0.4MΩ

27 20Ω의 저항에 1.5A의 전류를 흐르게 하려면 몇 V의 전압이 필요한가?

① 10　　　　　　　　　　② 15
③ 21　　　　　　　　　　④ 24

해설 전압(V) = 저항(Ω) × 전류(A)이므로 20 × 1.2 = 24(V볼트)

28 퓨즈가 끊어지는 원인이 아닌 것은?

① 과부하가 걸렸을 때
② 회전자의 권선이 단락되었을 때
③ 과전류가 흘렀을 때
④ 리미트 스위치(Limit S/W)가 동작했을 때

해설 퓨즈(Fuse)는 과도한 전류가 흐르면 전선 또는 전기 부품보다 먼저 녹아 끊어져서 전류의 흐름을 차단시키는 역할을 하는 금속선(주석, 납)을 말한다. 퓨즈를 교체할 때는 동일 용량의 것을 사용하여야 한다.
리미트 스위치의 동작 여부는 퓨즈의 단락 원인과는 무관하다.

Answer　25 ②　26 ②　27 ④　28 ④

29 운전 중 전동기에 전원이 들어오지 않아 정지되었을 때 가장 먼저 점검하여야 할 것은?

① 과부하 계전기 동작 유무 확인
② 집전기 이탈상태 확인
③ 배선 상태 확인
④ 브레이크 동작 상태 확인

해설 ▷ 천장 크레인의 전동기 보호를 위해 사용되는 계전기는 과부하 계전기이므로 계전기의 동작 유무를 먼저 확인해봐야 한다.

30 축과 보스에 각각 홈을 파서 때려 박는 일반적인 키(Key)방식은?

① 묻힘 키(성크 키)
② 안장 키(새들 키)
③ 평 키(플랫 키)
④ 원뿔 키(핀 키)

해설 ▷ (a) 성크 키(Sunk key)
일반적으로 가장 많이 사용되며 축(Shaft)과 보스(Boss)에 홈을 파서 키를 박아 회전체를 고정시킨다. 키의 부빼는 1/100이다.
(b) 새들 키(Saddle key), 안장 키
축(Shaft)에는 홈을 파지 않고 보스(Boss)에만 홈을 파서 키를 박아 회전체를 고정시킨다.
(c) 접선 키(Tangential key)
① 축(Shaft)과 보스(Boss)에 홈을 파서 키를 박아 회전체를 고정시킨다. 두 개의 키가 1쌍이며 각도는 120도이며 구배(경사)는 1/100이다.
② 큰 회전력을 전달하는데 사용하며 큰 직경의 축에 적용한다.
(d) 평 키, 플랫 키(Flat key)
키의 모양은 성크 키와 비슷하나 보스(Boss)에만 홈을 파고, 축(Shaft)쪽은 키의 폭만큼 평탄하게 하여 고정시킨다. 주로 가벼운 하중에 사용한다.
(e) 원형 키(Round key), 둥근 키
둥근 키는 원형의 막대 모양의 키로서, 축(Shaft)과 보스(Boss)에 구멍을 뚫어 원형의 키를 박아 회전체를 고정시킨다. 주로 공작기계의 핸들 등 작은 회전력을 전달하는 축에 사용된다.
(f) 반달 키(Woodruff key)
① 축(Shaft)의 홈에 끼우는 반원형의 키로서, 보스(Boss)쪽은 성크 키와 같이 홈을 파고, 축(Shaft)쪽의 홈은 반원 모양이다.
② 반달 키는 저절로 중심이 맞춰짐으로 경사(구배)진 축에 적합하다.
③ 단점으로는 축에 깊은 홈을 파는 관계로 축이 약해진다.

Answer 29 ① 30 ①

31 크레인의 일반적인 기동법으로 맞는 것은?

① 2차 저항 기동법
② △Y 기동법
③ 리액터 기동법
④ 소프터 스타터 기동법

해설 2차 저항 기동법은 권선형 유도전동기 기동법이다.
2차 저항기는 권선형 유도전동기의 2차 회로(U,V,W 또는 X,Y,Z)에 부착되어 저항값을 증감시킴으로서 전동기의 회전속도를 변속하는 역할을 한다.

32 크레인의 안전운전을 위한 수칙이 아닌 것은?

① 크레인의 탑승은 지정된 사다리를 이용한다.
② 크레인을 주행할 때 경적을 울리거나 경광등을 작동한다.
③ 크레인을 운전 중에 반드시 운행일지를 기록한다.
④ 지정된 신호수에 의해 명확한 신호를 받아 동작한다.

해설 크레인을 운전 중에 반드시 운전에만 집중해야 하며 운행일지는 크레인 작업종료 후 작성한다.

33 천장 크레인 운전요령 중 메인(Main) 스위치를 투입했는데도 운전실의 신호램프가 들어오지 않을 때 가장 옳은 처리방법은?

① 먼저 정비사에게 연락한다.
② 제어기의 전압이 '0' 상태인가 확인한다.
③ 상사에게 보고한다.
④ 모터에서부터 점검한다.

해설 크레인 운전실의 신호램프가 들어오지 않을 때 제어기의 전압이 '0' 상태인가 확인하고, 메인스위치를 'ON'으로 작동한다.

34 사용 중인 천장 크레인은 산업안전보건법 관련에 따라 주기적인 점검 및 검사를 실시하여야 한다. 다음 중 관계가 없는 것은?

① 안전검사
② 작업시작 전 점검
③ 자율안전프로그램에 의한 검사
④ 완성검사

해설 완성검사는 크레인 제작 후 산업현장에 설치한 후 하는 검사이다. 최초 완성 검사 시는 건축구조물에 대하여 크레인으로 인한 하중을 고려하였음을 입증할 수 있는 서류를 확인한다.

Answer 31 ① 32 ③ 33 ② 34 ④

35 천장 크레인의 장치별 정비시기에 대한 설명 중 틀린 것은?

① 천장 크레인의 횡행장치는 사후 보전으로 수리한다.
② 천장 크레인의 주행장치는 사후 보전으로 수리해도 무방하다.
③ 천장 크레인의 권상장치는 사후 보전으로 수리해도 무방하다.
④ 예방 보전이라 함은 고장이 일어날 것 같은 부분을 계획적으로 교환, 수리하는 방법이다.

> **해설** 예방 보전은 고장이 발생할 것 같은 부분이나 장치를 예상하여 계획을 수립하여 준비한 후 교환 및 수리하는 방법으로 천장 크레인의 권상장치 등의 중요한 요소는 예방보전으로 정비하여야 한다.

36 베어링 메탈로 사용하기에 적당하지 않은 것은?

① 화이트 메탈
② 청동
③ 켈 밋
④ 침탄강

> **해설** 베어링 메탈 재료는 연한 바탕에 단단한 결정이 미세하게 혼합된 조직인 화이트 메탈, 청동, 켈밋 합금, 주철 등이 있다.

37 화물을 들어 올릴 때의 주의사항으로 거리가 먼 것은?

① 매단 화물 위에는 절대로 타지 말 것
② 섀클로 철판을 세워서 매달 것
③ 줄을 거는 위치는 무게중심보다 낮게 한다(높게 한다).
④ 조금씩 감아올려서 로프 등의 팽팽한 정도를 반드시 확인하여야 한다.

> **해설** 섀클(Shackle)은 줄걸이 작업의 보조용구로서 와이어 로프나 링크체인 등을 연결하거나 고정시키는데 사용하는 기구이다. 철판을 매달 때는 클램프를 사용하거나 해커를 사용해서 작업한다.

38 치차의 마모한계는 피치원에 있어서 치두께 원 치수의 40%가 한계이나 보통 몇 %에서 교환하는 것이 좋은가?

① 5~10
② 20~30
③ 30~40
④ 30~50

> **해설** 기어(치차)의 마모한계는 기어 피치원 두께의 원 치수의 40% 이내이나, 보통 20~30% 1단 치차는 10% 마모에서 교환하는 것이 좋다.

Answer 35 ③ 36 ④ 37 ② 38 ②

39 권선형 유도 전동기의 구조에 해당되지 않는 것은?

① 단락형 ② 회전자
③ 고정자 ④ 슬립링

> 해설 ◦ 권선형 유도전동기는 계자 권선이 있는 고정자 안에서 회전하는 회전자, 브러쉬와 슬립링 슬립링홀더로 구성되어 있다.

40 권선형 3상 유도전동기의 회전방향을 변화시키는 방법으로 적합한 것은?

① 전압을 낮춘다.
② 1차측 공급전원의 3선 중 2선을 바꾼다.
③ 1차측 공급전원의 3선을 모두 바꾼다.
④ 저항기의 저항 값을 변화시킨다.

> 해설 ◦ 권선형 3상 유도전동기는 정회전에서 역회전으로 회전 방향을 변환시키려면 1차측(R,S,T) 공급전원의 3상 중 2상을 바꾸면 된다.

41 크레인 작업 시의 신호방법으로 바람직하지 않은 것은?

① 신호수단으로 손, 깃발, 호각 등을 이용한다.
② 신호는 절도 있는 동작으로 간단명료하게 한다.
③ 운전자에 대한 신호는 신호의 정확한 전달을 위하여 최소한 2인 이상이 한다.
④ 신호자는 운전자가 보기 쉽고 안전한 장소에 위치하여야 한다.

> 해설 ◦ 운전자에 대한 신호는 정확한 전달을 위해 반드시 정해진 한 사람이 한다.

42 줄걸이 작업 시 섬유벨트의 장점이 아닌 것은?

① 취급이 용이하다.
② 제작이 간단하여 값이 많이 싸다.
③ 하물을 손상시키지 않는다.
④ 와이어 로프나 체인보다 가볍다.

> 해설 ◦ 섬유벨트는 가벼워서 취급이 용이하고 하물을 손상시키지 않는다. 가격은 비교적 저렴하나, 와이어 로프나 링크체인보다 가격이 많이 싸지는 않다.

Answer 39 ① 40 ② 41 ③ 42 ②

43 하중 W의 물건을 1개의 이동활차와 1개의 고정활차를 이용하여 들어 올리려 한다. 하중 W와 힘 F와의 비 W : F는?

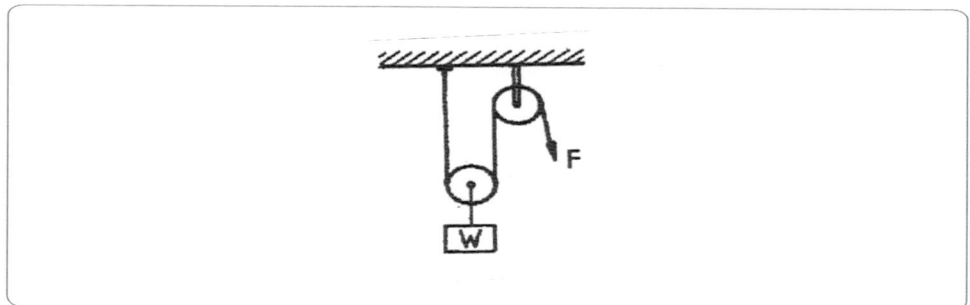

① 1 : 1
② 2 : 1
③ 1 : 2
④ 3 : 1

해설 당기는 힘(F)는 동활차를 사용했기 때문에 하중이 반으로 줄게 되어 (W)의 1/2이므로 W:F = 2:1이다.

44 와이어 로프를 선정할 때 주의해야 할 사항이 아닌 것은?

① 용도에 따라 손상이 적게 생기는 것을 선정한다.
② 하중의 중량이 고려된 강도를 갖는 로프를 선정한다.
③ 심강(Core)은 사용용도에 따라 결정한다.
④ 높은 온도에서 사용할 경우 반드시 도금한 로프를 선정한다.

해설 와이어 로프는 150도 이하에서 사용해야 하며 고온에서 와이어 로프를 사용할 때는 섬유심과 도금한 로프는 선정하지 않는다.

45 줄걸이 작업자의 안전적 작업방법을 설명한 것으로 거리가 먼 것은?

① 화물의 하중을 어림짐작하여 작업한다.
② 정격하중을 넘는 무게의 화물을 매달지 않는다.
③ 상례적으로 정해진 화물을 전문적인 줄걸이 용구를 만들어 작업한다.
④ 화물의 하중 판단에 자신이 없을 때는 숙련자에게 문의하여 작업한다.

해설 화물의 하중을 측정할 때 산출 계산법은 물체의 체적×비중으로서 물체의 하중을 정확히 측정해야 작업의 능률을 향상시키고 안전사고를 미연에 방지할 수 있다.

Answer 43 ② 44 ④ 45 ①

46 와이어 로프에 심강을 사용하는 목적으로 틀린 것은?

① 충격 하중의 흡수
② 스트랜드의 위치를 올바르게 유지
③ 소선끼리의 마찰에 의한 마모 방지
④ 와이어 소선의 절약

> **해설** 심강은 섬유심·공심·철심으로 나뉘며, 스트랜드의 위치 및 형태를 올바르게 유지하고 중량물로 인한 충격 하중을 흡수하고, 소선끼리 발생하는 마찰을 적게 하며, 마모를 줄이고, 기름을 품고 있어 로프의 내부 녹을 방지한다.

47 크레인에 사용되는 와이어 로프 규격에서 로프의 1줄 길이는 몇 mm를 표준으로 하는가?

① 50m, 100m, 15m0
② 100m, 200m, 300m
③ 150m, 250m, 350m
④ 200m, 500m, 1,000m

> **해설** 한국산업규격 KS D3514의 규정에 의한 와이어 로프 1가닥의 길이는 200m, 500m, 1,000m이다.

48 절단하중이 1,200kgf인 와이어 로프를 2줄걸이로 해서 600kgf의 화물을 인양할 때 이 와이어 로프 안전율은 얼마인가?

① 3 ② 4
③ 5 ④ 6

> **해설** 안전율 $= \dfrac{\text{절단하중}}{\text{안전하중}} = \dfrac{1,200 \times 2}{600} = 4$

49 와이어 로프를 절단하였을 때 절단부분에서 로프의 꼬임이 풀리는 것을 방지하기 위해 끝을 철선으로 묶는 방법은?

① 시징 ② 크립
③ 엮어넣기 ④ 킹크

> **해설** 시징(Seizing)은 절단된 와이어 로프의 끝부분의 풀림을 방지하기 위해 끝단을 가는 철사로 로프 직경의 3배 정도 끝단 마감처리하는 것이다.

Answer 46 ④ 47 ④ 48 ② 49 ①

50 운전자가 사이렌을 울리거나 손바닥을 안으로 하여 얼굴 앞에서 2~3회 흔드는 신호는?

① 크레인 이상 발생으로 작업 못함
② 신호 불명
③ 줄걸이 작업 미비
④ 작업 완료

해설 수신호 방법 참고 p.106

51 안전표지의 색채 중에서 대피 장소 또는 비상구의 표지에 사용되는 것으로 맞는 것은?

① 빨간색
② 주황색
③ 녹색
④ 청색

해설 산업안전표지 참고 p.109
안전·보건표지의 색채
- 빨간색(금지, 경고) : 정지신호, 소화설비 및 그 장소, 유해행위의 금지, 화학물질 취급장소에서의 유해·위험경고
- 노란색(경고) : 화학물질 취급장소에서의 유해·위험경고 이외의 경고, 주의 표지 또는 기계방호물
- 파란색(지시) : 특정행위의 지시 및 사실의 고지
- 녹색(안내) : 비상구 및 피난소, 사람 또는 차량의 통행 표시
- 흰색 : 파란색 또는 녹색에 대한 보조색
- 검은색 : 문자 및 빨간색 또는 노란색에 대한 보조색

52 중량물 운반에 대한 설명으로 틀린 것은?

① 흔들리는 중량물은 사람이 붙잡아서 이동한다.
② 무거운 물건을 운반할 경우 주위 사람에게 인지하게 한다.
③ 규정용량을 초과하여 운반하지 않는다.
④ 무거운 물건을 상승시킨 채 오랫동안 방치하지 않는다.

해설 중량물이 심하게 흔들리는 경우 크레인 운전자는 크레인 콘트롤러를 조작하여 물제의 진동이 없도록 한 후 이동한다.

53 일반적으로 연삭기에 부착해야 하는 안전 방호장치는?

① 안전덮개
② 급발진장치
③ 양수조작 시 방호장치
④ 광전식 안전방호장치

해설 연삭기에 부착해야 하는 안전방호장치는 안전덮개이다.

Answer 50 ② 51 ③ 52 ① 53 ①

54 작업에 필요한 수공구의 보관방법으로 적합하지 않는 것은?

① 공구함을 준비하여 종류와 크기별로 보관한다.
② 사용한 공구는 파손된 부분 등의 점검 후 보관한다.
③ 사용한 수공구는 녹슬지 않도록 손잡이 부분에 오일을 발라서 보관한다.
④ 날이 있거나 뾰족한 물건은 위험하므로 뚜껑을 씌워둔다.

> 해설 ◦ 사용한 수공구는 녹슬지 않도록 작동 부분에 오일을 주지만 오일이 묻은 손잡이는 작업 시 미끄럼 등으로 사고를 유발할 수 있으므로 수공구 보관 시는 손잡이를 깨끗하게 유지해야 한다.

55 사고의 원인 중 불안전한 행동이 아닌 것은?

① 허가 없이 기계장치 운전
② 사용 중인 공구에 결함 발생
③ 작업 중에 안전장치 기능 제거
④ 부적당한 속도로 기계장치 운전

> 해설 ◦ 재해의 직접 원인(물적 요인)
> • 불안전한 행동(행위)
>   위험장소 접근, 안전장치의 기능 제거, 복장·보호구의 잘못 사용, 기계·기구 잘못 사용, 운전 중인 기계장치의 손질, 불안전한 속도 조작, 위험물 취급 부주의, 불안전한 상태 방치, 불안전한 자세 동작, 감독 및 연락 불충분
> • 불안전한 상태
>   물 자체 결함, 안전 방호장치 결함, 보호구의 결함, 물의 배치 및 작업장소 결함, 작업환경의 결함, 생산 공정의 결함, 경계표시·설비의 결함

56 전기용접의 아크 빛으로 인해 눈이 혈안이 되고 눈이 붓는 경우가 있다. 이럴 때 응급조치 사항으로 가장 적절한 것은?

① 안약을 넣고 계속 작업한다.
② 눈을 잠시 감고 안정을 취한다.
③ 소금물로 눈을 세정한 후 작업한다.
④ 냉습포를 눈 위에 올려놓고 안정을 취한다.

> 해설 ◦ 냉습포를 눈 위에 올려놓고 안정을 취하면 눈의 붓기와 안압이 진정된다.

Answer 54 ③ 55 ② 56 ④

57 벨트 전동장치에 내재된 위험적 요소로 의미가 다른 것은?

① 트랩(Trap)
② 충격(Impact)
③ 접촉(Contact)
④ 말림(Entanglement)

해설 ◦ 벨트 전동장치 내 위험요소는 트랩, 접촉, 말림 등이 있다.

58 작업장에서 지켜야 할 준수사항이 아닌 것은?

① 불필요한 행동을 삼가 할 것
② 작업장에서 급히 뛰지 말 것
③ 대기 중인 차량에는 고임목을 고여둘 것
④ 공구를 전달할 경우 시간절약을 위해 가볍게 던질 것

해설 ◦ 작업장에서 공구 전달 시 공구를 던지면 공구가 아래로 떨어졌을 때 공구의 파손과 안전사고를 유발할 수 있다.

59 화재발생 시 연소조건이 아닌 것은?

① 점화원
② 산소(공기)
③ 발화시기
④ 가연성 물질

해설 ◦ 화재연소의 3요소는 점화원, 산소(공기), 가연성 물질이다.

60 인간공학적인 안전 설정으로 페일세이프에 관한 설명 중 가장 적절한 것은?

① 안전도 검사방법을 말한다.
② 안전통제의 실패로 인하여 원상 복귀가 가장 쉬운 사고의 결과를 말한다.
③ 안전사고 예방을 할 수 없는 물리적 불안전 조건과 불안전 인간의 행동을 말한다.
④ 인간 또는 기계에 과오나 동작상의 실패가 있어도 안전사고를 발생시키지 않도록 하는 통제책을 말한다.

해설 ◦ 페일 세이프(Fail-safety)
• 정의
  인간 또는 기계에 과오나 동작상의 실수가 있어도 안전사고를 발생시키지 않도록 2중 또는 3중으로 통제를 가하도록 한 체제
• 페일 세이프의 종류
  다경로 하중 구조, 하중 경감 구조, 교대 구조, 중복 구조

Answer 57 ② 58 ④ 59 ③ 60 ④

2015년 제4회 최근 기출문제

01 천장 크레인에서 전동기의 회전방향을 결정하거나 속도를 조절하는 장치는?

① 새들 ② 패널
③ 버퍼 ④ 제어기

해설 ○─ 운전실에서 컨트롤러(제어기)를 작동하여 전동기의 회전방향 및 회전속도를 제어한다.

02 천장 크레인에 사용되는 전선의 색상으로 틀린 것은?

① 주황색 - 접지 ② 흑색 - 교류 및 직류 전원선로
③ 적색 - 교류제어회로 ④ 청색 - 직류제어회로

해설 ○─ 접지선은 녹색이다.

03 운전자가 팬던트 스위치를 잡고 화물과 함께 이동하는 전장주행 크레인에 대한 설명 중 옳은 것은?

① 동일한 주행로 상에 2대의 천장 크레인에 대해서는 충돌방지장치를 반드시 설치해야 한다.
② 천장 크레인의 주행속도는 분당 70미터 이하이어야 한다.
③ 팬던트 스위치의 전선케이블에는 케이블 보호를 위한 보조와이어 로프 등이 설치되어야 한다.
④ 팬던트 스위치 조작전압은 교류인 경우 대지 전압 300V 이하이어야 한다.

해설 ○─ ① 펜던트 스위치에서는 크레인의 비상정지용 누름버튼과 각각의 작동종류에 따른 누름버튼 등이 비치되어 있고 정상적으로 작동하여야 한다.
② 조작용 전기회로의 전압은 교류 대지전압 150V 이하 또는 직류 300V 이하이어야 한다.
③ 펜던트 스위치에 접속된 케이블은 꼬임이나 무리한 힘이 가해지지 않도록 보조와이어 로프 등으로 지지되어야 하고 크레인과의 사이에 접지선이 연결되어 있어야 한다.
④ 펜던트 또는 무선원격제어기를 사용하여 작업 바닥면에서 조작하며 화물과 운전자가 함께 이동하는 크레인의 주행속도는 매 분당 45m 이하여야 한다.
⑤ 펜던트 스위치는 조작위치에서의 바닥면에서 0.9m에서 1.7m 사이에 위치해야 한다.

Answer   01 ④   02 ①   03 ③

04 차륜에 대하여 설명한 것 중 틀린 것은?

① 차륜의 재질은 주철, 주강, 특수주강이다.
② 천장 크레인 차륜은 보통 양 플랜지의 것이 사용된다.
③ 차륜의 직경은 균일하며 답면 및 플랜지는 열처리가 되어 있다.
④ 차륜에는 종동륜만 있다.

해설 ◦ 차륜은 구동차륜과 종동차륜이 있다.

05 천장 크레인 레일에 있어서 레일의 측면마모와 좌우 레일의 수평차는 얼마 이내인가?

① 모두 15㎜ 이내
② 측면마모는 원래규격치수의 10% 이내, 좌우 레일 수평차는 10㎜ 이내
③ 측면마모는 원래규격치수의 25% 이내, 좌우 레일 수평차는 25㎜ 이내
④ 측면마모는 원래규격치수의 30% 이내, 좌우 레일 수평차는 5㎜ 이내

해설 ◦ 레일 측면의 마모는 원래 규격치수의 10% 이내일 것, 좌우 레일의 수평차는 10㎜ 이다.

06 천장 크레인의 주요 안전장치가 아닌 것은?

① 권과방지장치
② 비상정지장치
③ 집전장치
④ 과부하 방지장치

해설 ◦ 집전장치는 전기 공급을 받는 장치이다.

07 크레인의 양정에 대한 의미로서 가장 알맞은 것은?

① 로프(Rope)가 드럼에 감기는 거리
② 훅(Hook)이 상·하한 리밋(Limit) 사이를 움직일 수 있는 거리
③ 기중기의 트롤리(Trolley)가 수평으로 움직일 수 있는 최대 거리
④ 운전실 하면(下面)과 지상과의 거리

해설 ◦ ① 양정은 훅이 움직일 수 있는 최대의 수직거리
② 하한 리미트 작동지점부터 상한 리미트 작동 지점까지의 수직거리
③ 바닥면에 웅덩이나 핏트가 있을 때는 바닥면에서 양정을 측정하는 것이 아니고 핏트의 바닥면에서부터 측정해야 한다.

Answer   04 ④   05 ②   06 ③   07 ②

08 과권방지장치인 제한 개폐기(Limit switch)의 종류가 아닌 것은

① 기어(Gear)형 ② 레버(Lever)형
③ 로드(Road)형 ④ 캠(Cam)형

해설 ◦ 권상장치에 설치되는 과권방지장치(제한스위치, 리미트 스위치)의 종류는 캠형(웜 및 웜기어형)과 중추형(웨이트형) 호이스트식 크레인에 사용되는 레버형이 있다.

09 완충장치에서 버퍼 스토퍼(Buffer stopper)에 사용되지 않는 것은?

① 경질 고무 ② 스프링
③ 유압 ④ 플레이트 강판

해설 ◦ 버퍼에 사용되는 재료는 경질고무, 스프링, 유압이 있다.

10 도르래 홈의 마모 한도는 와이어 로프 지름의 몇 % 이내인가?

① 10% ② 20%
③ 30% ④ 40%

해설 ◦ 시브(도르래)홈은 이상 마모가 없어야 하고, 마모한도는 와이어 로프 지름의 20% 이하일 것

11 구조가 간단하고 마모부분이 없으며 유지가 용이하고 정격속도의 1/5의 안정된 저속도를 쉽게 얻을 수 있는 브레이크는?

① 유압 브레이크
② E.C 브레이크
③ D.C 브레이크
④ 트러스트 브레이크

해설 ◦ E.C 브레이크(Eddy current brake)
① 와전류 브레이크, 또는 소용돌이 브레이크라고 한다.
② 권상장치에 설치되며 주행, 횡행에는 설치하지 않는다.
③ 권하 시 미세한 동작에 유리하며 권하 1단에서 작동된다.
④ 마모부분이 없고 특히 권하 시 중량물이 규정된 속도보다 빠른 속도로 내려오는 것을 방지하는데 효과적이며 정격 속도의 1/5의 감속비를 쉽게 얻을 수 있다.

Answer 08 ③ 09 ④ 10 ② 11 ②

12 와이어 로프는 달기구 및 지브의 위치가 가장 아래쪽에 위치할 때 드럼에 최소한 몇 회 감겨 있어야 하는가?

① 1회
② 2~3회
③ 5~6회
④ 7회 이상

해설 ○ 권상장치를 사용하여 훅을 가장 아래쪽에 내렸을 때 와이어 로프가 드럼에서 전부 풀어지면 안전사고의 위험이 있기 때문에 드럼에 와이어 로프가 2~3가닥 남아야 한다.

13 권상장치의 제동 제어용으로 사용이 가장 부적당한 브레이크의 형식은?

① 교류전자
② 직류전자
③ 유압 압상기
④ E.C 브레이크

해설 ○ 일반적인 유압 압상기 브레이크는 주행, 횡행용이며 권상장치에 속도 제어용으로 사용하는 주파수 제어 유압 압상기 브레이크(C,F control frequency oil thruster brake)와 스피드 제어 유압 압상기 브레이크(S,C speed control oil thruster brake)가 있다. 이 두 가지의 브레이크는 단일로 사용하면 안 되며 반드시 전자 브레이크와 혼용 사용해야 한다.

14 천장 크레인용 훅(Hook)의 입구가 벌어지는 변형량을 시험하는 방법으로 가장 적합한 것은?

① 훅에 정격하중을 동하중으로 작용시켜 입구의 벌어짐이 0.5% 이하이어야 한다.
② 훅에 정격하중의 2배를 정하중으로 작용시켜 입구의 벌어짐이 0.25% 이하이어야 한다.
③ 훅에 최대하중을 동하중으로 작용시켜 입구의 벌어짐이 0.25% 이하이어야 한다.
④ 훅에 정격하중을 정하중으로 작용시켜 입구의 벌어짐이 0.5% 이하이어야 한다.

해설 ○ 훅(Hook)의 입구가 벌어지는 변형량을 시험하는 방법은 훅에 정격하중의 2배를 정하중으로 작용시켜 입구의 벌어짐이 0.25% 이하이어야 한다.

15 와이어 로프의 구성요소가 아닌 것은?

① 소선
② 스트랜드
③ 클립
④ 심강

해설 ○ 클립은 와이어 로프의 단말처리 방법 중 하나인 클립 고정법을 할 때 사용되는 부품이다.

Answer 12 ② 13 ③ 14 ② 15 ③

16 그림에서 트롤리프레임에 설치된 (A)에 역할로 맞는 것은?

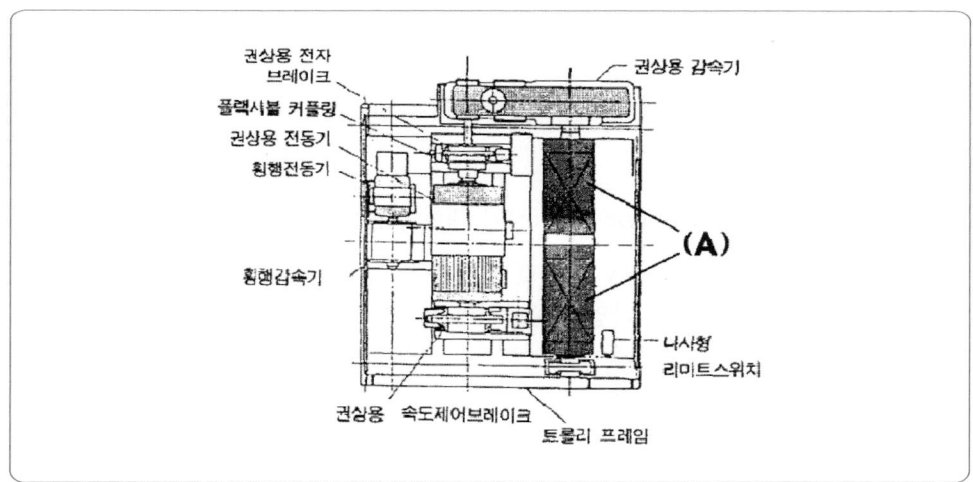

① 트롤리 횡행
② 화물 주행
③ 트롤리선 권상권하
④ 화물 권상권하

해설 ◦ A는 와이어 로프 드럼이며 정·역회전을 와이어 로프를 감고 풀면서 하물을 올리고 내리는 역할을 한다.

17 천장 크레인 주행 장치 중 다음 그림과 같이 각 차륜마다 전동기를 이용하여 구동하는 방식은?

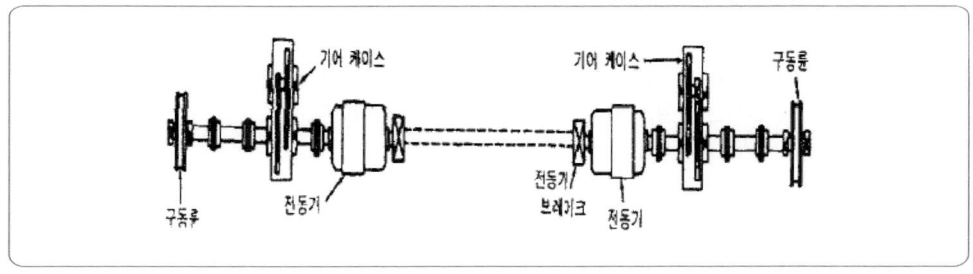

① 중앙 전동기 구동법
② 이중 기어케이스 구동법
③ 중앙 기어케이스 구동법
④ 독립륜 구동법

해설 ◦ 일반적으로 차륜은 4륜일 경우 구동차륜 2개 종동차륜 2개로 구성되며 8륜일 경우 구동차륜 4개 종동차륜 4개 또는 구동차륜 2개 종동차륜 6개로 구성한다. 각 차륜마다 구동하는 방식은 독립륜 구동방식이라고 한다.

Amswer 16 ④ 17 ④

18 천장 크레인 좌우레일의 수평차는 얼마 이내인가?

① ±5㎜ ② ±10㎜
③ ±15㎜ ④ ±20㎜

해설 ○ 주행레일의 높이편차는 기준면으로부터 최대 ±10㎜ 이내이고, 좌우레일의 수평차는 10㎜ 이내이다.

19 과부하 방지장치(Overload limiter)에 대한 설명으로 적합한 것은?

① 크레인으로 화물을 들어 올릴 때 최대 허용 하중(적정하중) 이상이 되면 과적재를 알리면서 자동으로 운반 작업을 중단시켜 과적에 의한 사고를 예방하는 방호장치이다.
② 과부하 방지장치는 작동하는 방법에 따라 모터 전자식, 부하식, 기계식으로 분류된다.
③ 기계식은 권상모터에 공급되는 전류 값의 변화에 따라 과전류를 감지하여 제어하는 방식이다.
④ 전기식은 스프링, 방진고무 등의 처짐을 이용하여 마이크로 스위치를 동작시켜 제어하는 방식이다.

해설 ○ 과부하는 부하가 크게 걸렸다는 것이고, 인양하물의 중량과 관계가 있다.
과부하 방지장치는 부하가 크게 걸리는 것을 사전에 방지하는 안전장치이다.

20 천장 크레인에서 크랩(Crab)이 거더에 설치되어 있는 레일을 따라 이동하는 것을 무엇이라 하는가?

① 스팬(Span) ② 기복(Luffing)
③ 주행(Travelling) ④ 횡행(Traversing)

해설 ○ 주행은 건물의 기둥 위에 가로로 설치된 레일을 따라 크레인 전체가 이동하는 동작이며 횡행은 거더 위에 설치된 레일을 따라 크래브가 이동하는 동작이다.

21 천장 크레인의 권상, 권하 시 주의할 사항으로 옳지 않은 것은?

① 와이어 로프를 풀 때 필요 이상 풀지 말 것
② 와이어 규정 하중을 지킬 것
③ 와이어 로프가 홈에서 벗어나지 않도록 운전할 것
④ 와이어 로프를 감을 때는 항상 최대속도로 감을 것

해설 ○ 와이어 로프를 감고 풀 때는 처음에는 저속으로 시작해서 점차 고속으로 작동하며 작업의 상황에 맞게 작동해야 한다.

Answer 18 ② 19 ① 20 ④ 21 ④

22 다음 설명 중에서 틀린 것은?

① 베어링 발열 여부 측정 시 측정온도가 대기 온도와 같을 때 결함이 있다고 본다.
② 평 베어링 점검 시 스며 나오는 오일에 이물질이 있는지 이상 유무를 살펴본다.
③ 운전 시 베어링 이상음이 발생하면 즉시 점검해야 한다.
④ 회전 베어링의 하우징(Housing)에 그리스를 1/3정도 채우면 약 2000시간 사용 가능하다.

해설 대기 온도는 주변 공기의 온도를 뜻하므로 베어링이 주변의 온도와 같을 때는 이상이 없는 것이다. 베어링의 발열 허용 온도는 90℃이다.

23 매일 작업하는 크레인의 그리스컵에 대한 점검은?

① 주 1회
② 매일
③ 정기검사 시
④ 주 2회

24 권상전동기의 소요 동력(kW)을 구하는 식으로 맞는 것은? (단, 단위는 권상하중 : 톤, 속도 : m/크레인 min)

① {(정격하중＋훅(Hook)의 자중)×권상전동기효율)} / (6.12×속도)
② {(정격하중＋훅(Hook)의 자중)×권상전동기효율)} / 6.12
③ {(정격하중＋훅(Hook)의 자중)×권상전동기효율)} / (6.12＋속도)
④ {(정격하중＋훅(Hook)의 자중)×속도)} / (6.12×권상전동기효율)

해설 {(정격하중＋훅(Hook)의 자중)×속도)} ÷ (6.12×권상전동기효율)

25 천장 크레인의 권하 작업 시 E.C.B(에디터 커런트 브레이크)가 작동되는 노치는?

① 0 (중립)
② 1
③ 2
④ 3

해설 E,C 브레이크(Eddy current brake)
① 와전류 브레이크 또는 소용돌이 브레이크라고 한다.
② 권상장치에 설치되며 주행, 횡행에는 설치하지 않는다.
③ 권하 시 미세한 동작에 유리하며 권하 1단에서 작동된다.
④ 특히 권하 시 중량물이 규정된 속도보다 빠른 속도로 내려오는 것을 방지하는데 효과적이며 정격 속도의 1/5의 감속비를 쉽게 얻을 수 있다.

Answer 22 ① 23 ② 24 ④ 25 ②

26 1마력은 약 몇 W인가?

① 약 1.3
② 약 3/4
③ 약 735
④ 약 0.735

해설 1마력은 1마리의 말이 끄는 힘을 뜻하며 1마력은 0.735Kw 이며 735W이다.

27 와이어 로프를 새것으로 교체하여 사용할 경우 초기 운전 시의 주의사항은?

① 시험하중을 걸고 저속으로 여러 번 운전한 후 사용
② 사용 정격하중을 걸고 저속으로 여러 번 운전한 후 사용
③ 사용 정격하중의 1/2 정도를 걸고 저속으로 여러 번 운전한 후 사용
④ 시험하중을 걸고 고속으로 여러 번 운전한 후 사용

해설 와이어 로프는 새것으로 교체 후 처음부터 정격하중을 들지 않고 전격하중의 1/2 정도를 걸고 저속으로 여러 번 운전하여 길들이기를 해야 한다.

28 감속기 오일은 점도검사를 하여 교환하지만 일반적으로 몇 시간 사용 후 교환하는가?

① 1,000
② 2,000
③ 3,000
④ 4,000

해설 윤활유의 교체 시기는 2,000시간 사용 후 교체한다.

29 치차 또는 차륜 등과 같은 회전체를 축에 고정할 때 보통 사용하는 것은?

① 나사(Screw)
② 베어링(Bearing)
③ 클러치(Clutch)
④ 키(Key)

해설 키는 회전체를 축에 고정할 때 사용된다.

Answer 26 ③ 27 ③ 28 ② 29 ④

30 천장 크레인의 전동기 보호를 위하여 주로 사용하고 있는 계전기는?

① 과부하 계전기
② 한시 계전기
③ 전력 계전기
④ 주파수 계전기

해설 ○ 권상장치의 과부하 방지장치(Overload limiter)는 하물의 중량과 관계가 있으며, 과부하 계전기는 전기장치의 안전을 위한 장치이다.

31 다음 천장 크레인 관련 설명 중 가장 올바른 것은?

① 전기에너지를 기계에너지로 바꾸는 장치를 발전기라 하며 직류발전기와 교류발전기가 있다.
② 마그넷크레인은 철편을 붙였을 때 전기스위치를 끊어도 잔류 자기 때문에 철편이 금방 떨어지지 않을 수도 있다.
③ 저항체는 전력을 열로 바꾸므로 정지 중에도 약 640℃가 될 때가 있으므로 가연물을 가까이 하면 안 된다.
④ 천장 크레인용 저항기는 용량이 크고 진동에 강한 권선형이 적합하다.

해설 ○ 전자석(마그네트)는 전기가 투입되면 자석이 되는 일시자석이다. 자석이 되었다가 전기를 끊어도 잔류 자기가 형성되어 철편이 바로 떨어지지 않는다. 그런 이유로 마그네트크레인은 잔류 자기를 바로 제거할 수 있는 장치가 되어 있다.

32 일일점검으로 운전 전 점검사항이 아닌 것은?

① Limit S/W의 작동상태
② Brake의 작동상태
③ 기계식 제동기의 이상 발열
④ 운전실의 정리 정돈상태

해설 ○ 기계적 제동기의 이상 발열은 고장이 난 상태이므로 수리를 해야 한다.

33 전기 판넬에서 고장개소를 파악하기 앞서 제일 먼저 취해야 할 사항은?

① 주 전원 개폐기를 차단한다.
② 터미널 박스를 열어본다.
③ 변압기를 드라이버로 분해한다.
④ 케이블 묶음을 풀어 놓는다.

해설 ○ 점검 및 고장개소 파악 시 먼저 메인전원을 차단시켜야 한다.

Answer 30 ① 31 ② 32 ③ 33 ①

34 천장 크레인 운전 중 갑작스런 고장으로 정전되었을 때, 크레인 운전원이 가장 먼저 취해야 할 행동은?

① 각 제어기를 off 시킨다.
② 즉시 상급자에게 연락하러 간다.
③ 상급자에게 보고한 다음 고장 여부를 확인한다.
④ 고장 여부를 확인하기 위해 즉시 크레인 위로 올라가 본다.

해설 ○ 운전 중 정전이 되었을 때는 각 제어기를 중립에 놓고 스위치를 OFF 시킨다.

35 그림의 직류전자 브레이크 작동 회로에서 R_2 저항의 용도는?

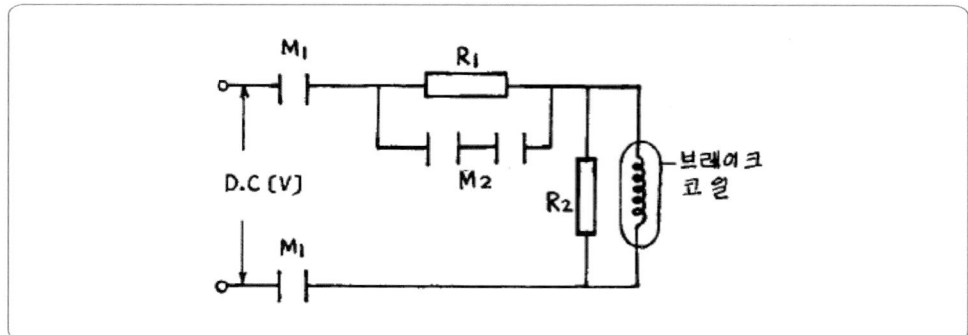

① 충전용
② 전류 절약용
③ 방전용
④ 전압 분배용

해설 ○ 방전이란? 대전체에서 전기가 방출되는 현상을 말하며, 충전의 반대 과정이다.
대전체란? +또는 -의 전하를 띤 물체를 말한다.

36 구름 베어링의 호칭번호 6204의 안지름은 얼마인가?

① 20㎜
② 23㎜
③ 40㎜
④ 104㎜

해설 ○ 베어링의 안지름은 끝자리 2개의 숫자이다. 00은 10mm, 01은 12mm, 02는 15mm, 03은 17mm이며 04부터는 끝자리 수 2개에 ×5를 하면 된다. 6204에서 04×5 = 20mm 이다.

Answer 34 ① 35 ③ 36 ①

37 다음 중 천장 크레인의 교류 전동기에 사용되는 속도 제어 방법이 아닌 것은?

① 계자 제어
② 직렬 저항 제어
③ 전압 제어
④ 출력 제어

해설 ◦ 계자 제어는 직류 전동기의 속도 제어법이다.

38 천장 크레인 전동기(Motor)에 대한 설명으로 틀린 것은?

① 전동기 운전 시 온도는 120℃까지 허용된다.
② 전동기 형상에서 개방형, 전폐형 등이 있다.
③ 전동기의 분류는 크게 직류 전동기와 교류 전동기로 분류할 수 있다.
④ 전동기 평판에 220V, 100A 정격 1시간이라는 것은 200V, 100A 조건에서 1시간 연속 사용 가능하다는 것이다.

해설 ◦ 전동기는 운전을 개시하면 점차 온도가 상승하기 시작하고 2~5시간 후에는 방열이 되면서 일정 온도가 유지된다. 전동기의 발열 허용온도는 40℃이다.

39 기어 이는 나선형이고 물림이 원활하며 큰 하중과 고속 전동에 주로 쓰이는 기어는?

① 스퍼 기어
② 헬리컬 기어
③ 내접 기어
④ 웜 기어

해설 ◦ ① 베벨기어 : 서로 교차(통상 90도)하는 두 축 사이에서 동력을 전달 할 때 이용하는 원추형의 기어이다. 기어의 치면 상태에 따라 직선 베벨기어, 스파이럴 베벨기어, 나선형 베벨기어 등이 있다.
② 스퍼기어 : 기어의 치면이 반듯하게 제작된 기어로서 2개의 축이 평행을 이루는 가장 많이 사용되는 기어이다.
③ 헬리컬기어 : 2개의 축이 평행을 이루며 치면이 비스듬히 경사져 있어서 헬리컬이라고 한다. 치면이 나선 곡선인 원통기어로서 스퍼기어보다 치면의 접촉선 길이가 길어서 큰 힘을 전달할 수 있고, 원활하게 회전하므로 소음이 작다.
④ 랙 : 직선으로 된 쇠에 기어 치면을 가공한 것으로서 피니언(작은 기어)과 맞물려 회전 운동을 직선 운동으로 바꾸는 데 사용한다.
⑤ 내접기어 : 원통형의 안쪽에 기어의 치면을 가공한 것으로 피니언기어와 맞물려서 회전한다.

Answer 37 ① 38 ① 39 ②

40 ( ) 안에 알맞은 숫자는?

> 옥외에 지상 ( )m 이상 높이로 설치되어 있는 크레인에는 항공법 제41조에 따르는 항공장애 등을 설치하여야 한다.

① 30
② 40
③ 50
④ 60

해설 ○ 옥외에 지상 60m 이상 높이로 설치되어 있는 크레인에는 항공법 제41조에 따르는 항공장애 등을 설치하여야 한다.

41 와이어 로프 가공방법 중 엮어 넣기를 할 때 엮어 넣는 길이는 로프 지름의 몇 배가 가장 적당한가?

① 5~10배
② 15~20배
③ 20~30배
④ 30~40배

해설 ○ 엮어 넣기(아이 스플라이스)가공법은 와이어 로프의 단말 가공법 중의 하나로서 엮어 넣는 길이는 와이어 로프 직경의 30~40배이다.

42 와이어 로프(Wire rope)의 교환 시기를 설명한 것으로 가장 알맞은 것은?

① 킹크(Kink)가 발생한 경우
② 로프에 그리스가 많이 발라진 경우
③ 마모로 지름의 감소가 공칭 직경의 3% 이상인 경우
④ 로프의 한 꼬임(스트랜드를 의미) 사이에서 소선수의 7% 이상 소선이 절단된 경우

해설 ○ 와이어 로프의 교체 시기는 소선수의 10% 이상 절단 시, 공칭 직경의 7% 이상 마모 시이다.

Answer 40 ④ 41 ④ 42 ①

43 그림의 "한 쪽 팔 팔꿈치에 다른 손 손바닥을 떼었다 붙였다."하는 신호의 내용은?

① 천천히 조금씩 아래로 내리기
② 마그넷 붙이기
③ 보권사용
④ 위로 올리기

해설 ○ 수신호 방법 참조 p.106

44 지브 크레인의 지브(붐) 길이(수평거리) 20m 지점에서 10톤의 하물을 줄걸이하여 인양하고자 할 때 이 지점에서 모멘트는 얼마인가?

① 20ton·m
② 100ton·m
③ 200ton·m
④ 300ton·m

해설 ○ 모멘트 계산방법은 힘×수직거리이다.

45 [6×37]의 규격을 가진 와이어 로프는 한 꼬임에서 최대 몇 가닥의 소선이 절단될 때까지 사용이 가능한가?

① 12가닥 ② 22가닥
③ 32가닥 ④ 42가닥

해설 ○
- 와이어 로프의 교체 시기는 소선수의 10% 이상 절단 시, 공칭 직경의 7% 이상 마모 시이다.
- 6×37 와이어 로프는 스트랜드가 6개이고 스트랜드 1가닥에서 서선이 37개를 뜻한다.
- 소선수의 10%를 계산할 때 6×37 = 222 가닥 중 10%는 22.2가닥이 아니라, 1가닥의 스트랜드 37개의 10%를 계산해야 한다.

Answer 43 ③ 44 ③ 45 ②

46 사다리꼴 형상의 하물을 인양할 때의 줄걸이 방법으로 가장 올바른 것은?

① 1줄걸이　　　　　　　　② 2줄걸이
③ 3줄걸이　　　　　　　　④ 십자(+)걸이

해설　사다리꼴 형상의 하물을 인양할 때는 줄걸이 용구가 미끄러질 우려가 있으므로 반드시 십자(+)걸이를 해야 한다.

47 공칭직경 20mm의 와이어 로프 지름을 측정 시 18.5mm 이었을 경우 직경 감소율 및 사용가능 여부는?

① 7.0%, 사용 가능　　　　② 7.5%, 사용 불가
③ 7.5%, 사용 가능　　　　④ 9.3%, 사용 불가

해설　와이어 로프의 교체 시기는 소선수의 10% 이상 절단 시, 공칭 직경의 7% 이상 마모 시이다.
공칭직경 20mm의 와이어 로프가 18.5mm로 마모되었으므로 7.5%가 마모된 상태이므로 사용불가이다.
20×0.075 = 1.5이며 20−1.5 = 18.5이다.

48 와이어 로프의 심강을 3가지 종류로 구분한 것은?

① 섬유심, 공심, 와이어심　② 철심, 동심, 아연심
③ 섬유심, 랭심, 동심　　　④ 와이어심, 아연심, 랭심

해설　와이어 로프는 심강은 섬유심, 공심, 철심(와이어 심)이 있다.

49 2000kgf의 짐을 두 줄걸이로 하여 줄걸이 로프의 각도를 60°로 매달았을 때 한쪽 줄에 걸리는 하중은 약 몇 kgf인가?

① 2,310　　　　　　　　　② 2,000
③ 1,155　　　　　　　　　④ 578

해설　1줄에 걸리는 하중

$$= \frac{\text{부하물의 하중}}{\text{줄걸이수} \times \text{조각도}} = \frac{1500}{2 \times \cos\frac{90°}{2}}$$

$$= \frac{1500}{2 \times \cos 45°} ≒ 1060 [kgf]$$

쉬운 방법으로는 하물의 중량 × 줄걸이 각도별 장력계수 ÷ 줄걸이수이다.
각도별 장력계수는 수직 = 1배, 30도 = 1.04배, 60도 = 1.16배, 90도 = 1.41배, 120도 = 2배이므로 2,000×1.16÷2 = 1,160

Answer 46 ④　47 ②　48 ①　49 ③

50 줄걸이 작업 시의 일반 안전수칙과 가장 거리가 먼 것은?

① 인양할 물건의 중량 및 중심위치의 목측을 신중히 행한 후 작업을 실시한다.
② 줄걸이 로프의 걸린 상태를 확인할 때는 초기장력을 받지 않은 상태에서 행한다.
③ 로프의 직경 및 손상 유무를 확인한다.
④ 체인, 샤클 등의 줄걸이 작업용구의 적정성을 확인 후 작업을 실시한다.

해설 ③번항은 줄걸이 용구의 점검기준에 해당된다.

51 산업안전보건법령상 안전·보건표지의 종류 중 다음 그림에 해당하는 것은?

① 산화성물질경고   ② 인화성물질경고
③ 폭발성물질경고   ④ 급성독성물질경고

해설 산업안전표지 참조 p.109

52 작업장에서 전기가 별도의 예고 없이 정전되었을 경우 전기로 작동하던 기계·기구의 조치방법으로 가장 적합하지 않은 것은?

① 즉시 스위치를 끈다.
② 안전을 위해 작업장을 미리 정리해 놓는다.
③ 퓨즈의 단선 유·무를 검사한다.
④ 전기가 들어오는 것을 알기 위해 스위치를 켜 둔다.

해설 정전되었을 경우에는 컨트롤러를 중립으로 놓고 각종 스위치를 OFF 한다.

53 기계설비의 위험성 중 접선물림점(Tangential point)과 가장 관련이 적은 것은?

① V벨트   ② 커플링
③ 체인벨트   ④ 기어와 랙

해설 커플링(조인트)는 축이음이다.

Answer 50 ② 51 ② 52 ④ 53 ②

54 다음 중 산업재해 조사의 목적에 대한 설명으로 가장 적절한 것은?

① 적절한 예방대책을 수립하기 위하여
② 작업능률 향상과 근로기강 확립을 위하여
③ 재해 발생에 대한 통계를 작성하기 위하여
④ 재해를 유발한 자의 책임추궁을 위하여

해설 ○ 산업재해 조사의 목적은 적절한 예방대책을 수립하여 안전사고를 줄이는데 있다

55 가스용기가 발생기와 분리되어 있는 아세틸렌 용접장치의 안전기 설치 위치는?

① 발생기
② 가스용접기
③ 발생기와 가스용기 사이
④ 용접토치와 가스용기 사이

해설 ○ 발생기와 가스용기 사이에 설치한다.

56 벨트 취급 시 안전에 대한 주의사항으로 틀린 것은?

① 벨트에 기름이 묻지 않도록 한다.
② 벨트의 적당한 유격을 유지하도록 한다.
③ 벨트 교환 시 회전이 완전히 멈춘 상태에서 한다.
④ 벨트의 회전을 정지시킬 때 손으로 잡아 정지시킨다.

해설 ○ V벨트를 취급할 때는 회전 축이 스스로 정지한 후 작업에 임한다.

57 연삭기의 안전한 사용방법으로 틀린 것은?

① 숫돌 측면 사용 제한
② 숫돌덮개 설치 후 작업
③ 보안경과 방진마스크 사용
④ 숫돌과 받침대 간격을 가능한 넓게 유지

해설 ○ 연삭기에서 연마를 할 때는 숫돌이 회전을 하고 있으므로 받침대에 의존해서 연삭작업을 해야 한다. 이때 숫돌과 받침대 간격은 가능한 가깝게 유지한다.

Answer 54 ① 55 ③ 56 ④ 57 ④

58 다음 중 가열, 마찰, 충격 또는 다른 화학물질과의 접촉 등으로 인하여 산소나 산화재 등의 공급이 없더라도 폭발 등 격렬한 반응을 일으킬 수 있는 물질이 아닌 것은?

① 질산에스테르류
② 니트로 화합물
③ 무기 화합물
④ 니트로소 화합물

59 다음 중 보호구를 선택할 때의 유의사항으로 틀린 것은?

① 작업 행동에 방해되지 않을 것
② 사용 목적에 구애받지 않을 것
③ 보호구 성능기준에 적합하고 보호 성능이 보장될 것
④ 착용이 용이하고 크기 등 사용자에게 편리할 것

해설 ◦ 보호구마다 사용목적과 방법이 있다.

60 ILO(국제노동기구)의 구분에 의한 근로 불능 상해의 종류 중 응급조치 상해는 며칠 간 치료를 받은 다음부터 정상작업에 임할 수 있는 정도의 상해를 의미하는가?

① 1일 미만
② 3~5일
③ 10일 미만
④ 2주 미만

Answer 58 ③ 59 ② 60 ①

2015년 제5회 최근 기출문제

01 쇠밧줄 직경(d)과 드럼 직경(D)의 비(D/d)는?

① 10
② 15
③ 20~25
④ 26~30

해설 ○ 와이어 드럼은 와이어 로프 직경보다 20~25배 커야 한다.

02 전자 접촉기의 개폐작동 불량 원인과 가장 거리가 먼 것은?

① 전압강하 과다
② 코일 단선
③ 접점의 과다 마모
④ 전동기의 초고속 운전

해설 ○ 전자접촉기와 전동기는 별개의 부품이다.

03 주행차륜 플랜지는 두께의 몇 % 이상 마모와 수직에서 몇 도(°) 이상의 변형이 생기면 교환하는가?

① 40%, 20°
② 40%, 10°
③ 50%, 10°
④ 50%, 20°

Answer 01 ③ 02 ④ 03 ④

04 훅을 교환해야 할 상태를 육안으로 가장 간단하고 쉽게 확인할 수 있는 것은?

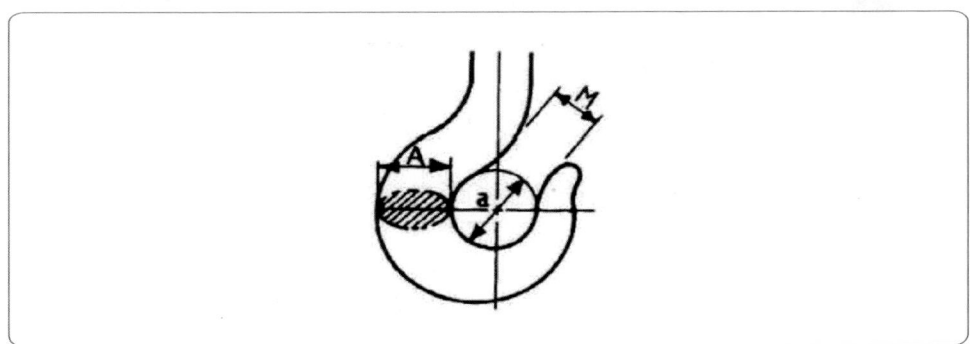

① 그림에서 M의 치수가 a의 치수와 같아진 것
② A부분의 균열을 확인하기 위하여 비파괴 검사한 것
③ 그림에서 훅의 인장응력이 변화된 것
④ 훅의 A의 치수가 원 치수의 20% 이상 마모인 것

> 해설 ◦ 육안 검사는 눈으로 보면서 검사하는 방법이다. ②, ④번은 육안 검사로 알 수가 없다.
> A부분은 줄걸이 용구가 걸리는 부분이 아니므로 마모의 염려가 없다.

05 미끄럼 베어링의 종류가 아닌 것은?

① 일체형　　　　　　　　② 분할형
③ 스러스트형　　　　　　④ 부시형

> 해설 ◦ 스러스트형 베어링은 힘의 작용방향에 따라 분류되는 베어링으로서 힘을 축방향으로 받는 베어링이다.

06 전자식 마그넷 브레이크(Magnet brake)의 라이닝 두께가 25% 감소한 경우 가장 적합한 조치 방법은?

① 라이닝을 교환한다.
② 브레이크 드럼 지름을 크게 한다.
③ 스트로크를 조정한다.
④ 특별한 조치를 하지 않아도 된다.

> 해설 ◦ 브레이크 라이닝의 마모한도는 원두께의 50%이므로 50% 이내 마모 시 브레이크의 라이닝과 스트로크를 조정해서 사용한다.

Answer　04 ①　05 ①　06 ③

07 천장 크레인에서 버퍼 스톱퍼(Buffer stopper)란?

① 주행차륜에 부착하여 과속을 방지하는 장치
② 주행이나 횡행 시 충돌했을 때 충격을 완화시켜 주는 장치
③ 권상장치의 과권방지용 장치
④ 권하 시 너무 내리는 것을 방지하기 위하여 드럼에 부착하는 장치

해설 ○ 버퍼는 충격을 완화시켜주는 장치이다.

08 천장 크레인에서 주행레일의 진직도는 전 주행길이에 걸쳐 최대 얼마 이내이어야 하는가?

① 20㎜   ② 10㎜
③ 2㎜   ④ 5㎜

해설 ○ 주행레일의 진직도는 전 주행길이에 걸쳐 최대 10㎜ 이내이다.

09 정전 또는 전압이 비정상적으로 저하되었을 때 스위치가 자동적으로 열리는 것은?

① 역상보호 계전기   ② 무전압보호장치
③ 타임 릴레이   ④ 나이프 스위치

해설 ○ ① 역상 계전기(Negative phase relay, 逆相繼電器)
3상 사용 시 잘못된 결선으로 인한 전동기의 역회전을 막고 또는 1상이 단선되었을 때 전동기의 과열을 예방하기 위한 보호용 계전기이다.
② 순간정전보상장치라(무전압보호장치)
설비의 투입된 전압이 정상전압 이하로 될 때 이를 감지하여 보상장치가 보유하고 있는 에너지를 일정한 시간 동안 공급하여 설비가 정지되는 것을 방지하는 순간정전 보상장치라고 한다.
③ 타임 릴레이(정시 계전기 定時繼電期) 신호가 전달되면 일정시간(세팅된 시간 또는 세팅한 시간) 동안 통전하거나 차단되도록 해주는 릴레이이다.
④ 나이프 스위치
통전 시 접촉편이 나이프 모양으로 된 스위치이다. 부품이 노출되어 있어 위험하므로 각별한 주의가 필요하다.

10 훅의 재질로 적당한 것은?

① 주철   ② 기계구조용 탄소강
③ 합금 공구강   ④ 구상흑연 주철

해설 ○ 훅은 기계구조용 탄소강으로 제작한다.

Answer 07 ② 08 ② 09 ② 10 ②

11 천장 크레인의 비상정지용 누름버튼에 대한 설명 중 틀린 것은?

① 누름버튼을 누르면 작동중인 동력이 차단된다.
② 누름버튼의 머리 부분은 적색이다.
③ 누름버튼의 머리 부분은 돌출되어 있다.
④ 누름버튼은 작동 후 10초 후에 원래상태로 복귀한다.

해설 가. 비상정지장치는 각 제어반 및 그 밖의 비상정지를 필요로 하는 개소에 설치하되, 접근이 용이한 곳에 배치되어야 한다.
나. 비상정지장치는 작동된 이후 수동으로 복귀시킬 때까지 회로가 자동으로 복귀되지 않는 구조여야 한다.
다. 비상정지장치의 형태는 기계의 구조와 특성에 따라 위험상황을 해소할 수 있도록 다음과 같은 적절한 형태의 것을 선정해야 한다.
  1) 버섯형(돌출) 누름버튼
  2) 로프작동형, 봉형
  3) 복부 또는 무릎작동형
  4) 보호덮개가 없는 페달형 스위치
라. 누름버튼형 비상정지장치의 엑추에이터는 적색이고 주변의 배경색은 황색이어야 한다.

12 정격하중이 20000kgf인 천장 크레인의 훅(Hook)은 파괴 하중이 최소한 몇 kgf 이상인 것을 사용해야 하는가?

① 40000kgf
② 60000kgf
③ 80000kgf
④ 100000kgf

해설 훅의 파단시험(파괴시험)은 정격하중의 5배이다.

13 콘텍트 시그먼트(Contact segment)와 핑거(Finger)가 접촉하여 직접 전동기를 작동시키는 방식은?

① 유니버설 제어기
② 캠형 제어기
③ 드럼형 제어기
④ 직렬 제어기

해설 드럼형 제어기(컨트롤러)는 시그먼트 핑거가 접촉해서 개폐하는 것으로, 구조가 간단하고 견고하여 여러 형태의 크레인 제어 시 직접 전동기를 작동시킨다.

Answer 11 ④ 12 ④ 13 ③

14 주행용 트롤리선은 늘어남과 하중을 지지하기 위해 몇 m 간격마다 애자로 지지하여야 하는가?

① 3m
② 6m
③ 9m
④ 12m

해설ㅇ 주행용 트롤리선은 6m마다 애자로 지지한다.

15 천장 크레인 거더의 중량을 경감할 수 있으나 휨이 가장 큰 거더는?

① I빔 거더
② 강관 거더
③ 트러스 거더
④ 박스 거더

해설ㅇ 거더의 종류 중 강관 거더가 제일 약하다. 강관 거더 형식의 크레인은 오래전부터 제작하지도 않고 현재는 사용하는 것도 없다.

16 천장 크레인의 와이어 드럼의 직경은 어떻게 정하는 것이 가장 좋은가?

① 드럼의 직경은 사용할 와이어 로프의 직경보다 20배 이상이 적절하다.
② 드럼의 직경은 사용할 와이어 로프의 소선 직경보다 300배 이상이 적절하다.
③ 드럼의 직경은 Crab의 크기에 비례해서 정하는 것이 좋다.
④ 드럼의 직경은 Hook의 크기에 비례해서 정하는 것이 좋다.

해설ㅇ 와이어 드럼은 와이어 로프 직경의 20~25배이다.

17 기계식 과부하 방지장치에 대한 설명으로 옳은 것은?

① 구조가 간단하여 보수가 쉽다.
② 완전개방형 구조이다.
③ 이동형 보호장치로 취급이 간편하다.
④ 별도의 동작 전원이 필요하다.

해설ㅇ 기계식 과부하장치는 구조가 간단하고 보수가 쉬운 장점이 있다.

Answer 14 ② 15 ② 16 ① 17 ①

18 도유기와 리미트 스위치에 대한 설명 중 틀린 것은?

① 차륜 도유기는 차륜 플랜지 또는 레일 측면에 소량의 오일을 자동으로 도유하는 기기이다.
② 차륜 도유기의 오일탱크는 도유기 몸체보다 상부에 위치한다.
③ 상용 리미트 스위치가 하한선에서 작동했을 때 권상훅의 위치는 보통 크래브 하단으로부터 보통 0.5m 정도이다.
④ 중추식 리미트 스위치는 비상용으로 사용한다.

해설 ○ 상용 리미트 스위치는 작동 시 훅은 크래브 하단으로부터 0.25m이다.

19 천장 크레인의 운동속도에 관한 사항 중 틀린 것은?

① 권상장치는 양정이 짧은 것이 느리고 긴 것이 빠르다.
② 권상장치는 하중이 가벼우면 빠르고 무거울수록 저속으로 한다.
③ 횡행장치는 스팬의 길이에 관계없이 20m/min 정도의 속도를 채용한다.
④ 주행속도는 작업 능력에 큰 관계가 없으므로 가능한 저속으로 한다.

20 다음 중 주행 제동용으로 주로 사용되는 브레이크는?

① 마그네틱 오일 브레이크(Magnetic oil brake)
② 에디 커런트 브레이크(Eddy current brake)
③ 오일 디스크 브레이크(Oil disk brake)
④ 스피드 컨트롤 브레이크(Speed control brake)

해설 ○ ① 마그네틱 전자 브레이크(Magnetic brake) : 권상장치용
② 에디 커런트 브레이크(Eddy current brake) : 권상장치용 권하 1단에서 작동, 최근에는 거의 사용 안함
③ 오일 디스크 브레이크(Oil disk brake) : 주행용 최근에는 거의 사용 안함
④ 스피드 컨트롤 브레이크(Speed control brake) : 권상장치용 전자브레이크와 혼용 사용해야 됨
⑤ 스러스트 브레이크(Thruster brake) : 주행, 횡행용
⑥ 마그네틱 스러스트 브레이크(Magnetic thruster brake) : 주행, 횡행용, 최근에 많이 사용 함

21 3상 권선형 유도 전동기의 전류 제한 및 속도 조정 목적으로 사용되는 것은?

① 브러시(Brush)
② 2차 저항기
③ 회전자(Rotor)
④ 슬립링(Slip ring)

해설 ○ 권선형 3상 유도전동기의 2차측(R,S,T 또는 U,V,W)에 접속되어 저항을 가감하면서 전동기의 속도를 제어한다.

Answer 18 ③ 19 ③ 20 ③ 21 ②

22 주기적인 정비를 위한 예비품목 중 가장 거리가 먼 것은?

① 모터 브러시
② 제어반(판넬)
③ 콜렉타 브러시
④ 제어기 접점

해설 예비품은 구조가 간단하고, 가격이 싸고, 자주 사용되는 것을 주로 준비한다.
제어반 판넬은 거의 교체를 하지 않는다.

23 궤도륜 사이에 있는 전동체가 굴림운동을 하며 볼, 원통, 테이퍼 롤러 등의 종류로 분류할 수 있는 베어링은?

① 스러스트 베어링
② 점접촉 베어링
③ 구름 베어링
④ 미끄럼 베어링

해설 구름 베어링은 구름체에 따라 볼베어링과 롤러베어링으로 나뉜다.

24 크레인 점검 작업 시 유의사항으로 틀린 것은?

① 점검작업을 할 때는 "점검 중" 등의 위험 표지를 설치한다.
② 정지하여 점검 작업을 할 때는 동력원 스위치를 끄고 한다.
③ 점검작업을 할 때는 필요한 안전 보호구를 착용한다.
④ 동일 주행로상에서 다른 크레인의 주행을 제한하면 곤란하다.

해설 점검 중 충돌의 위험이 있으므로 동일 주행로상에 있는 다른 크레인의 운행을 제한해야 한다.

25 권상하중 50톤, 권상속도 1.5m/min인 천장 크레인의 권상 전동기 출력은 약 얼마인가? (단, 권상 전동기의 효율은 70%이다.)

① 12.2kW
② 13.0kW
③ 17.5kW
④ 18.5kW

해설 천장 크레인의 전동기 출력(kw) 산출 공식은
(권상하중 × 권상속도) ÷ (6.12 × 전동기 효율)
(40 × 1.5) ÷ (6.12 × 1)
40 × 1.5 = 75이며, 6.12 × 0.7(효율 70%) = 4.284이다. 75 ÷ 4.284 = 17.5Kw

Answer 22 ② 23 ③ 24 ④ 25 ③

26 기어에서 소음이 발생하는 원인이 아닌 것은?

① 백래시 (Backlash)가 너무 적을 경우
② 기어축의 평행도가 나쁠 경우
③ 치면에 흠이 있거나 다듬질의 정도가 나쁠 경우
④ 오일을 과다하게 급유했을 경우

해설 ◦ 오일을 과다하게 급유했을 경우 발열의 원인이 된다.

27 베어링이 고착되는 경우와 가장 거리가 먼 것은?

① 급유가 불충분한 경우
② 급유 오일의 선정이 잘못된 경우
③ 과부하로 베어링의 유막이 파괴된 경우
④ 저속으로 회전하는 경우

해설 ◦ 베어링이 고착되는 경우
　　① 급유가 불충분한 경우
　　② 급유 오일의 선정이 잘못된 경우
　　③ 과부하로 베어링의 유막이 파괴된 경우
　　④ 과도하게 고속으로 회전하는 경우

28 주행 집전장치(Pantograph)의 집전자(Collector shoe)에 주로 사용되는 브러시로 맞는 것은?

① 플라스틱 브러시　　② 카본 브러시
③ 은 접점 브러시　　④ 알루미늄 브러시

해설 ◦ 권선형 3상 유도전동기의 슬립링 브러쉬 또는 주행 집전장치의 집전자에는 카본 브러쉬가 사용된다.

29 감속기에 대한 설명 중 틀린 것은?

① 감속기의 제1단 기어는 10% 정도 마모되었을 때 교환하는 것이 좋다.
② 기어 케이스 내에 공급하는 오일은 보통 2,000시간마다 교환한다.
③ 축은 회전 축과 전동 축으로 구분된다.
④ 커플링은 축이음 장치이다.

해설 ◦ 회전 축은 프로펠러나 물체의 회전이 일어나는 중심 축으로서 동력을 전달하지는 않으며 전동 축은 회전 운동이나 동력을 전달하는 역할을 한다.

Answer　26 ④　27 ④　28 ②　29 ③

30 천장 크레인용 전동기에서 직류전동기로 가장 많이 사용되는 것은?

① 직권 전동기
② 분권 전동기
③ 화동복권 전동기
④ 농형유도 전동기

31 입력전압이 440V, 60Hz인 3상 유도전동기에서 극수가 4극, 회전자 속도가 1760rpm일 때 이 전동기의 슬립율은 약 몇 % 인가?

① 2.2
② 4.3
③ 13.2
④ 20.3

> 해설 ◦ 전동기의 동기 속도 구하는 공식은 $Ns = \dfrac{120f}{P}(1-S)$이다.
> P = 전동기의 극수, 120 = 주어진 수, f = 주파수(60Hz)
> 120×60÷4 = 1,800 RPM, 1,800-1760 = 40이므로 40÷1,800×100% = 2.22%이다.

32 원활한 운전작업을 하기 위한 방법 중 틀린 것은?

① 운전 중 운전자는 항상 기계 각부의 이상 음향, 이상 진동에 주의한다.
② 정지 상태에서 출발 시 갑자기 전속력으로 운전해서는 안 된다.
③ 운전자는 물건을 들고 지나온 경로를 되돌아보며 운전을 올바르게 했느냐를 항상 반성하며 운전해야 한다.
④ 작업종료 후에는 꼭 소정의 위치에 정지시킨 후 전원을 OFF 한다.

> 해설 ◦ 천장 크레인 운전자는 현재 상황에 집중해서 운전해야 한다.

33 그리스를 주입하면 안 되는 곳은?

① 베어링
② 브레이크 라이닝
③ 감속기 기어
④ 커플링 취부 시 모터축 사이

> 해설 ◦ 그리스는 윤활유이기 때문에 회전을 원활하게 하기 위해 주유되며 제동부분에는 주유하지 않는다.

Answer 30 ① 31 ① 32 ③ 33 ②

34 트롤리(Trolley) 동선의 좌·우 고저차는 기준면에서 몇 ㎜ 이하를 유지하여야 하는가?

① ±2　　　　　　　　② ±4
③ ±6　　　　　　　　④ ±8

35 키(Key)의 재료 성질 중 적당한 것은?

① 축재료보다 연한 강철재　　② 축재료보다 강한 강철재
③ 마찰계수가 작아 미끄러운 것　　④ 축재료보다 강한 주철재

해설 ◦ 키의 재료는 축재료보다 약간 강해야 한다.

36 크레인을 이용한 운반작업에 있어서 고려해야 사항으로 알맞지 않은 것은?

① 한 번에 많은 하물을 운반하여 운반 횟수를 줄인다.
② 이동하는 거리를 짧게 한다.
③ 될 수 있는 한 전용의 줄걸이 용구를 사용한다.
④ 위험 범위를 명확히 한다.

해설 ◦ 크레인으로 하물을 운반할 때는 하물을 겹치거나 쌓아서 운반하지 않아야 한다.

37 천장 크레인 작업에서 안전담당자의 임무가 아닌 것은?

① 작업방법과 근로자의 배치를 결정하고 작업을 지휘
② 재료의 결함 유무 또는 기구 및 공구의 기능을 점검하고 불량품을 제거
③ 작업 중 안전대와 안전모의 착용상황을 감시
④ 작업을 지휘하는 자를 선임하여 그에 의하여 작업 실시하도록 조치

해설 ◦ 재료의 결함 유무 또는 기구 및 공구의 기능을 점검하고 불량품을 제거는 안전 담당자가 할 일이 아니다.

38 스파크(Spark) 발생 비율에 대한 사항 중 틀린 것은?

① 접촉면에 요철이 심하면 스파크가 심하다.
② 전로를 닫을 때보다 열(OFF)때가 스파크가 많다.
③ 접촉점 간에 전압이 클수록 스파크가 많다.
④ 교류보다 직류가 스파크가 작다.

해설 ◦ 교류보다 직류가 스파크가 크다.

Answer　34 ①　35 ②　36 ①　37 ②　38 ④

39 방폭구조로 된 전기설비의 구비조건이 아닌 것은?

① 시건장치를 할 것
② 접지를 할 것
③ 환기가 잘되도록 할 것
④ 퓨즈를 사용할 것

해설 ◦ 환기는 방폭구조와 관계가 없다.

40 크레인 운전조작의 주의사항에 관한 설명으로 틀린 것은?

① 화물이 지면에서 떨어지는 순간의 권상은 빠른 속도로 권상한다.
② 줄걸이 작업 위치까지 훅을 권하시킬 때에는 필요 이상으로 권하시키지 않는다.
③ 화물의 중심 위에 훅의 중심이 오도록 횡행, 주행 조작 등에 의해 위치를 결정한다.
④ 화물위치에 크레인을 이동시킬 경우 훅을 지상의 설비 등에 부딪치지 않을 높이까지 권상하여 크레인을 수평 이동시킨다.

해설 ◦ 크레인 운전자는 하물을 인양할 때 줄걸이 용구가 서서히 장력을 받도록 미동 권상하며 하물이 지면에서 20Cm 떨어졌을 때 하물의 중심이 맞았는지 확인한다.

41 지브 크레인에서 줄걸이 작업자의 위치는? (단, 작업반경 밖임)

① 기복, 선회방향의 15°의 위치
② 기복, 선회방향의 25°의 위치
③ 기복, 선회방향의 35°의 위치
④ 기복, 선회방향의 45°의 위치

해설 ◦ 하물 이동방향의 대각선으로 45° 방향, 하물보다 2~3미터 전방에서 장애물은 없는지 안전한지 확인

42 힘의 3요소는?

① 힘의 크기, 힘의 무게, 힘의 단위
② 힘의 방향, 힘의 작용점, 힘의 크기
③ 힘의 크기, 힘의 방향, 힘의 강도
④ 힘의 무게, 힘의 거리, 힘의 작용점

해설 ◦ 힘의 3요소는 힘의 방향, 힘의 작용점, 힘의 크기

Answer 39 ③ 40 ① 41 ④ 42 ②

43 줄걸이 방법 중 훅걸이의 종류가 아닌 것은?

① 훅 휘감아 걸이 ② 어깨 걸이
③ 이중 걸이 ④ 짝감아 걸이

해설 ◦ 줄걸이의 종류는 훅휘감아 걸기, 훅어깨 걸기, 짝감아 걸기, 훅바스켓 걸기, 나머지 접어걸기, 초크 걸기, 하물 바스켓 걸기, 십자 걸기가 있다.

44 와이어 손상의 분류에 대한 설명으로 틀린 것은?

① 와이어는 사용 중 시브 및 드럼 등의 접촉에 의해 마모가 생기는데, 이때 직경 감소가 7% 시 교환한다.
② 사용 중 소선의 단선이 전체 소선수의 50%가 단선이 되면 교환한다.
③ 과하중을 들어 올릴 경우 내·외층의 소선이 맞부딪치게 되어 피로현상을 일으키게 된다.
④ 열의 영향으로 강도가 저하되는데 이때 심강이 철심일 경우 300℃까지 사용이 가능하다.

해설 ◦ 소선의 10%가 절단되면 교체한다.

45 24본선 6꼬임의 와이어 로프를 사용할 경우 권상용 드럼과 와이어 로프 지름의 비는 최소 얼마 이상으로 해야 하는가?

① 20 ② 30
③ 40 ④ 50

해설 ◦ 드럼의 직경은 와이어 로프 직경의 20~25배 커야 한다.

46 크레인 권상장치에 절단하중 37.7ton이 되는 ⌀25㎜인 와이어 로프가 드럼에서 2줄 내려와 설치되어 있다. 이 로프로 약 몇 톤까지 사용 가능한가? (단, 안전율은 6이다.)

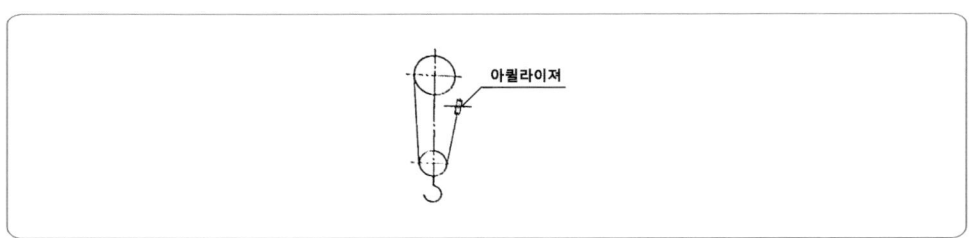

① 6 ② 12
③ 20 ④ 25

해설 ◦ 안전하중 = 절단하중÷안전계수(안전율)이므로 37.7÷6 = 6.28톤이다.

Answer 43 ③ 44 ② 45 ① 46 ②

47 와이어 로프의 쐐기 고정법은?

① ② ③ ④

해설 ① 클립 고정법
② 쐐기 고정법
③ 압축 고정법
④ 아이 스플라이스

48 건설현장에서 와이어 로프 점검방법이 아닌 것은?

① 파단 상태의 점검　　② 제작방법 점검
③ 형상변형 점검　　　④ 마모 및 부식상태 점검

해설 제작방법의 점검은 제작사에서 한다.

49 그림은 작업자가 크레인 운전자에게 어떻게 운전하라는 수신호인가?

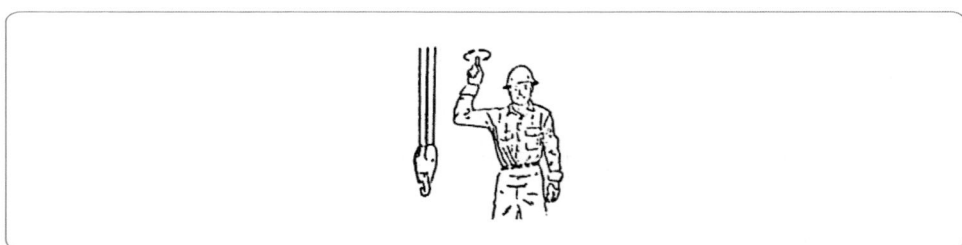

① 훅을 돌린다.　　② 훅을 올린다.
③ 훅을 내린다.　　④ 훅을 정지시킨다.

해설 수신호 방법 참조 p.106

50 와이어 로프의 안전계수가 5이고, 절단하중이 20000kgf 일 때 안전하중은?

① 6000kgf　　② 5000kgf
③ 4000kgf　　④ 2000kgf

해설 안전하중 = 절단하중 ÷ 안전계수(안전율) 이므로 20,000Kgf÷5=4,000Kgf 이다.

Answer　47 ②　48 ②　49 ②　50 ③

51 다음 중 일반적으로 장갑을 끼고 작업할 경우 안전상 가장 적합하지 않은 작업은

① 전기용접 작업 ② 타이어교체 작업
③ 건설기계운전 작업 ④ 선반 등의 절삭가공 작업

해설 ◦ 해머작업, 드릴작업, 선반 등의 절삭가공 등은 장갑을 끼지 않아야 한다.

52 다음 중 산소결핍의 우려가 있는 장소에서 착용하여야 하는 마스크의 종류는?

① 방독 마스크 ② 방진 마스크
③ 송기 마스크 ④ 가스 마스크

53 다음 중 전기설비 화제 시 가장 적합하지 않은 소화기는?

① 포말 소화기 ② 이산화탄소 소화기
③ 무상강화액 소화기 ④ 할로겐화합물 소화기

해설 ◦ ① 분말소화기 : 유류, 화학약품 화재, 전기화재
② 이산화탄소 소화기 : 전기화재
③ 포말소화기 : 일반화재, 화학약품화재
④ 할론소화기 : 일반화재, 유류, 화학약품화재, 전기화재, 가스화재

54 크레인 인양작업 시 안전사항으로 적합하지 않은 것은?

① 신호자는 원칙적으로 1인이다.
② 신호자는 크레인 운전자가 볼 수 있는 안전한 위치에서 행한다.
③ 2인 이상의 고리 걸이 작업 시에는 상호 간에 소리를 내면서 행한다.
④ 권상 작업 시 지면에 있는 보조자는 와이어 로프를 손으로 꼭 잡아 하물이 흔들리지 않게 하여야 한다.

해설 ◦ 줄걸이 작업 시 작업자는 와이어 로프를 손으로 잡지 않고 손등이나 손바닥으로 대야 한다.

55 다음 중 안전·보건표지의 구분에 해당하지 않은 것은?

① 금지표지 ② 성능표지
③ 지시표지 ④ 안내표지

해설 ◦ 산업안전표지 참조 p.109

Answer 51 ④ 52 ③ 53 ① 54 ④ 55 ②

56 다음 중 사용구분에 따른 차광보안경의 종류에 해당하지 않는 것은?

① 자외선용 ② 적외선용
③ 용접용   ④ 비산방지용

해설 ○─ 차광보안경의 종류는 자외선용, 적외선용, 용접용이 있으며 비산물 위험방지용 보안경은 비산물로부터 눈을 보호 한다

57 산업안전보건법상 산업재해의 정의로 옳은 것은?

① 고의로 물적 시설을 파손한 것을 말한다.
② 운전 중 본인의 부주의로 교통사고가 발생된 것을 말한다.
③ 일상 활동에서 발생하는 사고로서 인적 피해에 해당하는 부분을 말한다.
④ 근로자가 업무에 관계되는 건설물, 설비, 원재료, 가스, 증기, 분진 등에 의하거나 작업 또는 그 밖의 업무로 인하여 사망 또는 부상하거나 질병에 걸리는 것을 말한다.

58 산업 재해의 원인은 직접원인과 간접원인으로 구분되는데 다음 직접원인 중에서 불안전한 행동에 해당하지 않는 것은?

① 허가 없이 장치를 운전   ② 불충분한 경보 시스템
③ 결함 있는 장치를 사용   ④ 개인 보호구 미사용

해설 ○─ **직접원인**
① 불안전 자세
② 불안전 운반 인양
③ 불안전 적재 배치 결함 정리 정돈 안함
④ 결함이 있는 장비 공구 시설의 불안전
⑤ 보호구 미착용 및 위험한 장비에서 작업
⑥ 권한 없이 행한 조작
⑦ 안전장치를 고장내거나 기능 제거
간접원인
① 결함있는 기계 설비 및 장비
② 불안전 설계
③ 부적절 조명 환기 복장
④ 불량한 정리 정돈
⑤ 불량 상태

Answer 56 ④ 57 ④ 58 ②

59 무거운 물건을 들어 올릴 때의 주의사항에 관한 설명으로 가장 적합하지 않은 것은?

① 장갑에 기름을 묻히고 든다.
② 가능한 이동식 크레인을 이용한다.
③ 힘센 사람과 약한 사람과의 균형을 잡는다.
④ 약간씩 이동하는 것은 지렛대를 이용할 수도 있다.

60 해머 사용 시 안전에 주의해야 될 사항으로 틀린 것은?

① 해머 사용 전 주위를 살펴본다.
② 담금질한 것은 무리하게 두들기지 않는다.
③ 해머를 사용하여 작업할 때에는 처음부터 강한 힘을 사용한다.
④ 대형해머를 사용할 때는 자기의 힘에 적합한 것으로 한다.

해설 ○ 해머 사용 시 처음에는 작은 힘으로 시작한다.

Answer 59 ① 60 ③

2016년 제1회 최근 기출문제

01 천장 크레인 운전실의 종류가 아닌 것은?

① 개방형 운전실
② 개방 단열형 운전실
③ 밀폐형 운전실
④ 밀폐 단열형 운전실

해설 ○ 운전실은 개방형과 밀폐형이 있으며 주로 밀폐형이 많이 사용되며, 밀폐형은 단열·방진·혹서·혹한 등에 유리하다.

02 천장 크레인 크래브 부분의 점검사항으로 틀린 것은?

① 크레인 운전 중 크래브에서 발생하는 소음을 점검한다.
② 크래브에 설치된 주행장치의 이상 유무를 점검한다.
③ 크래브에 부착된 안전난간의 이상 유무를 점검한다.
④ 크래브 프레임의 용접부 균열발생 유무를 점검한다.

해설 ○ 크래브에는 권상장치와 횡행장치가 설치되며 주행장치는 설치되지 않는다.

03 국내에서 천장 크레인의 공치 용량 단위는?

① 톤
② 파운드
③ 미터
④ 온스

해설 ○ 천장 크레인의 작업 능력은 1회의 작업량, 즉 권상(주권기준) 톤(ton)수로 나타낸다.

04 기어의 두 축이 교차하면서 가장 큰 감속비로 감속하는 기어는?

① 웜과 웜 기어
② 나사기어
③ 베벨기어
④ 랙과 피니언

해설 ○ 웜과 웜기어가 조립되면 웜이 1회전 하는 동안 웜기어는 1치자가 회전되므로 역회전을 방지할 수 있으며, 가장 큰 감속비를 얻을 수 있다.

Answer 01 ② 02 ② 03 ① 04 ①

05 콘텍트 시그먼트(Contact segment)와 핑거(Finger)가 접촉하면 직접 전동기를 작동시키는 방식은?

① 컴비네이션 제어기
② 유니버셜 제어기
③ 캠형 제어기
④ 드럼형 제어기

해설 드럼형 제어기(컨트롤러)는 시그먼트 핑거가 접촉해서 개폐하는 것으로, 구조가 간단하고 견고하여 여러 형태의 크레인 제어 시 직접 전동기를 작동시킨다.

06 권하 속도가 빠를수록 좋은 천장 크레인은?

① 원료장입 크레인
② 주기 크레인
③ 강괴 크레인
④ 담금질 크레인

해설 담금질 크레인은 권하 속도가 빠르면 빠를수록 좋다.

07 화물을 권상시킬 때, 작업안전을 위해 급정지시킬 수 있도록 설치되어 있는 일종의 방호장치는?

① 충돌방지장치(Anti collision)
② 비상정지장치(Emergency stop switch)
③ 레일클램프장치(Rail clamp)
④ 훅 해지장치(Hook latch)

해설 가. 비상정지장치는 각 제어반 및 그 밖의 비상정지를 필요로 하는 개소에 설치하되, 접근이 용이한 곳에 배치되어야 한다.
나. 비상정지장치는 작동된 이후 수동으로 복귀시킬 때까지 회로가 자동으로 복귀되지 않는 구조여야 한다.
다. 비상정지장치의 형태는 기계의 구조와 특성에 따라 위험상황을 해소 할 수 있도록 다음과 같은 적절한 형태의 것을 선정해야 한다.
  1) 버섯형(돌출) 누름버튼
  2) 로프작동형, 봉형
  3) 복부 또는 무릎작동형
  4) 보호덮개가 없는 페달형 스위치
라. 누름버튼형 비상정지장치의 엑추에이터는 적색이고 주변의 배경색은 황색이어야 한다.

Answer 05 ④ 06 ④ 07 ②

08 홈이 있는 드럼에 와이어 로프가 감길 때 와이어 로프 방향과 홈 방향과의 각도는 몇 도 이내인가?

① 4
② 8
③ 12
④ 16

해설 ○ 와이어 로프의 감기
① 권상장치 등의 드럼에 홈이 있는 경우 플리트(Fleet) 각도(와이어 로프가 감기는 방향과 로프가 감겨지는 방향과의 각도)는 4도 이내여야 한다.
② 권상장치 등의 드럼에 홈이 없는 경우 플리트 각도는 2도 이내여야 한다.
③ 권상장치 등의 드럼에 로프를 다층으로 감는 경우 로프가 쌓이는 것을 방지하기 위하여 플랜지부에서의 플리트 각도는 0.5도 이상 4도 이내여야 한다.

09 크레인에 설치되는 완충장치에 대한 설명으로 옳지 않은 것은?

① 완충장치는 레일 양 끝단에 설치된 스토퍼에 크레인이 부딪쳤을 때, 충격을 완화시켜 주는 역할을 한다.
② 호이스트나 크래브 트롤리식 스토퍼는 차륜직경의 1/4 미만의 높이로 레일에 용접하여 사용한다.
③ 주행레일의 스토퍼는 차륜 직경의 1/2 이상 높이로 한다.
④ 고속 크레인에 사용되는 완충장치에는 경질고무 버퍼, 우레탄고무 버퍼, 스프링식 및 유압식이 있다.

해설 ○ 가. 크레인의 횡행레일에는 양끝부분 또는 이에 준하는 장소에 완충장치, 완충재 또는 해당 크레인 횡행 차륜 지름의 4분의 1 이상 높이의 정지 기구를 설치해야 한다.
나. 크레인의 주행레일에는 양끝부분 또는 이에 준하는 장소에 완충장치, 완충재 또는 해당 크레인 주행차륜 지름의 2분의 1 이상 높이의 정지 기구를 설치해야 한다.
다. 크레인의 주행레일에는 차륜정지기구에 도달하기 전의 위치에 리미트 스위치 등 전기적 정지장치가 설치되어야 한다.
라. 횡행 속도가 매 분당 48m 이상인 크레인의 횡행레일에는 차륜정지 기구에 도달하기 전의 위치에 리미트 스위치 등 전기적 정지장치가 설치되어야 한다.

10 천장 크레인의 완성검사 시 시험하중은?

① 정격하중의 100%
② 정격하중의 110%
③ 정격하중의 125%
④ 정격하중의 150%

해설 ○ 크레인의 완성 검사 시 시험하중시험은 정격하중의 1.1배(110%)이다.

Answer   08 ①   09 ②   10 ②

11 드럼직경(D)와 와이어 로프 직경(d)의 비율(D/d)은?

① 5 이하
② 10 이하
③ 10 이상
④ 20 이상

해설 ○── 권상드럼의 직경 D(드럼에 감긴 로프의 중심)와 와이어 로프 직경 d와의 비 D/d =20배 이상이어야 한다.

12 디스크 브레이크 시스템에서 제동 시 제동압력은 발생하는데 제동이 잘 안 되는 이유와 거리가 먼 것은?

① 디스크 브레이크 오일에 공기가 침투된 상태
② 디스크 브레이크 라이닝에 물이 묻어있는 상태
③ 디스크 브레이크 파이프가 파손되었을 때
④ 디스크 브레이크 라이닝에 기름이 묻어있는 상태

해설 ○── 디스크 브레이크 파이프가 파손되면 압력이 발생되지 않아 제동이 전혀 되지 않는다.

13 와이어 로프 사용상 주의사항은 틀린 것은?

① 새로운 로프로 교체 후 초기 운전 시에는 사용 적격하중의 1/2 정도를 걸고 저속으로 여러 번 시운전을 해야 한다.
② 드럼에 로프를 감을 때에는 가능한 당기면서 감아야 한다.
③ 로프의 수명을 연장시키려면 적정하중으로 운전횟수를 늘리는 편보다 과하중 횟수를 줄이는 것이 유리하다.
④ 짐을 매다는 경우에는 4줄걸이 이상으로 한다.

해설 ○── 로프의 수명을 연장시키려면 적정하중으로 운전횟수를 늘리고 과하중 횟수를 줄이는 것보다 편이 유리하다.

14 전자식과부하 방지장치를 설명한 것으로 옳은 것은?

① 내부의 마이크로 스위치를 동작하여 운전 상태를 정지하는 안전장치이다.
② 변화되는 중량을 아날로그로 표시, 편의성을 향상시켰으며 가격도 저렴하다.
③ 스트레인 케이지의 전자식 저항값의 변화에 따라 아주 민감하게 동작하는 방호장치이다.
④ 감지방법은 하중의 방향에 따라 인장로드셀방법, 압축로드셀 방법이 있다.

해설 ○── 전자식과부하 방지장치는 방호장치가 아니다.

Answer 11 ④ 12 ③ 13 ③ 14 ④

15 전자 브레이크의 전자석이 소리를 내며 과열, 소손되는 경우 점검 사항과 관계가 없는 것은?

① 압출봉 출입구 패킹부에서 물이 침입하여 내부에 녹이 발생하여 있지 않은가?
② 풀리와 라이닝의 틈새가 너무 적지 않은가?
③ 스트로크가 너무 크지 않은가?
④ 브레이크 라이닝이 과열하였는가?

> 해설 ⊙ 천장 크레인은 대부분 실내에 설치되며 건물 외부에 설치하더라도 지붕을 설치하기 때문에 물이 들어가서 녹이 발생하는 구조가 아니다.

16 전동기의 일반적인 사항을 설명한 것으로 틀린 것은?

① 분권식의 경우 부하변동에 관계없이 일정한 속도로 운전된다.
② 브러시와 홀더는 예비부품으로 준비해둘 필요가 있다.
③ 카본 브러시의 마모한도는 원래치수의 20%까지이다.
④ 모터의 전원전압이 너무 낮아도 과열된다.

> 해설 ⊙ 카본 브러시는 이상 마모가 없어야 하며, 마모한도는 원 치수의 50% 이하여야 한다.

17 훅에 대한 설명 중 틀린 것은?

① 목 부분이 30% 이내 벌어진 것까지만 사용한다.
② 균열 검사는 적어도 연 1회 실시한다.
③ 흠 자국 깊이가 2mm가 되면 평활하게 다듬어야 한다.
④ 균열된 훅은 용접해서 사용할 수 없다.

> 해설 ⊙ 훅은 점검 후 내부에 큰 균열이 발생했거나 입구의 벌어짐이 원래 치수의 5% 이상이면 폐기하여야 한다.

18 주행차륜의 직경이 40mm이고, 주행 모터의 회전수가 3,000rpm이며, 감속비가 1/100일 때, 주행속도는?

① 약 38m/min
② 약 68m/min
③ 약 120m/min
④ 약 80m/min

> 해설 ⊙ 주행속도 계산 공식은 = (3.14 × 차륜직경 × 모터회전수) ÷ 감속비이다.
> (3.14 × 400 × 3,000) ÷ 100 = 37,680mm/min 이며,
> 밀리미터(mm)를 미터(m)로 환산하면 1미터는 1,000mm이므로
> 37,680 ÷ 1,000 = 37.68m/min ≒ 38[m/min]이다.

Answer 15 ① 16 ③ 17 ① 18 ①

19 천장 크레인의 안전장치가 아닌 것은?

① 리미트 스위치　　　　② 전자 브레이크
③ 과부하 계전기　　　　④ 전동기

해설 ○ 전동기는 전기적 에너지를 기계적 에너지로 변환시키는 구동장치이다.

20 권선형 유도 전동기의 2차 저항 제어 방식의 특징으로 틀린 것은?

① 1차 저항값의 가변에 의해 속도가 제어된다.
② 어떤 용량의 전동기에도 제어가 가능하다.
③ 기동 시 쿠션 스타트로서도 사용된다.
④ 부하 변동에 의한 속도 변동이 크다.

해설 ○ 2차 저항 제어방식은 권선형 3상 유도전동기의 2차측 (R,S,T 또는 U,V,W)에 2차 저항을 연결시켜 저항의 가감을 통해 전동기의 회전속도를 제어한다.

21 스퍼기어에서 잇수가 18개인 피니언이 1,000rpm으로 회전하고 있다. 기어를 450rpm으로 회전 시키려면 기어의 잇수는 몇 개로 하여야 되는가?

① 40　　　　　　　　② 70
③ 150　　　　　　　④ 250

해설 ○ 기어의 잇수를 계산하는 공식
구동축 기어의 잇수 × 회전수 ÷ 피동축 기어의 잇수이다.
18 × 1,000 ÷ 450 = 40
기어의 회전수를 계산하는 공식
구동축 기어의 잇수 × 회전수 ÷ 피동축 기어의 회전수이다.
18 × 1,000 ÷ 40 = 450

22 집전장치의 종류 중 대전류용 또는 고압용이며 레일과 접촉하는 위쪽 접촉부위가 마모를 경감시키도록 되어 있는 형식은?

① 슈 형　　　　　　　② 고정 형
③ 포울 형　　　　　　④ 팬던트 형

해설 ○ 슈(Shoe)형은 천장 크레인의 집전장치로서 집전기의 카본 브러쉬는 마모되면 교체할 수 있다. 브러쉬의 재료는 구리와 흑연을 압축시켜 만든다.

Answer　19 ④　20 ①　21 ①　22 ①

23 권상하중 40톤, 권상속도 1.5m/min인 천장 크레인의 전동기의 출력은(kw)은?

① 58.8
② 588
③ 13.3
④ 9.8

해설 ○─ 천장 크레인의 전동기 출력(kw) 산출 공식
(권상하중 × 권상속도) ÷ (6.12 × 권상기 효율)이다.
(40 × 1.5) ÷ (6.12 × 1)
40 × 1.5 = 60이며, 6.12 × 1(효율 100%) = 6.12이다. 60 ÷ 6.12 = 9.8kw

24 미끄럼 베어링에 대한 설명 중 틀린 것은?

① 구조가 간단하고 값이 싸다.
② 충격에 견디는 힘이 작다.
③ 베어링 교환이 간단하다.
④ 시동 저항이 크다.

해설 ○─ 미끄럼(부쉬) 베어링은 충격에 강하고 마모한도는 0.6~1.6mm 이다.

25 전동기가 기동을 하지 않는 원인이 아닌 것은?

① 터미널의 이완
② 단선
③ 커넥션의 접촉 불량
④ 훅의 마모

해설 ○─ 전동기 기동과 훅의 마모는 관계가 없다.

26 고정자, 회전자, 베어링, 냉각팬, 엔드 브래킷으로 구성되어 있으며 고정자는 철심과 철심 안쪽에 파진 홈에 감겨있는 권선으로 되어 있는 방식의 전동기는?

① 직권식 전동기
② 농형 유도 전동기
③ 권선형 유도 전동기
④ 분권식 전동기

해설 ○─ 권선형 전동기는 고정자와 회전자에 권선 코일이 감겨있으며 농형 전동기는 고정자에는 권선 코일이 감겨있고 회전자에는 코일이 감겨있지 않다.
농형 유도 전동기는 구조가 간단하고 튼튼하며 운전 중 성능은 좋으나 기동 시 성능이 좋지 않아 슬로스타트가 필요하며 브러시를 사용하지 않는다.

Answer 23 ④ 24 ② 25 ④ 26 ②

27 기계요소 중 키(key)에 대한 설명으로 틀린 것은?

① 축과 회전체를 일체로 하여 회전력을 전달시키는 기계요소이다.
② 축과 회전체의 원주방향으로의 이동이 가능하다.
③ 재료는 축 재료보다 약간 강하다.
④ 급유할 필요가 없다.

해설 ○ 키는 축과 회전체의 원주방향 이동이 불가능하다.

28 천장 크레인으로 하물을 권상할 때의 운전방법 중 가장 양호한 것은?

① 하물을 조금씩 들어 올리고 그때마다 제어기를 OFF시켜 브레이크 지지능력을 확인한다.
② 천장 크레인은 정격하중의 110%는 들어 올릴 수 있으므로 평소와 같이 권상한다.
③ 지면에서 20㎝ 쯤 위치에서 일단정지하고, 줄걸이 이상여부를 확인한다.
④ 안전을 위하여 권상 작업을 하지 않는다.

해설 ○ 크레인 운전자는 하물을 인양할 때 줄걸이 용구가 서서히 장력을 받도록 미동 권상하며 하물이 지면에서 20Cm 떨어졌을 때 하물의 중심이 맞았는지 확인한다.

29 운전 시 집전장치에서 과대한 스파크가 발생할 때 점검해야 할 사항은?

① 집전자의 과대 마모에 의한 접촉 불량
② 전동기의 회전수
③ 브레이크 라이닝 간격
④ 리미트 스위치

해설 ○ 집전장치에서의 과대한 스파크의 발생은 집전자의 접촉 불량 또는 집전자 카본 브러쉬의 과도한 마모 등이 있다.

30 천장 크레인으로 물건을 운반할 때 주의할 사항 중 거리가 먼 것은?

① 적재물이 떨어지지 않도록 한다.
② 부하물 위에 사람을 태워서는 안 된다.
③ 경우에 따라서는 과부하 하중 이상의 무게를 매달을 수 있다.
④ 줄걸이 와이어 로프의 안전 여부를 항상 확인한다.

해설 ○ 정격하중을 초과하면 안 된다.

Answer 27 ② 28 ③ 29 ① 30 ③

31 천장 크레인으로 부품을 들어 올릴 때 주로 사용하는 볼트는?

① 기초 볼트　　② 아이 볼트
③ T 볼트　　④ 스테이 볼트

> 해설 ○ 부품을 들어 올릴 때 사용하는 볼트는 아이 볼트(Eye bolt)와 아이 너트(Eye nut)가 있다. 부품을 들어 올릴 때 중심선에서 45° 이내에서 사용한다.

32 천장 크레인 관련 설명 중 틀린 것은?

① 저항기는 사용 중 온도가 높아져서 약 350℃가 될 때가 있으므로 통풍을 잘 시켜야 된다.
② 리미트 스위치를 구조별로 구분하면 나사형, 레버형, 캠형으로 나눌 수 있다.
③ 리미트 스위치의 작용점이 최대부하 때와 무부하 때에는 약간씩 차이가 난다.
④ 천장 크레인용 저항기는 용량이 크고 진동에 강한 리본형이 적합하다.

> 해설 ○ 크레인의 2차 저항제어 방식에 사용하는 저항기는 온도 변화에 관계없이 저항값이 일정하며 격자 무늬인 그리드(Grid)형을 주로 사용한다.

33 전기설비의 감전 대책이 아닌 것은?

① 정전 또는 점검 수리 시에는 반드시 전원스위치를 내리고 다른 사람이 스위치를 넣지 않게 "수리 중" 표시를 한다.
② 감전사고 방지를 위한 장치에는 접지, 누전차단기 등이 있다.
③ 작업장에서 직류와 교류 각각 24V 이상인 전기설비에는 접근제한 및 위험 표지를 붙여야 한다.
④ 복장은 피부가 노출되지 않게 하고 건조한 옷을 착용하며 절연이 양호한 신발을 신는다.

> 해설 ○ 크레인의 전원은 교류 380V, 440V를 사용한다.

34 크레인의 리모트 콘트롤러에는 주파수 방식과 적외선 방식이 있다. 이 두 가지 방식의 특성 중 틀린 것은?

① 주파수 방식은 운전자의 가시거리 내에 있어야 작동이 가능하다.
② 적외선 방식은 주변의 정밀기기에 영향을 주지 않는다.
③ 주파수 방식은 안테나를 사용하므로 센서가 필요하지 않다.
④ 적외선 방식은 불필요한 신호에 의한 사고위험이 주파수 방식보다 낮다.

> 해설 ○ 주파수 방식은 컨트롤러(송신기)와 크레인 상부에 설치되어 있는 수신기와 서로 간 주파수가 잡히는 거리 내에 있어야 한다.

Answer　31 ②　32 ④　33 ③　34 ①

35 하역 작업을 시작하기 전에 점검해야 할 사항 중 가장 거리가 먼 것은?

① 주행로상 및 크레인 주위에 장애물 유무 여부
② 급유상태
③ 볼트, 너트 및 엔드 플레이트의 이완 여부
④ 진동 및 소음 상태

해설 ○─ 진동 및 소음 상태는 작업 중 점검사항이다.

36 플레밍의 오른손 법칙에서 가운데(중지)손가락 방향은?

① 자력선 방향 ② 자밀도 방향
③ 유도 기전력 방향 ④ 운동 방향

해설 ○─ 플레밍의 오른손 법칙
① 엄지 : 도체의 운동방향
② 검지 : 자력선 방향
③ 중지 : 유도 기전력 방향
플레밍의 왼손 법칙
① 엄지 : 도체의 운동방향
② 검지 : 자력선 방향
③ 중지 : 전류의 방향

37 2개의 축이 일직선상에 있지 않고 어떤 각도를 가진 두 축 사이에 동력을 전달할 때 사용하는 축 이음으로서 경사각이 커지면 전달효율이 저하되므로 보통 30° 이내로 사용 하는 축 이음은?

① 분할형 축이음 ② 플렉시블 축이음
③ 플랜지 축이음 ④ 유니버셜 조인트

해설 ○─ 유니버셜 조인트(자재이음, 만능 조인트)는 두 축이 30° 이내의 교각으로 연결할 때 사용된다.

38 옥외크레인을 사용 시 순간 풍속이 매초 당 (   )미터를 초과하는 바람이 불어올 우려가 있을 때에는 옥외에 설치되어 있는 주행크레인에 대하여 이탈방지 장치를 작동시키는 등 그 이탈을 방지하기 위한 조치를 하여야 한다. (   )에 적합한 풍속은?

① 20 ② 30
③ 45 ④ 60

해설 ○─ 사업주는 순간 풍속이 초당 30m를 초과하는 바람이 불어올 우려가 있는 경우 옥외에 설치되어 있는 주행 크레인에 대하여 이탈 방지장치를 작동시키는 등 이탈 방지를 위한 조치를 하여야 한다.

Answer 35 ④ 36 ③ 37 ④ 38 ②

2016년 제1회 최근 기출문제

39 집중 급유장치로 급유가 불가능한 부분은?

① 주행 장축 베어링
② 주행차륜 베어링
③ 와이어 드럼 축수 베어링
④ 훅 시브 베어링

해설 훅 시브 베어링 급유는 그리스건으로 사람이 직접 급유해야 한다.

40 급유 방법에 대한 설명 중 가장 거리가 먼 것은?

① 와이어 로프용 윤활유는 산이나 알칼리성을 띠지 않고, 내산화성이 커야 한다.
② 진동이 심하고 먼지가 많은 개방된 곳의 기어에는 그리스를 발라주는 것이 좋다.
③ 감속기어 오일은 여름철에는 점도가 높은 것을 겨울철에는 점도가 낮은 것을 사용한다.
④ 스팬이 긴 경우 사행으로 인한 마모가 크므로 레일 측면에 기름이 부착되어서는 안 된다.

해설 크레인의 주행속도가 빠르거나 스팬이 긴 것, 지반 침하로 인한 레일의 직진도가 맞지 않았을 때 등은 차륜 플랜지나 레일 측면에 마모가 심하므로, 도유기를 이용하여 마모 부분에 소량의 오일을 자동으로 계속 급유하는 것이 좋다.

41 와이어 로프의 안전율 계산 시 사용하는 절단하중은 우리나라에서는 어떤 규정을 적용하는가?

① KS A3514
② KS B3514
③ KS C3514
④ KS D3514

해설 와이어 로프 관련된 사항은 KS D3514에 규정되어 있다.

42 와이어 로프의 지름감소가 공칭지름의 ( )할 경우 사용해서는 아니 된다. 괄호 안에 알맞은 것은?

① 7%를 초과
② 9%를 초과
③ 10%를 초과
④ 12%를 초과

해설 사용이 금지되는 와이어 로프
① 이음매가 있는 것
② 와이어 로프의 한 꼬임에서 끊어진 소선(素線)(필러선은 제외)의 수가 10% 이상(비자전로프의 경우에는 끊어진 소선의 수가 와이어 로프 호칭 지름의 6배 길이 이내에서 4개 이상이거나 호칭 지름 30배 길이 이내에서 8개 이상)인 것
③ 지름의 감소가 공칭지름의 7%를 초과하는 것
④ 꼬인 것
⑤ 심하게 변형되거나 부식된 것
⑥ 열과 전기충격에 의해 손상된 것

Answer 39 ④ 40 ④ 41 ④ 42 ①

43 천장 크레인의 주행차륜의 마모한계에 대한 설명 중 틀린 것은?

① 좌우차륜의 직경차 : 구동륜은 원 치수의 0.2%, 종동륜은 원 치수의 0.5%
② 플랜지의 두께 : 원 치수의 50%
③ 플랜지의 변형도 : 수선에서 20°
④ 차륜직경의 마모 : 원 치수의 30%

해설 ○ 차륜플랜지의 경사는 수직 위치에서 20°까지이고, 플랜지 마모한도는 원 치수의 50%까지이다.

44 와이어 로프의 구부림과 관련 된 사항 중 시브 지름 D와 와이어 소선 지름 d와의 관계가 아래와 같을 때 의미하는 것은?

$$D/d < 200$$

① 영구 늘어남이 생겨 빨리 피로해진다.
② 최적치이다.
③ 필요한 최소한도를 만족한다.
④ 탄성 변형 내에 존재한다.

해설 ○ D/d < 200 : 영구 늘어남이 생겨 피로가 발생한다.
  D/d = 300 : 필요한 최소한도이다.
  D/d = 600 : 최적치이다.

45 체적이 같을 때 무거운 것부터 차례로 나열한 것은?

① 동 → 납 → 점토 → 철
② 점토 → 납 → 동 → 철
③ 철 → 동 → 납 → 토
④ 납 → 동 → 철 → 점토

해설 ○ 물체의 비중 : 납 11.4, 동 8.9, 철 7.8, 점토 2.6, 물 1

46 타워 크레인에서 일반적인 작업사항으로 틀린 것은?

① 작업이 종료된 후 훅(Hook)은 크레인 메인 지브의 하단부 정도까지 올려놓는다.
② 물건을 운반하지 않을 때는 훅에 와이어를 건채로 이동해서는 안 된다.
③ 모가 난 짐을 운반 시는 규정보다 약한 와이어를 사용한다.
④ 화물의 중량 및 중심의 목측(目測)은 가능한 정확히 해야 한다.

해설 ○ 모가 난 짐을 운반 시는 로프나 물품을 보호하기 위해 보조구(고무, 나무, 가죽 등)를 사용하므로 규정보다 강한 로프를 사용하여야 한다.

Answer 43 ③ 44 ① 45 ④ 46 ③

47 와이어 로프의 보관 방법 중 틀린 것은?

① 건조하고 지붕이 있는 곳에 보관해야 한다.
② 한 번 사용한 로프를 보관할 때는 오물 등을 제거하고 그리스를 바르고 잘 감아서 보관해야 한다.
③ 로프는 적당한 습기가 필요하므로 충분한 습기가 올라오는 장소에 놓는다.
④ 직사광선이나 열기 등에 의한 그리스의 변질이 없도록 보관해야 한다.

해설 ○ 로프는 습기가 없는 건조하고 직사광선을 피하기 위해 지붕이 있는 통풍이 잘되는 지면에 직접 닿지 않게 건물 내에 보관해야 한다.

48 줄걸이 로프에 걸리는 하중에 관한 공식 중 옳은 것은?

① 부하물의 하중 ÷ (줄걸이 수 ÷ 조각도)
② 부하물의 하중 ÷ (줄걸이 수 × 조각도)
③ 부하물의 하중 × (줄걸이 수 ÷ 조각도)
④ 부하물의 하중 × (줄걸이 수 × 조각도)

해설 ○ 줄걸이 로프에 작용하는 하중 = 부하물의 하중 × 장력계수 ÷ 줄걸이 수

49 100V로 150A의 전류를 흐르게 하였을 경우 마력은 약 얼마인가?

① 10.11　　　　② 20.11
③ 30.11　　　　④ 40.11

해설 ○ 전력을 산출하는 공식은 = 전압 × 전류이다.
100 × 150 = 1,5000W = 15kw이며 1마력(HP) = 0.746kw이므로
15 ÷ 0.746 ≒ 20.11이다.

50 줄걸이로 짐을 달아 올릴 때의 주의사항 중 틀린 것은?

① 매다는 각도는 60도 이내로 한다.
② 큰 짐 위에 작은 짐을 얹어서 짐이 떨어지지 않도록 한다.
③ 짐을 전도시킬 때는 가급적 주위를 넓게 하여 실시한다.
④ 전도 작업 도중 중심이 달라질 때는 와이어 로프 등이 미끄러지지 않도록 주의한다.

해설 ○ 하물을 운반할 때는 겹치거나 2단으로 쌓아서 이동하면 안 된다.

Answer　47 ③　48 ②　49 ②　50 ②

51 안전작업 사항으로 잘못된 것은?

① 전기장치는 접지를 하고 이동식 전기기구는 방호장치를 설치한다.
② 엔진에서 배출되는 일산화탄소에 대비한 통풍장치를 설치한다.
③ 담뱃불은 발화력이 약하므로 제한장소 없이 흡연해도 무방하다.
④ 주요장비 등은 조작자를 지정하여 아무나 조작하지 않도록 한다.

해설 담뱃불은 발화력이 강하므로 작업장에서 흡연하면 안 된다.

52 전장품을 안전하게 보호하는 퓨즈의 사용법으로 틀린 것은?

① 퓨즈가 없으면 임시로 철사를 감아서 사용한다.
② 회로에 맞는 전류 용량의 퓨즈를 사용한다.
③ 오래되어 산화된 퓨즈는 미리 교환한다.
④ 과열되어 끊어진 퓨즈는 과열된 원인을 먼저 수리한다.

해설 퓨즈가 끊어졌을 때 규정된 퓨즈를 사용하여야 하며 퓨즈 대신 철사를 사용하면 안 된다.

53 다음 중 현장에서 작업자가 작업 안전상 꼭 알아두어야 할 사항은?

① 장비의 가격
② 종업원의 작업환경
③ 종업원의 기술 정도
④ 안전 규칙 및 수칙

해설 현장에서 작업자가 작업 안전상 꼭 알아두어야 할 사항은 안전 규칙 및 수칙이다.

54 망치(Hammer)작업 시 옳은 것은?

① 망치자루의 가운데 부분을 잡아 놓치지 않도록 할 것
② 손은 다치지 않게 장갑을 착용할 것
③ 타격할 때 처음과 마지막에 힘을 많이 가하지 말 것
④ 열처리된 재료는 반드시 해머작업을 할 것

해설 처음에는 작은 힘으로 두드리다가 서서히 힘을 주어 작업하며 시작과 마지막에는 서서히 가격한다.

55 아크용접에서 눈을 보호하기 위한 보안경으로 맞는 것은?

① 도수 안경
② 방진 안경
③ 차광용 안경
④ 실험실용 안경

해설 용접 중 눈을 보호하기 위해 차광용 안경을 사용한다.

Answer 51 ③ 52 ① 53 ④ 54 ③ 55 ③

56 먼지가 많은 장소에서 착용하여야 하는 마스크는?

① 방독 마스크 ② 산소 마스크
③ 방진 마스크 ④ 일반 마스크

해설 ◦ 먼지가 많은 장소에서는 방진마스크를 착용해야 한다.

57 유류화재 시 소화용으로 가장 거리가 먼 것은?

① 물 ② 소화기
③ 모래 ④ 흙

해설 ◦ 유류 화재 발생 시 물을 뿌리면 불이 더 확산된다.

58 작업장에서 공동 작업으로 물건을 들어 이동할 때 잘못된 것은?

① 힘의 균형을 유지하여 이동할 것
② 불안전한 물건은 드는 방법에 주의할 것
③ 보조를 맞추어 들도록 할 것
④ 운반도중 상대방에게 무리하게 힘을 가할 것

해설 ◦ 힘이 센 사람과 약한 사람이 서로 상대방에게 무리가 가지 않게 보조를 맞춰 작업한다.

59 산업체에서 안전을 지킴으로서 얻을 수 있는 이점과 가장 거리가 먼 것은?

① 직장의 신뢰도를 높여준다.
② 직장 상·하 동료 간 인간관계 개선 효과도 기대된다.
③ 기업의 투자 경비가 늘어난다.
④ 사내 안전수칙이 준수되어 질서유지가 실현된다.

해설 ◦ 안전을 준수하면 안전사고의 발생이 줄게 되어 기업의 경비가 감소된다.

60 정비작업 시 안전에 위배되는 것은?

① 깨끗하고 먼지가 없는 작업환경을 조성한다.
② 회전 부분에 옷이나 손이 닿지 않도록 한다.
③ 연료를 채운 상태에서 연료통을 용접한다.
④ 가연성 물질을 취급 시 소화기를 준비한다.

해설 ◦ 연료를 채운 상태에서 연료통을 용접하면 폭발 및 화재의 위험성이 커진다.

Answer 56 ③ 57 ① 58 ④ 59 ③ 60 ③

2016년 제2회 최근 기출문제

01 전자 브레이크에서 전자석 부분의 과열 원인이 아닌 것은?

① 가동 철심이 완전히 부착되지 않을 때
② 전원의 규정 전압 초과 시
③ 전선의 부분 단락 시
④ 드럼(풀리)과 브레이크슈의 틈새 과다

해설: 드럼(풀리)과 브레이크 라이닝의 틈새 과다는 브레이크의 제동력 저하로 이어진다.
틈새가 너무 적을 때 발열, 소손의 원인이 된다.

02 천장 크레인 전동기의 전압이 440V일 때 절연저항 값은?

① 0.1MΩ 이상
② 0.2MΩ 이상
③ 0.3MΩ 이상
④ 0.4MΩ 이상

해설: 전동기의 절연저항은 200V에서는 0.2MΩ 이상이고, 440V에서는 0.4MΩ 이상이며, 3,300V에서는 3MΩ 이상이다.

03 하나의 제어기로 주행과 횡행 또는 주권과 보권을 같이 사용할 수 있는 것은?

① 수동 드럼형 제어기
② 캠 자동식 제어기
③ 푸시 버튼 제어기
④ 유니버셜 제어기

해설: 제어기의 핸들구조에는 외형에 따라 크랭크식과 레버식이 있으며, 주권과 보권, 주행과 횡행 등 두 동작을 한 개의 핸들로 동시에 조작하는 제어기는 유니버셜 제어기(만능제어기)이다.

04 직류 전동기에 이용되는 속도 제어용 브레이크는?

① 다이나믹 브레이크
② 메카니컬 브레이크
③ 마그네틱 브레이크
④ 유압압상 브레이크

해설: 다이나믹 브레이크는 운동에너지를 전기에너지로 변환시켜 에너지를 소모시켜서 제어하며 직류 전동기의 속도제어용 또는 요즘 많이 사용되고 있는 인버터 제어의 속도 제어용으로 사용된다.

Answer 01 ④ 02 ④ 03 ④ 04 ①

05 천장 크레인에서 사용되는 권과방지 장치의 형식이 아닌 것은?

① 컴비네이션식　② 중추식
③ 나사식　④ 캠식

해설 ○─ 크랭크식은 크레인을 작동시키는 콘트롤러의 종류에 속한다.

권상장치의 권과방지장치
1. 캠형 또는 웜 기어 형식 제한 개폐기(Cam type, Worm gear type limit switch)
    ① 캠형 리미트 스위치는 권상장치에 사용되며, 와이어 로프 드럼의 회전 축, 리미트 스위치의 웜이 연결되어 같이 회전하게 된다.
    ② 훅이 수직으로 움직일 수 있는 구간(상한, 하한)을 설정하여 캠을 조정한다.
    ③ 웜이 1회전하면 웜기어는 기어의 1개 잇수만큼 회전하면서 설정 구간이 되면 캠이 차단 스위치를 작동시켜 전원이 차단되고 동작이 제한된다.
    ④ 작동 구간이 길 때 적합 하다. 한 방향의 작동이 제한되어도 다른 쪽 방향은 작동이 가능하다.
2. 중추형 제한 개폐기(Weight type limit switch)
    ① 중추형 리미트 스위치는 권상장치에 사용되며 제한 개폐기의 레버 부분에 추를 메달아 훅이 추에 접촉되면 레버가 들어 올려져 차단 스위치를 작동시켜 전원을 차단시킨다.
    ② 캠형 제한 개폐기가 작동되지 않았을 때, 훅이 계속 수직으로 올라오는 것을 방지하기 위해 설치하는 비상용 2차 제한 개폐기이다. 중추형 제한 개폐기가 작동되면 메인전원 스위치가 OFF된다.
3. 레버형 제한 개폐기(Lever type limit switch)
    ① 레버형 리미트 스위치는 권상장치에는 사용하지 않고, 주행, 횡행 장치에 사용된다.
    ② 제한 개폐기가 천장 크레인이 주행, 횡행 운동을 할 때 설정된 장소에서 더 이상 진행되는 것을 방지하기 위해 사용된다. 설치된 브라켓(Bracket)에 제한 개폐기 레버가 접촉되면 차단 스위치를 작동시켜 전원을 차단한다. 이때 캠형과 마찬가지로 한 쪽 방향의 작동이 제한되어도 다른 쪽 방향은 작동할 수 있다.
4. 나사형 제한 개폐기(Screw type limit switch)
    ① 나사형 리미트 스위치는 회전 운동을 하는 기계 장치에 사용되며
    ② 나사가 회전 운동을 하면 너트가 수평 이동을 하면서 스위치를 작동시켜 전원을 차단한다.
    ③ 이때 캠형 및 레버형과 마찬가지로 한 쪽 방향의 작동이 제한되어도 다른 쪽 방향은 작동할 수 있다. 주로 작동 구간이 짧은 곳에 사용된다.

06 크레인 훅의 개구부 벌어짐의 사용한도는 원래치수의 면 % 까지인가?

① 5%
② 10%
③ 15%
④ 50%

해설 ○─ 훅의 개구부 벌어짐의 사용한도는 원래치수의 5%까지이다.

Answer　05 ①　06 ①

07 천장 크레인과 관련된 설명 중 틀린 것은?

① 휠베이스는 스팬 길이의 1/8 이상이 되어야 한다.
② 크래브란 횡행장치를 설치하여 양 거더 위에 설치된 레일 위를 왕복 운동하는 대차이다.
③ 와이어끝단 시징은 와이어 직경의 3배 정도를 해야 한다.
④ 와이어 드럼의 와이어 고정방법은 클램프를 사용하는 것이 좋다.

해설 주행 휠베이스(Wheel base)는 스팬의 1/7 이상이어야 한다. 다만, 휠베이스는 1레일 상에 4개의 차륜이 있는 경우는 좌우 외측차륜의 중심 간 거리, 4개 초과 8개 이하의 차륜이 있는 경우에는 좌우 각 외측 2개 차륜의 중심에서의 좌우 간 거리, 8개를 초과한 차륜이 있는 경우에는 좌우 각 외측 3개 차륜의 중심에서 좌우 간 거리로 한다.

08 주행, 횡행, 권상 등에서 과행(안전상 고려한 운전한계선을 초과)을 방지하는 장치는?

① 타임 릴레이
② 컨트롤러
③ 리미트 스위치
④ 브레이크

해설 리미트 스위치는 제한 스위치로서 권과 및 과행 방지장치이며 운동을 제한하는 스위치이다. 리미트 스위치를 조정해놓으면 그 거리 이상 작동하지 못하게 하는 것이다.

09 차륜 플랜지의 한쪽만 레일과 접촉 및 마모되는 원인으로 틀린 것은?

① 레일과 차륜의 직각도 불량
② 구동차륜과 종동차륜의 지름이 틀림
③ 좌우 주행레일의 높이가 틀림
④ 좌우 구동차륜의 지름차가 큼

해설 구동차륜과 종동차륜의 직경차는 차륜 플랜지의 한 쪽만 레일과 접촉 및 마모되는 원인이 아니다.

10 거더의 중앙부에 정격하중을 매달았을 경우의 허용 굽힘량은?

① 스팬의 1/500을 초과하지 않을 것
② 스팬의 1/600을 초과하지 않을 것
③ 스팬의 1/700을 초과하지 않을 것
④ 스팬의 1/800을 초과하지 않을 것

해설 크레인 거더의 처짐은 정격하중 및 달기기구 자중을 합한 하중에 상당하는 하중을 가장 불리한 조건으로 권상하였을 때, 당해 스팬의 800분의 1 이하가 되어야 한다.

Answer 07 ① 08 ③ 09 ② 10 ④

11 천장 크레인에서 완충장치의 종류가 아닌 것은?

① 유압 버퍼 스토퍼 ② 고무 버퍼 스토퍼
③ 강철 버퍼 스토퍼 ④ 스프링 버퍼 스토퍼

해설 ○─ 버퍼는 충격을 완화해주는 기구로서 사용되는 완충제는 스프링·고무·나무 또는 유압식 버퍼를 사용한다.

12 훅이 지상에 도달했을 경우 드럼에는 와이어 로프가 최소 몇 회의 감김 여유가 있어야 하는가?

① 감겨있지 않아도 된다. ② 최소 1회 이상
③ 최소 2회 이상 ④ 최소 4회 이상

해설 ○─ 드럼은 훅의 위치가 가장 낮은 곳에 위치할 때 클램프 고정이 되지 않은 로프가 드럼에 2바퀴 이상 남아 있어야 하며, 훅의 위치가 가장 높은 곳에 위치할 때 해당 감김 층에 대하여 감기지 않고 남아 있는 여유가 1바퀴 이상인 구조여야 한다.

13 주행레일의 높이 편차에 대한 설명으로 알맞은 것은?

① 기준면으로부터 최대 ±10mm 이내
② 기준면으로부너 최대 ±15mm 이내
③ 기준면으로부터 최대 ±20mm 이내
④ 기준면으로부터 최대 ±25mm 이내

해설 ○─ **주행레일**
- 연결부의 틈새는 천장 크레인은 3mm, 기타 크레인은 5mm 이하일 것
- 레일 연결부의 엇갈림은 상하 0.5mm 이하, 좌우 0.5mm 이하일 것
- 레일 측면의 마모는 원래 규격치수의 10% 이내일 것
- 주행레일의 높이 편차는 기준면으로부터 최대 ±10mm 이내이고, 좌우레일의 수평차는 10mm 이내, 레일의 구배량은 주행길이 2m 마다 2mm를 초과하지 않을 것
- 주행레일의 진직도는 전 주행길이에 걸쳐 최대 10mm이내이고, 수평 방향의 휨 량은 주행길이 2m마다 ±1mm 이내일 것

14 크래브(Crab)의 급정지 시 영향을 주지 않는 요소는?

① 와이어 로프 ② 크래브 자체
③ 횡행차륜 ④ 주행차륜

해설 ○─ 크래브란 거더 위에 설치된 레일을 따라 왕복 운동을 하며 권상장치와 횡행장치가 설치되어 있다. 크래브를 급정지시키면 와이어 로프·크래브자체·횡행차륜에 영향을 준다.

Answer 11 ③ 12 ③ 13 ① 14 ④

15 횡행 차륜정지용 스토퍼(Stopper)의 적당한 높이는 차륜 지름의 얼마인가?

① 1/2 이상
② 1배 이상
③ 1/3 이하
④ 1/4 이상

해설 ○─ 레일의 정지기구
가. 크레인의 횡행레일에는 양끝부분 또는 이에 준하는 장소에 완충장치, 완충재 또는 해당 크레인 횡행 차륜 지름의 4분의 1 이상 높이의 정지 기구를 설치해야 한다.
나. 크레인의 주행레일에는 양끝부분 또는 이에 준하는 장소에 완충장치, 완충재 또는 해당 크레인 주행차륜 지름의 2분의 1 이상 높이의 정지 기구를 설치해야 한다.
다. 크레인의 주행레일에는 차륜정지기구에 도달하기 전의 위치에 리미트 스위치 등 전기적 정지장치가 설치되어야 한다.
라. 횡행 속도가 매 분당 48m 이상인 크레인의 횡행레일에는 차륜정지 기구에 도달하기 전의 위치에 리미트 스위치 등 전기적 정지장치가 설치되어야 한다.

16 권상장치의 속도 제어용 브레이크로 가장 많이 사용되는 것은?

① 와류 브레이크
② 직류 전자 브레이크
③ 교류 전자 브레이크
④ 디스크 타입 전자 브레이크

해설 ○─ E,C브레이크(Eddy current brake)
① 와전류 브레이크 또는 소용돌이 브레이크라고도 하며,
② 권상장치에만 설치되며 주행·횡행에는 설치하지 않는다.
③ 권하 시 미세한 동작에 유리하며 권하 1단에서 작동된다.
④ 특히 권하 시 중량물이 규정된 속도보다 빠른 속도로 내려오는 걸 방지하는데 효과적이며 정격 속도의 1/5 의 감속비를 쉽게 얻을 수 있다.
⑤ 브레이크의 조정이 필요 없으나 설치 비용이 많이 들어 요즘 제작되는 천장 크레인에는 설치되지 않는다.
⑥ 작동 방식은 권상장치의 전동기(Motor)와 연결된 E,C브레이크의 회전자 축이 회전하면서 운전자가 조작레버(Controller)를 1단, 2단, 3단, 4단으로 변속시킬 때 전기 회로 장치에 의해 그에 맞는 정격 속도에 반응한다. 정격 속도보다 초과되었을 때, E,C브레이크의 고정자에 회전자가 회전하는 반대 방향으로 전류를 흘려보내 회전자가 과회전하는 것을 방지한다.

17 팬던트 또는 무전원격제어기를 사용하여 작업바닥면에서 조작 시 화물과 운전자가 함께 이동하는 크레인의 주행 속도는?

① 분당 45m 이하
② 분당 65m 이하
③ 분당 85m 이하
④ 분당 100m 이하

해설 ○─ 주행용 원동기
① 옥외에 설치된 주행 크레인은 미끄럼 방지 고정 장치가 설치된 위치까지 매초 16m의 풍속을 가진 바람이 불 때에도 주행할 수 있는 출력을 가진 원동기를 설치한 것이어야 한다.
② 펜던트 또는 무선원격제어기를 사용하여 작업 바닥면에서 조작하며 화물과 운전자가 함께 이동하는 크레인의 주행속도는 매 분당 45m 이하여야 한다.

Answer 15 ④ 16 ① 17 ①

18 전기기계 · 기구의 충전전로에 접근하는 장소에서 크레인의 안전 사항이 아닌 것은?

① 해당 충전전로를 이설할 것
② 해당 충전전로에 방호구를 설치할 것
③ 감전의 위험을 방지하기 위한 방책을 설치할 것
④ 현저히 곤란한 경우라도 작업감시인은 두지 말고 운전자에게 절연용 장갑 및 보호구를 착용시킬 것

해설 작업 감시인은 반드시 배치시켜야 한다.

19 감속기에 대한 설명으로 옳지 않은 것은?

① 횡행장치에서는 라인 샤프트에 위치한다.
② 주행장치의 감속장치는 기어박스에 넣어 오일로 채운다.
③ 기어 감속기란 기어를 이용한 속도변환기를 말한다.
④ 감속기에 사용되는 스퍼기어는 회전 운동을 직선 운동으로 전달한다.

해설 감속기는 작은 기어와 큰 기어를 조합시켜 작은 기어가 큰 기어를 회전시킴으로서 감속을 하는 구조이다. ④번항은 랙과 피니언이다.

20 크레인 구조부분의 지진하중은 옥외에 단독으로 설치되는 것에 대하여 크레인 자중(권상하물 제외)의 몇 %에 상당하는 수평하중을 지진하중으로 고려하여야 하나?

① 50% ② 25%
③ 15% ④ 5%

해설 지진하중은 옥외에 단독으로 설치되는 크레인에 한하여 크레인 자중의 15%에 상당하는 수평하중을 지지하중으로 고려한다.

21 교류에 있어서 저압은 몇 볼트(V) 이하를 의미하는가?

① 400 ② 500
③ 600 ④ 700

해설 600V 이하의 교류 전압 및 750V 이하의 직류 전압. 변압기 권선은 전압에 관계없이 전압이 낮은 쪽은 저압 코일, 높은 쪽은 고압 코일이라 한다.

Answer 18 ④ 19 ④ 20 ③ 21 ③

22 전동기의 토크(Torque)란?

① 전동기의 회전력
② 전동기의 열
③ 전동기의 속도
④ 전동기의 무게

> **해설** 전동기의 토크는 전동기의 회전력(출력)으로서
> 전동기의 명판에 적혀 있는 출력을 P [KW]
> 전동기의 명판에 적혀 있는 RPM
> (회전수 혹은 알피엠)을 N이라고 하며,
> 그 단위에 따라서 Kg.m로 표시하는 법, N.m으로 표시하는 법이 있다.
> (1) Kg.m 표시법 : 토오크 = (975 × P) / N
> (2) N.m 표시법 : 토오크 = (9549.3 × P) / N

23 크레인 운전조작에 관한 주의사항으로 틀린 것은?

① 일상점검 및 운전 전 점검이 완료되어 이상 없음이 판명되었을 때 운전에 필요한 조작을 한다.
② 훅이 크게 흔들릴 경우는 권상 작업을 해서는 안 된다.
③ 권상화물을 다른 작업자의 머리위로 통과시키기 위해서 경보를 울린다.
④ 화물을 권상하는 경우 권상화물이 지면에서 약 20㎝ 떨어진 후에 일단 정지시켜 권상화물의 중심 및 밸런스를 확인한다.

> **해설** 크레인 작업 시 어떠한 경우라도 작업자의 머리 위로 통과해서는 안 된다.

24 천장 크레인에서 아크(Arc)가 발생하는 위치 중 거리가 가장 먼 것은?

① 집전장치의 접촉면
② 전동기 정류자
③ 전자 접촉기
④ 저항기

> **해설** 아크(Arc)란?
> 두 개의 전극 간에 생기는 호(원 둘레) 모양의 전광(電光)이며 천장 크레인에서 아크가 자주 발생하는 곳은 집전장치의 접촉면·전동기 정류자·전자접촉기 등이다.

Answer 22 ① 23 ③ 24 ④

25 천장 크레인 배선에 관한 것 중 틀린 것은?

① 배선의 피복 상태는 손상, 파손, 탄화 부분이 없을 것
② 배선의 단자 체결 부분은 전용 단자를 사용하고 볼트 및 너트의 풀림 또는 탈락이 없을 것
③ 배선의 절연저항은 대지전압 150V 초과 300V 이하인 경우 0.2MΩ 이상일 것
④ 배선은 KSB 3064에 정해진 규격에 적합한 캡타이어 케이블일 것

해설 ○─ 배선은 600V 고무 절연전선, 600V 비닐전선 사용(KS C 3302)

26 전동기의 발열 원인으로 옳지 않은 것은?

① 부하가 클 때
② 전압강하가 없을 때
③ 사용빈도가 높을 때
④ 저항기가 부적당할 때

해설 ○─ 전압강하가 심할 때(너무 높거나 낮을 경우, 전압이 일정하지 않을 경우) 전동기가 과열된다.

27 퓨즈의 설명 중 틀린 것은?

① 회로에 병렬로 연결한다.
② 퓨즈의 접촉이 불량하면 전류의 흐름이 원활하지 못하다.
③ 전선의 온도가 올라가면 녹아 끊어져 회로를 차단한다.
④ 단락 때문에 전선이 타거나 과대 전류가 부하에 흐르지 않도록 한다.

해설 ○─ 퓨즈는 회로에 직렬로 연결하다.
　　　　병렬 : 나란히 늘어섬 또는 나란히 늘어놓음
　　　　직렬 : 일렬로 연결하는 것

28 천장 크레인의 작업에 대한 설명 중 틀린 것은?

① 작업 종료 후 천장 크레인을 소정위치에 정지시킨다.
② 작업 종료 후 브레이크 와이어 등의 점검을 한다.
③ 전기활선작업을 금하며 안전커버를 벗긴 채로 운전을 금한다.
④ 작업 종료 후 각 제어기를 OFF로 하고 보호반의 스위치는 ON으로 하여야 한다.

해설 ○─ 작업 종료 후 각 제어기, 보호반의 스위치도 OFF로 하여야 한다.

Answer 25 ④ 26 ② 27 ① 28 ④

29 천장 크레인의 3상 유도전동기에서 2차 저항기의 역할로 가장 알맞은 것은?

① 전동기에 과전류가 흐르는 것을 막아 전동기를 보호하는 역할로 한다.
② 전동기의 저항을 줄임으로서 전동기의 회전수를 일정하게 하는 역할을 한다.
③ 권선형 유도전동기의 2차 회로에 부착되어 저항량을 조정함으로써 속도를 변속하는 역할을 한다.
④ 농형 전동기에 저항이 너무 크므로 2차 저항기를 부착하여 저항량을 줄임으로써 안전하게 작동할 수 있는 역할을 한다.

> **해설** 2차 저항기는 3상 권선형 유도전동기의 2차측에 연결시켜 저항량을 조정함으로써 속도제어를 목적으로 사용한다.

30 두 축을 30° 이내의 교각으로 연결할 때 사용하는 축 이음으로 적합한 것은?

① 머프 커플링 ② 플랜지 커플링
③ 스플라인 이음 ④ 유니버설 조인트

> **해설** 유지버설 조인트(자재이음)는 양축이 30° 이하의 각도로 교차하는 경우에 사용되는 축 이음이다.

31 권하 작업의 속도에 대한 설명 중 가장 옳은 것은?

① 올릴 때의 속도와 같이 한다.
② 가능한 최대 속도로 한다.
③ 훅의 진동이 없으면 빨리 내려도 된다.
④ 적당한 높이까지 내린 후 천천히 내린다.

> **해설** 크레인 작업 시 권하 작업의 속도는 하물을 적당한 높이까지 내린 후 천천히 내린다.

32 트롤리선에서 전원을 천장 크레인으로 도입하는 부분을 집전장치라 한다. 집전장치의 종류가 아닌 것은?

① 캠형 ② 팬터그래프형
③ 폴형 ④ 슈형

> **해설** 집전장치는 트롤리선과 접촉하는 슈(Shoe)와 휠(Wheel)의 고정방법에 따라 팬터그래프, 고정형, 폴형, 슈형 등이 있으며 건물 외부에서 사용하는 갠트리 크레인의 경우 작업 공간 확보 및 장애물로 인한 사고를 예방하기 위해 릴형(Reel)을 사용하고 있다.

Answer 29 ③ 30 ④ 31 ④ 32 ①

33 주파수 60Hz, 출력이 30kw인 전동기 동기속도가 900rpm일 때 이 전동기의 극수는?

① 4극　　　　　　　　② 6극
③ 8극　　　　　　　　④ 10극

해설 ◦ 동기속도

전동기의 회전수 = $\dfrac{120f}{p}$　P = 극수, f = 주파수,

P(극수) = $\dfrac{120f}{전동기의 회전수} = \dfrac{120 \times f(60hz)}{900} = \dfrac{7,200}{900} = 8$

34 베어링 메탈의 구비조건으로 틀린 것은?

① 마찰이나 마멸이 적어야 한다.
② 면압 강도가 커야 한다.
③ 피로 강도가 작아야 한다.
④ 일정 강도를 가져야 한다.

해설 ◦ 베어링 메탈은
① 열전도가 좋고
② 마모가 적으며
③ 면압 강도가 크고
④ 내식성이 크고
⑤ 피로 강도가 커야 한다.

35 너트의 풀림 방지법에 대한 설명으로 틀린 것은?

① 와셔에 의한 방법은 주로 스프링 와셔를 사용한다.
② 핀, 작은 나사를 쓰는 방법은 볼트 홈 붙이 너트에 핀이나 작은 나사를 이용한 고정방법이다.
③ 이중 너트를 사용한다.
④ 너트의 회전방향에 의한 법은 축의 회전방향과 같은 방향으로 돌릴 때 잠기는 너트를 이용하는 것이다.

해설 ◦ 너트의 회전방향에 의한 법은 축의 회전방향과 반대방향으로 돌릴 때 잠기는 너트를 이용한다. 같은 방향이면 너트가 풀린다.

Answer　33 ③　34 ③　35 ④

36 천장 크레인에서 예비 부품을 두어야 하는 목적으로 가장 합당한 것은?

① 운전 중 고장이 쉽게 발생하는 부품에 대하여 정비시간을 단축시키기 위해
② 부품값이 비싸며 운반할 때 불편하므로
③ 형식을 갖추어 둘 필요가 있으므로
④ 쉽게 구할 수 있는 부품이며 값이 싸므로

해설 ○ 고장이 자주 발생하는 부위의 부품은 정비시간 단축을 위해 예비부품을 준비해 둔다.

37 스프링 재료의 구비조건이 아닌 것은?

① 내식성이 클 것
② 크리프 한도가 높을 것
③ 탄성한계가 높을 것
④ 전연성이 풍부할 것

해설 ○ 스프링재료는 전연성(展延性 얇게 펴지고 늘어나는 성질)이 낮아야 한다.

38 구름 베어링의 단점은?

① 과열의 위험이 적다.
② 마멸이 적으므로 빗나감도 적다.
③ 길이가 작아도 좋으므로 기계의 소형화가 가능하다.
④ 소음 및 진동이 생기기 쉽다.

해설 ○ **구름 베어링의 단점**
① 충격하중에 약하다.
② 값이 비싸며
③ 소음과 진동이 생기기 쉽다.

39 윤활유 유막보다 더 큰 이물질 입자에 의하여 기어의 접촉면에 긁힌 자국을 무엇이라 하는가?

① 어브레이젼   ② 피칭
③ 스크래칭   ④ 스폴링

해설 ○ 어브레이젼(Abrasion)은 기어가 마모되면서 생긴 입자에 의해 기어의 접촉면에 생긴 긁힌 자국·마모 등을 말한다.

Answer 36 ① 37 ④ 38 ④ 39 ①

40. 천장 크레인 운전자가 작업 시작 전 점검해야 할 사항으로 적합하지 않는 것은?

① 건물과 건물 사이의 거리 상태
② 주행로의 상측 및 트롤리가 횡행하는 레일의 상태
③ 와이어 로프의 상태
④ 브레이크 장치의 상태

해설 ①번항은 건축관련 사항이다.

41. 화물을 권하한 후, 줄걸이 용구를 분리하는 방법으로 적절하지 않은 것은?

① 훅은 가능한 낮은 위치로 유도하여 분리한다.
② 직경이 큰 와이어 로프는 비틀림이 작용하여 흔들림이 발생하므로 흔들리는 방향에 주의하면서 분리한다.
③ 작업을 빨리 진행하기 위하여 크레인으로 줄걸이용 와이어 로프를 잡아당겨 분리한다.
④ 줄걸이용 와이어 로프는 손으로 분리하는 것이 원칙이다.

해설 줄걸이 용구를 분리할 때는 어떠한 경우라도 크레인으로 당겨서 분리하면 안 된다.

42. 와이어 로프를 드럼에 설치할 때, 와이어 로프가 벗겨지지 않도록 볼트를 체결하는데 사용하는 것은?

① 너트
② 클램프(고정구)
③ 샤클
④ 링크

해설 와이어 로프를 드럼에 연결하는 방법으로 클램프 고정법, 소켓 정법(스펠터, 합성수지 채움) 쐐기 정법 등이 있다.

43. 와이어 로프 구성의 표기방법이 틀린 것은?

6 × Fi(24) + IWRC B종 20mm

① 6 : 스트랜드 수
② 24 : 와이어 로프 수
③ B종 : 소선의 인장강도
④ 20mm : 와이어 로프의 직경

해설 6은 스트랜드 수, 24는 소선 수이다.
와이어 로프를 호할 때는 명칭, 구성기호, 꼬임방법, 종별, 로프 직경 순으로 한다.

Answer 40 ① 41 ③ 42 ② 43 ②

44 같은 굵기의 와이어 로프 일지라도 소선이 가늘고 수가 많은 것에 대한 설명 중 맞는 것은?

① 유연성이 좋으나 더 약하다.
② 유연성이 좋고 더 강하다.
③ 유연성이 나쁘고 더 약하다.
④ 유연성이 나빠도 더 강하다.

해설 ○ 같은 굵기의 와이어 로프일 때 소선이 가늘고 수가 많은 것이 유연성이 좋고 더 강하다.

45 신호법 중에서 팔을 아래로 뻗고 집게손가락을 아래로 향해서 수평원을 그리는 신호는 무슨 신호인가?

① 천천히 조금씩 내리기
② 아래로 내리기
③ 천천히 이동
④ 운전 방향 지시

해설 ○ 수신호 방법 참조 p.106

46 연결된 5개의 링크의 길이가 20㎝인 표준 체인은 이 연결된 5개의 링크의 길이가 최대 몇 ㎝가 될 때까지 사용이 가능한가?

① 21
② 22
③ 23
④ 24

해설 ○ ① 링크 체인의 폐기기준은 연결된 5개의 링크를 측정하여 연신률이 제조 당시 길이의 5% 이내이어야 한다.
② 최대 늘어난 길이를 산출하는 계산하는 방법은 원 치수 × 0.05 이다.
③ 위 문제를 풀이하면 20×0.05 = 1 이므로 21Cm이다.

47 크레인용 와이어 로프에 심강을 사용하는 목적을 설명한 것 중 거리가 먼 것은?

① 충격하중을 흡수한다.
② 소선끼리의 마찰에 의한 마모를 방지한다.
③ 충격하중을 분산시킨다.
④ 부식을 방지한다.

해설 ○ 심강은 보기 문제의 ①, ②, ④ 외에 충격하중을 흡수하며 와이어 로프의 형태 유지를 시켜주는 역할을 한다.

Answer   44 ②   45 ②   46 ①   47 ③

48 로프 하나를 두 줄걸이로 하여 1,000kgf의 짐을 90°로 걸어 올렸을 때 한 줄에 걸리는 무게 (kgf)는?

① 250
② 500
③ 707
④ 6,930

해설 ○ 1줄에 걸리는 하중
$$= \frac{\text{부하물의 하중}}{\text{줄걸이 수} \times \text{조각도}} = \frac{1000}{2 \times \cos\frac{90°}{2}} = \frac{1000}{2 \times \cos 45°} ≒ 707[kgf]$$

쉬운 방법으로는 하물의 중량 × 줄걸이 각도별 장력계수 ÷ 줄걸이 수이다.
각도별 장력계수는 수직 = 1배, 30도 = 1.04배, 60도 = 1.16배, 90도 = 1.41배, 120도 = 2배이므로 1,000×1.41÷2 = 705

49 와이어 로프의 소선에 대하여 설명한 것으로 맞는 것은?

① 스트랜드를 구성하고 있는 소선의 결합에는 점, 선, 면, 정 접촉 구조의 4가지가 있다.
② 소선의 역할은 충격하중의 흡수, 부식방지, 소선끼리의 마찰에 의한 마모방지, 스트랜드의 위치를 올바르게 하는데 있다.
③ 와이어 로프(Wire rope)의 소선은 KSD 3514에 규정된 탄소강에 특수 열처리를 하여 사용한다.
④ 소선의 재질은 탄소강 단강품(KSD 3517)이며 강도와 연성이 큰 것이 바람직하다.

해설 ○ 와이어 로프 소선은 탄소강으로서 실같이 얇은 철사(소선)를 권취기로 감아서 스트랜드(가닥)를 만들고 스트랜드를 여러 번 꼬아서 와이어 로프가 제작된다.

50 산소 가스 용기의 도색으로 맞는 것은?

① 녹색
② 노란색
③ 흰색
④ 갈색

해설 ○ 고압가스 용기의 도색

가스종류	도색	가스종류	도색
액화석유 가스(LPG)	회색	산소	녹색(호스는 흑색 또는 녹색)
수소	주황색	아세틸렌	황색(호스는 적색)

Answer 48 ③ 49 ③ 50 ①

51 운전자가 경보기를 올리거나 한쪽 손의 주먹을 다른 손의 손바닥으로 2~3회 두드릴 경우의 수신호 내용은?

① 신호 불명
② 이상 발생
③ 기다려라
④ 물건 걸기

해설 ◦ 수신호 방법 참조 p.106

52 운전자가 작업 전에 장비 점검과 관련된 내용 중 거리가 먼 것은?

① 타이어 및 궤도 차륜상태
② 브레이크 및 클러치의 작동상태
③ 낙석, 낙하물 등의 위험이 예상되는 작업 시 견고한 헤드 가이드 설치할 때
④ 정격 용량보다 높은 회전으로 수차례 모터를 구동시켜 내구성 상태 점검

해설 ◦ 정격용량보다 낮은 회전으로 구동시켜 내구성 상태를 점검한다.

53 작업복에 대한 설명으로 적합하지 않는 것은?

① 작업복은 몸에 알맞고 동작이 편해야 한다.
② 착용자의 연령, 성별 등에 관계없이 일률적인 스타일을 선정해야 한다.
③ 작업복은 항상 깨끗한 상태로 입어야 한다.
④ 주머니가 너무 많지 않고, 소매가 단정한 것이 좋다.

해설 ◦ 일률적이면 좋지 않다.

54 공기(Air)기구 사용 작업에서 적당치 않은 것은?

① 공기기구의 섭동 부위에 윤활유를 주유하면 안 된다.
② 규정에 맞는 토크를 유지하며 작업한다.
③ 공기를 공급하는 고무호스가 꺾이지 않도록 한다.
④ 공기기구의 반동으로 생길 수 있는 사고를 미연에 방지한다.

해설 ◦ 섭동부위가 작동이 원활치 않을 경우 윤활유를 주유한다.

Answer 51 ② 52 ④ 53 ② 54 ①

55 원목처럼 길이가 긴 화물을 외줄 달기 슬링 용구를 사용하여 크레인으로 물건을 안전하게 달아 올리는 방법으로 가장 거리가 먼 것은?

① 화물의 중량이 많이 걸리는 방향을 아래쪽으로 향하게 들어 올린다.
② 제한용량 이상을 달지 않는다.
③ 수평으로 달아 올린다.
④ 신호에 따라 움직인다.

해설 ◦ 줄걸이에서 1줄걸이는 금지한다.
길이가 긴 화물은 수평으로 달아 올리기 어렵다.

56 사고 원인으로서 작업자의 불안전한 행위는?

① 안전 조치의 불이행
② 작업장 환경 불량
③ 물적 위험상태
④ 기계의 결함상태

해설 ◦ 재해의 직접 원인(물적 요인)
① 불안전한 행동(행위) : 위험장소 접근, 안전장치의 기능 제거, 복장·보호구의 잘못사용, 기계·기구 잘못사용, 운전 중인 기계장치의 손질, 불안전한 속도 조작, 위험물 취급 부주의, 불안전한 상태 방치, 불안전한 자세 동작, 감독 및 연락 불충분
② 불안전한 상태 : 물 자체 결함, 안전 방호장치 결함, 보호구의 결함, 물의 배치 및 작업장소 결함, 작업환경의 결함, 생산 공정의 결함, 경계표시·설비의 결함

57 크레인으로 물건을 운반할 때 주의사항으로 틀린 것은?

① 규정 무게보다 약간 초과할 수 있다.
② 적재물이 떨어지지 않도록 한다.
③ 로프 등 안전 여부를 항상 점검한다.
④ 선회 작업 시 사람이 다치지 않도록 한다.

해설 ◦ 규정된 정격하중을 초과하면 안 된다.

58 산업공장에서 재해의 발생을 줄이기 위한 방법으로 틀린 것은?

① 폐기물은 정해진 위치에 모아둔다.
② 공구는 소정의 장소에 보관한다.
③ 소화기 근처에 물건을 적재한다.
④ 통로나 창문 등에 물건을 세워 놓아서는 안 된다.

해설 ◦ 소화기 근처에 물건을 적재하면 안 된다.

Answer 55 ③ 56 ① 57 ① 58 ③

59 작업장에 대한 안전관리상 설명으로 틀린 것은?

① 항상 청결하게 유지한다.
② 작업대 사이 또는 기계 사이의 통로는 안전을 위한 일정한 너비가 필요하다.
③ 공장바닥은 폐유를 뿌려서 먼지 등이 일어나지 않도록 한다.
④ 전원 콘센트 및 스위치 등에 물을 뿌리지 않는다.

해설 ○─ 폐유를 뿌려두면 미끄러워 안전사고의 위험이 있으며 화재의 위험도 크다.

60 금속나트륨이나 금속칼륨 화재의 소화재로서 가장 적합한 것은?

① 물
② 포말 소화기
③ 건조사
④ 이산화탄소 소화기

해설 ○─ D급 화재(금속화재)의 소화재는 건조사가 적합하다.

Answer 59 ③ 60 ③

2016년 제4회 최근 기출문제

01 시브 홈 지름이 너무 큰 경우 나타나는 사항에 대한 설명으로 옳지 않은 것은?

① 와이어 로프의 형태를 납작하게 변형시킨다.
② 와이어 로프의 마모를 촉진시킨다.
③ 시브의 마모를 촉진시킨다.
④ 시브의 수명을 연장시킨다.

해설 ① 시브의 홈 각도는 30~60°이며
② 홈 지름(직경)이 너무 크면 시브의 마모를 촉진시키고 수명을 단축시킨다.
③ 시브 본체는 균열, 변형 등이 없을 것
④ 시브 홈은 이상 마모가 없어야 하고, 마모한도는 와이어 로프 지름의 20% 이하일 것

02 천장 크레인의 비상정지장치에 대한 설명 중 옳은 것은?

① 비상정지장치는 작동된 이후 자동으로 복귀되어야 한다.
② 비상정지 누름버튼은 매립형이어야 한다.
③ 비상정지장치는 접근이 용이한 곳에 설치되어야 한다.
④ 비상정지 누름버튼의 색상은 녹색이어야 한다.

해설 가. 비상정지장치는 각 제어반 및 그 밖의 비상정지를 필요로 하는 개소에 설치하되, 접근이 용이한 곳에 배치되어야 한다.
나. 비상정지장치는 작동된 이후 수동으로 복귀시킬 때까지 회로가 자동으로 복귀되지 않는 구조여야 한다.
다. 비상정지장치의 형태는 기계의 구조와 특성에 따라 위험상황을 해소할 수 있도록 다음과 같은 적절한 형태의 것을 선정해야 한다.
   1) 버섯형(돌출) 누름버튼
   2) 로프작동형, 봉형
   3) 복부 또는 무릎작동형
   4) 보호덮개가 없는 페달형 스위치
라. 누름버튼형 비상정지장치의 엑추에이터는 적색이고 주변의 배경색은 황색이어야 한다.
마. 로프작동형 비상정지장치는 상시 로프의 적정 장력이 유지되어야 하며, 로프에 적색과 황색으로 식별이 가능하여야 한다.

Answer 01 ④ 02 ③

03 정격하중에 대한 설명으로 옳은 것은?

① 훅의 무게를 제외한 순수 취급 하중
② 평상 시 주로 사용하는 취급 하중
③ 훅의 무게를 포함한 취급 하중
④ 주권과 보권이 표시한 권상능력의 합

> **해설** 정격하중과 권상하중, 시험하중
> ① 정격하중(Rated losd) : 크레인 설계, 제작당시의 용량(정격)에 해당하는 하중으로서 훅, 버킷 등 달기기구의 중량에 상당하는 하중을 제외하는 하중을 말한다.
> ② 권상하중(Hoisting load) : 들어 올릴 수 있는 최대의 하중을 말한다. 달기기구의 중량을 포함하는 하중을 말한다.
> ③ 시험하중 : 크레인을 설치 후 완성 검사 시 들어 올리는 하중으로서 크레인 설계, 제작 당시의 용량(정격)에 110% 해당하는 하중을 들고 시험한다.

04 속도제어 제동기는 어떤 때 속도제어를 하는가?

① 권상 시
② 권하 시
③ 권상과 권하 시
④ 횡행과 권상 시

> **해설** 속도제어 브레이크의 사용 목적은 크레인이 권하작업을 할 때 속도를 제어하는 것을 목적으로 한다.

05 제어반의 제작 설치 설명 중 틀린 것은?

① 내부 배선은 전용의 단자를 사용해야 한다.
② 접촉단자 체결 나사의 풀림, 탈락이 없어야 한다.
③ 전선 인입구 피복의 손상 또는 열화가 없어야 한다.
④ 외함의 구조는 충전부가 개방형으로 적합한 구조이어야 한다.

> **해설** ① 제어반 외함의 구조는 충전부가 노출되지 않도록 폐쇄형으로 해야 하며
> ② 잠금장치가 있고
> ③ 사용 장소에 적합한 구조일 것
> ④ 전선 인입구 피복의 손상 또는 열화가 없어야 한다.
> ⑤ 접촉단자 체결 나사의 풀림, 탈락이 없어야 한다.
> ⑥ 내부 배선은 전용의 단자를 사용해야 한다.

Answer 03 ① 04 ② 05 ④

06 천장 크레인 권상용 훅의 국부마모에 의한 사용한도에 해당하는 마모량은?

① 원래 치수의 5% 이내일 것
② 원래 치수의 10% 이내일 것
③ 원래 치수의 20% 이내일 것
④ 원래 치수의 50% 이내일 것

해설 ○─ 훅의 마모는 와이어 로프 등 줄걸이 용구가 걸리는 부분에 홈이 생기며 홈의 깊이가 2mm 이상이 되면 그라인더로 평편하게 다듬질하여야 하고, 마모가 원래 치수의 5% 이상이면 교체하여야 한다.

07 안전장치에 사용되는 것으로 횡행, 주행 등의 운동에 대한 과도한 진행을 방지하는 기구는?

① 비상등
② 경보장치
③ 타임 릴레이
④ 리미트 스위치

해설 ○─ 리미트 스위치의 종류
리미트 스위치의 종류에서 과행방지는 주행, 횡행용이며 권과 및 과권방지는 권상장치용이다.
1. 캠형 또는 웜 기어 형식 제한 개폐기(Cam type, Worm gear type limit switch)
   ① 캠형 리미트 스위치는 권상장치에 사용되며, 와이어 로프 드럼의 회전 축, 리미트 스위치의 웜이 연결되어 같이 회전하게 된다.
   ② 훅이 수직으로 움직일 수 있는 구간(상한, 하한)을 설정하여 캠을 조정한다.
   ③ 웜이 1회전하면 웜기어는 기어의 1개 잇수만큼 회전하면서 설정 구간이 되면 캠이 차단 스위치를 작동시켜 전원이 차단되고 동작이 제한된다.
   ④ 작동 구간이 길 때 적합하다. 한 방향의 작동이 제한되어도 다른 쪽 방향은 작동이 가능하다.
2. 중추형 제한 개폐기(Weight type limit switch)
   ① 중추형 리미트 스위치는 권상장치에 사용되며 제한 개폐기의 레버 부분에 추를 매달아 훅이 추에 접촉되면 레버가 들어 올려져 차단 스위치를 작동시켜 전원을 차단시킨다.
   ② 캠형 제한 개폐기가 작동되지 않았을 때, 훅이 계속 수직으로 올라오는 것을 방지하기 위해 설치하는 비상용 2차 제한 개폐기이다. 중추형 제한 개폐기가 작동되면 메인전원 스위치가 OFF된다.
3. 레버형 제한 개폐기(Lever type limit switch)
   ① 레버형 리미트 스위치는 권상장치에는 사용하지 않고 주행, 횡행 장치에 사용된다.
   ② 제한 개폐기가 천장 크레인이 주행, 횡행 운동을 할 때 설정된 장소에서 더 이상 진행되는 것을 방지하기 위해 사용된다. 설치된 브라켓(Bracket)에 제한 개폐기 레버가 접촉되면 차단 스위치를 작동시켜 전원을 차단한다. 이때 캠형과 마찬가지로 한 쪽 방향의 작동이 제한되어도 다른 쪽 방향은 작동할 수 있다.
4. 나사형 제한 개폐기(Screw type limit switch)
   ① 나사형 리미트 스위치는 회전 운동을 하는 기계 장치에 사용되며
   ② 나사가 회전 운동을 하면 너트가 수평 이동을 하면서 스위치를 작동시켜 전원을 차단한다.
   ③ 이때 캠형 및 레버형과 마찬가지로 한 쪽 방향의 작동이 제한되어도 다른 쪽 방향은 작동할 수 있다. 주로 작동 구간이 짧은 곳에 사용된다.

Answer 06 ① 07 ④

08 천장 크레인의 유압브레이크에서 공기가 유입되면 나타나는 현상은?

① 권상의 경우 상·하 동작 시 급정지 한다
② 주행의 경우 정지시켜도 밀림현상이 생긴다.
③ 주행의 경우 기동불능 현상이 생긴다.
④ 권상의 경우 기동불능 현상이 생긴다.

> **해설** 유압 브레이크(오일 디스크브레이크)는 주행장치의 제동용으로 사용되며 승용차에 부착된 브레이크와 같다. 유압계통 내에 공기가 들어 있으면 유압이 제대로 형성되지 않아 제동이 되지 않거나 밀림형상이 발생된다.

09 고속형 천장 크레인의 집전장치로 중간지지를 갖는 수평배열이며 휠이나 슈를 사용하는 것은?

① 팬터그래프형 집전장치
② 포올형 집전장치
③ 고정형 집전장치
④ 자유형 집전장치

> **해설** 집전장치는 트롤리선(트롤리바, 부스바)에서 전원을 크레인 내에 도입하는 부분이며, 트롤리선에 접촉하는 휠과 슈(Shoe)의 고정 방법에 따라 팬터그래프형·포올형·고정형·슈형 등으로 분류한다.

10 주행, 횡행, 권상 등의 일상점검 방법은?

① 무부하로 실시한다.
② 정격 하중을 매달고 실시한다.
③ 정격 하중의 1/2을 매달고 실시한다.
④ 시험 하중을 매달고 실시한다.

> **해설** 일상적인 점검은 무부하 상태로 한다.

11 천장 크레인의 무선 원격제어기의 구조에 대한 설명 중 틀린 것은?

① 무선 원격제어기는 사용 중 충격을 받으면 곧바로 작동이 정지될 것
② 무선 원격제어기는 관계자 이외의 자가 취급할 수 없도록 잠금 장치가 되어 있을 것
③ 조작 신호 이외의 신호에서 크레인이 작동되지 아니할 것
④ 송신기의 최소 보호등급은 옥내용인 경우 IP55, 옥외용인 경우 IP45 이상일 것

> **해설** 송신기 최소 보호등급은 옥내용인 경우 IP43
> 옥외용인 경우 IP55 이상이어야 한다.
> Ip(International protection)등급이란?
> 방수, 방진 등급을 뜻한다. 두 자리 수의 숫자 중 첫 번째 숫자는 먼지에 대한 등급이며, 두 번째 숫자는 방수에 대한 등급이다.
> IP45의 앞의 글자는 먼지에 대해서는 최고등급인 4등급이며 방수에 있어서는 5등급이라는 뜻이다.

Answer 08 ② 09 ① 10 ① 11 ④

12 크레인 안전기준상 차륜 플랜지의 사용 가능한 최대 마모한도는 원 치수의 몇 % 이내인가?

① 10
② 20
③ 30
④ 50

해설 ○─ 차륜 플랜지는 균열, 변형, 손상 등이 없으며 마모가 원 치수의 50% 이내이어야 한다.

13 천장 크레인의 보도 설치 기준으로 맞는 것은?

① 정격하중이 3톤 이상의 천장 크레인 거더에는 폭 20㎝ 이상의 보도를 설치해야 한다.
② 보도면으로부터 높이 30㎝ 이상의 손잡이로 된 난간이 설치되어야 한다.
③ 중간대 및 보도면으로부터 높이 1㎝ 이상의 덧판을 설치하여야 한다.
④ 보도면은 미끄러지거나 넘어지는 등의 위험이 없는 구조이어야 한다.

해설 ○─ **통로**
가. 천장주행크레인, 갠트리 크레인 및 언로더에 있어서는 정격하중이 3톤 이상의 크레인 거더 및 지브형 크레인 등의 지브에는 폭 40cm 이상의 통로를 전 길이에 걸쳐서 설치해야 한다. 다만, 점검대 또는 그 밖에 해당 크레인을 점검할 수 있는 설비가 구비되어 있는 것은 제외할 수 있다.
나. 가목의 통로는 다음과 같이 한다.
  1) 크레인 거더 또는 수평 지브위에 설치된 트롤리 및 그 밖에 장치의 횡행 및 수평지브의 선회에 설치되는 통로부분은 바닥면으로부터 높이 90cm 이상의 튼튼한 손잡이로 된 난간이 설치되어야 하고 중간대 및 바닥면으로부터 높이 10cm 이상의 발끝막이판을 설치할 것
  2) 바닥면은 미끄러지거나 넘어지는 등의 위험이 없는 구조일 것

14 훅에 대한 설명 중 틀린 것은?

① 재료는 단조강 또는 구조용 압연강재를 사용한다.
② 훅 해지장치는 균열 및 변형 등이 없어야 한다.
③ 마모는 원 치수의 30% 이상이면 교환한다.
④ 훅 블록에는 정격하중이 표기되어야 한다.

해설 ○─ 훅 본체는 균열 또는 변형 등이 없어야 하고, 국부마모는 원 치수의 5% 이내이어야 한다.

Answer 12 ④ 13 ④ 14 ③

15 천장 크레인 운전실에 대한 설명으로 틀린 것은?

① 운전자가 안전운전을 할 수 있도록 충분한 시야를 확보할 수 있는 구조이어야 한다.
② 운전실의 제어기에는 작동방향 표시가 있어야 한다.
③ 운전자가 인양물을 잘 볼 수 있도록 운전실에는 조명장치를 설치하지 아니한다.
④ 운전자가 쉽게 조작할 수 있는 위치에 개폐기, 제어기, 브레이크, 경보장치를 설치하여야 한다.

> **해설** **운전실**
> 가. 크레인에 구비한 운전실 또는 운전대의 구조는 다음과 같이 한다.
>   1) 운전자가 안전한 운전을 할 수 있는 충분한 시야를 확보할 수 있을 것
>   2) 운전자가 쉽게 조작할 수 있는 위치에 개폐기, 제어기, 브레이크, 경보장치 등을 설치할 것
>   3) 운전자가 접촉하는 것에 의해 감전위험이 있는 충전부분에는 감전방지를 위한 덮개나 울을 설치할 것
>   4) 제43호가목1)에 정한 크레인의 운전실은 분진의 침입을 방지할 수 있는 구조일 것
>   5) 물체의 낙하, 비래 등의 위험이 있는 장소에 설치되는 크레인의 운전대에는 안전망 등 안전한 조치를 할 것
>   6) 운전실 등은 훅 등의 달기기구와 간섭되지 않아야 하며 흔들림이 없도록 견고하게 고정할 것
>   7) 운전실에는 적절한 조명을 갖출 것
>   8) 운전실의 바닥은 미끄러지지 않는 구조일 것
>   9) 운전실에는 자연환기(창문열기) 또는 기계장치 등 환기장치를 갖출 것
> 나. 운전실은 다음과 같이 한다.
>   1) 운전실과 거더의 부착부분은 용접부의 균열이 없어야 하며, 부착볼트는 확실하게 고정될 것
>   2) 제어기에는 작동방향 등의 표시가 있을 것

16 천장 크레인에서 주권, 보권 등에서 사용하는 권과방지장치는?

① 리미트(Limit) 스위치
② 오일게이지
③ 집중그리스펌프
④ 와이어 로프

> **해설** **리미트 스위치의 종류**
> ① 과행방지는 주행, 횡행용이며
> ② 권과 및 과권방지는 권상장치용이다.
> ③ 리미트 스위치는 권상, 횡행, 주행 등 각 장치의 운동을 제한하는 스위치이다.

Answer 15 ③ 16 ①

17 천장 크레인의 크기 표시 "40/20ton, Span 28m"에서 Span 28m의 뜻은?

① 주행차륜 사용 허용 평균속도이다.
② 주행차륜 중심 간 수평거리가 28m이다.
③ 주행레일의 길이가 28m이다.
④ 횡행 자륜 간의 거리가 28m이다.

> **해설** 천장 크레인 규격표시는 주권, 보권, 스팬, 양정 순서이다. 40/20×28×16
> 주권의 정격하중 40ton, 보권의 정격하중 20ton, 양쪽 주행레일 중심 간 수평거리가 28m, 양정 17m 이라는 의미이다.

18 2개의 키를 1쌍으로 하여 축과 보스를 조합하는 형태의 키는?

① 성크 키
② 접선 키
③ 플랫 키
④ 페더 키

> **해설** (a) **성크 키(Sunk key)**
> 일반적으로 가장 많이 사용되며 축(Shaft)과 보스(Boss)에 홈을 파서 키를 박아 회전체를 고정시킨다. 키의 부빼는 1/100이다.
> (b) **새들 키(Saddle key), 안장 키**
> 축(Shaft)에는 홈을 파지 않고 보스(Boss)에만 홈을 파서 키를 박아 회전체를 고정시킨다.
> (c) **접선 키(Tangential key)**
> ① 축(Shaft)과 보스(Boss)에 홈을 파서 키를 박아 회전체를 고정시킨다. 두 개의 키가 1쌍이며, 각도는 120도이며 구배(경사)는 1/100이다.
> ② 큰 회전력을 전달하는데 사용하며 역회전이 가능하고 큰 직경의 축에 적용한다.
> (d) **평 키, 플랫 키(Flat key)**
> 키의 모양은 성크 키와 비슷하나 보스(Boss)에만 홈을 파고 축(Shaft)쪽은 키의 폭만큼 평탄하게 하여 고정시킨다. 주로 가벼운 하중에 사용한다.
> (e) **원형 키(Round key), 둥근 키**
> 둥근 키는 원형의 막대 모양의 키로서, 축(Shaft)과 보스(Boss)에 구멍을 뚫어 원형의 키를 박아 회전체를 고정시킨다. 주로 공작기계의 핸들 등 작은 회전력을 전달하는 축에 사용된다.
> (f) **반달 키(Woodruff key)**
> ① 축(Shaft)의 홈에 끼우는 반원형의 키로서, 보스(Boss)쪽은 성크 키와 같이 홈을 파고 축(Shaft)쪽의 홈은 반원 모양이다.
> ② 반달 키는 저절로 중심이 맞춰짐으로 경사(구배)진 축에 적합하다.
> ③ 단점으로는 축에 깊은 홈을 파는 관계로 축이 약해진다.

Answer 17 ② 18 ②

19 천장 크레인의 브레이크 중에서 전기를 투입하여 유압으로 작동되는 브레이크는?

① 오일디스크 브레이크
② 마그네트 브레이크
③ 스러스트 브레이크
④ 다이나믹 브레이크

해설 스러스트 브레이크(Thruster Brake)는 유압 압상기 브레이크로서 전기를 투입하여 유압으로 작동되며 주행장치와 횡행장치에서 제동용으로 사용된다.

20 버퍼 스토퍼에 대한 설명한 것 중 옳은 것은?

① 강판으로 접합하여 케이스를 만들어 충격의 부담을 덜어주는 스토퍼
② 새들의 차륜을 보호하기 위하여 씌운 덮개
③ 거더의 비틀림을 방지하기 위해 설치해 놓은 스토퍼
④ 단단한 고무나 스프링 또는 유압을 이용하여 충돌 시 충격을 완화시켜 주는 스토퍼

해설 스토퍼는 크레인의 주행·횡행레일 양쪽 끝부분에 설치되며 버퍼는 크레인에 설치되어 충격을 완화해 주는 장치이다. 사용되는 완충제는 스프링, 고무, 또는 유압식 버퍼를 사용한다.

21 천장 크레인의 운전 시작 전 점검사항이 아닌 것은?

① 천장 크레인의 주행로상 혹은 천장 크레인이 이동하는 영역 안에 장애물 유무 확인
② 천장 크레인 정지기구 및 레일 클램프와 같은 고정장치 해제 유무
③ 천장 크레인 부하 시험 시 과부하 방지장치 동작상태 확인
④ 운전실 내 각종 레버와 스위치의 이상 유무

해설 크레인의 운전 시작 전 점검은 무부하 상태에서 해야 하며, 과부하 방지장치 동작상태 확인은 부하를 걸고 해야 한다. 과부하 방지장치 동작상태 확인 및 점검은 연간 점검사항이다.

22 입력 전압이 440V, 60(Hz)인 3상 유도전동기가 있다. 극수가 4극이고 슬립이 3% 일 때 회전자 속도는 약 얼마인가?

① 1,746rpm
② 1,780rpm
③ 1,800rpm
④ 1,880rpm

해설 $Ns = \dfrac{120f}{P}(1-S)$ 에서 Ns = 전동기의 동기속도, P = 전동기의 극수, f = 주파수(60Hz)

$\dfrac{120 \times 60}{4} = \dfrac{7,200}{4} = 1,800 rpm$ 슬립이 3% 이므로 1,800×0.03 = 54rpm, 1,800−56 = 1,746rpm이다.

Answer 19 ③ 20 ④ 21 ③ 22 ①

23 천장 크레인으로 물건을 운반할 때 주의사항으로 틀린 것은?

① 정격하중의 15%까지는 초과할 수 있다.
② 적재물이 떨어지지 않도록 한다.
③ 로프 등의 안전 여부를 항상 점검한다.
④ 운반 중 사람이 다치지 않도록 한다.

해설 ○— 평상시 작업 시에는 정격하중을 초과해서 작업하면 절대 안 된다. (시험하중은 정격하중의 1.1배이다.)

24 급유해야 할 부위는?

① 브레이크 라이닝
② 감속기어
③ 레일의 상면
④ 고무벨트

해설 ○— 급유는 동력을 전달하는 회전부위에 하는 것이며 제동 부위(브레이크 휠과 라이닝) 레일의 상면, 벨트 등에는 기름이 부착되어서는 안 된다.

25 전기부품의 점검 중 불꽃(Spark) 발생의 대비책이 아닌 것은?

① 스위치의 접촉면에 먼지나 이물질이 없도록 한다.
② 전원 차단 시에는 반드시 메인측에서 부하측 순서로 행한다.
③ 스위치류의 개폐는 급속히 행한다.
④ 접촉면을 매끄럽게 유지한다.

해설 ○— 전원 차단 시에는 반드시 부하측에서 메인측 순서로 진행해야 한다.

26 천장 크레인으로 중량물 운반 시 일반적으로 안전한 높이는 지상으로부터 얼마인가?

① 0.5m
② 1.0m
③ 1.5m
④ 2.0m

해설 ○— 하물 운반 시 줄걸이 이상 여부를 확인한 후 신호에 따라 지상으로부터 2m 높이까지 올린 다음 주행한다.

Answer 23 ① 24 ② 25 ② 26 ④

27 천장 크레인의 조작방법 중 옳지 않은 것은?

① 천장 크레인의 컨트롤러의 조작방향과 작동방향이 일치하여야 하며 중간 위치에 작동되도록 한다.
② 주행과 횡행은 안전을 확인한 후 작동하여야 한다.
③ 권상 및 권하 컨트롤은 중립위치에서는 작동이 정지하여야 한다.
④ 운전자는 신호수의 신호에 따라 운전하여야 한다.

해설 컨트롤러의 조작방향과 작동방향이 일치하고, 중간 위치에서는 작동이 멈추도록 해야 한다.

28 플랜지형 플렉시블 커플링에는 무엇으로 체결되어 있는가?

① 아이 볼트
② 핀
③ 리머 볼트
④ 성크 키

해설 플랜지 형 플렉시블 축 이음(Flexible flanged shaft coupling)
① 두 개의 축을 정확히 일치시키기 어려울 때 진동 충격을 완화시킬 목적으로 사용되며
② 리머 볼트에 탄성체(고무, 합성수지, 가죽)를 끼워 두 개의 축을 연결한다.
③ 두 개의 축이 정확히 일치되지 않고 3~5도 이내에서 조립되어도 무방하다.
④ 천장 크레인에는 권상장치의 모터와 감속기 입력 축 연결에 사용된다.

29 윤활유의 작용으로 틀린 것은?

① 냉각작용
② 방청작용
③ 응력집중작용
④ 밀봉작용

해설 급유 및 윤활의 목적은 윤활작용, 냉각작용·방청작용, 응력분산작용, 소음방지작용이다.

30 축 저널의 손상 원인에 대한 설명으로 거리가 가장 먼 것은?

① 제작상의 불량
② 강성 부족
③ 과다한 오일 공급
④ 장치 불량

해설 오염된 오일 또는 오일이 부족한 경우 축 저널이 손상될 수 있다.

Answer 27 ① 28 ③ 29 ③ 30 ③

31 천장 크레인 운전자가 화물을 권상할 때 위험한 상태에서 작업안전을 위해 급정지시키는 비상정지 장치에 대한 설명으로 가장 적합한 것은?

① 작업 종료 시 전원을 차단하기 위한 장치이다.
② 누름 버튼은 적색으로 머리 부분이 돌출되고, 수동 복귀되는 형식이다.
③ 누름 버튼은 황색으로 머리 부분이 돌출되고, 자동 복귀되는 형식이다.
④ 탑승용(운전석) 크레인일 경우 권상레버와 같이 부착된다.

해설 ⊙ 가. 비상정지장치는 각 제어반 및 그 밖의 비상정지를 필요로 하는 개소에 설치하되, 접근이 용이한 곳에 배치되어야 한다.
　　나. 비상정지장치는 작동된 이후 수동으로 복귀시킬 때까지 회로가 자동으로 복귀되지 않는 구조여야 한다.
　　다. 비상정지장치의 형태는 기계의 구조와 특성에 따라 위험상황을 해소 할 수 있도록 다음과 같은 적절한 형태의 것을 선정해야 한다.
　　　1) 버섯형(돌출) 누름버튼
　　　2) 로프작동형, 봉형
　　　3) 복부 또는 무릎작동형
　　　4) 보호덮개가 없는 페달형 스위치
　　라. 누름버튼형 비상정지장치의 엑추에이터는 적색이고 주변의 배경색은 황색이어야 한다.
　　마. 로프작동형 비상정지장치는 상시 로프의 적정 장력이 유지되어야 하며, 로프에 적색과 황색으로 식별이 가능하여야 한다.

32 천장 크레인의 전기기기에서 사용하는 절연에 관한 용어중 "F종" 절연의 허용 최고온도는?

① 90℃
② 120℃
③ 130℃
④ 155℃

해설 ⊙ 절연의 종류 및 허용 최고온도

절연의 종류	허용 최고온도(℃)
Y종	90
A종	105
E종	120
B종	130
F종	155
H종	180
C종	180 초과

Answer　31 ②　32 ④

33 ( )에 맞는 말을 순서대로 짝지은 것은?

> 전기의 스파크는 주파수가 ( )수록 심하며, ( )보다 ( )쪽이 스파크가 크다.

① 낮을, 교류, 직류
② 높을, 교류, 직류
③ 높을, 직류, 교류
④ 낮을, 직류, 교류

해설 전기 스파크는
① 전원을 올릴 때(ON)보다 내릴 때(OFF)
② 접촉점을 흐르는 전류가 많을수록
③ 전압이 높을수록
④ 접촉면에 요철이 심할수록
⑤ 교류보다 직류가
⑥ 주파수가 높을수록 스파크가 크다.

34 유도 및 직류전동기 축의 베어링이 과열되는 원인이 아닌 것은?

① 벨트의 장력이 너무 세다.
② 시동 토크가 적다.
③ 오일의 점도가 부적당하다.
④ 축의 베어링이 변형되어 있다.

해설 전동기의 시동 토크가 크면 전동기 축의 베어링이 과열되는 원인이 될 수도 있다.

35 천장 크레인의 시브 홈의 마모 한도는 와이어 로프 지름에 얼마 이하이어야 하는가?

① 20%
② 30%
③ 40%
④ 50%

해설 시브
① 시브 본체는 균열, 변형 등이 없을 것
② 시브 홈은 이상 마모가 없어야 하고
③ 마모한도는 와이어 로프 지름의 20% 이하일 것

Answer 33 ② 34 ② 35 ①

36 구름 베어링의 특징으로 틀린 것은?

① 과열의 위험이 적다.
② 충격하중에 강하다.
③ 값이 비싸다.
④ 하우징(Housing)이 크고 설치가 어렵다.

해설 ◦ **구름 베어링의 장점**
① 마찰손실이 적고
② 윤활과 수리가 쉬우며
③ 베어링 교환과 선택이 용이하다.
구름 베어링의 단점
① 충격하중에 약하고
② 값이 비싸며
③ 소음 및 진동이 생기기 쉽다.

37 천장 크레인의 주행 시 갑자기 장애물을 발견했을 때 가장 먼저 취해야 할 것은?

① 분전반 스위치를 전부 차단한다.
② 컨트롤러를 전부 제로 노치에 놓는다.
③ 비상스위치를 누른다.
④ 조종레버를 최대한 몸쪽으로 당긴다.

해설 ◦ 크레인 운전 중 비상상황 발생 시 비상스위치(비상정지 스위치 Emergency Stop Switch)를 눌러야 한다.

38 접선키에서 120°각도로 두 곳에 키를 끼우는 이유는?

① 작은 동력을 전달하기 위하여
② 축을 강하게 하기 위하여
③ 역회전을 할 수 있게 하기 위하여
④ 축 압을 막기 위하여

해설 ◦ (c) **접선키**(Tangential key)
① 축(Shaft)과 보스(Boss)에 홈을 파서 키를 박아 회전체를 고정시킨다. 두 개의 키가 1쌍이며 각도는 120도이며 구배(경사)는 1/100이다.
② 큰 회전력을 전달하는데 사용하며 역회전이 가능하고 큰 직경의 축에 적용한다.

39 권상 시 갑자기 이상 제동이 걸렸을 때의 원인으로 옳지 않은 것은?

① 조작반 퓨즈가 끊어졌다.
② 열 전동 릴레이가 떨어졌다.
③ 마그네트 브레이크용 회로에 이상이 있다.
④ 모터의 이상 소음이 발생한다.

해설 ◦ 권상 시 갑자기 이상 제동이 걸렸을 때에는 모터가 작동(회전)되지 않는다.

Answer 36 ② 37 ③ 38 ③ 39 ④

40 20kw의 전동기가 23ps의 동력을 발생하고 있을 때, 전동기의 효율은 약 얼마인가?(단, 1ps = 735W이다.)

① 64% ② 85%
③ 90% ④ 99%

해설 ○ 전동기의 출력 = 23ps(마력) × 0.735Kw(1마력) = 16.905Kw
전동기의 입력 = 20kw × 1Kw = 20Kw이므로
전동기의 효율 = (출력÷입력) × 100% = (16.905Kw ÷20Kw) × 100 = 84.5%

41 크레인에 사용되는 와이어 로프의 사용 중 점검항목으로 적합하지 않은 것은?

① 마모 상태 검사 ② 부식 상태 검사
③ 소선의 인장강도 검사 ④ 엉킴, 꼬임 및 킹크 상태 검사

해설 ○ 소선의 인장강도 검사는 와이어 로프 제작회사에서 KS D 3514 와이어 로프 기준에 따라 실시하는 검사사항이다.

42 크레인의 권상용 와이어 로프의 주유에 관한 사항 중 바른 것은?

① 그리스를 와이어 로프의 전체길이에 충분히 칠한다.
② 그리스를 와이어 로프에 칠할 필요가 없다.
③ 기계유를 로프의 심까지 충분히 적신다.
④ 그리스를 로프의 마모가 우려되는 부분만 칠하는 것이 좋다.

해설 ○ 와이어 로프 전체 길이에 그리스를 칠해야 부식 및 마모 방지, 로프의 수명연장이 된다.

43 크레인의 와이어 로프를 클립으로 고정할 때 클립간격은 얼마가 가장 적당한가?

① 와이어 로프 직경의 2배 ② 와이어 로프 직경의 4배
③ 와이어 로프 지경의 6배 ④ 와이어 로프 지경의 8배

해설 ○ 클립 간격은 와이어 로프 직경의 6배가 적당하다.

44 힘의 모멘트가 M = P × L일 때 P와 L은?

① P = 힘, L = 길이 ② P = 길이, L = 면적
③ P = 무게, L = 체적 ④ P = 부피, L = 넓이

해설 ○ 힘의 모멘트(M) = 힘(P) × 길이(L)이다.

Answer 40 ② 41 ③ 42 ① 43 ③ 44 ①

45 2,000kgf의 물건을 두 줄걸이로 하여 줄걸이 로프의 각도를 60도로 매달았을 때 한쪽 줄에 걸리는 하중은 약 몇[kgf]인가?

① 1,455
② 1,355
③ 1,255
④ 1,155

> 해설 1줄에 걸리는 하중 = 부하물의 하중/(줄걸이 수 × sinα) = 2,000/(2 × 0.866) = 1,154.7(kgf)
> 쉬운 방법으로는 하물의 중량 × 줄걸이 각도별 장력계수 ÷ 줄걸이수이다
> 각도별 장력계수는 수직 =배, 30도=1.04배, 60도=1.16배, 90도=1.41배, 120도=2배 이므로
> 2,000×1.16÷2=1,160 이다

46 줄걸이 작업 시 짐의 무게중심에 대하여 주의할 사항으로 옳지 않은 것은?

① 한 꼬임에서 소선의 수가 10% 이상 절단된 것
② 소선 및 스트랜드의 돌출이 확인되는 것
③ 외부마모에 의한 공칭지름 감소가 7% 이상인 것
④ 킹크나 부식은 없어도 단말고정을 한 것

> 해설 와이어 로프 교체기준
> ① 이음매가 있는 것
> ② 와이어 로프의 한 꼬임에서 끊어진 소선(素線)(필러선은 제외)의 수가 10% 이상
>   (비자전로프의 경우에는 끊어진 소선의 수가 와이어 로프 호칭지름의 6배 길이 이내에서 4개 이상이거나 호칭지름 30배 길이 이내에서 8개 이상)인 것
> ③ 지름의 감소가 공칭지름의 7%를 초과하는 것
> ④ 꼬인 것
> ⑤ 심하게 변형되거나 부식된 것
> ⑥ 열과 전기충격에 의해 손상된 것

47 [6×37]의 규격을 가진 와이어 로프는 한 꼬임에서 최대 몇 가닥의 소선이 절단될 때까지 사용이 가능한가?

① 12가닥
② 22가닥
③ 32가닥
④ 4가닥

Answer 45 ④ 46 ② 47 ④

48 와이어 로프의 '보통꼬임'에 대한 설명으로 옳지 않은 것은?

① 소선꼬임과 스트랜드 꼬임의 방향이 반대인 것이다.
② 소선의 외부 접촉 길이가 짧으므로 랭꼬임보다 단선과 마모가 적다.
③ 킹크(Kink)가 생기는 것이 적다.
④ 소선은 로프 축과 평행하다.

> 해설 ◦ 보통꼬임 와이어 로프
> ① 스트랜드의 꼬임방향과 로프의 꼬임방향이 반대인 것이다.
> ② 소선의 외부 접촉길이가 짧으므로 랭꼬임보다 마모가 크다.
> ③ 킹크 발생이 적고, 취급이 용이하다.

49 신호수가 집게 손가락을 위로 올려 동그라미를 그릴 때의 신호는?

① 주행 ② 권하
③ 권상 ④ 가속

> 해설 ◦ 수신호 방법 참조 p.106

50 와이어 로프 규격에서 "6호품 6 × 37 B종 보통 S꼬임"에서 B종의 의미는?

① 소선의 굵기를 표시하는 기호이다.
② 소선의 재료가 황동(Brass)임을 표시한다.
③ 소선의 인장강도의 구분을 의미한다.
④ 소선의 색채가 청색인 것을 의미한다.

> 해설 ◦ 구성기호 6 × 37에서 6은 스트랜드 수, 37은 소선 수, B종은 와이어 로프의 인장강도에 따른 구분으로서 비도금종을 의미한다.

51 작업장에서 작업복을 착용하는 이유로 가장 옳은 것은?

① 작업장의 질서를 확립시키기 위해서
② 작업자의 직책과 직급을 알리기 위해서
③ 재해로부터 작업자의 몸을 보호하기 위해서
④ 작업자의 복장 통일을 위해서

> 해설 ◦ 작업복 착용하는 이유는 피부 보호와 재해방지용이다.

Answer 48 ② 49 ③ 50 ③ 51 ③

52 안전모에 대한 설명으로 바르지 못한 것은?

① 알맞은 규격으로 성능시험에 합격품이어야 한다.
② 구멍을 뚫어서 통풍이 잘되게 하여 착용한다.
③ 각종 위험으로부터 보호할 수 있는 종류의 안전모를 선택해야 한다.
④ 가볍고 성능이 우수하며 머리에 꼭 맞고 충격 흡수성이 좋아야 한다.

해설 ○ 안전모에 구멍을 뚫으면 강도가 약해져서 안전모 본연의 기능을 할 수 없다.

53 다음 중 재해발생 원인이 아닌 것은?

① 잘못된 작업방법   ② 관리감독 소홀
③ 방호장치의 기능 제거   ④ 작업 장치 회전반경 내 출입금지

해설 ○ 작업 장치 회전반경 내 출입금지는 재해발생 원인이 아니다.

54 공구 및 장비 사용에 대한 설명으로 틀린 것은?

① 공구는 사용 후 공구상자에 넣어 보관한다.
② 볼트와 너트는 가능한 소켓 렌치로 작업한다.
③ 토크 렌치는 볼트와 너트를 푸는데 사용한다.
④ 마이크로미터를 보관할 때는 직사광선에 노출시키지 않는다.

해설 ○ 토크 렌치는 볼트, 너트 등을 규정된 값으로 조일 때 사용하는 정밀 측정 공구이다.

55 구동 벨트를 점검할 때 기관의 상태는?

① 공회전 상태   ② 급가속 상태
③ 정지 상태   ④ 급감속 상태

해설 ○ 구동(회전부)를 점검할 때는 반드시 정지된 상태에서 하여야 한다.

56 안전하게 공구를 취급하는 방법으로 적합하지 않은 것은?

① 공구를 사용한 후 제자리에 정리하여 둔다.
② 끈 부분이 예리한 공구 등을 주머니에 넣고 작업을 하여서는 안 된다.
③ 공구를 사용 전에 손잡이에 묻은 기름 등은 닦아내어야 한다.
④ 숙달이 되면 옆 작업자에게 공구를 던져서 전달하여 작업능률을 올린다.

해설 ○ 작업자에게 공구를 던져서 전달하면 안 된다. 공구가 떨어져서 안전사고의 원인이 된다.

Answer 52 ② 53 ④ 54 ③ 55 ③ 56 ④

57 작업 시 보안경 착용에 대한 설명으로 틀린 것은?

① 가스 용접할 때는 보안경을 착용해야 한다.
② 절단하거나 깎는 작업을 할 때는 보안경을 착용해서는 안 된다.
③ 아크 용접할 때는 보안경을 착용해야 한다.
④ 특수 용접할 때는 보안경을 착용해야 한다.

> 해설 ○ 용접이나 절단·연마작업, 선반에서의 깎는 작업 시 불꽃이나 물체가 날아 흩어질 위험이 있는 작업에는 보안경을 착용하여야 한다.

58 사고를 일으킬 수 있는 직접적인 재해의 원인은?

① 기술적 원인
② 교육적 원인
③ 작업관리의 원인
④ 불안전한 행동의 원인

> 해설 ○ 재해의 간접원인으로는 기술적 원인, 교육적 원인, 관리적 원인이 있다

59 중량물 운반작업 시 착용하여야 할 안전화로 가장 적절한 것은?

① 중작업용
② 보통작업용
③ 경작업용
④ 절연용

> 해설 ○ 안전화의 종류
> ① 중작업용 : 건설업 등에서 중량물 운반작업, 가공대상물의 중량이 큰 물체를 취급하는 작업장
> ② 보통작업용 : 차량 사업장, 기계 등을 운전조작하는 일반 작업장
> ③ 경작업용 : 비교적 경량의 물체를 취급하는 작업장

60 안전수칙을 지킴으로 발생될 수 있는 효과로 거리가 가장 먼 것은?

① 기업의 신뢰도를 높여준다.
② 기업의 이직율이 감소된다.
③ 기업의 투자경비가 늘어난다.
④ 상하 동료 간의 인간관계가 개선된다.

> 해설 ○ 안전수칙을 잘 지키면
> ① 기업의 신뢰도는 높아지고,
> ② 이직률이 감소되며,
> ③ 투자경비가 줄어들고,
> ④ 상하 동료 간의 인간관계가 개선된다.

Answer 57 ② 58 ④ 59 ① 60 ③

2017년 제1회 최근 기출문제

01 천장 크레인의 표시 중 40/20ton × 26m 용어의 해석이 맞는 것은?

① 보권 40톤, 주권 20톤, 스팬 26m
② 주권 40톤, 보권 20톤, 스팬 26m
③ 주권 20톤~40톤, 스팬 26m
④ 주권 0.5톤, 스팬 26m

해설 ○ 천장 크레인 규격표시는 주권, 보권, 스팬, 양정 순서이다. 40/20×28×16 주권의 정격하중 40ton, 보권의 정격하중 20ton, 양쪽 주행레일 중심 간 수평거리가 28m, 양정17m 이라는 의미이다.

02 천장 크레인의 용량은 정격하중과 스팬으로 표기하는 것이 보통이지만 한 가지만 더 추가한다면?

① 권상속도
② 횡행속도
③ 주행속도
④ 양정

해설 ○ 천장 크레인 규격표시는 주권, 보권, 스팬, 양정 순서이다. 40/20×28×16 주권의 정격하중 40ton, 보권의 정격하중 20ton, 양쪽 주행레일 중심간 수평거리가 28m 양정17m 이라는 의미이다.

03 차륜의 플랜지 두께는 일반적으로 원래 두께의 몇 %가 마모되면 교환하여야 하는가?

① 10%
② 20%
③ 30%
④ 50%

해설 ○ 차륜 플랜지 두께의 마모한도는 원 치수의 50% 이상이면 차륜을 교체한다.

Answer 01 ② 02 ④ 03 ④

04 천장 크레인의 주행레일에서 스팬이 10m 하는 스팬 편차한계는?

① ±3mm
② ±6mm
③ ±10mm
④ ±18mm

해설ㅇ 가. 주행레일은 다음과 같이 한다.
  1) 주행레일은 균열, 두부의 변형이 없을 것
  2) 레일부착 볼트는 풀림, 탈락이 없을 것
  3) 연결부위의 볼트 풀림 및 부판의 빠져나옴이 없을 것
  4) 완충장치는 손상 및 어긋남이 없어야 하며, 부착볼트의 이완 및 탈락이 없을 것
  5) 연결부의 틈새는 천정크레인은 3㎜, 기타 크레인은 5㎜ 이하일 것
  6) 레일 연결부의 엇갈림은 상하 0.5㎜ 이하, 좌우 0.5㎜ 이하일 것
  7) 레일 측면의 마모는 원래 규격치수의 10% 이내일 것

05 주행차륜의 각 부위에 대한 마모한도로 옳은 것은?

① 차륜직경의 마모 : 원 치수의 10%
② 플랜지의 두께 : 원 치수의 50%
③ 구동차륜의 좌·우 직경 차 : 원 치수의 15%
④ 플랜지의 변형 : 수직에서 30°

해설ㅇ 주행차륜의 접촉면(차륜답면 車輪踏面)의 마모한계는 차륜직경의 3% 이내 플랜지의 두께의 마모 허용한계는 원 치수의 50%까지 플랜지 변형은 수직에서 20°까지이다.

06 권상장치의 속도 제어용 브레이크는?

① 디스크 타입 전자 브레이크
② 와류 브레이크
③ 직류 전자 브레이크
④ 교류 전자 브레이크

해설ㅇ E,C 브레이크(Eddy current brake)
① 와전류 브레이크 또는 소용돌이 브레이크라고도 하며,
② 권상장치에만 설치되며 주행·횡행에는 설치하지 않는다.
③ 권하 시 미세한 동작에 유리하며 권하 1단에서 작동된다.
④ 특히 권하 시 중량물이 규정된 속도보다 빠른 속도로 내려오는 걸 방지하는데 효과적이며 정격 속도의 1/5 의 감속비를 쉽게 얻을 수 있다.
⑤ 브레이크의 조정이 필요없으나 설치 비용이 많이 들어 요즘 제작되는 천장 크레인에는 설치되지 않는다.
⑥ 작동 방식은 권상장치의 전동기(Motor)와 연결된 E,C 브레이크의 회전자 축이 회전하면서, 운전자가 조작레버(Controller)를. 1단, 2단, 3단, 4단으로 변속시킬 때 전기 회로 장치에 의해 그에 맞는 정격 속도에 반응한다. 정격 속도보다 초과되었을 때 E,C 브레이크의 고정자에 회전자가 회전하는 반대 방향으로 전류를 흘려보내 회전자가 과회전 하는 것을 방지한다.

 04 ① 05 ② 06 ②

07 시브에서 와이어 로프 마모발생 방지대책 중 틀린 것은?

① 시브 직경을 크게 한다.
② 시브 홈의 지름을 아주 크게 한다.
③ 시브 홈의 가공을 정밀하게 한다.
④ 시브는 적정한 경도의 재질을 사용한다.

해설 ① 권상장치용 시브의 피치원 직경(D)은 와이어 로프 직경(d)의 20배 이상(D≥20d)으로 하고,
② 이퀄라이저 시브(Equalizer Sheave 회전하지 않는 시브)는 10배,
③ 과부하 방지장치용은 5배 이상으로 할 수 있다.

08 천장 크레인의 작업 능력은 무엇으로 나타내는가?

① 작업시간
② 권상톤수
③ 작업시간
④ 권상체적

해설 크레인의 작업 능력
① 훅(Hook) 크레인의 경우 1회의 작업량(권상장치가 1회에 들어 올릴 수 있는 무게)
② 그래브버켓(Grab buckt) 크레인의 경우 1회의 용량(m^3)으로 나타내거나 1시간의 작업 합산량으로 크레인의 작업 능력을 산출한다.

09 크레인에서 사용하는 각종 시브의 주요 점검사항이 아닌 것은?

① 시브 홈의 이상마모는 없는가?
② 시브 홈과 와이어 로프 지름이 적정한가?
③ 시브 홈의 윤활 상태는 적정한가?
④ 원활히 회전하고 암이나 보스 등에 균열은 없는가?

해설 시브의 주요 점검사항
① 시브 홈의 이상 마모 유무
② 시브 홈과 와이어 로프 지름의 적정 여부
③ 원활히 회전하고 본채(암, 또는 보스) 등에 균열 유무 등

10 15kw의 전동기로 12m/min의 속도로 권상할 경우 권상하중은?(단, 전동기를 포함한 크레인의 효율은 65%이다.)

① 5ton
② 10ton
③ 15ton
④ 20ton

해설 권상하중 = (전동기출력×6.12×효율)÷속도
(15×6.12×0.65)÷12 = 4.97톤

Answer 07 ② 08 ② 09 ③ 10 ①

11 AC브레이크 라이닝의 마모 한도는 원 치수 두께의 몇 %가 되면 교체해야 하는가?

① 20% ② 30%
③ 50% ④ 70%

해설 ○ 브레이크 라이닝의 마모한도는 원 치수 두께의 50%가 마모되면 교체한다.

12 권상장치의 제동 제어용으로 사용이 가장 부적당한 브레이크의 형식은?

① 직류전자 브레이크 ② 교류전자 브레이크
③ 유압 압상기 브레이크 ④ E.C 브레이크

해설 ○ 유압 압상기 브레이크는 주행, 횡행장치의 제동용 브레이크이다.

13 다이내믹 브레이크에서 속도제어는 어느 때 행하는가?

① 권하 시에 한다.
② 권상·권하 어느 쪽도 좋다.
③ 권상 시에 한다.
④ 주행 및 횡행 시에 한다.

해설 ○ 다이내믹 브레이크의 속도제어는 권하 시에 한다.

14 천장 크레인에서 스팬(Span)은 구조의 어느 부분과 관계가 있는가?

① 새들 ② 거더
③ 크래브 ④ 운전실

해설 ○ 스팬(Span)은 양쪽 주행레일 중심 간 거리이므로 거더의 길이와 관계가 있다.

15 드럼에 홈이 없는 경우 와이어 로프가 감길 때의 플리트각(Fleet angle)은 몇 도 이내로 해야 하는가?

① 2도 ② 4도
③ 6도 ④ 8도

해설 ○ ① 권상장치 등의 드럼에 홈이 있는 경우 플리트(Fleet) 각도(와이어 로프가 감기는 방향과 로프가 감겨지는 방향과의 각도)는 4도 이내여야 한다.
② 권상장치 등의 드럼에 홈이 없는 경우 플리트 각도는 2도 이내여야 한다.

Answer 11 ③ 12 ③ 13 ① 14 ② 15 ①

16 천장 크레인에서 브레이크의 조정 사항과 관련이 없는 것은?

① 스트로크 조정
② 슈 조정
③ 라이닝 조정
④ 플랜지의 두께 조정

> 해설 ◦ 브레이크의 조정 사항과 관련이 있는 것은
> ① 스트로크 조정(라이닝 마모가 50% 미만 시)
> ② 슈 및 라이닝 조정(브레이크 드럼과 라이닝의 간극이 위아래가 맞지 않을 때)

17 스팬이 24m인 공장작업용 천장 크레인 거더의 캠버는?

① 5mm   ② 10mm
③ 30mm   ④ 50mm

> 해설 ◦ 거더의 캠버는 스팬의 1/800이다.
> 24m의 1/800 이므로 24m(24,000mm)÷800 = 30mm이다.

18 횡행 차륜정지용 스토퍼(Stopper)의 적당한 높이는 차륜 지름의 얼마인가?

① 1/2 이상   ② 1/3 이상
③ 1/4 이상   ④ 1/4 이하

> 해설 ◦ 크레인 레일의 정지기구
> ① 횡행레일에는 양끝부분 또는 이에 준하는 장소에 완충장치, 완충재 또는 해당 크레인 횡행 차륜 지름의 4분의 1 이상 높이의 정지기구를 설치해야 한다.
> ② 크레인의 주행레일에는 양끝부분 또는 이에 준하는 장소에 완충장치, 완충재 또는 해당 크레인 주행차륜 지름의 2분의 1 이상 높이의 정지기구를 설치해야 한다.

19 훅의 도르래와 크래브 상단이 충돌하였을 때의 원인은?

① 브레이크 고장
② 리미트 스위치 고장
③ 저항기 고장
④ 전동기 고장

> 해설 ◦ 리미트 스위치(제한 스위치)가 고장나면 권상장치의 훅이 멈추지 않고 계속 상승하게 되어 훅의 도르래와 크래브의 하단이 충돌한다.

Answer 16 ④   17 ③   18 ③   19 ②

20 천장 크레인의 브레이크 중에서 전기를 투입하여 유압으로 작동하는 브레이크는?

① 오일 디스크 브레이크 ② 마그넷 브레이크
③ 스러스트 브레이크 ④ 다이내믹 브레이크

해설 ① 오일 디스크 브레이크 : 승용차용 브레이크와 같이 페달을 발로 밟으면 마스터실린더에서 유압을 발생시켜 유압으로 작동
② 마그넷 브레이크 : 전자석으로 작동
③ 스러스트 브레이크 : 전기를 투입하여 유압(압상기)으로 작동
④ 다이내믹 브레이크 : 운동에너지를 전기에너지로 바꿔 작동

21 전자 브레이크의 전자석 부분 과열 원인이 아닌 것은?

① 철심 부착 불량 ② 전원 전압 강하
③ 권선부분 단락 ④ 브레이크 슈의 마모

해설 브레이크 라이닝의 마모는 제동력과 관계가 있다.

22 트롤리(Trolley)동선의 좌·우, 고·저차는 기준면에서 몇 mm 이하를 유지하여야 하는가?

① ±2mm ② ±4mm
③ ±6mm ④ ±8mm

해설 트롤리 동선의 좌·우, 고·저차는 기준면에서 ±2mm 이하를 유지하여야 한다.

23 메가테스터는 무엇을 측정하는 것인가?

① 전기 전도도 ② 전력량
③ 전압 ④ 전기 절연저항

해설 메가테스터(Megger Tester) 전기 절연저항 및 누전을 체크하는 측정기이며, 단위는 MΩ이다.

24 전동기의 입력 20kw로 운전하여 23HP의 동력을 발생하고 있을 때 전동기의 효율은?

① 64.8% ② 85.8%
③ 87% ④ 96%

해설 전동기의 효율 = (전동기 입력÷전동기 출력)×100
20÷23×100 = 86.9%

Answer 20 ③ 21 ④ 22 ① 23 ④ 24 ③

25 차륜플랜지의 한 쪽만 계속 레일과 접촉하여 마모되는 원인이 아닌 것은?

① 좌우 주행레일의 높이가 틀림
② 좌우 구동차륜의 지름차가 큼
③ 구동차륜과 종동차륜의 지름이 틀림
④ 레일과 차륜의 직각도 불량

> 해설 ○ 차륜 플랜지가 한 쪽만 계속 레일과 접촉되어 마모되는 원인
> ① 레일과 차륜의 직각도가 불량일 때 또는 레일의 직진도 불량
> ② 좌우 주행레일의 높이가 다를 때
> ③ 구동차륜 및 종동차륜의 직경차가 클 때

26 입력 전압이 440V, 60Hz인 3상 유도전동기가 있다. 극수가 4극이고, 슬립이 3%일 때 회전자의 속도는 약 얼마인가?

① 1,728rpm
② 1,780rpm
③ 1,800rpm
④ 1,880rpm

> 해설 ○ $Ns = \dfrac{120f}{P}(1-S)$ 에서 Ns = 전동기의 동기속도, P = 전동기의 극수, f = 주파수(60Hz)
> $\dfrac{120 \times 60}{4} = \dfrac{7,200}{4} = 1,800 rpm$ 슬립이 3%이므로 1,800×0.03 = 54rpm,
> 1,800-56 = 1,746rpm이다.

27 천장 크레인의 속도 제어용 브레이크 중 구조가 간단하고 마모 부분이 없으며 저속도를 쉽게 얻을 수 있는 것은?

① 유압 디스크 브레이크
② E.C(Eddy current) 브레이크
③ AC 브레이크
④ DC마그넷트 브레이크

> 해설 ○ E.C 브레이크(Eddy current brake)
> ① 와전류 브레이크, 또는 소용돌이 브레이크라고 한다.
> ② 권상장치에 설치되며 주행·횡행에는 설치하지 않는다.
> ③ 권하 시 미세한 동작에 유리하며 권하 1단에서 작동된다.
> ④ 마모 부분이 없고 특히 권하 시 중량물이 규정된 속도보다 빠른 속도로 내려오는 것을 방지하는데 효과적이며 정격 속도의 1/5의 감속비를 쉽게 얻을 수 있다.

Answer   25 ③   26 ①   27 ②

28 동력 전달용 나사에서 사다리꼴 나사의 특징이 아닌 것은?

① 사각 나사보다 제작이 어렵고 정밀도가 낮다.
② 마모에 대한 조정이 쉽다.
③ 동력 전달이 정확하다
④ 강도가 크다.

> 해설 ○ 사다리꼴 나사의 특징
> ① 마모에 대한 조정이 쉽다.
> ② 동력 전달이 정확하고 강도가 크다
> ③ 삼각 나사보다 효율이 좋으며 공작기계의 이송장치에 사용된다.

29 감속기 오일은 점도검사를 하여 교환하지만 일반적으로 몇 시간 사용 후 교환하는가?

① 1,000시간   ② 2,000시간
③ 3,000시간   ④ 4,000시간

> 해설 ○ 윤활유의 교체시기는 2,000시간 사용 후 교환하는 것이 좋다.

30 전동기의 부하가 크게 걸릴 경우 미치는 영향과 관계없는 것은?

① 발열한다.
② 최대 토크가 증가한다.
③ 퓨즈가 끊어질 수 있다.
④ 과부하 계전기가 작동한다.

> 해설 ○ 전동기에 과부하가 걸릴 경우 미치는 영향
> ① 전동기가 발열한다.
> ② 퓨즈가 끊어질 수 있다
> ③ 과부하 계전기가 작동한다.

31 제어기(Controller)에서 두 개의 제어기를 한 개의 핸들로 동시에 조작이 가능할 수 있게 한 것은?

① 크랭크식 제어기   ② 기계식 제어기
③ 유니버셜식 제어기   ④ 전기식 제어기

> 해설 ○ 유니버셜식 제어기(컨트롤러)는 두 개 동작을 한 개의 핸들로 동시에 조작이 가능한 제어기이다.

Answer   28 ①   29 ②   30 ②   31 ③

32 다음은 전동기 분해순서를 열거한 것이다. 바르게 순서대로 열거한 항목은?

> ㉠ 외선 커버의 급유용 그리스 니플과 부속 파이프 및 외선 커버를 분리한다.
> ㉡ 고정자와 회전자를 분리한 후 베어링을 뽑는다.
> ㉢ 슬립 링 축의 축함 커버 취부 볼트를 뽑은 후 슬립 축의 베어링을 분해한다.
> ㉣ 외선 팬을 뽑고 브래킷을 분리시킨다.

① ㉠ - ㉡ - ㉢ - ㉣
② ㉠ - ㉢ - ㉡ - ㉣
③ ㉣ - ㉠ - ㉡ - ㉢
④ ㉠ - ㉢ - ㉣ - ㉡

33 크레인의 작동과 안전장치 등의 조합에 대하여 설명한 것 중 틀린 것은?

① 횡행 - 완충장치
② 주행 - 두 크레인 간의 충돌방지장치
③ 권상 - 스크루(나사)형 리미트 스위치
④ 권하 - 중추형 리미트 스위치

해설 권상장치의 제한 스위치로 사용되는 중추형 리미트 스위치는 2차 비상용으로서 권상 때 작동한다.

34 전동기 회전수 1,152rpm, 전 감속비 1/18.1, 차륜의 지름이 400mm 일 때 이 천장 크레인의 주행속도는?

① 25.4m/min
② 60m/min
③ 80m/min
④ 100m/min

해설 천장 크레인의 주행속도 = π(3.14)×차륜직경×회전수÷감속비
3.14×400×1,152÷18.1 = 79.9m/min

35 방폭구조로 된 전기설비의 구비조건이 아닌 것은?

① 시건장치를 할 것
② 접지를 할 것
③ 환기가 잘 될 것
④ 퓨즈를 사용할 것

해설 환기는 작업장의 작업 조건에 해당된다.

Answer 32 ④ 33 ④ 34 ③ 35 ③

36 횡행장치에서 전원공급방식으로 사용하지 않는 것은?

① 케이블 캐리어　　② 페스톤 방식
③ 트롤리 와이어 방식　　④ 케이블 릴 방식

해설) 케이블 릴 방식은 전기로 작동되는 크레인의 집전장치 종류 중 한 가지이다.

37 실제 작업현장에서 크레인에 가장 많이 사용되는 전압은?

① 110V　　② 220V
③ 440V　　④ 550V

해설) 크레인의 전원으로는 회사에 변전반이 있는 곳에서는 440V가 많이 사용되고 변전반이 없는 곳에서는 주로 380V가 많이 사용된다.

38 키(Key)는 다음 어느 경우에 사용하는가?

① 축이 손상되었을 때
② 압연재나 형재를 영구적으로 연결할 때
③ 축에 풀리, 기어 등을 고정시킬 때
④ 와이어 로프가 손상되었을 때

해설) 키(key)는 기어, 벨트, 풀리 등을 축에 고정해서 회전력을 전달할 때 사용된다.

39 천장 크레인용 전동기에서 속도제어를 할 수 있는 교류 전동기는?

① 직권 전동기　　② 분권 전동기
③ 권선형 유도전동기　　④ 농형 유도전동기

해설) 교류 권선형 유도전동기는 2차 저항기를 사용하여 저항을 가감함으로서 전동기의 속도를 제어한다.

40 전동기가 가동하지 않는 원인과 거리가 먼 것은?

① 단선　　② 전압강하가 크다.
③ 커넥터의 접촉 불량　　④ 사용빈도가 많다.

해설) 사용빈도가 많은 것은 발열의 원인이다.

Answer　36 ④　37 ③　38 ③　39 ③　40 ④

41 천장 크레인은 운전 시작 전 고려하여야 할 사항으로 틀린 것은?

① 작업내용과 작업순서에 대하여 관계자와 충분히 협의한다.
② 크레인이 이동하는 영역 내에 장애물이 없는지를 사전에 확인한다.
③ 이동할 물품 종류 등에 대해서 고려할 필요가 없으며, 신속한 작업의 고려가 우선이다.
④ 작업할 때는 안전하게 하여야 한다.

해설ㅇ 천장 크레인 운전 시 천천히 안전하게 작업을 하여야 한다.

42 4.8ton의 부하물을 4줄걸이로 하여 각도 60°로 매달았을 때 한 쪽 줄에 걸리는 하중은 약 몇 ton인가?

① 0.69ton
② 1.23ton
③ 1.39ton
④ 1.46ton

해설ㅇ 와이어 로프의 적용 장력
　　　　= (짐의 무게/로프의 수)×(1/로프의 각)
　　　　= (4.8/4)×(1/cos60°) ≒ 1.39[ton]
　　쉬운 방법으로는 하물의 중량×줄걸이 각도별 장력계수÷줄걸이 수이다.
　　각도별 장력계수는 수직 = 1배, 30도 = 1.04배, 60도 = 1.16배, 90도 = 1.41배, 120도 = 2배이므로
　　4.8×1.16÷4 = 1.39톤

43 와이어 로프의 열 영향에 의한 재질 변형의 한계는?

① 50℃
② 100℃
③ 200~300℃
④ 500~600℃

해설ㅇ 와이어 로프의 열 영향에 의한 변형 한계온도는 200~300℃이다.

44 와이어 로프 줄걸이 작업자가 작업을 실시할 때 고려해야 할 사항과 가장 거리가 먼 것은?

① 짐의 중량
② 짐의 중심
③ 짐의 부피
④ 짐을 매는 방법

해설ㅇ 줄걸이 작업자가 작업할 때 고려해야 할 사항
　　① 짐의 중량에 따라 줄걸이 용구를 선정해야 한다.
　　② 줄걸이 용구를 짐의 중심에 잘 맞도록 걸어야 한다.
　　③ 2줄 또는 4줄 십자걸이, 바스켓걸이 등 줄걸이 방법을 정해야 한다.

Answer 41 ④ 42 ③ 43 ③ 44 ③

45 〈그림〉에서 240톤의 부하물을 들어 올리려 할 때 당기는 힘은 몇 톤인가?(단, 마찰계수 및 각종 효율은 무시한다.)

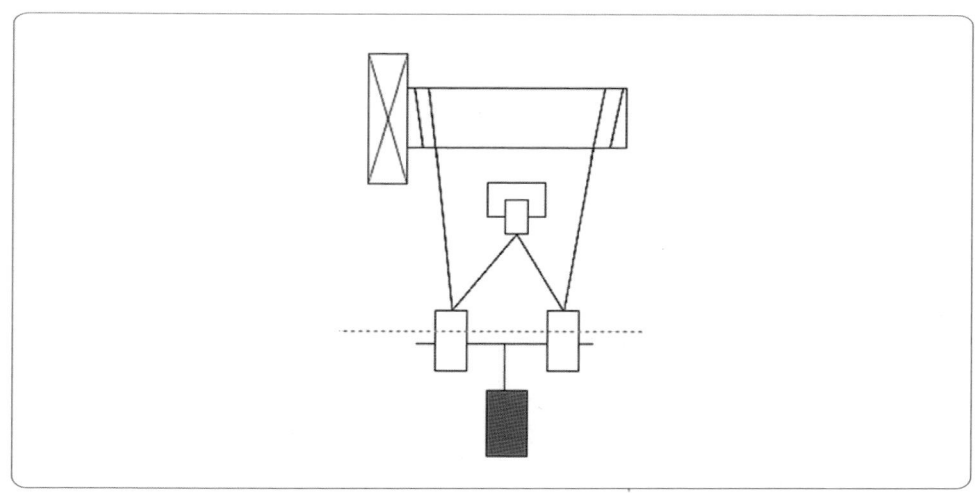

① 80톤 ② 60톤
③ 120톤 ④ 240톤

해설 ◦ 당기는 힘 P = W/(n+1)에서
P : 당기는 힘
W : 부하물의 중량
n : 활차의 수이므로
당기는 힘 = 240÷(3+1) = 60 ton
동활차 1개당 당기는 힘을 1/2로 줄여주기 때문에 그림과 같이 동활차가 2개이므로 힘을 1/4로 줄여준다. 240÷4 = 60

46 [6×37]의 규격을 가진 와이어 로프는 한 꼬임에서 최대 몇 가닥의 소선이 절단될 때까지 사용이 가능한가?

① 12가닥 ② 22가닥
③ 32가닥 ④ 42가닥

해설 ◦ 와이어 로프의 한 가닥에서 소선의 수가 10% 이상 절단 시 폐기하여야 하므로
6×37 와이어 로프는 스트랜드가 6개이고 스트랜드 1가닥에서 서선이 37개를 뜻한다.
37개의 소선 수의 10%, 즉 3.7개(약 4개)미만의 소선이 절단되어도 사용 가능하다.

Answer   45 ②   46 ②

47 신품 체인을 구입하여 사용한 후 임의의 5개 링 길이르 측정시 신장이 몇 % 이상이면 사용하지 말아야 하는가?

① 3% ② 5%
③ 7% ④ 10%

해설 ◦ 체인의 연신율은 임의의 5개 링을 측정하였을 때 제조 당시보다 5% 이상이고, 링크 단면의 지름은 10% 이상 감소하였으면 교환해야 한다.

48 와이어 로프 소선의 질변화란?

① 와이어 로프가 킹크되는 경우
② 활차의 로프 홈이 나쁜 경우
③ 와이어 로프가 마모되는 경우
④ 물리적 원인으로 로프의 표면경화 또는 피로에 의한 변화

해설 ◦ 와이어 로프 소선의 질 변화는 물리적 원인으로 와이어 로프의 표면경화 또는 피로에 의한 변화를 뜻한다.

49 와이어 로프의 내부 소선이 마모되는 원인을 열거한 것이다. 이 중 옳지 않은 것은?

① 과하중에 의한 경우 ② 무리한 굽임인 경우
③ 주유 불량인 경우   ④ 주권과 보권을 동시에 사용할 경우

해설 ◦ 와이어 로프의 내부소선이 마모되는 원인은 과하중, 무리한 굽힘, 주유불량인 경우이다.

50 〈그림〉과 같이 주먹을 머리에 대고 떼었다 붙였다 하여 호각을 짧게, 길게 부는 신호 방법은?

① 보권 사용   ② 주권 사용
③ 위로 올리기 ④ 작업 완료

해설 ◦ 수신호 방법 참조 p.106

 Answer 47 ② 48 ④ 49 ④ 50 ②

51 안전작업은 복장의 착용상태에 따라 달라진다. 다음에서 권장사항이 아닌 것은?

① 옷소매 폭이 너무 넓지 않은 것이 좋고, 단추가 달린 것은 되도록 피한다.
② 물체 추락의 우려가 있는 작업장에서는 안전모를 착용해야 한다.
③ 복장을 단정하게 하기 위해 넥타이를 꼭 매야 한다.
④ 땀을 닦기 위한 수건이나 손수건을 허리나 목에 걸고 작업해서는 안 된다.

해설 ◦ 넥타이 등의 착용은 작업 시 회전 부분에 말려들어가는 등의 안전사고 발생 위험이 있다.

52 화재예방 조치로서 적합하지 않은 것은?

① 화기는 정해진 장소에서만 취급한다.
② 가연성 물질을 인화장소에 두지 않는다.
③ 유류취급 장소에는 방화수를 준비한다.
④ 흡연은 정해진 장소에서만 취급한다.

해설 ◦ 유류 취급 장소는 유류화재의 소화에 적합한 B급 소화기나 방화사를 준비하여야 한다. 물은 오히려 불길을 더욱 키운다.

53 볼트 등을 조일 때 조이는 힘을 측정하기 위하여 쓰는 렌치는?

① 소켓 렌치
② 토크 렌치
③ 복스 렌치
④ 오픈엔드 렌치

해설 ◦ 토크 렌치는 볼트나 너트의 조임력을 규정값에 정확히 맞도록 하기 위해 사용하는 공구이다.

54 수공구를 사용하여 일상정비를 할 경우의 필요 사항으로 가장 부적합한 것은?

① 용도 외의 수공구는 사용하지 않는다.
② 수공구를 서랍 등에 정리할 때는 잘 정돈한다.
③ 수공구는 작업 시 손에서 놓치지 않도록 주의한다.
④ 작업을 빠르게 하기 위해서 장비위에 놓고 사용하는 것이 좋다.

해설 ◦ 장비 위에 수공구를 놓고 사용할 경우 공구가 떨어지면서 안전사고의 위험이 있으므로 장비 위에 놓고 사용하지 않는다.

Answer 51 ③ 52 ③ 53 ② 54 ④

55 안전관리의 근본 목적으로 가장 적합한 것은?

① 근로자의 생명 및 신체의 보호
② 생산량 증대
③ 생산의 경제적 운용
④ 생산과정의 시스템화

> **해설** 안전관리의 근본적인 목적은 근로자의 생명과 신체보호, 안전사고를 미연에 방지하는데 그 목적이 있다.

56 작업자가 실시하는 안전점검과 가장 거리가 먼 것은?

① 장비 및 공구의 상태
② 안전보호구의 적정성 여부
③ 작업장의 정리·정돈
④ 안전에 대한 기본방침과 실시 상황보고

> **해설** 안전에 대한 기본방침과 실시 상황보고는 안전관리자의 업무이다

57 안전사고의 원인 중 불안전한 행위에 해당되지 않는 것은?

① 불안전한 작업행동
② 부적당한 배치
③ 안전수칙의 무시
④ 기량의 부족

> **해설**
> • **불안전한 행위**
>   ① 안전수칙의 무시
>   ② 불안전한 작업행동
>   ③ 방심(태만)
>   ④ 기량의 부족
> • **불안전한 위치**
>   ① 신체조건의 불량
>   ② 주의산만
>   ③ 업무량의 과다
>   ④ 무관심

Answer 55 ① 56 ④ 57 ②

58 먼지가 많이 발생하는 장소에서 착용해야 하는 마스크는?

① 산소마스크 ② 방독마스크
③ 방진마스크 ④ 송기마스크

해설 ○ 호흡용 보호구
① 방독마스크 : 유기용제, 유독가스, 미스트, 흄 발생작업
② 송기마스크, 산소마스크 : 저장소, 하수구 청소 및 산소 결핍 작업장
③ 방진마스크 : 분체작업, 연마작업, 광택작업, 배합작업 등 먼지가 많은 작업장

59 장갑을 끼고 작업을 할 때 위험한 작업은?

① 오일 교환 작업 ② 건설기계 운전
③ 타이어 교환 작업 ④ 해머 작업

해설 ○ 〈장갑을 착용하면 안 되는 작업〉
해머작업, 연삭 작업, 드릴작업, 선반작업, 정밀기계작업 등이 있다.

60 안전·보건표지의 종류와 형태에서 그림의 표지로 맞는 것은?

① 산화성 물질 경고 ② 폭발성 물질 경고
③ 급성 독성물질 경고 ④ 인화성 물질 경고

Answer 58 ③ 59 ④ 60 ④

2017년 제2회 최근 기출문제

01 훅(Hook)이 지상에 도달했을 경우(Drum)에는 최소 몇 회의 감김 여유가 있어야 하는가?

① 감겨 있지 않아도 된다.
② 최소 1회 이상
③ 최소 2회 이상
④ 최소 4회 이상

해설ㅇ 와이어 로프는 훅이 지상(바닥)에 도달한 상태에서 드럼에 최소 2회 이상 감겨 있어야 한다.

02 정격하중이 20,000kgf인 천장 크레인의 훅(Hook)은 파괴하중이 최소한 몇 kgf 이상인 것을 사용해야 하는가?

① 40,000kgf
② 60,000kgf
③ 80,000kgf
④ 100,000kgf

해설ㅇ 훅의 파괴하중은 정격하중의 5배 이므로 20,000×5 = 100,000kgf이다.

03 〈그림〉에서 로프 시브의 호칭지름은?

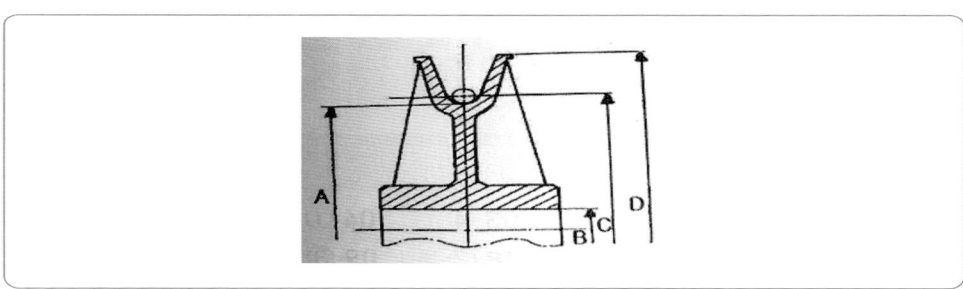

① A
② B
③ C
④ D

해설ㅇ 시브의 호칭 지름은 시브에 와이어 로프를 끼운 상태에서 위쪽 로프의 중심부터 아래쪽 로프 중심까지의 거리이다.
A = 시브 안지름, B = 축의 지름, C = 호칭 지름, D = 시브 바깥지름

Answer 01 ③ 02 ④ 03 ③

04 천장 크레인 용어 중 '양정'을 옳게 표현한 것은?

① 주행레일과 레일의 간격
② 횡행레일과 레일의 간격
③ 건물바닥이나 지상에서 크레인 상면까지의 거리
④ 상한 리미트 스위치 작동지점부터 하한 리미트 스위치까지 거리

해설○─ 양정은 하한(下限) 리미트 스위치 작동지점부터 상한(上限) 리미트 스위치 지점까지의 거리이다.

05 천장 크레인의 권과방지장치의 종류에 해당하지 않은 것은?

① 스크루형 리미트 스위치   ② 캠형 리미트 스위치
③ 중추형 리미트 스위치   ④ 굴곡형 리미트 스위치

해설○─ 권과(勸課, 課券)방지장치는 과하게 감기지 못하게 하는 제한 스위치이므로 권상장치에 설치된다. (주행, 횡행장치에는 설치 안 함) 권과방지장치 스위치의 종류는 스크루형(나사형)·캠형(웜 기어식)·중추형 등이 있다.

06 천장 크레인의 시험하중은 정격하중의 몇 %인가?

① 70%   ② 110%
③ 150%   ④ 200%

해설○─ 천장 크레인을 제작하고 설치한 후 완성검사를 실시하는데 이때 시험하중은 정격하중의 1.1배 (110%)이다.

07 전자 브레이크에서 전자석 부분의 과열 원인이 아닌 것은?

① 가동철심이 완전히 부착되지 않을 때
② 전원이 전압강하 시
③ 전선의 부분 단락 시
④ 드럼(풀리)과 브레이크 슈의 틈새 과다

해설○─ AC, DC 전자브레이크의 전자석 부분 과열 원인
① 가동철심(원판)이 완전히 부착되지 않을 때
② 전압강하가 클 때
③ 전선이 부분 단락(합선) 시
※ 드럼과 브레이크 라이닝의 틈새가 너무 클 때는 제동이 안 된다.

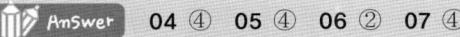
Answer   04 ④   05 ④   06 ②   07 ④

08 천장 크레인에서 크래브(Crab)는?

① 횡행장치이다.
② 각종 전원 판넬이다.
③ 주행장치 및 저항기, 판넬을 장치하는 부분이다.
④ 권상 및 횡행장치를 설치하여 레일 위를 왕복 운동하는 대차이다.

해설 ○─ 크래브에는 권상장치 및 횡행장치, 브레이크, 리미트 스위치 등이 설치되어 있으며 양쪽 거더 위에 설치된 레일 위를 따라 왕복 운동을 하는 대차이다.

09 시브 및 와이어 드럼 홈의 지름은 와이어 로프 공칭지름보다 얼마나 크게 하는 것이 가장 적당한가?

① 10%
② 20%
③ 30%
④ 40%

해설 ○─ 시브 및 와이어 로프 드럼 홈의 지름은 와이어 로프 공칭지름(직경)보다 10% 정도 크게 제작하는 것이 적당하다.

10 주행차륜 플랜지는 두께의 몇 % 마모와 수직에서 몇 도의 변형이 생기면 교환하는 것이 좋은가?

① 40%, 10도
② 40%, 20도
③ 50%, 10도
④ 50%, 20도

해설 ○─ 주행차륜 플랜지는 두께의 50% 이상 마모 시 수직에서 20도 이상 변형되면 차륜을 교환해야 한다.

11 다음은 차륜에 대하여 설명한 것이다. 틀린 것은?

① 차륜의 재질은 주철, 주강, 특수주강이다.
② 천장 크레인 차륜은 보통 양 플랜지의 것이 사용된다.
③ 차륜의 직경은 균일하며 단면 및 플랜지는 열처리가 되어 있다.
④ 차륜에는 종동륜만 있다.

해설 ○─ 주행차륜은 구동차륜과 종동차륜으로 구분하며, 구동차륜은 전동기에 의해 구동되어 크레인이 이동할 수 있다.
※ 승용차에서 전륜 구동식일 때 전륜이 구동차륜이며 후륜은 종동 차륜이다.

Answer 08 ④ 09 ① 10 ④ 11 ④

12 천장 크레인의 스팬(Span)에 대한 설명이다. 맞는 것은?

① 주권 훅과 보권 훅 사이의 간격을 말한다.
② 주행차륜 중심 간의 거리를 말한다.
③ 횡행차륜 중심 간의 거리를 말한다.
④ 좌·우 주행레일(rail) 중심사이의 거리를 말한다.

> 해설 ○ 스팬(span)은 좌·우 주행레일의 중심사이의 거리를 말한다.
> 좌·우 주행레일이 각각 2줄씩 일 때는 양쪽 2줄 사이의 거리를 말한다.

13 다음은 마그넷 브레이크의 동작이 느릴 경우(정상은 0.1~0.5초)의 원인들을 열거하였다. 옳게 짝지어진 것은?

┌───┐
│ ㉠ 전압강하가 크다.   ㉡ 사용유의 규격이 적당하지 않다. │
│ ㉢ 주파수 저하가 크다.   ㉣ 유량이 부족하다.   │
└───┘

① ㉠ - ㉡ - ㉢
② ㉠ - ㉢ - ㉣
③ ㉡ - ㉢ - ㉣
④ ㉠ - ㉡ - ㉣

> 해설 ○ 마그넷 브레이크는 유량과 관계가 없다.

14 천장 크레인의 주행 기계장치인 브레이크 라이닝의 허용 마모량은 얼마인가?

① 원형의 15% 이내
② 원형의 30% 이내
③ 원형의 50% 이내
④ 원형의 75% 이내

> 해설 ○ 브레이크 라이닝의 마모량은 원두께의 50% 이내이다.

15 크레인의 안전장치로 주행·횡행 등 운동과 과행을 방지하기 위한 보호장치는?

① 전자 접촉기
② 리미트 스위치
③ 오버로드 스위치
④ 퓨즈

> 해설 ○ 리미트 스위치는 제한 스위치
> ① 과행(過行) 방지장치 : 주행 횡행장치에 사용함
> ② 과권(過捲), 권과(捲過) 방지장치 : 권상장치에 사용함

Answer 12 ④ 13 ① 14 ③ 15 ②

16 천장 크레인용 훅(Hook)의 입구가 벌어지는 변형량을 시험하는 방법으로 가장 적합한 것은?

① 훅의 정격하중을 동하중으로 작용시켜 입구의 벌어짐이 0.5% 이하이어야 한다.
② 훅에 정격하중의 2배를 정하중으로 작용시켜 입구의 벌어짐이 0.25% 이하이어야 한다.
③ 훅에 최대하중을 동하중으로 작용시켜 입구의 벌어짐이 0.25% 이하이어야 한다.
④ 훅에 정격하중을 정하중으로 작용시켜 입구의 벌어짐이 0.5% 이하이어야 한다.

> **해설** 훅의 입구가 벌어지는 변형량을 시험할 때는 훅에 정격하중의 2배를 정하중으로 걸었을 때 훅 입구의 벌어짐이 0.25% 이하이어야 한다.

17 다음 중 천장 크레인 권상장치의 주요 구성 요소가 아닌 것은?

① 전동기
② 감속기
③ 브레이크
④ 캠버

> **해설** 캠버는 거더가 파괴되지 않도록 거더의 처짐량에 상당하는 높이만큼 거더에 보전해주는 것을 말하며 보통 스팬의 1/800이다.

18 자주 조정할 필요 없이 구조가 간단하고 정격속도의 1/5의 안정된 저속도를 쉽게 얻을 수 있는 브레이크는 어느 것인가?

① CF(Change frequency) 브레이크
② 다이내믹 브레이크
③ 와류(EC) 브레이크
④ 스러스트 브레이크

> **해설**
> ① 오일 디스크 브레이크 : 승용차용 브레이크와 같이 페달을 발로 밟으면 마스터실린더에서 유압을 발생시켜 유압으로 작동
> ② 마그넷 브레이크 : 전자석으로 작동하며 권상장치에 사용
> ③ 스러스트 브레이크 : 전기를 투입하여 유압(압상기)으로 작동
> ④ 다이내믹 브레이크 : 운동에너지를 전기에너지로 바꿔 작동
> ⑤ CF브레이크 : 주파수를 변환시키면 브레이크의 전동기 회전수가 변환 되므로 인한 제동력의 차이가 발생되게 하는 브레이크이며 권상장치의 권하 시 속도 제어용 브레이크로 사용된다.
> ⑥ SC브레이크 : CF브레이크와 구조 및 작동 원리가 같다.
> ⑦ EC브레이크 : 구조가 간단하고 브레이크의 조정이 필요 없으며 정격 속도의 1/5 의 감속비를 쉽게 얻을 수 있다.

Answer 16 ② 17 ④ 18 ③

19 다음 중 일반적으로 사용되는 권상 제동용 브레이크(Brake)는?

① 마그네틱 브레이크(Magnetic brake)
② 스피드 컨트롤 브레이크(Speed control brake)
③ 에디 커렌트 브레이크(Eddy current brake)
④ 다이내믹 브레이크(Dynamic brake)

해설 ○- 마그네틱 브레이크는 권상장치의 제동용 브레이크로 사용된다

20 천장 크레인의 성능을 표시할 때 순서로 맞는 것은?

① 양정 - 스팬 - 정격하중 - 사용동력
② 정격하중 - 스팬 - 양정 - 사용동력
③ 사용동력 - 스팬 - 사용동력 - 양정
④ 양정 - 스팬 - 사용동력 - 정격하중

해설 ○- 천장 크레인의 성능 표시는 정격하중(주권, 보권) ×스팬 ×양정 × 사용동력의 순서로 한다.

21 훅 또는 달기구에 대한 사항으로 틀린 것은?

① 훅 블록 또는 달기구에는 정격하중이 표기되어 있을 것
② 볼트, 너트 등은 풀림 또는 탈락이 없을 것
③ 해지장치는 균열 또는 변형 등이 없을 것
④ 훅 본체는 균열 또는 변형 등이 없어야 하고, 국부마모는 원 치수의 10% 이내일 것

해설 ○- 훅 본체는 균열 또는 변형 등이 없어야 하고 국부마모는 원 치수의 5% 이내이어야 한다.

22 천장 크레인의 버퍼 스토퍼(Buffer stopper)란?

① 주행차륜에 부착하여 과속을 방지하는 장치
② 주행이나 횡행 시 충돌했을 때 충격을 완화시켜 주는 장치
③ 권상장치의 과권방지용 장치
④ 권하 시 너무 내리는 것을 방지하기 위하여 드럼에 부착하는 장치

해설 ○- 버퍼 스토퍼는 주행이나 횡행 시 충돌하였을 때 충격을 완화시켜 주는 장치이다.

Answer 19 ① 20 ② 21 ④ 22 ②

23 거더의 캠버는 정격하중을 가하였을 때 스팬의 얼마 이하가 적당한가?

① 1/400 이하
② 1/600 이하
③ 1/800 이하
④ 1/1,000 이하

해설 ① 크레인 거더의 처짐은 정격하중 및 달기기구 자중을 합한 하중에 상당하는 하중을 가장 불리한 조건으로 권상하였을 때, 당해 스팬의 800분의 1 이하가 되어야 한다.
② 크레인의 박스 거더에는 자중에 의한 처짐과 정격하중의 1/2에 의한 처짐을 합산한 값에 상당하는 캠버를 주어야 한다.

24 차륜주행 관련 점검사항이 아닌 것은?

① 베어링의 마모상태
② 차륜의 중심선 일치 여부
③ 레일의 굽음
④ 차륜의 열전도율

해설 차륜주행 관련 점검사항
① 베어링 마모상태 점검
② 차륜의 중심선 일치 여부 점검(직진도)
③ 레일의 굽힘, 틀어짐 상태 점검
④ 주행레일과 차륜의 직각도 유지 점검

25 천장 크레인의 브레이크 정비에 대해서 틀린 것은?

① 브레이크 휠과 라이닝 간격은 보통 브레이크 휠 직경의 200분의 1 정도 비율로 한다.
② 브레이크 휠 림의 두께 마모한도는 원 치수의 40% 정도이다.
③ 브레이크 휠 면의 요철이 2mm 정도가 되면 평활하게 다듬어 주어야 한다.
④ 브레이크 라이닝의 내열온도는 보통 650℃ 정도이다.

해설 브레이크 라이닝의 내열온도는 150℃ 정도이다.

26 천장 크레인 중 권하 속도가 빠를수록 좋은 크레인은?

① 원료장입 크레인
② 강괴 크레인
③ 타이어 크레인
④ 담금질 크레인

해설 담금질 크레인은 철강 재료를 담금질하는데 사용하는 것으로 속도가 빠를수록 좋다. 담금질이란? 고온의 금속재료를 기름이나 물속에 담가 급격히 식히는 일로서 금속 재료를 표면 경화시켜 강하게 하는 열처리 방법이다.

Answer 23 ③ 24 ④ 25 ④ 26 ④

27 근로자가 크레인을 이용하여 화물을 권상 시킬 때 위험한 상태에서 작업안전을 위해 급정지 시킬 수 있도록 설치되어 있는 일종의 방호장치는?

① 충돌방지장치(Anti collision)
② 비상정지장치(Emergency stop switch)
③ 레일클램프장치(Rail clamp)
④ 훅 해지장치(Hook latch)

해설 ① 충돌방지장치 : 동일한 주행로 상에 2대 이상 병렬로 크레인이 설치되는 경우 운행되는 크레인 상호 간의 충돌을 방지하기 위한 장치이며 근접거리 접근 시 경고음과 함께 주행장치가 멈춰지고 더이상 작동이 되지 않는다.
② 비상정지장치 : 천장 크레인 작업 시 돌발적인 위험한 상황이 발생되면 급정지시킬 수 있도록 설치되어 있는 스위치
③ 훅 해지장치 : 줄걸이 용구(와이어 로프, 링크체인, 벨트슬링, 라운드슬링) 등을 훅에 걸고 작업할 때 줄걸이 용구가 훅에서 이탈되지 않도록 하는 안전장치이다.
④ 레일클램프장치 : 옥외에서 운행하는 크레인은 강풍 시 크레인이 밀려 이동하거나 전복을 방지하기 위하여 크레인 본체를 주행레일에 고정시키는 안전장치이다.

28 천장 크레인 좌·우 레일의 수평차는 얼마 이내인가?

① ±5mm 이내
② ±10mm 이내
③ ±15mm 이내
④ ±20mm 이내

해설 주행레일의 높이 편차는 기준면으로부터 최대 ±10㎜ 이내이고, 좌우레일의 수평차는 10㎜ 이내, 레일의 구배량은 주행길이 2m 마다 2㎜를 초과하지 않을 것

29 천장 크레인의 주행장치를 감속시키는데 사용되는 기계요소는?

① 커플링
② 스프링
③ 기어
④ 키

해설 ① 주행장치를 감속시키는데 사용되는 장치는 감속기이다.
② 감속기를 구성하고 있는 기계요소는 기어이다.
  감속기 내부의 작은 기어가 큰 기어를 회전시키는 방법으로 감속이 이루어진다.
③ 키는 축에 보스를 끼워 넣고 고정시키는데 사용한다.
④ 커플링은 축이음으로서 마주하는 두 개의 축을 연결하는 장치이다.
⑤ 스프링은 인장 스프링과 압축 스프링이 있다.

Answer 27 ② 28 ② 29 ③

30 천장 크레인 주요장치 중 속도제어장치가 부착되지 않은 것은?

① 주권장치
② 횡행장치
③ 주행장치
④ 신호장치

해설 ① 천장 크레인의 3대 주요 구성장치는 주행장치, 횡행장치, 권상장치이며 각 장치마다 속도를 제어할 수 있는 구조로 설계, 제작되었다.
② 천장 크레인의 5대 주요 부분은 주행장치, 횡행장치, 권상장치, 운전실, 훅이다.
※ 신호 장치는 없으며 크레인 운전자와 줄걸이 작업자 상호 간의 의사소통 방법을 신호 방법이라고 한다.

31 중추식 리미트 스위치의 주된 역할은?

① 권하 시 상용 과권 방지
② 권상 시 상용 작동 방지
③ 주행 또는 횡행 작동 시 양정을 초과하는 작업 방지
④ 권상 시 비상용 과권 방지

해설 중추식(Weight type) 리미트 스위치는 권상 시 비상용 2차 과권 방지용으로 사용한다.

32 전기 기기의 불꽃 발생을 방지하기 위한 방법으로 틀린 것은?

① 스위치류의 개폐는 신속히 행한다.
② 스위치의 접촉면에 먼지나 이물질이 없도록 한다.
③ 접촉면을 매끄럽게 유지시킨다.
④ 가능한 교류보다 직류를 많이 사용한다.

해설 전기 스파크(불꽃)는 교류보다 직류에서 많이 발생한다.

33 천장 크레인의 전원공급은 트롤리선으로 하며, 선의 배열방법에는 수평배열과 수직배열이 있다. 다음 중 트롤리선의 종류가 아닌 것은?

① 레일 트롤리선
② 앵글 트롤리선
③ 애자 트롤리선
④ 경동 트롤리선

해설 애자는 전기가 통하지 않는 절연물이며 애자를 사용하여 트롤리선을 고정시킨다.

Answer 30 ④ 31 ④ 32 ④ 33 ③

34 천장 크레인의 전자석 브레이크 등에 사용하는 것으로 코일을 여러 번 감고 전류를 흐르게 하였을 때 자석이 되게 한 것은?

① 솔레노이드
② 드럼
③ 디스크
④ 라이닝

해설 ○ 일시자석은 전류가 투입되었을 때 자석이 되는 것을 일시자석 또는 전자석이라 한다.
전자석은 천장 크레인의 AC, DC 전자브레이크에 사용되며 전자석에 사용되는 코일을 솔레노이드(Solenoid 원통 코일)라고 한다.

35 전기의 스파크는 주파수가 ( )수로 심하며, ( )보다 ( )쪽이 스파크가 크다. ( )안에 맞는 말로 짝지어진 것은?

① 낮을, 교류, 직류
② 높을, 교류, 직류
③ 높을, 직류, 교류
④ 낮을, 직류, 교류

해설 ○ 전기 스파크는 주파수가 높을수록 심하며, 교류보다 직류쪽이 스파크가 크다.

36 다음 중 기어의 소음 발생 원인이 아닌 것은?

① 백레시(Backlash)가 너무 적을 경우
② 기어축의 평행도가 나쁠 경우
③ 치면에 홈이 있거나 다듬질의 정도가 나쁠 경우
④ 오일을 과다하게 급유했을 경우

해설 ○ 백레시(Backlash)란?
한 쌍의 기어를 맞물렸을 때 치면 사이에 생기는 틈새를 뜻한다.
기어의 소음 원인은
① 백레시(Backlash)가 너무 적을 경우
② 맞물리는 두 기어의 물림이 불량할 때
③ 축의 평행도 및 기어의 직진도 불량일 때
④ 치면에 홈이 있거나 다듬질의 정도가 나쁠 경우이다.

Answer 34 ① 35 ② 36 ④

37 60Hz 4극인 유도전동기 슬립이 2%일 때 전동기의 회전수(rpm)은?

① 72
② 240
③ 1,764
④ 1,800

해설 전동기회전수 $Ns = \dfrac{120f}{P}(1-S)$
$P=$ 전동기 극수, $f=$ 주파수(60Hz), $S=$ 슬립량
$Ns = \dfrac{120 \times 60}{4} = 1,800$
1,800×0.02=36 1,800 - 36 =1,764

38 회로의 전압을 측정하는 데 적합한 계기는?

① 전류테스터
② 저항측정기
③ 메가테스터
④ 멀치테스터

해설
① 전류테스터 : 회로의 전류량 측정기
② 저항테스터 : 회로의 저항값 측정기
③ 메가테스터 : 회로의 절연저항 측정기
④ 멀티테스터 : 회로의 전압 및 저항을 측정

39 잇수가 20인 작은 기어가 500rpm으로 회전할 때 이와 맞물린 큰 기어의 회전수를 100rpm으로 하려면 큰 기어의 잇수는?

① 60
② 100
③ 120
④ 800

해설
① 피동축 기어의 회전수 산출공식
 구동축 기어의 잇수 × 구동축 기어의 회전수 ÷ 피동축 기어의 회전수 = 피동축 기어의 잇수
 20×500÷100 = 100개
② 피동축 기어의 잇수 산출공식
 구동축 기어의 잇수 × 구동축 기어의 회전수 ÷ 피동축 기어의 잇수 = 피동축 기어의 회전수

40 줄걸이용 와이어 로프를 엮어 넣기로 고리를 만들려고 한다. 이때 엮어 넣는 적정 길이(Splice)는?

① 와이어 로프 지름의 5~10배
② 와이어 로프 지름의 10~20배
③ 와이어 로프 지름의 20~30배
④ 와이어 로프 지름의 30~40배

해설 와이어 로프의 엮어 넣기는 아이 스플라이스(Eye splice)법이라고 하며, 엮어 넣는 정도는 로프 지름의 30~40배가 적당하다.

Answer 37 ③ 38 ④ 39 ② 40 ④

41 마그넷 크레인에 있어서 정전 시 가장 먼저 조치해야 할 사항은?

① 주행모터용 스위치를 끈다.
② 주 스위치를 끈다.
③ 정전이 해소될 때까지 그대로 방치한다.
④ 비상스위치를 작동시켜 전자석 및 피부착물을 바닥에 내려놓는다.

해설 ① 정전 시 가장 먼저 조치해야할 사항은 비상스위치를 작동시켜 전자석 및 피부착물을 바닥에 내려놓는다.
② 이때 작동 중인 천장 크레인의 모든 장치는 비상스위치를 누르면 작동이 정지되지만 마크네트 크레인의 전자석의 전원은 작동된다.
③ 마그넷 크레인은 정전 등 비상 시를 대비해 충전기 밧데리 등의 정전보상장치를 구비해야 하며 정전 시 최소 10분 이상 흡착력이 지속되어야 한다.
④ 10분간의 정전 보증시간은 나머지 작업을 하기 위한 시간이 아니고 훅을 빨리 내려놓아야 하는 시간이다.

42 천장 크레인으로 중량물을 인양하기 위해 줄걸이 작업을 할 때 주의사항으로 옳지 않은 것은?

① 중량물의 중심위치를 고려한다.
② 줄걸이 각도를 최대한 크게 해준다.
③ 줄걸이 와이어 로프가 미끄러지지 않도록 한다.
④ 날카로운 모서리가 있는 중량물은 보호대를 사용한다.

해설 줄걸이 각도가 커질수록 와이어 로프의 장력이 커지므로 60° 이내로 줄걸이한다.

43 다음 중 와이어 로프의 교체 대상으로 틀린 것은?

① 소선수의 10% 이상 단선된 것
② 공칭직경의 5% 정도 감소된 것
③ 킹크된 것
④ 현저하게 변형되거나 부식된 것

해설 와이어 로프의 교체 기준
① 와이어 로프는 소선수가 10% 이상 단선
② 공칭 지름의 감소가 7% 이상
③ 현저하게 변형되었거나 부식, 킹크된 것

Answer 41 ④ 42 ② 43 ②

44 동일조건에서 2줄걸이 작업의 줄걸이 각도(a)중 와이어 로프 장력이 가장 크게 걸리는 각도는?

① a=30°일 때
② a=60°일 때
③ a=90°일 때
④ a=120°일 때

해설 ○ 줄걸이 각도가 커질수록 한 줄에 걸리는 장력은 커진다.

45 와이어 로프의 손질 방법에 대한 설명 중 틀린 것은?

① 와이어 로프의 외부는 항상 기름칠을 하여 둔다.
② 킹크된 부분은 즉시 교체한다.
③ 비에 젖었을 때는 수분을 마른 걸레로 닦은 후 기름을 칠하여 둔다.
④ 와이어 로프의 보관 장소는 직접 햇빛이 닿는 곳이 좋다.

해설 ○ 와이어 로프 보관장소
① 직사광선이 닿지 않는 그늘지고 시원한 곳
② 습기가 없고 건조한 곳에서 바닥에 닿지 않게 보관하는 것이 좋다.

46 와이어 로프(Wire rope)표시방법의 순서로 맞는 것은?

① 명칭 → 기호 → 꼬임방법 → 구성 → 종류 → 로프지름
② 명칭 → 로프지름 → 종류 → 구성 → 기호 → 꼬임방법
③ 구성 → 기호 → 꼬임방법 → 종류 → 로프지름 → 명칭
④ 명칭 → 구성 → 기호 → 꼬임방법 → 종류 → 로프지름

해설 ○ 와이어 로프 표시방법 순서
명칭 → 구성 → 기호 → 꼬임방법 → 종류 → 로프지름

47 2,000kgf의 짐을 두 줄걸이로 하여 줄걸이 로프의 각도를 60°로 매달았을 때 한 쪽 줄에 걸리는 하중은 약 몇 kgf인가?

① 578
② 1,155
③ 2,000
④ 2,310

해설 ○ 1줄에 걸리는 하중 = 부하물의 하중/(줄걸이 수×sinα)
= 2,000/(2×sin60°) = 2,000/(2×0.866) = 1,1547.7[kgf]
쉬운 방법으로는 하물의 중량 × 줄걸이 각도별 장력계수 ÷ 줄걸이 수이다.
각도별 장력계수는 수직 = 1배, 30도 = 1.04배, 60도 = 1.16배, 90도 = 1.41배, 120도 = 2배이므로
2,000×1.16÷2 = 1,160톤

Answer   44 ④   45 ④   46 ④   47 ②

48 줄걸이 작업자의 안전작업방법을 설명한 것으로 거리가 먼 것은?

① 화물의 하중을 어림짐작하여 작업한다.
② 정격하중을 넘는 무게의 화물을 매달지 않는다.
③ 상례적으로 정해진 화물은 전문적인 줄걸이 용구를 만들어 작업한다.
④ 화물의 하중 파단에 자신이 없을 때는 숙련자에게 문의하여 작업한다.

> 해설 ⊙ 줄걸이 작업자는 화물의 중량과 무게중심을 정확히 계산하고 줄걸이 방법 등을 정확히 실시해야 한다.

49 줄걸이 작업에 사용하는 샤클(Shackle)의 사용 전 확인사항과 가장 거리가 먼 것은?

① 허용 인양 하중을 확인하여야 한다.
② 샤클의 재질을 확인하여야 한다.
③ 나사부 및 핀(Pin)의 상태를 확인하여야 한다.
④ 안전 작업하중(SWL)을 확인하여야 한다.

> 해설 ⊙ 샤클의 재질은 회사에서 제작할 때 재질이 정해지는 것이므로 줄걸이 작업자의 확인사항이 아니다.

50 크레인 신호 중 "한 손을 들어 올려 주먹을 쥐는" 수신호는?

① 정지
② 비상 정지
③ 작업 완료
④ 위로 올리기

51 유류화재 발생 시 화재진압을 위한 가장 효과적인 방법은?

① 탄산가스 소화기의 사용
② 물 호스의 사용
③ 불의 확대를 막는 덮개의 사용
④ 소다 소화기의 사용

> 해설 ⊙ 유류 및 가스화재는 B급 화재로 탄산가스(CO_2)소화기, 포말소화기, 분말소화기, 증발성 액체 소화기 등을 사용하여 화재를 진압한다.

Answer 48 ① 49 ② 50 ① 51 ①

52 조정렌치 사용 및 관리요령으로 적합하지 않는 것은?

① 적당한 힘을 가하여 볼트, 너트를 죄고 풀어야 한다.
② 잡아당길 때 힘을 가하면서 작업한다.
③ 볼트, 너트를 풀거나 조일 때는 볼트머리나 너트에 꼭 끼워져야 한다.
④ 볼트를 풀 때는 렌치에 연결대 등을 이용한다.

해설 ○ 조정 렌체는 죠(Jaw)의 폭을 자유롭게 조정하여 사용할 수 있는 공구로 현장에서는 멍키 스패너로 호칭된다. 볼트나 너트를 조이거나 풀 때는 고정 죠에 힘이 가해지도록 하여야 하며, 연결대를 사용해서 작업하지 않는다.

53 안전·보건표지를 제작할 때의 규격과 가장 거리가 먼 것은?

① 색깔
② 모양
③ 내용
④ 재질

해설 ○ 안전보건표지는 그 종류별로 기본모형(모양)에 의하여 규정된 구분에 따라 제작하여야 하며, 관련 법령에 따라 색체와 색도기준, 내용이 정해져 있다.

54 공장에서 엔진 등과 같은 중량물을 이동하고자 한다. 가장 좋은 방법은?

① 여러 사람이 들고 조용히 움직인다.
② 체인 블록이나 호이스트를 사용한다.
③ 로프를 묶고 살며시 잡아 당긴다.
④ 지렛대를 이용하여 움직인다.

해설 ○ 중량물은 안전사고의 위험 때문에 인력운반이 금지되며, 체인 블록이나 호이스트 등을 사용해서 운반한다.

55 기계의 회전부분(기어, 벨트, 체인)에 덮개를 설치하는 이유는?

① 회전 부분의 속도를 높이기 위하여
② 제품의 제작과정을 숨기기 위하여
③ 회전부분과 신체의 접촉을 방지하기 위하여
④ 좋은 품질의 제품을 얻기 위하여

해설 ○ 기계의 회전부분에는 덮개를 덮어 신체의 접촉을 방지하고 기계의 회전부분에 끼임, 절단, 물림 등에 의한 사고가 발생되지 않도록 하는 안전장치이다.

Answer 52 ④ 53 ④ 54 ② 55 ③

56 산업재해 발생원인 중 직접원인에 해당되는 것은?

① 유전적 요소
② 사회적 환경
③ 불안전한 행동
④ 인간의 결함

해설 재해의 직접원인
① 불안전한 행동 : 위험장소 접근, 안전장치의 기능 제거, 복장·보호구의 잘못 사용, 기계·기구 잘못 사용, 운전 중인 기계장치의 손질, 불안전한 속도 조작, 위험물 취급 부주의 불안전한 상태 방치, 불안전한 자세 동작, 감독 및 연락 불충분
② 불안전한 상태 : 물 자체 결함, 안전 방호장치 결함, 보호구의 결함, 물의 배치 및 작업장소 결함, 작업환경의 결함, 생산 공정의 결함, 경계표시·설비의 결함

57 동력 전달장치에서 가장 재해가 많이 발생하는 것은?

① 기어
② 벨트
③ 차축
④ 피스톤

해설 동력 전달장치 중 재해가 가장 많이 발생되는 장치는 벨트, 체인, 기어순이다.

58 수공구 취급 시 지켜야 될 안전수칙으로 옳은 것은?

① 사용 전에 충분한 사용법을 숙지하고 익히도록 한다.
② 큰 회전력이 필요한 경우 스패너에 파이프를 끼워서 사용한다.
③ 줄질 후 쇳가루는 입으로 불어낸다.
④ 해머작업 시 손에 장갑을 끼고 한다.

해설 ① 줄질 후 쇳가루의 제거는 붓이나 솔을 이용한다.
② 해머 작업 시에는 절대로 장갑을 착용하여서는 안 된다.
③ 공구를 사용함에 있어 연결대로 연결 사용해서는 안 된다.

59 용접기에서 사용되는 아세틸렌 도관은 어떤 색으로 구별되는가?

① 청색
② 녹색
③ 흑색
④ 적색

해설 도관의 색 : 산소는 녹색이고, 아세틸렌은 적색이다.

Answer 56 ③ 57 ② 58 ① 59 ④

60 산업안전보건표지에서 그림이 표시하는 것으로 맞는 것은?

① 독극물 경고
② 폭발물 경고
③ 고압전기 경고
④ 낙하물 경고

Answer 60 ③

2017년 제3회 최근 기출문제

01 다음 천장 크레인의 설명으로 가장 적절한 것은?

① 전동기를 사용하여 이동하는 장치이다.
② 주행 및 횡행으로 선회하며 짐을 운반하는 장치이다.
③ 평행으로 짐을 운반하는 장치이다.
④ 주행·횡행·권상의 3운동으로 짐을 운반하는 장치이다.

해설 ① 천장 크레인(Overhead Travelling Crane)"이라 함은 주행레일 위에 설치된 새들에 직접적으로 지지되는 거더가 있는 크레인을 말한다.
② 주행장치, 횡행장치, 권상장치(훅 포함)가 설치되어 있으며 이러한 장치를 작동시켜 움직이면서 하물을 운반하는 장치이다

02 다음 중 권상장치의 동력전달 순서로 맞는 것은?

① 전동기 → 기어감속기 → 커플링 → 드럼 → 와이어 로프 → 훅
② 전동기 → 커플링 → 드럼 → 기어감속기 → 와이어 로프 → 훅
③ 전동기 → 커플링 → 기어감속기 → 드럼 → 와이어 로프 → 훅
④ 전동기 → 기어감속기 → 드럼 → 커플링 → 와이어 로프 → 훅

해설 권상장치의 동력전달 순서 : 전동기 → 커플링 → 기어감속기 → 와이어드럼 → 와이어 로프 → 훅의 순이다.

03 크레인의 유압 브레이크에서 공기가 차면 어떤 현상이 일어나는가?

① 권상의 경우 상·하 동작 시 급정지한다.
② 주행의 경우 정지시켜도 밀림현상이 생긴다.
③ 주행의 경우 기동 불능 현상이 생긴다.
④ 권상의 경우 기동 불능 현상이 생긴다.

해설 유압 디스크 브레이크(Foot brake)는 주행장치에만 사용되는 브레이크로서 유압라인에 공기가 차면 제동력이 떨어져 주행의 경우 정지시켜도 밀림현상이 생긴다.

Answer 01 ④ 02 ③ 03 ②

04 천장 크레인에서 정격하중의 의미를 가장 잘 설명한 것은?

① 크레인이 들어 올릴 수 있는 최대하중
② 크레인이 평상 시 주로 많이 취급하는 하중
③ 달기기구의 무게를 제외한 안전 작업하중
④ 달기기구의 무게를 포함한 안전 작업하중

해설 ① 정격하중 = 달기기구 중량을 제외한 하중
② 권상하중 = 달기기구의 중량을 포함한 하중

05 크레인의 권상장치에서 드럼의 권과방지장치를 설명한 것 중 틀린 것은?

① 권과방지장치는 중추식, 스크루식, 캠식이 주로 사용된다.
② 캠식은 도르래의 회전에 의거 작동한다.
③ 스크류식은 드럼의 회전에 의거 작동한다.
④ 중추식은 훅의 접촉에 의거 작동된다.

해설 크레인 리미트 스위치(Limit switch 제한 개폐기)의 종류
① 중추식(Weight type limit switch)
권상장치에 사용되며 2차 비상용 리미트 스위치이다. 훅(Hook)의 접촉으로 인하여 작동하며 작동 시 메인 전원이 차단된다.
② 스크루식(Screw type, 나사식)
- 권상장치에 사용되며 와이어 드럼의 회전에 의하여 작동하며, 와이어 드럼의 홈에 부착되어 움직이는 디바이스(Device)가 드럼 홈을 따라 좌·우로 움직이면서 드럼의 플랜지 부분에 설치된 마이크로 스위치를 누르면 접점을 개폐하는 방식이다. 즉 너트(Nut)부분이 드럼 홈을 따라 이동하여 개폐기의 레버 또는 마이크로 스위치를 움직여 접점을 개폐하는 방식의 리미트 스위치이다.
- 나사형 리미트 스위치는 회전 운동을 하는 기계장치에 사용되며 나사가 회전 운동을 하면 너트가 수평 이동을 하면서 스위치를 누르면 접점을 개폐하는 방식이다. 이때 캠형 및 레버형과 마찬가지로 한 쪽 방향의 작동이 제한되어도 다른 쪽 방향은 작동할 수 있다. 주로 작동 구간이 짧은 곳에 사용된다.
③ 캠 또는 웜 및 웜기어식 리미트 스위치(Cam type worm & Worm gear type limit switch)
권상장치에 사용되며 와이어 로프 드럼의 회전 축과 리미트 스위치 웜의 축이 연결되어 같이 회전하게 된다. 훅이 수직으로 움직일 수 있는 구간(상한, 하한)을 설정하여 캠을 조정한다. 웜 이 1회전 하면, 웜기어는 기어의 1개 잇수 만큼 회전하면서 설정 구간이 되면 캠이 마이크로 스위치 누르면 접점을 개폐하는 방식이다. 작동 구간이 길 때 적합하며 한 방향의 작동이 제한되어도 다른 쪽 방향은 작동이 가능하다.
④ 레버형 제한 개폐기(Lever type limit switch)
레버형 리미트 스위치는 권상장치에는 사용하지 않고, 주행·횡행 장치에 사용된다. 천장 크레인이 주행·횡행 운동을 할 때 설정된 거리 이상 진행되는 것을 방지하기 위해 사용된다. 주행레일 양 끝단 또는 거더의 양 끝단에 설치된 브라켓(Bracket)에 리미트 스위치의 레버가 접촉되면 접점을 개폐하는 방식이다. 이때 캠형과 마찬가지로 한 쪽 방향의 작동이 제한되어도 다른 쪽 방향은 작동할 수 있다.

 04 ③　05 ②

06 크레인에 사용하는 과부하 방지장치의 안전점검 사항 중 틀린 것은?

① 과부하 방지장치가 동작할 때는 경보음이 작동되어야 한다.
② 관계책임자 이외는 임의로 조정할 수 없도록 납봉인 등이 되어있어야 한다.
③ 과부하 방지장치의 동작 시 일정한 시간이 지나면 자동복귀되어야 한다.
④ 과부하 방지장치는 성능검정을 필한 것이어야 한다.

해설 ◦ 과부하 방지장치가 작동되면 원인을 파악한 후 적절한 조치를 취하여야 하며 수동 복귀시켜야 한다.

07 천장 크레인의 거더와 새들을 점검하는 방법이 아닌 것은?

① 부재의 균열 유무 확인
② 구조물의 용접부에 균열 또는 결함의 발생 유무 확인
③ 취부 볼트의 풀림·부식 등은 없는지 확인
④ 윤활유는 적당한지 확인

해설 ◦ 거더와 새들 부분은 볼트로 조립되어 있기 때문에 주유하지 않으므로 윤활유와 관계가 없다.

08 천장 크레인 제동 시 브레이크 라이닝에서 발열이 심하며 연기가 발생할 때의 조치사항으로 맞는 것은?

① 공기 중에서 자연 냉각시킨 후 라이닝과 브레이크 드럼 사이의 간격을 점검하여 적합하게 조정하였다.
② 공기 중에서 자연 냉각시킨 후 브레이크 드럼을 교환하였다.
③ 드럼에 물을 뿌려 식힌 다음 라이닝의 틈새를 작게 조정하였다.
④ 드럼과 라이닝에 물을 뿌려 식힌 다음 라이닝을 교환하였다.

해설 ◦ ① 브레이크 라이닝이 발열되어 타면서 연기가 발생될 때는 브레이크 라이닝과 드럼사이의 간격을 벌려 공냉시켜야 한다.
② 제동 해제 시 브레이크 라이닝의 간극이 작은 경우이므로 드럼 직경의 1/150~1/200 또는 드럼 편측에서 1~1.5mm 간극을 띄운 후 조정해야 한다.

09 차륜의 점검 및 보수에 대한 설명으로 적정하지 못한 것은?

① 차륜 베어링의 마모와 급유에 항상 주의한다.
② 각 차륜의 중심선이 일치하는가를 점검한다.
③ 차륜의 주행레일과 기계간의 직각을 유지하는가 점검한다.
④ 차륜을 교환 또는 육성 가공할 경우 해당 차륜 한 개만을 수리하는 것이 원칙이다.

해설 ◦ 차륜을 교체할 때는 전체 차륜을 교체하는 것이 가장 좋다.

Answer 06 ③ 07 ④ 08 ① 09 ④

10 천장 크레인의 레일(Rail)은 무엇을 기준으로 하여 선정되는가?

① 최대 차륜압
② 바퀴의 크기와 중량
③ 크레인의 정격하중
④ 크레인의 스팬(Span)

해설 천장 크레인의 레일(Rail) 선정기준은 크레인의 최대 차륜압으로 선정한다.

11 다음 중 천장 크레인에 해당하는 것은?

① 지브 크레인
② 케이블 크레인
③ 제철소용 원료 장입 크레인
④ 언로더

해설
① 천장 크레인의 종류는 사용 장소와 용도에 따라 58여 종으로 구분한다.
② 일반적으로 많이 사용되는 보통형 천장 크레인
③ 사용 장소와 용도에 따라 제철 제강공장에서 사용되는 원료 크레인, 장입 크레인, 레들 크레인, 강괴 크레인, 단조 크레인, 담금질 클레인, 마그넷 크레인 등으로 분류된다.

12 크레인의 주요 부분의 설명 중 맞지 않은 것은?

① 크래브는 권상장치와 횡행장치로 구성되어 있으며 와이어 로프를 통하여 훅을 가지고 있다.
② 권상장치는 하물을 수직으로 들어 올리거나 내리는 역할을 하며, 주요 부품은 모터, 브레이크, 감속기, 드럼 등이 있다.
③ 횡행장치는 크래브를 이동시키는 역할을 하며, 모터, 브레이크, 감속기를 통하여 차륜을 구동한다.
④ 주행장치는 횡행장치와 비슷한 구조로 되어 있으며, 항상 횡행장치와 동시에 움직인다.

해설 주행장치는 거더의 중앙부 또는 양쪽 끝단에 설치되며 횡행장치는 양쪽 거더위에 설치된 레일을 따라 크래브가 왕복 이동하는 것이므로 항상 같이 움직이지 않고 필요에 따라 단독 또는 함께 움직인다.

13 천장 크레인의 거더 중 부식에 강하며 대 하중·편심하중을 받는데 가장 유리한 것은?

① 플레이트 거더
② 트러스 거더
③ 박스 거더
④ 강관구조 거더

해설 박스 거더는 철판으로 4각 박스형태로 제작된 구조이며 부식에 강하고 대 하중·편심하중을 받는데 가장 유리하다.

Answer 10 ① 11 ③ 12 ④ 13 ③

14 다음 중 다이내믹 브레이크를 설명한 것으로 맞는 것은?

① 다이내믹 브레이크에는 마그넷 브레이크, 스러스트 브레이크, 유압 브레이크 등이 있다.
② 구조가 간단하고 정격속도의 1/5의 안정된 저속도를 쉽게 얻을 수 있다.
③ 다이내믹 브레이크 제동방식은 운동에너지를 전기적 에너지로 변환시켜 이 전기에너지를 소모시켜 제어한다.
④ 직류 전자석으로 구성되어 있으며 직류 전원용으로 별도 전용 제어함이 필요하다.

해설 ○ 다이내믹 브레이크(Dynamic brake)의 제동방식은 운동에너지를 전기에너지로 변환시켜, 이 전기에너지를 소모시켜 크레인의 운동을 제어한다.

15 천장 크레인의 자동 도유장치는 일반적으로 어느 곳에 도유하는가?

① 주행차륜 축
② 주행차륜 보스
③ 주행차륜 플랜지
④ 주행레일 기어

해설 ○ 주행차륜 플랜지에 자동도유장치로 도유한다.

16 천장 크레인의 브레이크 드럼과 휠의 설명으로 맞지 않은 것은?

① 브레이크는 휠과 라이닝의 마찰력에 의해 제동된다.
② 브레이크 휠은 2mm의 요철 발생 시 수정 또는 교체해야 한다.
③ 브레이크 개방 시 드럼과 라이닝의 간극이 드럼의 원을 따라 같아야 한다.
④ 브레이크 휠과 라이닝의 수직·수평 폭은 3mm 이내이어야 한다.

해설 ○ ① 브레이크 휠과 라이닝의 수직·수평 폭은 1mm 이내
② 오일 디스크 브레이크는 디스크 마모량이 10% 이내
③ 휠 또는 드럼 타입의 경우 림(휠의 두께)의 마모량은 40% 이내이다.

17 천장 크레인에서 사행운전을 방지하기 위해서는 휠베이스가 스팬의 몇 배 이하이어야 하는가?

① 8배
② 10배
③ 12배
④ 15배

해설 ○ 사행(斜行)이란? 천장 크레인이 비스듬하게 운행 되는 것으로서 천장 크레인의 사행 운전을 방지하기 위해서는 휠베이스가 스팬의 8배 이하이어야 한다.

Answer 14 ③ 15 ③ 16 ④ 17 ①

18 와이어 로프 드럼(Wrie rope drum)의 설명으로 틀린 것은?

① 와이어 로프 드럼은 권상장치에 포함된 것으로서 중량물을 들어 올리거나 내릴 때 사용하는 기계장치이다.
② 와이어 로프 드럼의 직경은 와이어 로프 직경의 10~15배로 한다.
③ 드럼의 크기는 가능한 한 로프의 전체 길이를 1렬에 감을 수 있게 한다.
④ 와이어 로프를 드럼에 고정시킬 때 클램프를 이용하여 고정시킨다.

해설 ① 와이어 로프 드럼은 권상장치에 포함된 것으로서 중량물을 들어 올리거나 내릴 때 사용되는 기계장치이다.
② 방법으로는 와이어 로프 드럼이 회전하면서 와이어 로프를 감아 올리거나 풀어내리면서 하물을 들고 내리는 기계장치이다.
③ 와이어 로프 드럼의 직경은 와이어 로프 직경의 20~25배로 한다.

19 다음 중 크레인의 운전실 또는 운전대에 충족시켜야 할 조건으로 볼 수 없는 것은?

① 운전자가 안전한 운전을 할 수 있는 충분한 시야를 확보할 수 있을 것
② 운전자가 용이하게 조작할 수 있는 위치에 개폐기, 제어기, 브레이크, 경보장치 등을 설치할 것
③ 운전실의 바닥을 미끄러지지 않는 구조로 할 것
④ 운전실에는 밝은 조명이 차단되도록 차단막을 갖출 것

해설 운전실에는 적절한 조명을 갖추어야 한다.

20 다음 중 훅(Hook)의 점검사항으로 틀린 것은?

① 훅의 안전율(안전계수)은 5이다.
② 훅의 파괴시험은 정격하중의 5배(500%)이다.
③ 훅의 입구의 벌어짐은 원 치수의 10%이다.
④ 훅의 줄걸이 부분의 마모는 원 치수의 5% 이하이며, 마모의 깊이가 2mm 이하일 때는 다듬어서 사용한다.

해설 훅의 입구의 벌어짐은 원 치수의 5% 이내이다.

Answer 18 ② 19 ④ 20 ③

21 권상장치용 시브(Sheave)의 피치원 직경(D)은 와이어 로프 직경(d)의 몇 배 이상으로 하여야 하는가?

① 5배
② 10배
③ 15배
④ 20배

해설 ① 권상장치용 시브의 피치원 직경은 와이어 로프 직경의 20배 이상
② 이퀄라이저 시브(회전하지 않는 시브)는 10배
③ 과부하 방지장치용은 5배 이상으로 할 수 있다.

22 크레인 운전 중 전자 브레이크에 이상 제동이 걸리는 경우 점검해야 할 것은?

① 전원전압
② 전동기 회전수
③ 콘트롤러
④ 시브

해설 크레인 운전 중 전압 강하가 클 때 전자브레이크의 전자석 부분이 자기장 형성이 되지 않아 과열되어 이상 제동이 걸리는 경우가 있다.

23 차륜(휠, Wheel)의 설명으로 맞지 않은 것은?

① 차륜에는 구동차륜과 종동차륜이 있다.
② 차륜의 재질은 주철, 주강, 특수주강이 있다.
③ 차륜과 레일접촉면의 마모한도는 차륜직경의 5%까지이다.
④ 차륜 플랜지의 마모는 원 치수의 50%까지이다.

해설 ① 차륜과 레일 접촉면의 마모한도는 차륜직경의 3% 이내
② 차륜 플랜지의 경사는 수직위치에서 20°까지이다.

24 다음 중 기계를 회전시키기 위하여 동력을 전달하는 회전 축과 동력을 전달하는 고정 축을 연결하는 장치는?

① 베어링
② 기어
③ 키(key)
④ 축 이음(Coupling)

해설 ① 베어링 : 기계가 회전 운동이나 직선 운동을 할 때 축을 받쳐주어 운동을 원활하게 하는 역할을 하는 기계기구
② 기어 : 원형의 둘레에 일정한 간격으로 톱니모양의 치면을 만든 바퀴의 조합에 따라 회전속도나 회전방향을 바꾸는 장치
③ 키(key) : 축에 기어·휠·드럼·풀리 등 회전체를 고정시켜 회전력을 전달시키는 기계부품
④ 축이음 : 동력을 전달하는 회전 축과 동력을 받는 고정 축을 연결하는 장치

Answer 21 ④ 22 ① 23 ③ 24 ④

25
거더의 중앙부에 정격하중 및 달기기구 자중을 합산한 하중을 매달았을 경우 허용 처짐량은 스팬의 얼마를 초과하지 않아야 하는가?

① 1/500
② 1/800
③ 1/1,200
④ 1/1,500

해설 크레인 거더의 처짐은 정격하중 및 달기기구 자중을 합한 하중에 상당하는 하중을 가장 불리한 조건으로 권상하였을 때 당해 스팬의 1/800 이하가 되어야 한다.

26
다음 중 크레인의 고정된 부분과 이동하는 부분 사이에서 전원을 공급받는 장치인 집전장치에서 스파크가 발생하는 원인으로 볼 수 없는 것은?

① 카본 브러시의 마모
② 접촉압력 부족
③ 부스바(Bus bar)또는 트롤리바(Trolley bar)의 휨이 발생되었을 때
④ 집전기와 부스바가 수평으로 설치되었을 때

해설 집전장치에서 스파크가 발생하는 원인
① 카본 브러시의 마모
② 접촉압력 부족
③ 부스바(Bus bar)또는 트롤리바(Trolley bar)의 휨이 발생되었을 때

27
어떠한 전기회로에서 전류를 막거나 저지하고 전압을 강하시키기 위해 사용하는 장치인 저항기의 설명으로 맞지 않은 것은?

① 천장 크레인에서는 주로 3상 권선형 유도전동기의 2차측에서 연결시켜 속도제어를 목적으로 사용한다.
② 저항기를 구성하고 있는 그리드(Grid)는 격자무늬 형태이다.
③ 저항기의 발열온도는 250℃까지이다.
④ 저항기 주변은 통풍이 잘되어야 하고, 눈이나 비를 맞지 않도록 해야 한다.

해설 ① 저항기는 전기에너지를 열에너지로 바꾸는 과정에서 열이 발생한다.
② 발열온도는 350℃ 까지이며
③ 저항기 주변은 통풍이 잘되어야 하고, 눈이나 비를 맞지 않도록 해야 한다.
④ 저항기 발열로 인한 화재의 위험이 있으므로 저항기 주변에 인화물질을 두지 않아야 한다. 화재의 위험이 없도록 주의해야 한다.

Answer 25 ② 26 ④ 27 ③

28 천장 크레인에 사용되는 전동기의 조건이 아닌 것은?

① 기동력과 회전력이 크고 속도 조정이 가능할 것
② 빈번한 반복 운동에 견딜 것
③ 용량에 비해 소형이고 구입하기 쉬울 것
④ 주로 교류전동기가 사용되며 종류에는 직권·분권·복권전동기가 있다.

해설 ① 직류(DC)를 사용하는 전동기 : 직권, 분권, 복권전동기
② 교류(AC)를 사용하는 전동기 : 단상전동기와 3상 전동기가 있다.

29 전동기의 점검사항 중 일상 점검사항인 것은?

① 이상음이 발생하고 있지 않은가, 소리에 의해 원인을 판단하고 대책을 강구한다.
② 절연저항계로 각 부의 절연을 조사한다.
③ 운전 중의 각 부의 온도를 조사한다.
④ 조임부의 이완과 구조상의 흔들림이 없는가를 조사한다.

해설 **전동기의 일상점검**
① 이상음이 발생하고 있지 않은가?(소리에 의해 원인을 판단하고 대책을 강구한다.)
② 밖에서 보아 이상은 없는가?(외부와 특히 단자 부근은 깨끗한 걸레로 닦아내고 청결을 유지한다.)
③ 조임부의 이완과 구조상의 흔들림이 없는가를 점검한다.

30 다음 절연재료의 종류 중 가장 높은 온도 상승에 견딜 수 있는 것은?

① A종　　　　② B종
③ E종　　　　④ F종

해설 **절연의 종류 및 허용 최고온도**

절연의 종류	허용 최고온도(℃)
Y종	90
A종	105
E종	120
B종	130
F종	155
H종	180
C종	180초과

Answer　28 ④　29 ①　30 ④

31 권선형 유도전동기의 속도조정을 목적으로 사용되는 것은?

① 슬립링(Slip ring)
② 회전자(回電子)
③ 고정자(固定子)
④ 2차 저항기

해설 ○ 천장 크레인에서는 주로 3상 권선형 유도전동기의 2차측에서 연결시켜 속도제어를 목적으로 사용한다.

32 천장 크레인의 도장은 도장면적의 약 몇 %에 녹 또는 부식이 발생하였을 때 재도장을 실시하는 것이 적당한가?

① 10%   ② 20%
③ 30%   ④ 40%

해설 ○ 크레인 도장면적의 약 10%에 녹이 발생하거나 부식이 발생하였을 때 재도장을 실시한다.

33 펜던트 스위치 설명으로 틀린 것은?

① 펜던트 스위치에서는 크레인의 비상정지용 누름버튼과 각각의 작동종류에 따른 누름버튼 등이 비치되어 있고 정상적으로 작동하여야 한다.
② 펜던트 스위치에 접속된 케이블은 꼬임이나 무리한 힘이 가해지지 않도록 보조 와이어로프 등으로 지지되어야 한다.
③ 조작용 전기회로의 전압은 교류 대지전압 150V 이하 또는 직류 300V 이하이어야 한다.
④ 펜던트 스위치 외함 구조가 절연제품이 아닐 경우에는 접지선을 생략할 수 있다.

해설 ○ ① 펜던트 스위치의 외함은 식별이 용이한 색상이어야 하며, 최소보호등급은 옥내용인 경우 IP43, 옥외용인 경우 IP55 이상이어야 한다.
② 펜던트 스위치는 절연제품이 아닐 경우에는 접지선을 연결시켜야 한다.

34 천장 크레인에 윤활유나 그리스 등이 묻어서는 안 되는 곳은?

① 와이어 로프 및 드럼
② 베어링 및 하우징
③ 체인 및 스프라켓
④ 브레이크 드럼

해설 ○ 제동장치의 마찰 면(브레이크 라이닝이나 드럼)에는 윤활유나 그리스가 묻으면 안 된다.

Answer 31 ④ 32 ① 33 ④ 34 ④

35 다음 ( )에 알맞은 것은?

> 옥외에 지상 ( )m 이상 높이로 설치되어 있는 크레인에는 항공법 41조에 따른 항공장애 등을 설치하여야 한다.

① 30　　　　　　　　　② 40
③ 50　　　　　　　　　④ 60

해설 ○ 옥외(屋外)에 지상 60m 이상 높이로 설치되어 있는 크레인에는 항공법 제41조에 따라서 항공장애 등을 설치하여야 한다.

36 감속기 기어에 급유하는 목적으로 볼 수 없는 것은?

① 미끄럼 방지　　　　　② 소음 방지
③ 냉각작용　　　　　　④ 유막 형성

해설 ○ 감속기의 기어에 급유하는 목적은 잘 미끄러지게 하는 역할이다. 이로 인해 냉각작용, 방청작용, 유막 형성, 윤활작용으로 인한 응력 분산, 마모 방지, 소음 완화 등이다.

37 베어링(Bearing) 호칭번호 23124의 안지름은?

① 60mm　　　　　　　② 115mm
③ 120mm　　　　　　 ④ 155mm

해설 ○ 네 번째·다섯 번째 자리가 베어링의 안쪽 지름 치수이다.
00 = 10mm, 01 = 12mm, 02 = 15mm, 03 = 17mm이고, 04부터는 5를 곱한 수치가 베어링의 안지름이므로 24×5 = 120mm이다.

38 전기식 과부하 방지장치의 설명으로 틀린 것은?

① 가격이 다른 종류의 과부하 방지장치에 비해 비싸다.
② 정지상태에서는 과부하를 감지하지 못하는 단점이 있다.
③ 호이스트, 천장 크레인 등 비교적 소형 크레인에 많이 활용된다.
④ 권상모터의 전류변화를 CT로 감지하여 크레인을 정지시키는 장치이다.

해설 ○ **전기식 과부하 방지장치의 특징**
① 권상모터의 전류변화를 CT(변류기 Current transformer)로 전류를 감지하여 크레인을 정지시키는 장치이다.
② 구조가 간단하여 다른 종류의 과부하방지장에 비해 가격이 싸다.
③ 호이스트, 천장 크레인 등 비교적 소형 크레인에 많이 쓰인다.
④ 전동기가 구동되어 전류가 흘러야 감지되므로, 정지상태에서는 과부하를 감지하지 못한다.

Answer　35 ④　36 ①　37 ③　38 ①

39 천장 크레인의 주기적인 정비를 위한 예비품목과 가장 거리가 먼 것은?

① 브레이크 라이닝
② 제어반(판넬)
③ 퓨즈
④ 전동기 브러쉬

해설 ① 예비품은 고장이 쉽고, 가격이 싸며 구조가 간단한 부품을 고장에 대비하여 미리 준비해 놓는 것이다.
② 제어반(판넬)은 천장 크레인을 제어하기 위한 전기장치가 설치된 것으로 예비품목으로 볼 수 없다.

40 제어기(Controler)에 스파크가 심하게 발생하는 고장과 대책 중 틀린 것은?

① 전동기에 과부하가 걸려 있다. : 부하를 적정하게 한다.
② 핑거 및 접촉판이 거칠다. : 사포로 다듬질 한다.
③ 저항기가 부적당하다. : 적정한 것으로 교환 또는 저항치를 수정한다.
④ 핑거의 조정이 불량하다. : 접촉압력이 1.5kg 정도로 되게끔 재조정한다.

해설 제어기(컨트롤러)의 핸들을 움직이면 제어기 드럼의 캠이 핑거를 움직여 핑거에 의해 전원이 연결 또는 차단되며, 차단 시 핑거스프링에 의해 복귀되므로 접촉압력을 조절할 수 없는 구조이다.

41 천장 크레인 부품에서 수리한도에 대한 설명으로 맞는 것은?

① 사용한도보다 큰 한도로 되어 있다.
② 마모한도라고도 한다.
③ 차기의 검사까지 보증할 여유를 두고 정해진 한도이다.
④ 재료학 관점에서 최후의 한도이다.

해설 ① 사용한도 : 각 부품을 사용 중에 그 시점이 지나면 파손이 예상되는 최후의 한계이다. 사용한도가 되기 전에 평상 시 점검을 철저히 하여야 한다.
② 마모한도 : 어떤 부품이 마찰로 인하여 마찰부분이 닳아서 없어지는 것으로서 마모한도는 각 부품마다 기준치가 정해져 있으므로 마모한도가 되기 전에 부품을 교환해야 한다.
③ 수리한도 : 어떤 부품이나 기계장치가 고장나거나 마모되었을 때 다음 보수때까지 수리해서 사용할 수 있는지를 판단하는 기준이며 면밀히 관찰 분석하여 수리한도가 지나면 부품을 교환하여야 한다.

42 와이어 로프를 드럼(Drum)에 설치할 때, 와이어 로프가 벗겨지지 않도록 무엇을 사용하여 볼트를 조이는가?

① 클램프(고정구)
② 링크
③ 너트
④ 샤클

해설 와이어 로프를 드럼에 고정시킬 때는 클램프로 고정시킨다.

Answer 39 ② 40 ④ 41 ③ 42 ①

43 와이어 로프 소선의 마모에 대한 설명으로 틀린 것은?

① 활차의 지름이 아주 작은 경우에도 마모가 일어난다.
② 와이어 로프가 활차의 접촉면에 원만히 접촉하지 않을 경우에도 마모가 일어난다.
③ 내부의 소선은 다른 물체와 접촉하지 않으므로 마모가 전혀 일어나지 않는다.
④ 외부의 소선은 다른 물체와 많이 접촉하므로 마모가 쉽게 일어난다.

해설 ○ 와이어 로프의 마모에는 표면 접촉으로 인한 외부 마모와 내부 소선끼리 부딪쳐서 생기는 내부 마모가 있다.

44 40ton의 부하물이 있다. 이 부하물을 들어 올리기 위해서는 20mm 직경의 와이어 로프를 몇 가닥으로 해야 하는가?(단, 20mm 와이어의 절단하중은 20ton이며, 안전계수는 7로 하고, 와이어 자체의 무게는 0으로 계산한다.)

① 2가닥(2줄걸이) ② 8가닥(8줄걸이)
③ 14가닥(14줄걸이) ④ 20가닥(20줄걸이)

해설 ○ 사용안전하중 = $\dfrac{\text{절단하중(파단하중)}}{\text{안전계수(안전율)}}$ = $\dfrac{20}{7}$ = 2.85이므로, 40톤÷2.85 = 약 14줄걸이가 된다.

45 와이어 로프의 심강을 3가지 종류로 구분한 것은?

① 섬유심, 공심, 와이어심
② 철심, 동심, 아연심
③ 섬유심, 랭심, 동심
④ 와이어심, 아연심, 랭심

해설 ○ 와이어 로프의 심강은 섬유심·공심·와이어심으로 구성되어 있다.

46 사고의 원인 중 가장 많은 부분을 차지하는 것은?

① 불가항력
② 불안전한 환경
③ 불안전한 행동
④ 불안전한 지시

해설 ○ 사고를 많이 발생시키는 순서
① 불안전한 행동
② 불안전한 조건
③ 불가항력 순이다.

Answer 43 ③ 44 ③ 45 ① 46 ③

47 와이어의 절단부분 양끝이 되풀리는 것을 방지하기 위하여 가는 철사로 묶는 것을 무엇이라고 하는가?

① 시징(Seizing)
② 킹크(kink)
③ 스트랜드
④ 파워로크

해설 ○ 시징(Seizing)이란?
와이어 로프를 절단하여 사용할 때, 절단된 끝 부분이 되풀리는 현상이 발생하므로, 이 풀림을 방지하기 위해 로프 끝단을 철사로 감아 끝단처리하는 것을 말한다. 시징의 폭은 와이어로프 직경의 2~3배가 적당하다.

48 와이어 로프의 안전율을 계산 시 사용하는 절단하중은 우리나라에서는 어떤 규정을 사용하는가?

① KS A 3514
② KS B 3514
③ KS C 3514
④ KS D 3514

해설 ○ KS 규격 부여 방법 시
A - 기본, B - 기계, C - 전기, D - 금속 등으로 구분하므로 와이어 로프는 KS D 3514이다.

49 와이어 로프 (Wire rope)의 소선에 대하여 설명한 것이다. 맞는 것은?

① 스트랜드를 구성하는 소선의 결합에는 점(点), 선(線), 면(面), 정(井) 접촉의 4가지가 있다.
② 소선의 역할은 충격하중의 흡수, 부식방지, 소선끼리의 마찰에 의한 마모방지, 스트랜드(Strand)의 위치를 올바르게 하는데 있다.
③ 와이어 로프 소선은 KS D 3514에 규정된 탄소강에 특수 열처리를 하여 사용하며 인장강도는 135~180kgf/㎟ 이다.
④ 소선의 재질은 탄소강 단강품(KSD 3710)이나 기계구조용 탄소강(KSD 3517)이며 강도와 연성(延性)이 큰 것이 바람직하다.

해설 ○ ① 소선의 접촉에는 점·선·면 접촉구조의 3가지가 있다.
② 항은 심강의 역할이다.
④ 항은 축의 재질에 대한 설명이다.

Answer 47 ① 48 ④ 49 ③

50 크레인 와이어 로프에 심강을 사용하는 목적이 아닌 것은?

① 인장하중을 증가시킨다.
② 스트랜드의 위치를 올바르게 유지한다.
③ 소선끼리의 마찰에 의한 마모를 방지한다.
④ 부식을 방지한다.

해설 ① 와이어 로프는 규격별 및 종류별로 인장하중이 정해져 있다.
② 심강에는 섬유심·공심·와이어심(철심)이 있다.
③ 사용목적은 충격하중의 흡수·부식방지·소선끼리의 마찰에 의한 마모방지·스트랜드의 위치를 올바르게 유지하는데 있다.(형태 변형방지)

51 유류 화재 시 소화방법으로 가장 부적절한 것은?

① 모래를 뿌린다.
② ABC소화기를 사용한다.
③ B급 화재 소화기를 사용한다.
④ 다량의 물을 부어 끈다.

해설 유류 화재의 소화재로 물의 사용은 금한다. 물에 기름이 떠 화재를 더 키우기 때문이다.

52 공구 사용 시 주의해야 할 사항으로 틀린 것은?

① 손이나 공구에 기름을 바른 다음에 작업할 것
② 주위 환경에 주의해서 작업할 것
③ 강한 충격을 가하지 않을 것
④ 해머 작업 시 보호안경을 쓸 것

해설 작업자의 손이나 공구에 기름이 묻어 있으면 공구 사용 시 미끄러질 수 있으므로 깨끗이 닦아낸 다음 작업에 임해야 한다.

53 보호구의 구비조건으로 틀린 것은?

① 구조와 끝마무리가 양호해야 한다.
② 착용이 간편해야 한다.
③ 작업에 방해가 안 되어야 한다.
④ 유해·위험 요소에 대한 방호성능이 경미해야 한다.

해설 **보호구의 구비조건**
① 착용이 간편할 것
② 작업에 방해가 되지 않도록 할 것
③ 유해·위험요소에 대한 방호성능이 충분할 것
④ 재료의 품질이 양호할 것
⑤ 구조와 끝마무리가 양호할 것
⑥ 외양과 외관이 양호할 것

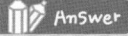 Answer 50 ① 51 ④ 52 ① 53 ④

54 작업장에서 일상적인 안전 점검의 가장 주된 목적은?

① 안전작업 표준의 적합 여부를 점검한다.
② 위험을 사전에 발견하여 시정한다.
③ 관련법에 적합 여부를 점검하는데 있다.
④ 시설 및 장비의 설계 상태를 점검한다.

해설 안전 점검의 주된 목적은 위험요소를 사전에 발견하여 조치함으로서 사고를 미연에 방지하기 위하여 실시하는 것이다.

55 기계운전 중 안전 측면에서 적합한 것은?

① 작업의 속도 및 효율을 높이기 위해 작업 범위 외의 기계도 동시에 작동한다.
② 기계운전 중 이상한 냄새, 소음, 진동이 날 때는 정지하고 전원을 OFF 한다.
③ 빠른 속도로 작업 시는 일시적으로 안전장치를 제거한다.
④ 기계장비의 이상으로 정상가동이 어려운 상황에서는 중속 회전 상태로 작업한다.

해설 기계작업 중 안전장치를 절대로 제거해서는 안 되며, 장비에 이상이 발생되면 즉시 작업을 중지하고 전원을 OFF시키고 이상 부위를 점검 수리한 후 작업에 임한다.

56 화재 발생 시 초기 진화를 위해 소화기를 사용하고자 할 때, 다음 보기에서 소화기 사용방법에 따른 순서로 맞는 것은?

ⓐ 안전핀을 뽑는다.
ⓑ 안전핀 걸림 장치를 제거한다.
ⓒ 손잡이를 움켜잡아 분사한다.
ⓓ 노즐을 불이 있는 곳으로 향하게 한다.

① ⓐ → ⓑ → ⓒ → ⓓ
② ⓒ → ⓐ → ⓑ → ⓓ
③ ⓓ → ⓑ → ⓒ → ⓐ
④ ⓑ → ⓐ → ⓓ → ⓒ

해설 소화기 사용법
- 안전핀 걸림 장치를 제거한다.
- 안전핀을 뽑는다.
- 노즐을 불이 있는 곳으로 향하게 한다.
- 손잡이를 움켜잡아 분사한다.

Answer 54 ② 55 ② 56 ④

57 복스 렌치가 오픈 렌치보다 많이 사용되는 이유로 가장 적합한 것은?

① 볼트, 너트 주위를 완전히 감싸게 되어 있어서 사용 중에 미끄러지지 않는다.
② 여러 가지 크기의 볼트, 너트에 사용할 수 있다.
③ 값이 싸며, 적은 힘으로 작업할 수 있다.
④ 가볍고, 사용하는데 양손으로도 사용할 수 있다.

해설 렌치(Wrench)의 종류
① 오픈 렌치 : 스패너라고 하며, 볼트 머리 6각 중 두 군데만 고정하여 돌리기 때문에 볼트 머리가 훼손될 가능성이 있다.
② 복스 렌치 : 오픈렌치와 달리 6각 볼트, 너트 주위를 완전히 감싸게 되어 사용 중에 미끄러지지 않으며, 고른 힘이 분산되어 볼트, 너트를 손상시키지 않고 큰 힘을 전달할 수 있다.
③ 컴비네이션(조합) 렌치 : 오픈 렌치와 복스 렌치의 장점을 하나로 모아 만든 렌치이며, 한 쪽은 오픈 렌치, 반대편은 복스 렌치로 되어 있다.
④ 조정 렌치 : 일명 몽키 스패너라고도 불리며 볼트 또는 너트를 조이거나 풀 때 고정 죠(Jaw)에 힘이 가해지도록 해야 한다.

58 산업재해 발생 원인 중 직접 원인에 해당되는 것은?

① 유전적 요소
② 사회적 환경
③ 불안전한 환경
④ 인간의 결함

해설 재해의 직접 원인
① 불안전한 행동 : 위험장소 접근, 안전장치의 기능 제거, 복장·보호구의 잘못 사용, 기계·기구 잘못 사용, 운전 중인 기계장치의 손질, 불안전한 속도 조작, 위험물 취급 부주의 불안전한 상태 방치, 불안전한 자세 동작, 감독 및 연락 불충분
② 불안전한 상태 : 물 자체 결함, 안전 방호장치 결함, 보호구의 결함, 물의 배치 및 작업장소 결함, 작업환경의 결함, 생산 공정의 결함, 경계표시·설비의 결함

59 ILO(국제노동기구)의 구분에 의한 근로 불능상해의 종류 중 응급조치 상해는?

① 1일 미만의 치료를 받고 다음부터 정상작업에 임할 수 있는 정도의 상해
② 2~3일의 치료를 받고 다음부터 정상작업에 임할 수 있는 정도의 상해
③ 1주 미만의 치료를 받고 다음부터 정상작업에 임할 수 있는 정도의 상해
④ 2주 미만의 치료를 받고 다음부터 정상작업에 임할 수 있는 정도의 상해

해설 응급조치 상해는 1일 미만의 치료를 받고 다음부터 정상작업에 임할 수 있는 정도의 상해이다.

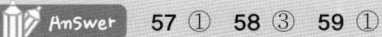
Answer   57 ①   58 ③   59 ①

천장크레인 운전 기능사

60 안전·보건표지의 색채와 관련하여 안내표지의 바탕색은?

① 노란색
② 흰색
③ 파란색
④ 검은색

해설 안전보건표지의 색체(산업안전보건표지 참조)
① 금지표지
　- 흰색 바탕, 기본모형은 빨간색, 관련 부호 및 그림은 검은색으로 표시
② 경고표지
　- 노란색 바탕, 기본모형 관련 부호 및 그림은 검은색.
　- 다만, 인화성물질 경고, 산화성 물질 경고, 폭발성물질경고, 급성독성물질 경고, 부식성물질 경고 및 발암성·변이 원성·생식독성·전신독성·호흡기과민성물질 경고의 경우 바탕은 무색, 기본모형은 빨간색(검은색도 가능)
③ 지시표지
　- 파란색 바탕, 관련 그림은 흰색
④ 안내표지
　- 흰색바탕 기본모형 및 관련 부호는 녹색 또는 바탕은 녹색, 관련 부호 및 그림은 흰색

Answer　60 ②

2018년 제1회 최근 기출문제

01 천장 크레인의 속도제어 제동기는 어떤 때 속도제어를 하는가?

① 권상 시
② 권하 시
③ 권상과 권하 시
④ 횡행과 권상 시

해설 ○ 천장 크레인의 속도제어 브레이크는 크레인이 권하 작동을 할 때 권하 1단 또는 2단에서 속도를 제어한다.

02 브레이크 라이닝의 사용한도는 원 두께의 약 몇 % 일 때 새 라이닝으로 교체하여야 하는가?

① 5%
② 15%
③ 20%
④ 50%

해설 ○ 천장 크레인 브레이크 라이닝(Brake lining)의 사용한도는 원래 라이닝 두께의 50%가 마모되면 교환하여야 한다.

03 천장 크레인용 훅(Hook)의 입구가 벌어지는 변형량을 시험하는 가장 적합한 것은?

① 훅에 정격하중을 동하중으로 작용시켜 입구의 벌어짐이 0.5% 이하이어야 한다.
② 훅에 정격하중의 2배를 정하중으로 작용시켜 입구의 벌어짐이 0.25% 이하이어야 한다.
③ 훅에 최대하중을 동하중으로 작용시켜 입구의 벌어짐이 0.25% 이하이어야 한다.
④ 훅에 정격하중을 정하중으로 작용시켜 입구의 벌어짐이 0.5% 이하이어야 한다.

해설 ○ 훅에 정격하중의 2배를 정하중으로 작용시켜 입구의 벌어짐이 0.25% 이하이어야 한다.

Answer 01 ② 02 ④ 03 ②

04 천장 크레인에 대한 설명 중 틀린 것은?

① 천장 크레인은 수시로 정격하중의 110% 부하를 걸어서 시험하중을 테스트 해보는 것이 좋다.
② 안전장치를 해제하고 작업을 해서는 안 된다.
③ 운전자의 시선은 주위를 넓게 바라보며 특히 진행 중인 방향의 앞쪽을 잘 살펴야 한다.
④ 작업장의 구석진 곳에 있는 부하물을 들어 올릴 때는 경사지게 당겨 올리는 작업을 하지 않는 것이 좋다.

해설 ① 시험하중은 평상시에는 절대 들어 올려서는 안 되는 하중이다.
② 시험하중은 천장 크레인을 제작·설치하고 작업현장에서 사용하기 전에 사용 전 검사 또는 완성검사 시 기계·전기적으로 이상 없이 작동되는지 시험하는 것으로, 이때 정격하중의 110%를 훅에 걸고 시험한다.

05 천장 크레인이 권하 동작을 하는 동안 운동에너지를 전기에너지로 변환시켜 얻어진 전기에너지를 이용 크레인을 제어하여 안정된 저속도를 얻는 것은?

① D.C 마그넷 브레이크(D.C Magnet brake)
② E.C 브레이크(Eddy current brake)
③ 다이내믹 브레이크(Dynamic brake)
④ 리미트 스위치(Limit switch)

해설 리미트 스위치는 제한 스위치이다.
① D.C 마그넷 브레이크 : 전자석으로 작동되는 브레이크
② E.C 브레이크 : 와전류로 작동되는 브레이크
③ 다이내믹 브레이크 : 권하동작 시 전기에너지로 작동되는 브레이크

06 천장 크레인의 양정에 대한 설명으로 옳은 것은?

① 훅이 수직으로 움직일 수 있는 거리
② 훅이 새들 중심에서 바닥까지 움직인 거리
③ 훅이 상한 리미트 스위치가 작동하는 지점까지의 거리
④ 훅이 좌·우로 움직일 수 있는 거리

해설 양정(Lift)은
① 훅(Hook)이 움직일 수 있는 초대의 수직거리
② 하한 리미트 스위치가 작동하는 지점에서 상한 리미트 스위치가 작동하는 지점까지의 거리이다.

Answer 04 ① 05 ③ 06 ③

07 훅(Hook)의 시브(Sheave, 활차, 도르래)와 크래브(Crab) 상단이 충돌하였다. 충돌 원인으로 가장 알맞은 것은?

① 리미트 스위치 고장
② 저항기 고장
③ 전동기 고장
④ 브레이크 고장

해설 ◦ 리미트 스위치는 제한 스위치이므로, 훅과 크래브 하단의 충돌은 원인은 리미트 스위치의 고장이나 이상이다.

08 마그넷 브레이크(Magnet brake)점검 결과 라이닝 두께가 30% 감소되었을 때 조치방법으로 적절한 것은?

① 스트로크를 조정하여 재사용한다.
② 라이닝을 교환한다.
③ 브레이크 드럼 직경을 크게 한다.
④ 마모한도가 달할 때까지 계속 사용한다.

해설 ◦ 브레이크 라이닝 두께의 마모한계는 50%이므로, 30% 감소되면 스트로크 및 브레이크 드럼과 라이닝의 원 둘레의 간극이 우, 아래가 같도록 브레이크 라이닝 슈를 조정하여 사용한다.

09 천장 크레인 본 작업을 시작하기 전 장비 상태를 파악하기 위한 사전운전 점검사항과 관계가 가장 먼 것은?

① 브레이크 기능 점검
② 클러치 기능 점검
③ 훅 균열 검사
④ 와이어 로프 감김상태 점검

해설 ◦ 크레인의 운전 시작 전 점검에서는 브레이크, 클러치, 와이어 로프, 리미트 스위치 작동 여부 등을 점검한다. 훅의 균열여부는 비파괴 검사를 해야 하는 특수점검 사항이다.

10 크레인 작업 종료 시 주의사항으로 틀린 것은?

① 크레인은 작업을 종료한 위치에 정지시킨다.
② 주 배선용 차단기는 내려놓는다.
③ 전용 줄걸이 작업용구를 사용하고 있는 경우는 소정의 위치에 내려놓는다.
④ 훅 블록은 작업자나 차량의 통행에 지장을 주지 않는 높이까지 권상시켜 둔다.

해설 ◦ 크레인 작업 종료 시에는 탑승구역(승강계단)에 정지시켜 두어야 한다.

Answer 07 ① 08 ① 09 ③ 10 ①

11 철판을 운반하는데 가장 적합한 크레인 기종은?

① 훅 크레인
② 버킷 크레인
③ 단조 크레인
④ 마그넷 크레인

> 해설 ① 훅 크레인 : 훅의 갈고리에 줄걸이 용구를 걸어 하물을 운반하는데 사용
> ② 버킷 크레인 : 버킷을 이용하여 곡물·설탕·석탄 등 운반하는데 사용
> ③ 단조 크레인 : 프레스 또는 대형 헤머로 단조할 강괴를 넣거나 빼거나 단조면을 바꾸게 하는 크레인
> ④ 마그넷 크레인 : 자석을 이용하여 철판을 운반하는데 사용되며 정전 시 보증시간은 10분이다.
> ⑤ 담금질 크레인 : 열처리 작업공정에서 사용하는 크레인으로서 권상 속도가 빠를수록 좋다
> ⑥ 수강(용강) 크레인 : 쇳물을 운반하는 크레인

12 천장 크레인 주행차륜의 마모한도로 옳지 않은 것은?

① 좌·우 구동 차륜의 직경차 : 원 치수의 0.2%
② 차륜 직경의 마모 : 원 치수의 5%
③ 차륜 플랜지의 두께 : 원 치수의 50%
④ 차륜 플랜지의 변형 : 수직에서 20°

> 해설 **천장 크레인 주행차륜의 마모한도**
> ① 차륜의 마모한도 : 차륜 직경의 3% 이내
> ② 좌우 차륜의 직경차 : 구동륜은 직경의 0.3%, 종동륜은 직경의 0.5% 이내
> ③ 차륜 플랜지의 변형(경사) : 수직위치에서 20°
> ④ 차륜 플랜지의 두께 : 원 치수의 50% 이내

13 천장 크레인에 오일 디스크 브레이크(Oil disk brake)가 설치되어 있을 때 운전실에 설치되는 것은?

① 오일 탱크
② 디스크 판
③ 브레이크 실린더
④ 브레이크 페달

> 해설 천장 크레인에 오일 디스크 브레이크가 설치되어 있을 때 운전실에 설치되는 것은 브레이크 페달과 마스터 실린더이며 마스터 실린더에서 유압을 발생시켜 브레이크 실린더에 유압을 전달 전동기에 부착된 디스크를 잡아 제동시키는 역할을 한다.

Answer 11 ④ 12 ② 13 ④

14 크레인 운전 전의 주의사항으로 옳지 않은 것은?

① 운전실의 각 레버, 컨트롤러 핸들, 스위치 등이 정상인가를 확인한다.
② 무부하로 운전을 행하여 각 안전장치, 브레이크 기능을 알아본다.
③ 운전개시 시에는 앵커 또는 레일 클램프를 확실히 작동시켜 둔다.
④ 전임 사용자로부터 전달받은 사항을 확인하고 그 내용을 파악하여 둔다.

> 해설 ㅇ 레일 클램프는 강풍(태풍) 시 크레인이 바람에 밀려 이동되거나 전복을 방지하기 위한 방호장치로서 크레인 운전 개시 전에는 앵커 및 레일 클램프가 해제된 상태여야 한다.

15 브레이크 드럼과 라이닝에 대한 내용 중 틀린 것은?

① 드럼의 제동 면이 과열하면 마찰계수가 증가한다.
② 드럼과 라이닝의 간격은 드럼 직경의 1/150~1/200이다.
③ 드럼은 열팽창에 의하여 직경 변화가 있다.
④ 드럼 제동 면의 요철이 2mm에 도달하면 가공 또는 교환하여야 한다.

> 해설 ㅇ 브레이크 드럼의 제동 면이 과열하면 마찰계수가 감소하여 라이닝이 소손되므로 150℃를 초과하면 안 된다.

16 20~50톤(ton) 용량을 가진 천장 크레인에 일반적으로 많이 사용하는 거더(Girder)는?

① I형 거더
② 박스(Box)거더
③ 판(Flat)거더
④ 트러스(Truss)거더

> 해설 ㅇ ① 박스형 거더는 거더의 4면을 철판으로 용접하여 4각 박스 모양으로 만든 것으로
> ② 내부를 밀폐할 수 있으며 또한 거더 내부 공간을 이용할 수 있다.
> ③ 부식에 강하며 기기류를 설치하기 편리하여 큰 하중이나 비틀림 편심하중을 받는데 유리하다.

17 주행운전, 횡행운전, 권상운전 등의 일상점검 방법으로 옳은 것은?

① 무부하 상태로 실시한다.
② 정격하중을 매달고 실시한다.
③ 정격하중의 1/2을 매달고 실시한다.
④ 시험하중을 매달고 실시한다.

> 해설 ㅇ 천장 크레인의 주행장치, 횡행장치, 권상장치의 일상점검은 무부하 상태에서 실시한다.

18 여름의 최고기온이 38℃이며, 겨울의 최저 기온이 영하 20℃인 지방에서 스팬이 40m인 크레인을 옥외에 설치하고자 한다. 이때 레일 연결부분의 간격은 얼마로 해야 하는가? (단, 한 개의 레일길이는 20m, 선팽창계수는 0.000012이다.)

① 약 5mm
② 약 12mm
③ 약 14mm
④ 약 116mm

해설 ○─ 레일 연결부분의 간격 구하는 공식
한 개의 레일길이×온도차이×선팽창계수이다.
(20m를 mm로 환산하려면 20×1,000mm = 20,000mm)×(영상38도-영하20도는 58도의 차이임)
20,000×58×0.000012 = 13.92mm이다.

19 훅(Hook)에 대하여 설명한 것으로 맞는 것은?

① 훅 본체는 균열 또는 변형이 없어야 한다.
② 훅의 재질은 탄소강 단강품이나 기계구조용 탄소강이며 강도와 연성이 작은 것이 바람직하다.
③ 훅의 마모는 와이어 로프가 걸리는 부분에 홈이 생기며 이 홈의 깊이가 10mm가 되면 평편하게 다듬질하여야 한다.
④ 훅 입구의 벌어짐이 50% 이상이 되면 교환하여야 한다.

해설 ○─ 훅(Hook)
① 훅 본체는 균열 또는 변형이 없어야 한다.
② 훅의 재질은 단조강 또는 구조용 압연강재를 사용하며, 강도와 연성이 큰 것이 좋다.
③ 훅에 발생한 홈의 깊이가 2mm 이상 되면 평편하게 다듬어 사용하여야 한다.
④ 훅 입구의 벌어짐이 10% 이상이 되면 교환하여야 한다.

20 다음 중 구조가 간단하고 마모 부분이 없으며 유지가 용이하고 정격속도의 1/5의 안정된 저속도를 쉽게 얻을 수 있는 브레이크(Brake)는?

① 유압 브레이크
② E.C 브레이크
③ D.C 마그넷 브레이크
④ 트러스트(Thrust) 브레이크

해설 ○─ 와전류 브레이크(E.C, Eddy current brake)
① 자석 전면에 놓인 금속제 원판이 회전하면 그 회전의 반대방향 쪽으로 자력이 작용한다.
② 천장 크레인의 권상장치에 주로 사용되는 브레이크로 구조가 간단하고 마모 부분이 없어 정격속도의 1/5의 안정된 저속도를 쉽게 얻을 수 있으며, 권상 시에는 작동하지 않고, 권하 1,2단에서 작동된다.

Answer 18 ③ 19 ① 20 ②

21 크레인 차륜의 점검 및 보수에 관한 설명으로 적절치 못한 것은?

① 각 차륜의 중심선이 일치하는가를 점검한다.
② 차륜의 주행레일과 기체간에 직각을 유지하는가 점검한다.
③ 차륜을 교환 또는 육성 가공할 경우 해당 차륜 한 개만을 수리하는 것을 원칙으로 한다.
④ 차륜 베어링의 마모와 급유에 항상 주의한다.

해설 ◦ 차륜을 교환할 때는 가능한 전체를 교체하는 것이 좋다.

22 충추형 권과방지 장치의 특징과 거리가 먼 것은?

① 매달린 중추의 위치에서 동작하므로 동작 위치의 오차가 작다.
② 동작 후의 복귀 거리가 짧다.
③ 권상 드럼의 회전수와 관련이 있어 와이어 로프 교환 시 위치를 조정할 필요가 없다.
④ 권상 위치 제한에는 문제가 없으나 권하 위치의 제한은 불가능하다.

해설 ◦ 중추형 권과방지장치 권상장치의 제한 스위치로 사용되는 2차 비상용 리미트로서 레버에 무거운 추(중추)를 달아 훅이나 달기구가 추를 건드리면 레버가 들어 올려지고 차단 스위치가 작동되어 전원이 차단되는 방식으로 권상 와이어 드럼의 회전수와는 관련이 없다.

23 베어링 NO.6217은 다음 중 어느 것을 뜻하는가?

① 원통 롤러 베어링이며 내경이 85mm이다.
② 단열 홈형 볼베어리이며, 내경이 85mm이다.
③ 원통 롤러 드러스트 볼베어리이며, 내경이 170mm이다.
④ 단열 홈형 볼베어링이며, 내경이 170mm이다.

해설 ◦ 6 : 베어링의 형식 기호, 단열 깊은 홈형 볼베어링
2 : 베어링의 치수 계열 기호
17 : 안지름 번호, 번호가 00 = 10mm, 01 = 12mm, 02 = 15mm, 03 = 17mm
04 이상인 경우 번호 셋째, 넷째 수치에 5를 곱한 값이 안지름이다.(17×5 = 85mm)

24 두 축의 회전방향이 같으며, 높은 감속비를 얻기 위해 사용되는 기어는?

① 베벨 기어
② 하이포이드 기어
③ 내접 기어
④ 스퍼 기어

Answer 21 ③ 22 ③ 23 ② 24 ③

해설 **기어의 종류**
① 베벨 기어
서로 교차(통상 90도)하는 두 축 사이에서 동력을 전달할 때 이용하는 원추형의 기어이다. 기어의 치면 상태에 따라 직선 베벨기어, 스파이럴 베벨기어, 나선형 베벨기어 등이 있다.
② 하이포이드 기어
기어의 이가 쌍곡선으로 되어 있고 피니언이 중심선상에서 아래쪽으로 설치된 기어로 큰 동력을 전달할 수 있다.
③ 인터널 기어(내접기어)
원동형의 안쪽에 치면을 가공하여 두 개의 기어가 안쪽에서 접촉되어 피니언이 회전함으로서 동력을 전달하는 기어로 2개의 기어는 회전방향이 같으며, 설치 장소가 작지만 높은 감속비를 얻을 수 있다.
④ 엑스터널 기어(외접기어 External gear)
원동형의 바깥쪽에 치면을 가공하여 두 개의 기어가 바깥쪽에서 접촉되어 피니언이 회전함으로서 동력을 전달하는 기어로 2개의 기어는 회전방향이 같으며, 설치 장소가 작지만 높은 감속비를 얻을 수 있다.
⑤ 스퍼 기어(평기어)
기어의 치면이 반듯하게 제작된 기어로서 2개의 축이 평행을 이루는 가장 많이 사용되는 기어이며 회전 시 소음이 있다.
⑥ 헬리컬 기어
2개의 축이 평행을 이루며 치면이 비스듬히 경사져 있어서 헬리컬이라고 한다. 치면이 나선 곡선인 원통기어로서 스퍼기어보다 치면의 접촉선 길이가 길어서 큰 힘을 전달할 수 있고, 원활하게 회전하므로 소음이 작다.
⑦ 스큐 기어
전동축과 피동축이 비켜서 회전 운동을 전달하는 기어로 헬리컬기어의 축을 엇갈리게 한 기어이다.
⑧ 웜 기어 : 1~20줄 이상의 줄 수를 가진 나사모양의 것을 웜이라 하며, 이것과 물리는 기어를 웜 기어라 한다.
⑨ 랙과 피니언 기어
직선으로 된 쇠에 기어 치면을 가공한 것으로서 피니언(작은 기어)과 맞물려 회전 운동을 직선 운동으로 바꾸는 데 사용한다.

25 크레인이 병렬로 설치된 공장에서 작업 중인 크레인 바로 옆의 크레인 운전자가 권상을 시작하자마자 졸도해 버렸다. 그래서 부하물을 매단 채 크레인을 권상하고 있다. 이 때 우선적으로 취해야 할 행동은?

① 공장의 전체 전원을 빨리 차단시킨다.
② 목숨이 중요하므로 옆 크레인 운전실에 빨리 가서 인공호흡을 시킨다.
③ 옆 크레인의 해당 전원을 최대한 빨리 차단시킨다.
④ 자기 크레인으로 옆 크레인에 충돌시켜서 운전자가 정신을 차리게 한다.

해설 옆 크레인의 운전자가 작동 중에 졸도를 했으면 먼저 해당 크레인의 전원부터 차단하여 사고를 막고, 인공호흡 등 응급처치를 한 후 병원으로 이송조치를 한다.

Answer 25 ③

26 천장 크레인의 버퍼 스토퍼(Buffer stopper)에 대한 설명으로 가장 올바르게 표현한 것은?

① 강판을 접합하여 케이스를 만들고 충돌부위는 나무를 사용하여 충격의 부담을 덜어주는 스토퍼
② 새들(Saddle)차륜을 보호하기 위하여 씌운 덮개
③ 거더(Grirder)의 비틀림을 방지하기 위해 설치해 놓은 스토퍼
④ 단단한 고무나 스프링 또는 유압을 이용하여 충돌 시 충격을 완화시켜 주는 스토퍼

해설 ○ 버퍼는 주행장치, 횡행장치의 이동 시 충돌하였을 때 단단한 고무나 스프링 또는 유압을 이용하여 충격을 완화시켜 주는 장치이다.

27 천장 크레인의 몇 가지 부품에 대하여 예비품을 두어야 하는 목적은?

① 운전 중 고장이 쉽게 발생되는 부품에 대하여 정비시간을 단축시키기 위해
② 부품 값이 비싸며 운반이 불편하므로
③ 형식을 갖추어 둘 필요가 있으므로
④ 쉽게 구할 수 있는 부품이며 값이 싸므로

해설 ○ 예비품의 구비 목적은 고장이 쉽게 발생하는 부품에 대하여 정비시간을 단축시키기 위해 구비한다.

28 정격하중이 10,000kgf인 천장 크레인의 훅(Hook)은 파괴하중이 최소한 몇 kgf 이상인 것을 사용해야 하는가?

① 11,000kgf
② 30,000kgf
③ 50,000kgf
④ 100,000kgf

해설 ○ 훅의 파괴하중은 정격하중의 5배이므로 50,000kgf의 파괴하중을 가져야 한다.

29 기계설치용 크레인에서 권상용 와이어 로프를 8줄걸이로 6호(6×37). 직경 20mm, B종을 사용할 때 최대 권상 가능한 하중은 약 얼마인가?(단, 로프의 절단하중은 23톤이고, 안전율은 5일 경우)

① 14톤
② 37톤
③ 42톤
④ 48톤

해설 ○ ① 안전하중 = $\dfrac{\text{절단하중}}{\text{안전율}}$ = $\dfrac{23}{5}$ = 4.6톤

② 하물의 하중에 맞는 줄걸이 가닥 수를 계산할 때는 와이어 로프 가닥 수 × 안전하중이므로 = 8줄걸이 × 4.6톤 = 36.8톤의 하물을 들어 올릴 수 있다.

Answer 26 ④ 27 ① 28 ③ 29 ②

30 천장 크레인용 와이어 로프에 대한 설명 중 옳은 것은 ?

① 보통 꼬임은 랭 꼬임에 비해서 소선 꼬기의 경사가 완만하다.
② 꼬임이 되풀리는 경우가 적고 킹크가 생기는 경향이 적은 것이 보통꼬임이다.
③ 와이어 로프의 직경의 허용차는 ±10%이다.
④ 크레인용 와이어 로프는 주로 아연 도금을 한 파단강도가 높은 것을 사용한다.

해설 ① 보통 꼬임은 스트랜드와 소선의 꼬임 방향이 반대인 것으로 외부와 접촉면이 점접촉 형태로 접촉면이 작아서 마모는 크지만 킹크(Kink) 발생이 적고 취급이 용이하다.
② 와이어 로프 공칭직경이 7% 이상 마모되면 교환하여야 한다.
③ 와이어 로프는 탄소강으로서 실같이 얇은 철사를 기계로 꼬아서 가닥(스트랜드)을 만들고 또 다시 가닥을 꼬아서 와이어 로프가 완성된다. 직경의 허용오차는±7% -0%이다.
④ 꼬임 안쪽에는 심강 대신 스트랜드 한 가닥이 내장된 공심, 섬유로프가 내장된 섬유심, 와이어심을 내장한 철심으로 구분되며 강도는 134~180kg/m²이다.

31 와이어 로프의 클립고정법에서 클립 간격을 로프 직경의 약 몇 배 이상으로 장착하는가?

① 3
② 6
③ 9
④ 12

해설 클립 간의 간격은 로프 지름의 6배 이상으로 하며, 와이어 로프 지름에 따른 클립 수는 다음과 같다.

로프 지름(mm)	클립 수
16 이하	4개
16 초과 28 이하	5개
28 초과	6개 이상

32 40톤의 부하물이 있다. 이 부하물을 들어 올리기 위해서는 20mm 직경의 와이어 로프를 몇 가닥으로 해야 하는가?(단, 20mm 와이어 로프의 절단하중은 20톤이며, 안전계수는 7로 하고, 와이어 로프 자체의 무게는 0으로 계산한다.)

① 2가닥(2줄걸이)
② 8가닥(8줄걸이)
③ 14가닥(14줄걸이)
④ 20가닥(20줄걸이)

해설 와이어 로프 안전하중 = $\dfrac{절단하중}{안전계수}$ = $\dfrac{20}{7}$ = 2.857

와이어 로프 가닥수 = $\dfrac{부하물의 하중}{안전하중}$ = $\dfrac{40}{2.857}$ = 14가닥

Answer 30 ② 31 ② 32 ③

33 도유기와 리미트 스위치에 대한 설명 중 틀린 것은?

① 차륜 도유기는 차륜 플랜지 또는 레일 측면에 소량의 오일을 계속 자동으로 도유하는 기기이다.
② 차륜 도유기의 오일탱크는 도유기 몸체보다 상부에 위치한다.
③ 상용 리미트 스위치가 하한선에서 작동했을 때 권상 훅의 위치는 보통 크래브 하단 0.5m 정도이다.
④ 중추식 리미트 스위치는 비상용으로 사용한다.

해설 상용 리미트 스위치가 상한선에서 작동했을 때
훅 등 달기기구의 상부 드럼·시브·트롤리프레임 기타 당해 상부가 접촉할 우려가 있는 것의(경사진 시브 제외) 하부와의 간격이 0.25m 이상(직동식 권과방지장치는 0.05m 이상)이 되도록 조정할 수 있는 구조이어야 한다.

34 체인에 대한 설명 중 옳지 않은 것은?

① 고온이나 수중작업 시 와이어 로프 대용으로 사용한다.
② 떨어진 두 축의 전동장치에는 주로 링크체인을 사용한다.
③ 체인에는 크게 링크체인과 롤러체인이 있다.
④ 롤러체인의 내구성은 핀과 부시의 마모에 따라 결정된다.

해설 체인(Chain)의 종류
① 링크체인 : 고열물이나 수중작업 시 또는 체인블록·레버블록·호이스트 크레인의 권상장치, 대형 선박 닻 등에 사용한다. 안전계수는 5이다.
② 롤러체인 : 떨어진 두 축 사이의 전동장치에 사용한다.

35 두 축을 30° 이내의 교각으로 연결할 때 사용하는 축 연결장치로 적합한 것은?

① 머프 커플링
② 플랜지 커플링
③ 스플라인 이음
④ 유니버설 조인트

해설 ① 머프커플링 : 원통 형태를 둘로 나뉜 구조이며 두 개의 축을 양쪽으로 삽입한 후 커플링을 볼트로 조여서 연결하여 사용하며 저속회전일 때 주로 사용한다.
② 플랜지 커플링 : 두 개의 축 양 끝에 있는 플랜지를 볼트로 고정하여 두 축을 연결시키는 방식으로 고속회전하는 곳에 사용한다.
③ 스플라인 이음 : 훅의 둘레에 4~20개로 원주를 등분한 4각 형태의 홈을 파서 조립한다.
④ 유니버설 조인트 : 축의 중심선이 30° 이내의 각도로 교차할 때 사용한다.

Answer 33 ③ 34 ② 35 ④

36 권선형 3상 유도전동기의 회전방향을 변화시키는 방법으로 적합한 것은?

① 전압을 낮춘다.
② 1차 측 공급전원의 3선 중 2선을 바꾼다.
③ 1차 측 공급전원의 3선을 모두 바꾼다.
④ 저항기의 저항값을 변화시킨다.

해설 ◦ 3상 권선형 유도전동기의 회전을 바꾸려면 1차측(R.S.T)전원의 3선 중 임의의 2선을 서로 바꾸면 3상 유도전동기의 회전 방향이 바뀐다.

37 다음 중 제어기(Controller)의 설명으로 옳지 않은 것은?

① 회로의 단속에는 접촉편 및 접촉자를 사용한다.
② 교류전동지 40kW 이상은 직접제어기를 사용한다.
③ 1차측의 전원회로를 변환한다.
④ 2차측의 저항은 차례로 단속하여 속도를 제어한다.

해설 ◦ 제어기는 천장 크레인의 주행장치·횡행장치·권상장치 등의 운행속도 및 방향을 제어하기 위한 장치이다. 크레인의 전원에는 동력전원과 조작전원이 있으며 전동기를 회전시키기 위한 전원을 동력전원(440V, 380V)이라 하고, 동력전원을 연결시켜 주는 역할을 하는 전자 접촉기 내부에 있는 전자석에 사용되는 전원(110V)을 조작전원이라 한다.

38 리모콘 크레인의 취급에 대한 설명으로 틀린 것은?

① 제어기는 다른 크레인용과 혼동되지 않도록 이름판을 부착하고 각 크레인별로 구분하여 둔다.
② 운전위치와 크레인의 기계장치가 떨어져 있는 경우는 육안에 의한 점검은 생략할 수 있다.
③ 운전 중에 권상화물이 보이지 않는 위치에 이동한 경우는 일단 정지한 후 권상화물이 보이는 장소로 이동한 후 운전을 재개한다.
④ 작업 개시 전에 비상정지 버튼을 눌러 전원이 끊어지는가를 확인한다.

해설 ◦ 리모콘 크레인의 취급방법
① 운전시작 전에 크레인 본체에 사람의 탑승 여부
   주행레일상의 장애물 여부 등을 반드시 육안으로 확인한다.
② 제어장치의 누름버튼(비상정지버튼)스위치, 등의 동작 상태를 확인하며 이때 전원용 스위치는 꺼짐 상태로 한다.
③ 제어장치는 항상 운전자가 소지해야 하며 작업종료, 휴식 시에는 지정된 장소에 보관하며 해당 작업장마다 제어기 및 키의 보관책임자를 정해 둔다.

Answer 36 ② 37 ② 38 ②

39 줄걸이 작업자의 양중물의 중심을 잘못 잡아 훅에 로프를 걸었을 때 발생할 수 있는 것과 관계가 없는 것은?

① 양중물이 생각지도 않은 방향으로 간다.
② 매단 양중물이 회전하여 로프가 비틀어진다.
③ 크레인에는 전혀 영향이 없다.
④ 양중물이 한 쪽 방향으로 쏠려 넘어진다.

해설 ○ 줄걸이 작업자가 양중물의 중심을 잘못 잡으면 양중물이 생각지도 않은 방향으로 가거나 회전과 쏠림 현상, 로프의 비틀림 등이 생긴다.

40 〈그림〉의 직류 전자 브레이크 작동회로에서 R_2 저항의 용도는?

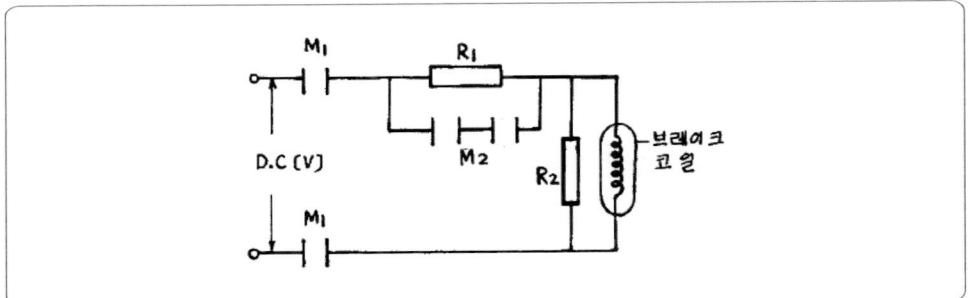

① 충전용
② 전류 절약용
③ 방전용
④ 전압 분배용

41 천장 크레인 운전실의 전압계가 멈추었을 때 점검해야 할 사항이 아닌 것은?

① 집전자의 이탈 여부 검사
② 주 인입개폐기 점검
③ 정전 여부 확인
④ 천장 크레인 내 변압기 이상 여부 점검

해설 ○ 천장 크레인 운전실의 전압계가 멈추었을 때 점검사항
① 집전자의 이탈 여부 검사
② 주 인입개폐기 점검
③ 정전 여부 확인
※ 천장 크레인의 변압기는 440V 또는 380V의 전원을 작업등 및 콘센트, 운전실 조명 등에 사용되는 220V와 동력전원을 연결시키기 위해서 전자접촉기 내부 코일을 전자석으로 만들기 위해 필요한 110V의 조작전원으로 감압시키는 장치이다.

Answer 39 ③ 40 ③ 41 ④

42 천장 크레인에 사용하는 전동기 중 2차 저항 제어 방식을 사용하여 기동 및 속도제어를 행하는 전동기는?

① 직류 직권 전동기　　　　② 교류 권선형 유도 전동기
③ 교류 농형 전동기　　　　④ 직류 분권 전동기

해설 ○─ 권선형 3상 유도 전도기는 농형 전동기에 비해서 효율은 좋지 않지만 기동력이 우수하며 2차 저항에 의해서 속도제어를 할 수 있다.

43 권상하중 50톤, 권상속도 1.5m/min인 천장 크레인의 전동기 출력은?(단, 권상기의 효율은 70%이다.)

① 12.2kW　　　　② 13kW
③ 17.5kW　　　　④ 33.3kW

해설 ○─ 출력(kW) = (권상하중 × 권상속도) ÷ (6.12 × 효율) = (50 × 1.5) ÷ (6.12 × 0.7) = 75 ÷ 4.284 ≒ 17kW

44 다음 중 ( ) 안에 알맞은 것은?

> 천장 크레인을 이동하기 위한 동력은 전기를 사용하여 전동기를 구동시켜 중량물의 이동 및 이송을 한다. 사용전압은 주고 (㉮)볼트를 사용하며, 조작전원은 변압기를 이용 (㉯)볼트로 감압시켜 사용한다.

① ㉮ 110, ㉯ 110　　　　② ㉮ 440, ㉯ 110
③ ㉮ 660, ㉯ 220　　　　④ ㉮ 750, ㉯ 220

해설 ○─ 천장 크레인의 사용전압은 주로 440볼트를 사용하며, 조작전원은 변압기를 이용 110볼트로 감압시켜 사용한다. 천장 크레인에 사용되는 전선(電線)은 600볼트용 전선이다.

45 천장 크레인의 집전장치에 대한 설명으로 틀린 것은?

① 팬터그래프(Pantograph)형은 횡행 등의 저속에 적합하다.
② 집전장치는 천장 크레인의 몸체에 부착되어 있다.
③ 천장 크레인의 고정된 부분과 이동하는 부분 사이에서 전원을 공급받는 장치이다.
④ 집전장치에서 스파크가 발생하는 원인은 카본브러시의 마모, 접촉압력 부족, 부스바 또는 트롤리바의 휨이 발생되었을 때 생기기 쉽다.

해설 ○─ 팬터그래프(Pantograph)형은 고속형 천장 크레인에 사용하며, 중간지지를 갖는 수평배열로 휠이나 슈를 사용한다.

Answer 42 ② 43 ③ 44 ② 45 ①

46 철재의 중량물을 부착하여 이동시키기 위한 달기구인 리프팅 마그네트(Lifting magnet)의 적합한 구조가 아닌 것은?

① 리프팅 마그네트 등에 부착된 명판에는 정격 하중을 표시할 것
② 리프팅 마그네트의 흡착력 시험은 정격하중의 4배 이상으로 할 것
③ 조작 전기회로의 대지전압은 교류 150V, 직류 300V를 초과하지 않을 것
④ 리프팅 마그네트 부착 크레인은 정전 등 비상 시에 최소 10분 이상의 흡착력을 유지하기에 충분한 용량의 충전기, 전지 등의 정전보상장치를 구비할 것

해설 리프팅 마그네트에 적합한 구조
① 조작 마그네트 등의 조작스위치나 핸들에는 운전형식 및 방법을 표시할 것
② 리프팅 마그네트 등에 부착된 명판에는 정격하중을 표시할 것
③ 리프팅 마그네의 흡착력 시험은 정격하중의 2배 이상으로 할 것
④ 조작 전기회로의 대지전압은 교류 150V, 직류 300V를 초과하지 않을 것
⑤ 리프팅 마그네트 부착 크레인은 정전 등 비상시에 최소 10분이상의 흡착력을 유지하기에 충분한 용량의 충전기, 전지 등의 정전보상장치를 구비할 것
⑥ 정전 시 밧데리에서 전원이 공급될 경우 운전자에게 전원공급이 밧데리에서 공급됨을 경보하기 위한 음향 신호를 가지고 있을 것

47 천장 크레인의 방호(防護) 및 안전장치로 볼 수 없는 것은?

① 퓨즈(Fuse)
② NFB(No fuse circuit breaker)
③ 저항기(Resistor)
④ EOCR(Eletric over current relay)

해설 천장 크레인의 방호 및 안전장치 종류
① 퓨즈 : 전자회로 또는 전기장치에 과전류가 흐를 때 회로를 끊어주는 장치
② NFB : 퓨즈가 없는 전원차단기로서 과전류가 흐르면 자동으로 전원을 차단하는 장치
③ EOCR : 과부하계전기로 전동기의 전원에 과전류가 흐르면 전동기를 보호하기 위해 전원을 차단하는 장치
④ 과전류계전기 : 과부하계전기로 전동기의 전원에 과전류가 흐르면 전원을 차단하는 장치
⑤ 제한계폐기(리미트 스위치) : 작업 구간 내의 범위를 벗어나지 못하도록 진행 방향 끝에 스위치(Limit switch)를 설치하여 진행하는 물체와 스위치가 접촉하게 되면 전원을 차단하거나 브레이크를 작동하게 하는 장치

Answer 46 ② 47 ③

48 크레인 전기장치에서 2차 저항기의 역할로 가장 알맞은 것은?

① 전동기에 과전류가 흐르는 것을 막아 전동기를 보호하는 역할을 한다.
② 전동기의 저항을 줄임으로써 전동기의 회전 수를 일정하게 하는 역할을 한다.
③ 권선형 유도전동기의 2차 회로에 부착되어 저항량을 조정함으로써 속도를 변속하는 역할을 한다.
④ 농형 전동기에 저항이 너무 크므로 2차 저항기를 부착하여 저항량을 줄임으로써 안전하게 작동할 수 있는 역할을 한다.

해설 ○ 권선형 3상 유도전동기의 2차 회로에 부착되어 저항량을 가감함으로서 전동기의 속도제어를 할 수 있다.

49 크레인에서 줄걸이 와이어 로프를 이용해 화물을 양중할 때 줄걸이 각도에 따라 와이어 로프에 걸리는 하중이 다르다. 줄걸이 와이어 로프에 가장 장력이 작게 걸리는 각도는?

① 30° ② 60°
③ 90° ④ 120°

해설 ○ 하물을 인양 시 인양각도가 클수록 로프에 걸리는 장력은 증가하고 각도가 작을수록 로프에 걸리는 장력은 감소하게 된다.

50 〈그림〉과 같이 수신호는 '팔꿈치에 손바닥을 떼었다 붙였다 한다', 호각 신호는 '짧게 - 길게' 부는 신호 방법은?

① 보권 사용 ② 주권 사용
③ 위로 올리기 ④ 작업 완료

해설 ○ 수신호 방법 참조 p.106

Answer 48 ③ 49 ① 50 ①

51 산업안전·보건에서 안전표지의 종류가 아닌 것은?

① 위험표지
② 경고표지
③ 지시표지
④ 금지표지

해설ㅇ 산업안전보건표지의 종류는 금지표지, 경고표지, 지시표지, 안내표지가 있다.

52 배터리 전해액처럼 강산, 알칼리 등의 액체를 취급할 때 가장 적합한 복장은?

① 면장갑 착용
② 면직으로 만든 옷
③ 나일론으로 만든 옷
④ 고무로 만든 옷

해설ㅇ 피부로 침입하는 화학물질 또는 강산성 물질 취급 작업 시에는 보호복을 착용하여야 하며, 침투를 방지하기 위해 고무로 만든 옷이 적합하다.

53 다음 중 보호안경을 끼고 작업해야 하는 사항과 가장 거리가 먼 것은?

① 산소용접 작업 시
② 그라인더 작업 시
③ 건설기계 장비 일상점검 작업 시
④ 클러치 탈·부착 작업 시

해설ㅇ 보호안경의 사용 이유
① 용접 작업 시 유해 광선으로부터 눈을 보호하기 위하여
② 그라인더 작업 등 비산되는 칩으로부터 눈을 보호하기 위하여
③ 유해 약물로부터 눈을 보호하기 위하여

54 스패너 작업 시 유의할 사항으로 틀린 것은?

① 스패너의 입이 너트의 치수를 맞는 것을 사용해야 한다.
② 스패너의 자루에 파이프를 이어서 사용해서는 안 된다.
③ 스패너와 너트 사이에는 쐐기를 넣고 사용하는 것이 편리하다.
④ 너트에 스패너를 깊이 물리도록 하여 조금씩 앞으로 당기는 식으로 풀고 조인다.

해설ㅇ 스패너 사용 시 유의 사항
① 스패너의 입이 볼트, 너트의 치수에 맞는 것을 사용해야 한다.
② 스패너의 자루에 파이프를 이어서 사용해서는 안 된다.
③ 스패너와 너트 사이에는 쐐기를 넣고 사용하면 안 된다.
④ 너트에 스패너를 깊이 물리도록 하여 조금씩 앞으로 당기는 식으로 풀고 조인다.

Answer 51 ① 52 ④ 53 ③ 54 ③

55 물품을 운반할 때 주의할 사항으로 틀린 것은?

① 가벼운 화물은 규정보다 많이 적재하여도 된다.
② 안전사고 예방에 가장 유의한다.
③ 정밀한 물품을 쌓을 때는 상자에 넣도록 한다.
④ 약하고 가벼운 것을 위에, 무거운 것을 밑에 쌓는다.

해설 가벼운 하물도 규정에 맞게 적재하여야 한다.

56 전등 스위치가 옥내에 있으면 안 되는 경우는?

① 건설기계 장비 차고
② 절삭유 저장소
③ 카바이드 저장소
④ 기계류 저장소

해설 카바이드는 가연성 물질이므로 가스로 인한 화재 및 폭발의 위험이 있으므로 카바이드 저장소에 전등을 설치할 경우에는 반드시 방폭 구조로 하여야 하며, 전등 스위치는 옥외에 설치하여야 한다.

57 산업재해의 통상적인 분류 중 통계적 분류를 설명한 것 중 틀린 것은?

① 사망 : 업무로 인해서 목숨을 잃게 되는 경우
② 중경상 : 부상으로 인하여 30일 이상의 노동 상실을 가져온 상해 정도
③ 경상해 : 부상으로 1일 이상 7일 이하의 노동 상실을 가져온 상해 정도
④ 무상해 사고 : 응급처치 이하의 상처로 작업에 종사하면서 치료를 받는 상해 정도

해설 산업재해의 통상적인 분류
1. 중상(휴업 8일 이상~사망)
2. 경상(휴업 1일 이상~7일 미만)
3. 무상해 사고(휴업 1일 미만)

58 해머 작업 시 안전수칙 설명으로 틀린 것은?

① 열처리된 재료는 해머로 때리지 않도록 주의한다.
② 녹이 있는 재료를 작업할 때는 보호안경을 착용하여야 한다.
③ 자루가 불안정한 것(쐐기가 없는 것 등)은 사용하지 않는다.
④ 장갑을 끼고 시작은 강하게, 점차 약하게 타격한다.

해설 해머 작업 시 장갑을 착용해서는 안 되며, 시작은 약하게 점차 강하게 타격한다.

Answer 55 ① 56 ③ 57 ② 58 ④

59 가연성 액체, 유류 등 연소 후 재가 거의 없는 화재는 무슨 급별 화재인가?

① A급 ② B급
③ C급 ④ D급

해설 ◦ 화재의 분류
- A급 화재 : 일반화재
- B급 화재 : 유류화재
- C급 화재 : 전기화재
- D급 화재 : 금속화재
- K급 화재 : 주방화재

60 기계운전 및 작업 시 안전사항으로 맞는 것은?

① 작업의 속도를 높이기 위해 레버 조작을 빨리 한다.
② 장비의 무게는 무시해도 된다.
③ 작업도구나 적재물이 장애물에 걸려도 동력에 무리가 없으므로 그냥 작업한다.
④ 장비 승·하차 시에는 장비에 장착된 손잡이 및 발판을 사용한다.

Answer 59 ④ 60 ④

2018년 제2회 최근 기출문제

01 크레인 권상장치의 속도제어용 브레이크로 가장 많이 사용되는 것은?

① 와류 브레이크
② 직류전자 브레이크
③ 교류전자 브레이크
④ 디스크 타입 전자 브레이크

해설 ○─ 브레이크(Brake)의 종류에는 제동용과 속도 제어용이 있다
　① 속도제어용 브레이크 : 와전류(EC) 브레이크, 전기적 제동법으로 다이나믹 브레이크, SC브레이크, CF브레이크
　② 제동용 브레이크 : AC, DC 전자 브레이크, 유압 압상 브레이크, 오일 디스크 브레이크

02 크레인의 정규 부하 시험 중 권하속도의 허용범위는?

① +10%, -5%
② +25%, -5%
③ +20%, -10%
④ +30%, -15%

해설 ○─ 크레인 정규 부하시험 중 권하 속도의 허용범위는 +25%~-5%이다.

03 천장 크레인 관련용어의 설명 중 옳지 않은 것은?

① 권상 : 크레인의 드럼에 로프나 체인이 감겨 화물이 들어 올려지는 상태
② 정격하중 : 크레인의 권상하중에서 훅, 크래브 또는 버킷 등 달기기구의 중량에 상당하는 하중을 뺀 하중
③ 권상하중 : 크레인이 들어 올릴 수 있는 최대의 하중
④ 정격속도 : 권상하중에 상당하는 하중을 크레인에 매달고 권상·주행 또는 횡행할 수 있는 최고 속도

해설 ○─ 정격속도(Rated speed)는 정격하중을 훅에 매달고 주행·횡행·권상운동을 할 수 있는 최상의 속도이다.

Answer 01 ① 02 ② 03 ④

04 천장 크레인의 용량의 정격하중과 스팬(Span)으로 표기하는 것이 보통이지만 한 가지를 더 추가한다면 무엇인가?

① 권상속도
② 횡행속도
③ 양정
④ 훅(Hook)

해설 천장 크레인의 용량은 정격하중(주권, 보권)과 스팬(Span) 그리고 양정(Lift)으로 표시한다.

05 드럼의 크기를 설명한 것으로 가장 올바른 것은?

① 드럼의 크기는 가능한 한 로프의 전 길이를 1열에 감을 수 있는 것으로 한다.
② 드럼의 크기는 가능한 한 전 길이를 2열에 감을 수 있는 것으로 한다.
③ 드럼의 크기는 로프의 전 길이를 3열에 감을 수 있는 것으로 한다.
④ 드럼의 크기는 로프의 유효길이를 2회 감을 수 있는 것으로 한다.

해설 천장 크레인의 와이어 로프 드럼의 크기는 로프의 수명을 위하여 로프의 전체 길이를 1열에 감을 수 있어야 한다.

06 다음 중 천장 크레인 권상장치의 권과방지기구는?

① 캠식 리미트 스위치
② 원심분리 스위치
③ 족답 스위치
④ 와류 브레이크

해설 천장 크레인 권상장치의 권과방지기구
권과(과권) 방지장치는 권상장치에 사용되며 종류는 다음과 같다.
① 중추식 리미트 스위치 : 웨이트 타입이라고도 하며, 훅(Hook)의 접촉에 의해 리미트 스위치와 레버가 들어 올려지면서 스위치를 작동시켜 접점을 개폐하는 방식
② 스크루식(나사식) 리미트 스위치 : 드럼의 회전에 의하여 작동하며, 연동장치에 의해 나사가 회전하며 그것과 맞물리는 너트가 이동하여 개폐기의 스위치를 작동시켜 접점을 개폐하는 방식
③ 캠식 리미트 스위치 : 웜 및 웜기어 타입이라고 하며 드럼과 연동되어 웜이 회전을 하고, 웜기어가 회전하면서 오목캠에 의해 스위치를 작동시켜 접점을 개폐하는 방식

07 천장 크레인 중 권하속도가 빠르면 빠를수록 좋은 크레인은?

① 원료장입 크레인
② 강괴 크레인
③ 타이어 크레인
④ 담금질 크레인

해설 담금질 크레인은 재료를 열처리의 일종인 담금질하는데 사용하는 크레인으로 물 또는 기름에 재료를 단시간 내에 빠른 속도로 넣었다가 빼내야 하므로 권상 속도가 빠를수록 좋다.

Answer 04 ③ 05 ① 06 ① 07 ④

08 천장 크레인에서 시브 홈의 마모한도는 사용하는 와이어 로프 지름의 몇 % 이내로 하고 있는가?

① 5% ② 10%
③ 15% ④ 20%

> **해설** 시브(Sheave, 도래, 활차)의 조건
> ① 시브 본체는 균열, 변형 등이 없을 것
> ② 시브 홈은 이상 마모가 없어야 하고, 마모한도는 와이어 로프 지름의 20% 이하일 것
> ③ 시브의 지름(D)은 로프 지름(d)의 20배 이상일 것(D≧20d)

09 홈이 있는 드럼에 와이어 로프가 감길 때 와이어 로프 방향과의 각도는 몇 도(°) 이내인가?

① 4° 이내 ② 8° 이내
③ 12° 이내 ④ 16° 이내

> **해설** 플리트(Fleet) 각도
> ① 드럼에 홈이 있는 경우 : 4° 이내
> ② 드럼에 홈이 없는 경우 : 2° 이내

10 천장 크레인에 사용하는 브레이크 중 전기를 투입하여 유압으로 작동되는 브레이크는?

① 마그넷 브레이크 ② 오일디스크 브레이크
③ 스러스트 브레이크 ④ 다이나믹 브레이크

> **해설** 스러스트 브레이크(Thruster brake)는 유압 압상 브레이크로서 TH브레이크라고도 하며 브레이크 윗부분에 소형 모터가 설치되어 있어 전기를 투입하면 모터가 회전하면서 압상력을 발생시켜 브레이크를 제동 해제시키며 모터가 회전하지 않으면 압상력이 제거되면서 제동되는 원리이다. 주행·횡행장치에서 사용되지만 권상장치에는 사용되지 않는다.

11 천장 크레인 용어 설명으로 가장 옳은 것은?

① 주행레일 위에 설치된 교각에 의해 지지되는 거더가 있는 크레인다.
② 주행레일 위에 설치된 새들에 직접적으로 지지되는 거더가 있는 크레인이다.
③ 상당량의 짐을 인력으로 달아 올리기 및 이동시키는데 사용되는 공구의 일종이다.
④ 엔진의 힘으로 무거운 짐을 간편하게 옮길 수 있는 크레인이다.

> **해설** "천장 크레인(Overhead Travelling Crane)"이라 함은 주행레일 위에 설치된 새들에 직접적으로 지지되는 거더가 있는 크레인을 말한다.

Answer 08 ④ 09 ① 10 ③ 11 ②

12 다음 중 천장 크레인의 양정에서 상·하한을 제한하는 장치는?

① 권상 전동기 ② 마그넷 브레이크
③ 권상 감속기 ④ 캠식 권과방지장치

해설> 캠식(웜 및 웜기어 타입) 권과방지장치는 천장 크레인의 양정에서 상한과 하한의 작동점을 정해 그 이상 동작되지 않도록 전기를 차단하는 장치이다.

13 천장 크레인으로 하물을 권상할 때의 운전방법 중 가장 양호한 것은?

① 하물을 조금씩 들어 올리고, 그때마다 제어기를 OFF시켜 브레이크 지지능력을 확인한다.
② 천장 크레인은 정격하중의 110%는 들어 올릴 수 있으므로 평소와 같이 권상한다.
③ 지면에서 20cm 쯤 위치에서 일단 정지하고, 줄걸이 이상 여부를 확인 후 계속 권상한다.
④ 운전 종료 시 훅은 하한 위치에 가깝게 감아 올려 놓는다.

해설> 크레인 운전자는 하물을 권상할 때 지상 20~30cm에서 일단정지한 후 줄걸이의 이상 여부 및 무게 중심을 확인한다.

14 다음 ( ) 안에 알맞은 것은?

> 사업주는 순간 풍속이 초당 ( )미터를 초과하는 바람이 불어올 우려가 있는 경우 옥외 설치되어 있는 주행 크레인에 대하여 이탈방지장치를 작동시키는 등 이탈 방지를 위한 조치를 하여야 한다.

① 20 ② 30
③ 40 ④ 50

해설> 산업안전보건기준에 관한 규칙 제140조(폭풍에 의한 이탈방지) 사업주는 순간 풍속이 초당 30미터를 초과하는 바람이 불어올 우려가 있는 경우 옥외에 설치되어 있는 주행 크레인에 대하여 이탈방지장치를 작동시키는 등 이탈 방지를 위한 조치를 하여야 한다.

15 천장 크레인의 작업 능력을 표시하는 방법은?

① 권상 톤수 ② 권상 체적
③ 작업 시간 ④ 작업 속도

해설> 천장 크레인의 작업 능력은 권상 톤(ton)수이다.

Answer 12 ④ 13 ③ 14 ② 15 ①

16 천장 크레인의 집중 급유장치(Grease pump)에 대한 설명으로 옳지 않은 것은?

① 급유장치 원동 안에 윤활유인 그리스(Grease)가 채워져 있다.
② 윤활유 공급라인은 2개가 있다.
③ 한 개의 그리스 펌프로 여러 곳의 급유장소에서 동시에 급유할 수 있다.
④ 베어링 등에 급유할 때는 그리스를 가득 채운다.

> **해설** 집중급유장치
> ① 급유장치는 수동형과 자동형이 있다.
> ② 원통 안에 채워져 있는 그리스(Grease)는 2개의 공급라인으로 번갈아 사용할 수 있다.
> ③ 한 대의 급유장치로 여러 곳의 급유장소에서 동시에 급유할 수 있으며, 베어링 등에 급유할 때는 급유 부분에 그리스를 1/3 정도 채운다.

17 크레인의 권상장치 속도제어용 브레이크 휠과 라이닝의 간격은?

① 1~1.5mm
② 2~2.5mm
③ 3~3.5mm
④ 4~4.5mm

> **해설** ① 브레이크 휠은 2mm의 요철 발생 시 수정 또는 교체하여야 한다.
> ② 브레이크 림(휠의 두께)은 원 치수의 40% 마모 시 교체한다.
> ③ 브레이크 휠과 라이닝의 간격은 휠 직경의 1/150~1/200 또는 휠 한 쪽 면에서 1~1.5mm이다.
> ④ 브레이크 휠과 라이닝의 수직, 수평, 폭은 1mm 이내이어야 한다.

18 천장 크레인 권상장치의 구성요소가 아닌 것은?

① 전동기
② 감속기
③ 브레이크
④ 경보장치

> **해설** 권상장치의 구성요소는 전동기, 감속기, 와이어드럼, 축 이음부(플렉시블 커플링), 브레이크, 시브(도르래), 훅 블록 및 와이어 로프 등이 포함되며 전동기가 회전함으로서 감속기를 통해 권상 드럼을 구동하여 수직으로 권상 및 권하 운동을 한다.

19 크레인의 안전장치에 사용되는 것으로 횡행, 주행 등의 운동에 대한 과도한 진행을 방지하는 것은?

① 타임 릴레이
② 경보장치
③ 리미트 스위치
④ 컨트롤러

> **해설** 리미트 스위치는 크레인의 과권방지 및 과행 방지장치이다.

Answer 16 ④ 17 ① 18 ④ 19 ③

20 습기가 많은 작업장 또는 옥외 크레인의 부식을 방지하기 위해 도장작업을 해야 하는데 보통 도장면적은 몇 %의 녹 또는 부식이 발생하였을 때 실시하는가?

① 3%
② 10%
③ 30%
④ 50%

해설 ① 일반적으로 도장면적의 약 10% 정도 녹이나 부식되면 재도장을 하여야 한다.
② 녹 방지를 위한 처음 도장은 2회, 마무리 도장은 1회 실시한다.

21 키(key)의 종류 중에서 축과 보스에 홈을 파고 축 둘레에 4~20개의 사각형 돌기 모양으로 깎아 만든 것으로 회전체가 고정되지 않고 축 방향으로 이동할 수 있는 것은?

① 성크 키(Sunk key)
② 새들 키(Saddle key)
③ 플랫키(Flat key)
④ 스플라인(Spline)

해설
(a) **성크 키(Sunk key)**
일반적으로 가장 많이 사용되며 축(Shaft)과 보스(Boss)에 홈을 파서 키를 박아 회전체를 고정시킨다. 키의 부빼는 1/100이다.
(b) **새들 키(Saddle key), 안장 키**
축(Shaft)에는 홈을 파지 않고 보스(Boss)에만 홈을 파서 키를 박아 회전체를 고정시킨다.
(c) **접선 키(Tangential key)**
① 축(Shaft)과 보스(Boss)에 홈을 파서 키를 박아 회전체를 고정시킨다. 두 개의 키가 1쌍이며 각도는 120도이며 구배(경사)는 1/100이다.
② 큰 회전력을 전달하는데 사용하며 큰 역회전이 가능하고 직경의 축에 적용한다.
(d) **평 키, 플랫키(Flat key)**
키의 모양은 성크 키와 비슷하나 보스(Boss)에만 홈을 파고, 축(Shaft)쪽은 키의 폭만큼 평탄하게 하여 고정시킨다. 주로 가벼운 하중에 사용한다.
(e) **원형 키(Round key), 둥근 키**
둥근 키는 원형의 막대 모양의 키로서, 축(Shaft)과 보스(Boss)에 구멍을 뚫어 원형의 키를 박아 회전체를 고정시킨다. 주로 공작기계의 핸들 등 작은 회전력을 전달하는 축에 사용된다.
(f) **반달 키(Woodruff key)**
① 축(Shaft)의 홈에 끼우는 반원형의 키로서, 보스(Boss)쪽은 성크 키와 같이 홈을 파고, 축(Shaft)쪽의 홈은 반원 모양이다.
② 반달 키는 저절로 중심이 맞춰짐으로 경사(구배)진 축에 적합하다.
③ 단점으로는 축에 깊은 홈을 파는 관계로 축이 약해진다.

22 미끄럼 베어링과 비교한 구름 베어링의 장점에 해당하는 것은?

① 값이 싸다.
② 충격에 강하다.
③ 과열의 위험이 적다.
④ 소음이 생기기 쉽다.

Answer 20 ② 21 ④ 22 ③

해설○ 미끄럼 베어링과 구름 베어링 비교

구분	미끄럼 베어링	구름 베어링
접촉	면 접촉, 마찰계수가 크다.	선·점 접촉, 마찰계수가 작다.
구조	비교적 간단하다.	진동체가 있어 복잡하다.
회전	고속회전에 적합하다.	저속회전에 적합하다.
충격하중	충격하중에 강하다.	충격하중에 약하다
진동 및 소음	발생하기 어렵다.	발생하기 쉽다.
마찰저항	마찰저항이 크다.	마찰저항이 적다.
규격	규격화되어 있지 않다.	규격화, 표준화, 소형화가 가능하다.
윤활	별도의 윤활장치가 필요하다.	윤활장치가 필요없다.(그리스 윤활)
가격	값이 저렴하다.	값이 비싸다.

23 다음 중 두 개의 축을 30° 이하의 각도로 꺾어서 연결할 때 사용하는 축이음법은?

① 플랜지형 플렉시블 축이음
② 자재 축이음(만능축이음)
③ 플랜지형 고정 축이음
④ 체인 축이음

해설○ 유니버설 조인트(자재이음, Universal joint)
① 만능 축이음이라고도 하며 양축이 동일 평면 내에 있고, 그 축선이 30° 이하의 각도로 교차하는 경우에 사용되는 축이음이다.
② 양 축단에 각각 요크(Yoke)를 부착하고, 이것을 십자형의 핀으로 자유로이 회전할 수 있도록 연결한 축이음이다.

24 천장 크레인에서 오일(Oil)이 묻어서는 안 되는 곳은?

① 와이어 로프와 드럼
② 기어와 기어박스
③ 브레이크 휠과 라이닝
④ 시브와 시브 축

해설○ 제동 장치의 마찰면(브레이크 휠과 라이닝) 또는 일의 상면, 벨트 등에는 오일이 묻으면 안 된다.

25 줄걸이 방법의 설명 중 옳지 않은 것은?

① 눈걸이 : 모든 줄걸이 작업은 눈걸이 원칙으로 한다.
② 반걸이 : 미끄러지기 쉬우므로 엄금한다.
③ 짝감기 걸이 : 가는 와이어 로프일 때 사용하는 줄걸이 방법이다.
④ 어깨걸이 나머지 돌림 : 2가닥 걸이로써 꺾어 돌림을 할 수 없을 때 사용하는 줄걸이 방법이다.

해설○ 어깨걸이 나머지 돌림법은 4가닥 걸이로 꺾어 돌림을 할 수 있을 때 사용한다.

Answer 23 ② 24 ③ 25 ④

26 다음 중 줄걸이용 링크체인(Link chain)의 설명으로 옳지 않은 것은?

① 링크체인의 안전계수는 2 이상이며 사용 온도는 200°C까지 가능하다.
② 링크체인의 크기를 표기할 때는 호칭 지름을 사용하며, 사용 단위는 mm이다.
③ 줄걸이용 링크체인은 쇼트 링크체인, 롱 링크체인, 오픈 체인, 스터드 체인으로 분류된다.
④ 링크체인은 체인블록, 레버블록, 호이스트 크레인의 권상장치, 대형 선박의 닻 등에 사용된다.

> 해설 ○ 링크체인을 연결할 때는 커넥터(Connector) 또는 샤클(Shackle)을 사용하며, 안전계수는 5 이상이어야 한다. 사용 온도는 400°C까지 가능하다.

27 다음 중 줄걸이용 보조기구로 볼 수 없는 것은?

① 샤클(Shackle)
② 링(Ring)과 아이볼트(Eye bolt)
③ 클램프(Clamp, 조임쇠)
④ 아이스 스플라이스(Ice splice)

> 해설 ○ 줄걸이용 보조기구
> ① 샤클 : 와이어 로프 또는 체인 등을 연결하거나 고정시키는 데 사용
> ② 마스터 링 : 줄걸이 기구를 훅에 직접 걸지 못할 때 사용
> ③ 아이볼트 : 구조물이 외부에서 줄걸이를 하기 힘들 때 구조물에 구멍을 뚫은 다음 구멍에 나사산을 내어 아이볼트 또는 아이너트를 끼워 사용
> ④ 클램프(조임쇠) : 주로 철판을 줄걸이 작업할 때 사용
> ⑤ 해커 : 철판, 철재 파이프, 철재 형강 등을 들어 올려 이송하는데 사용
> ⑥ 스위벨(Swivel, 회전고리) : 줄걸이 작업 시 와이어 로프의 자전(自轉)으로 인한 와이어 로프의 킹크 방지를 위해 사용

28 3상 유도전동기가 전압 440V, 주파수 60Hz 회전체인 전동기의 극수가 4일 때의 전동기의 속도(rpm)는?

① 880
② 1,800
③ 6,600
④ 13,200

> 해설 ○ $Ns = \dfrac{120f}{P} = \dfrac{120 \times 60(Hz)}{4} = 1,800 rpm$
> (Ns : 전동기 동기속도, p : 극수, f : 주파수)

Answer 26 ① 27 ④ 28 ②

29 전동기의 권선의 변환수리를 행하였을 때 잘못하여 계자의 회전방향을 반대로 결선하면 역전될 위험이 있다. 이 경우 회로를 자동적으로 차단시키는 장치는?

① 칼날형 개폐기
② 타임릴레이
③ 역상 보호 계산기
④ 무전압 보호장치

해설 ○- 역상 보호계전기는 전동기의 권선의 연결 또는 계자의 회전방향을 반대로 연결하면 역전될 위험이 있으므로 이 때 회로를 자동으로 차단시키는 장치이다.

30 천장 크레인에 사용되는 전동기의 조건으로 볼 수 없는 것은?

① 기동력과 회전력이 크고 속도조정이 가능할 것
② 빈번한 반복 운동에 견딜 것
③ 용량에 비해 소형이고 구입하기 쉬울 것
④ 대용량이고 값이 쌀 것

해설 ○- 천장 크레인에 사용되는 전동기의 조건
① 기동회전력이 커야 하며
② 기동, 정지 및 정전, 역전운동이 빈번해도 견디는 성질이 있을 것
③ 속도 조정 및 역회전을 할 수 있을 것
④ 기동 정지 및 정전, 역전 등 빈번한 반복에 충분히 견딜 수 있도록 튼튼하게 만들어져 있을 것
⑤ 장치 면적이 제한되는 경우가 많으므로 용량에 비해서 소형일 것
⑥ 전원이 보통 사용되는 전압으로서 구하기 쉬울 것
⑦ 대용량이고 값이 쌀 것

31 천장 크레인에 사용되는 브레이크류의 조건에 대한 설명으로 틀린 것은?

① 라이닝은 편마모가 없고 마모량은 원 치수의 50% 이내일 것
② 디스크의 마모량은 원 치수의 20% 이내일 것
③ 유량은 적정하고 기름누설이 없을 것
④ 볼트, 너트는 풀림 또는 탈락이 없을 것

해설 ○- 디스크의 마모량은 원 치수의 10% 이내이여야 한다.

32 전동기의 회전속도 제어방법 중 전기적 제어방식은?

① 2차 저항제어
② 주파수 변환 브레이크(C.F브레이크)
③ 스피드제어 브레이크(S.C)
④ 와전류 브레이크(E.C브레이크)

해설 ○- 전동기의 회전속도 제어 방법
① 전기적 제어방법 : 2차 저항제어, 극수변환제어, 가변전압제어, 주파수변환제어, 인버터제어 등
② 기계적 브레이크 제어방법 : 주파수변환 브레이크, 스피드제어 브레이크, 와전류 브레이크 등

Answer 29 ③　30 ④　31 ②　32 ①

33 다음 전자기기의 절연재료의 종류 중 가장 낮은 온도 상승에 견딜 수 있는 것은?

① A종
② B종
③ C종
④ Y종

해설 ○ 전기기기의 절연종류와 허용 온도

절연종류	최고 허용 온도	절연종류	최고 허용 온도
Y종	90°C	F종	155°C
A종	105°C	H종	180°C
E종	120°C	C종	180°C 이상
B종	130°C		

34 훅(Hook) 또는 달기기구의 설명으로 옳지 않은 것은?

① 훅 블록 또는 달기기구에는 정격하중이 표기되어 있을 것
② 볼트, 너트 등은 풀림 또는 탈락이 없을 것
③ 해지장치는 균열, 변형이 없을 것
④ 훅 본체는 균열 또는 변형 등이 없어야 하고, 국부 마모는 원 치수의 10% 이내일 것

해설 ○ 훅(Hook)의 점검
① 훅을 제작하고 나서 훅 입구의 치수를 측정한 후 훅에 정격하중의 2배(200%)의 힘으로 당긴 다음 멈추었을 때, 훅 입구의 영구 변형율은 0.25% 이하이어야 한다.
② 훅의 안전계수는 5이다.
③ 훅의 줄걸이 부분의 마모는 원 치수의 5% 이하이며, 마모의 깊이가 2mm 이하일 때는 다듬어서 사용한다.
④ 훅의 입구의 열림은 원 치수의 5% 이내이다.
⑤ 훅의 파괴하중은 정격하중의 5배이다.

35 옥외용인 경우 무선 원격제어기 송신의 최소 보호등급은?

① IP33 이상
② IP43 이상
③ IP55 이상
④ IP65 이상

해설 ○ 무선 원격제어기 송신기의 최소 보호등급은 옥내용인 경우 IP43, 옥외용인 경우 IP55 이상이어야 한다.

Answer 33 ④ 34 ④ 35 ③

36 크레인 운전자가 화물을 권할 때 위험한 상태에서 작업안전을 위해 급정지시키는 비상정지 장치에 대한 설명으로 가장 옳은 것은?

① 작업 종료 시 전원을 차단하기 위한 장치이다.
② 누름 버튼은 적색으로 머리 부분이 돌출되고 수동 복귀되는 형식이다.
③ 누름 버튼은 황색으로 머리 부분이 돌출되고 자동 복귀되는 형식이다.
④ 탑승용(운전석) 크레인인 경우 권상레버와 같이 부착한다.

해설 ❍ 비상 정지장치(비상 스위치)는 모든 크레인 및 호이스트 운전자 또는 줄걸이 작업자가 비상 시 조작 가능한 위치에 비상정지스위치를 비치하여야 하며, 비상정지용 누름 버튼은 적색으로 머리 부분이 돌출되고 수동 복귀되는 형식이어야 한다.

37 크레인 방호장치의 종류로 볼 수 없는 것은?

① 과부하 방지장치　　② 권과 방지장치
③ 로드 셀(Load cell)　④ 비상정지장치

해설 ❍ 크레인 방호장치
① 과부하 방지장치 : 크레인에 정격하중 이상의 하중이 부하되었을 때 과부하 방지장치가 작동되었을 때 권상이 정지되면서 경보음 또는 경고음 등을 발생하는 장치
② 권과 방지장치 : 권과를 방지하기 위하여 리미트 스위치가 작동되었을 때 동력을 차단하고 작동을 멈추게 하는 장치
③ 훅 해지장치 : 훅에서 줄걸이 용구가 이탈하는 것을 방지하는 장치
④ 비상정지장치 : 크레인이 작동 중 이상상태 발생 시 급정지 시킬 수 있는 장치

38 〈그림〉과 같이 수신호는 '운전자는 사이렌을 울리거나 한 쪽 손의 주먹을 다른 손의 손바닥 으로 2, 3회 두드린다', 호각신호는 '강하고 짧게' 부는 신호의 의미는?

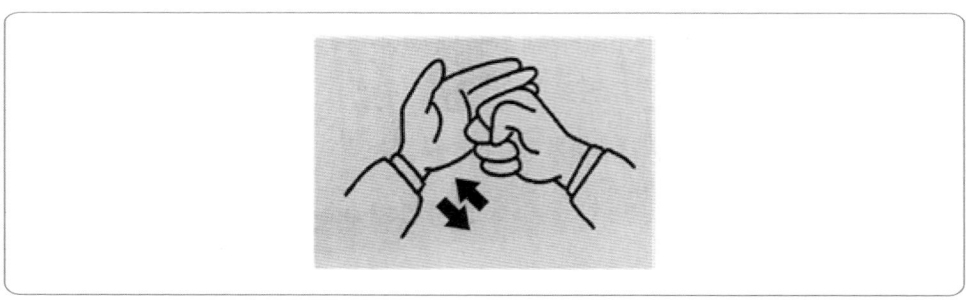

① 천천히 이동　　　　② 기중기의 이상 발생
③ 신호 불명　　　　　④ 기다려라

해설 ❍ 수신호 방법 참조 p.106

Answer　36 ②　37 ③　38 ②

39 아래 〈그림〉에서 와이어 로프의 직경을 가장 올바르게 측정한 것은?

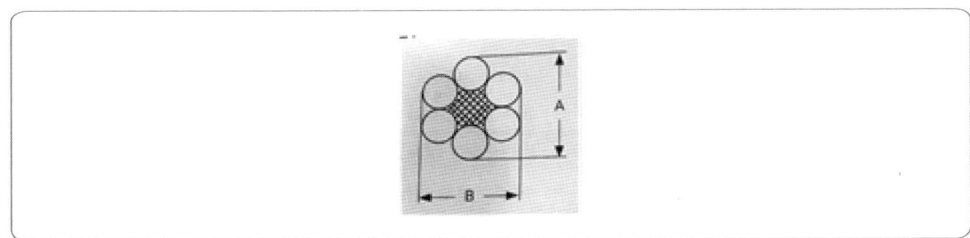

① A
② B
③ $\dfrac{A+B}{2}$
④ A, B 모두 같다.

해설 ◦ 와이어 로프의 직경을 측정할 때는 높은 쪽을 측정한다.

40 다음 중 4.8톤의 부하물을 4줄걸이로 하여 60°로 매달았을 때 한 쪽에 걸리는 하중은 약 몇 톤인가?

① 0.69
② 1.23
③ 1.39
④ 1.46

해설 ◦ 로프에 작용하는 하중 = $\dfrac{\text{부하물의 하중}}{\text{줄걸이 수} \times \text{조각도}}$, 하중 = $\dfrac{4.8}{4 \times \cos\dfrac{60°}{2}} = \dfrac{4.8}{4 \times \cos 30°} ≒ 1.39$

쉬운 방법으로는 하물의 중량 × 줄걸이 각도별 장력계수 ÷ 줄걸이 수이다.
각도별 장력계수는 수직 = 1배, 30도 = 1.04배, 60도 = 1.16배, 90도 = 1.41배, 120도 = 2배이므로 4.8톤 × 1.16 ÷ 4 = 1.39톤이다.

41 줄걸이 작업 시 주의해야 할 사항으로 옳지 않은 것은?

① 훅 등의 매다는 도구는 매다는 짐의 중심 위에 위치시킬 것
② 권상, 권하 작업 시 급격한 충격을 피할 것
③ 매다는 각도는 원칙적으로 60° 이상으로 할 것
④ 권상, 권하 작업 시 안전한지 눈으로 확인할 것

해설 ◦ **줄걸이 용구와 줄걸이 방법 안전 수칙**
① 짐의 중량, 형태에 적합한 안전한 줄걸이 용구를 선택한다.
② 훅 및 달기기구는 매다는 화물의 중심에 위치시켜야 한다.
③ 하물을 매다는 각도는 60° 이내가 되도록 하고, 이에 알맞은 길이와 와이어 로프 등을 선택한다.
④ 권상, 권하 작업 시 급격한 작동을 피하고, 안전여부는 반드시 눈으로 확인하여야 한다.

Answer 39 ① 40 ③ 41 ③

42 천장 크레인 안전 및 검사 기준상 권상용 와이어 로프의 안전율(안전계수)은?

① 4.0 이상
② 5.0 이상
③ 6.0 이상
④ 7.0 이상

해설 **와이어 로프의 안전율**

와이어 로프의 종류	안전율
• 권상용 와이어 로프 • 지브의 기복용 와이어 로프 • 횡행용 와이어 로프 및 케이블 크레인의 주행용 와이어 로프	5.0
• 지브의 지지용 와이어 로프 • 보조로프 및 고정용 와이어 로프	4.0
• 케이블 크레인의 주 로프 및 레일로프	2.7
• 운전실 등 권상용 와이어 로프	10.0

43 크레인의 와이어 로프에 대한 설명으로 옳지 않은 것은?

① 도르래 플랜지의 사용 중 접촉에 의해 마모 및 부식이 발생하여 수명이 떨어진다.
② 소선수의 10% 이상이 절단된 것은 사용해서는 안 된다.
③ 직경의 감소가 공칭직경의 15%를 초과할 때까지는 사용할 수 있다.
④ 킹크가 심하게 된 때는 교체하여 사용한다.

해설 **와이어 로프의 교체(폐기) 기준**
① 이음매가 있는 것
② 와이어 로프의 한 꼬임(스트랜드)에서 소선의 절단된 수가 10% 이상인 것
③ 직경의 마모가 공칭지름의 7%를 초과한 경우
④ 꼬임이나 비틀림이 생긴 것(킹크)
⑤ 심하게 변형되거나 부식된 것
⑥ 열과 전기충격에 손상된 것

44 와이어 로프의 보관방법으로 옳지 않은 것은?

① 습기가 없고 환기가 잘되는 지붕이 있는 곳에 보관한다.
② 한 번 이상 사용한 와이어 로프는 모래, 흙 등 이물질을 제거한 후 그리스로 도포하여 보관한다.
③ 고열, 해풍 및 직사광선 등은 피한다.
④ 사람들의 눈에 잘 띄지 않는 곳에 보관한다.

Answer 42 ② 43 ③ 44 ④

해설 ○ **와이어 로프 보관방법**
① 습기가 없고 환기가 잘되는 지붕이 있는 곳에 보관한다.
② 한 번 이상 사용한 와이어 로프는 모래, 흙 등 이물질을 제거한 후 그리스로 도포하여 보관한다.
③ 고열, 해풍 및 직사광선 등은 피한다.
④ 사람들의 눈에 잘 띄고 사용이 빈번한 곳에 보관한다.
⑤ 바닥에서 띄워서 보관한다.

45 와이어 로프의 밀림현상이 일어나는 경우를 나타낸 것이다. 이 중 옳지 않은 것은?
① 로프의 도르래가 잘 구성되어 있을 경우
② 도르래가 원활히 회전하지 않을 경우
③ 로프가 드럼에 중첩되어 감겼을 경우
④ 로프가 도르래 플랜지에 접촉되어 있을 경우

해설 ○ 와이어 로프가 시브에서 밀림현상이 발생되는 원인은
① 도르래가 원활히 회전하지 않거나
② 로프가 드럼에 중첩되어 감겼거나
③ 도르래 플랜지와 와이어 로프가 접촉되어 있을 경우에 발생한다.

46 운전실 조작식 천장 크레인 운전 중 주요 유의사항으로 볼 수 없는 것은?
① 운전 중 정전이 될 때에는 핸들을 전부 정지위치에 놓고 주 스위치를 OFF한 후 송전을 기다린다.
② 하물을 매단 상태로 공중에 대기하는 경우에는 안전통로나 작업장 위에서 대기하여야 한다.
③ 운전 중에 다른 사람이 크레인에 타지 않도록 한다.
④ 줄걸이 와이어 로프는 크레인을 이용하여 신속히 뺀다.

해설 ○ 운전실 조작식 천장 크레인 운전 중 주요 유의사항
① 운전 중 정전이 될 때에는 컨트롤러를 정지위치에 놓고 주 스위치를 OFF 후 송전을 기다린다.
② 하물을 매단 상태로 공중에 대기 시 안전통로나 작업장 위에서 대기하여야 한다.
③ 매달린 하물을 바닥에 내려놓을 때는 바닥에 놓기 전 20Cm에서 일단 정지하고, 천천히 바닥에 내려놓아야 한다.
④ 운전 중에 타인이 크레인에 타지 않도록 한다.
⑤ 줄걸이 용구는 사람의 힘으로 빼내야 한다.

Answer 45 ① 46 ④

47 무선원격제어기를 사용하여 작업 바닥면에서 조작하며 화물과 운전자가 함께 이동하는 크레인의 주행속도는 매 분당 몇 m 이하여야 하는가?

① 15m 이하
② 30m 이하
③ 45m 이하
④ 60m 이하

해설 팬던트 또는 무선원격제어기를 사용하여 작업 바닥면에서 조작하며 화물과 운전자가 함께 이동하는 크레인의 주행속도는 매 분당 45m 이하여야 한다.

48 천장 크레인에 사용하는 전동기 중 직류 전동기가 아닌 것은?

① 직권 전동기
② 분권 전동기
③ 복권 전동기
④ 농형 유도 전동기

해설 전동기의 분류
① 직류 전동기(D.C) : 직권 전동기, 분권 전동기, 복권 전동기 등
② 교류 전동기(A.C) : 단상 전동기와 3상 전동기(3상 권선형 유도 전동기, 3상 농형 유도 전동기) 등

49 전동기 관련 용어의 설명으로 옳지 않은 것은?

① 단상(單相, Single phase) : 하나의 전압원만 있는 것이다.
② 3상(3相, Three phase) : 3개의 전압원이 있는 것이며, 한 개의 상마다 120°의 각도를 가지고 서로 교차한다.
③ 주파수(Frequency) : 교류전원에서 1초 동안 반복교차되는 수로 대한민국에서는 110Hz를 사용한다.
④ 동기속도(同期速度) : 1차 권선의 주파수에 따라 회전하는 회전속도이다.

해설 우리나라에서 사용되는 주파수는 60Hz이다.

50 천정 크레인의 전력은 트롤리선 - 집전장치 - 배전판 순서로 공급된다. 다음 중 배전판에 배치되는 기기가 아닌 것은?

① 유니버설 컨트롤러
② 과전류 개폐기
③ 단락보호장치
④ 퓨즈

해설 유니버설 컨트롤러는 만능 제어기로서 하나의 제어기로 2가지 작동을 할 수 있는 제어기이며 운전실 내부에 설치한다.

Answer 47 ③ 48 ④ 49 ③ 50 ①

51 보호구의 구비조건으로 틀린 것은?

① 착용이 간편할 것
② 외양과 외관이 아름다울 것
③ 유해·위험요소에 대한 방호성능이 충분할 것
④ 작업에 방해가 되지 않도록 할 것

해설 ◦ **보호구 구비조건**
① 착용이 간편할 것
② 작업에 방해가 되지 않도록 할 것
③ 유해·위험요소에 대한 방호성능이 충분할 것
④ 재료의 품질이 양호할 것
⑤ 구조와 끝마무리가 양호할 것
⑥ 외양과 외관이 양호할 것

52 낙하, 추락 또는 감전에 의한 머리의 위험을 방지하는 보호구는?

① 안전대
② 안전모
③ 안전화
④ 안전장갑

해설 ◦ **안전모의 종류**

종류	사용구분	비고
AB	물체의 낙하 또는 비래 및 추락에 의한 위험을 방지 또는 경감시키기 위한 것	
AE	물체의 낙하 또는 비래에 의한 위험을 방지 또는 경감하고, 머리 부위 감전에 의한 위험을 방지하기 위한 것	내전압성
ABE	물체의 낙하 또는 비래 및 추락에 의한 위험을 방지 또는 경감하고, 머리 부위 감전에 의한 위험을 방지하기 위한 것	내전압성

53 볼트 등을 조일 때 조이는 힘을 측정하기 위하여 쓰는 렌치는?

① 복스 렌치
② 오픈엔드 렌치
③ 소켓 렌치
④ 토크 렌치

해설 ◦ 토크 렌치는 볼트, 너트, 나사 등을 규정된 값으로 조일 때 사용하는 정밀 측정 공구이다.

54 복스 렌치가 오픈 렌치보다 많이 사용되는 이유는?

① 값이 싸며 적은 힘으로 작업할 수 있다.
② 가볍고 사용하는데 양손으로도 사용할 수 있다.
③ 파이프 피팅 조임 등 작업용도가 다양하여 많이 사용된다.
④ 볼트, 너트 주위를 완전히 감싸게 되어 사용 중에 미끄러지지 않는다.

해설 ○- 복스 렌치는 오픈 렌치와 규격이 동일하고 적은 힘으로 작업할 수 있으며 여러 방향에서 사용이 가능하며, 볼트나 너트 주위를 완전히 감싸게 되어 있어서 사용 중에 미끄러지지 않는 장점이 있다.

55 산업·안전보건표지에서 그림이 나타내는 것은?

① 출입금지 표지
② 비상구 없음 표지
③ 탑승금지 표지
④ 보행금지 표지

해설 ○- 산업안전표지 참조 p.109

56 동력 전달장치에서 가장 재해가 많이 발생하는 것은?

① 차축
② 벨트
③ 피스톤
④ 기어

해설 ○- 동력 전달장치에서 가장 빈번하게 재해가 발생하는 것은 벨트에 의한 것으로 벨트를 걸 때나 교체할 때는 반드시 회전이 정지된 후에 작업하여야만 한다.

Answer 54 ④ 55 ④ 56 ②

57 작업장에서 전기가 예고 없이 정전되었을 경우 전기로 작동하던 기계·기구의 조치방법으로 틀린 것은?

① 전기가 들어오는 것을 알기 위해 스위치를 켜둔다.
② 안전을 위해 작업장을 정리해 놓는다.
③ 퓨즈의 단선 유·무를 검사한다.
④ 즉시 스위치를 끈다.

해설 정전 시에는 반드시 전기로 작동하던 기계·기구의 스위치를 꺼야(Off) 한다. 이는 정전 복구 시 가동되는 기계·기구에 의해 재해가 발생할 수 있기 때문이다.

58 전기장치의 퓨즈가 끊어져서 다시 새 것으로 교체하였으나 또 끊어졌다면 어떤 조치가 가장 옳은가?

① 계속 교체한다.
② 용량이 큰 것으로 갈아 끼운다.
③ 구리선이나 납선으로 바꾼다.
④ 전기장치의 고장 개소를 찾아 수리한다.

해설 전기장치의 퓨즈가 계속 끊어진다면 단락(합선)의 위험이 있는 것으로 고장 개소를 찾아 수리하여야 한다.

59 소화작업의 기본 요소가 아닌 것은?

① 가연물질을 제거하면 된다.
② 산소를 차단하면 된다.
③ 염료를 기화시키면 된다.
④ 점화원을 냉각시키면 된다.

해설 소화의 원리
① 연소의 3요소인 가연물, 산소, 점화원을 분리한다.
② 연쇄반응 인자의 전달을 차단한다.(부촉매를 사용한다.)

60 화재의 등급과 분류가 올바르게 연결된 것은?

① A급 화재 – 전기화재
② B급 화재 – 유류화재
③ C급 화재 – 금속화재
④ D급 화재 – 주방화재

해설 화재의 등급과 분류
• A급 화재 : 일반화재
• B급 화재 : 유류화재
• C급 화재 : 전기화재
• D급 화재 : 금속화재(Al, Mg)
• K급 화재 : 주방화재

Answer 57 ① 58 ④ 59 ③ 60 ②

2018년 제3회 최근 기출문제

01 천장 크레인의 표시 중 "60/30ton×26m"의 해석이 맞는 것은?

① 주권 60톤, 보권 30톤, 스팬 26m
② 보권 60톤, 주권 30톤, 스팬 26m
③ 주권 30~60톤, 스팬 26m
④ 주권 0.5톤, 스팬 26m

해설 ○ 천장 크레인의 호칭
주권/보권×스팬×양정이므로
주권의 권상능력이 60톤, 보권의 권상능력이 30톤, 스팬이 26m를 의미한다.

02 천장 크레인의 권상장치에서 드럼의 권과방지 장치를 설명한 것 중 틀린 것은?

① 권과방지 장치는 스크루식, 캠식, 중추식이 주로 사용된다.
② 중추식 훅(Hook)의 접촉에 의거 작동한다.
③ 캠식 도르래의 회전에 의거 작동한다.
④ 스크루은 드럼 회전에 의거 작동한다.

해설 ○ 거더(Girder)는 중량물을 들었을 때 굽힙 하중에 의해 거더가 아래로 휘었다가 올라오는 복원력을 높이기 위해 스팬의 1/800에 해당하는 높이만큼 거더가 위로 볼록(캠버 Camber) 올라오게 제작한다. 그렇지 않으면 중량물을 들었을 때 거더가 아래로 처져 파손된다.

03 다리(Bridge) 형태의 구조물인 거더(Girder)는 중량물을 들었을 때 휨 하중을 버티기 위해 무부하 상태에서 스팬(Span)의 얼마에 해당하는 구배(Camber)를 두어야 하는가?

① 1/100
② 1/200
③ 1/400
④ 1/800

해설 ○ 권과장치용 리미트 스위치의 종류
권과(과권) 방지장치는 권상장치에 사용되며 종류는 다음과 같다
① 중추식 리미트 스위치 : 웨이트 타입 이라고도 하며, 훅(Hook)의 접촉에 의해 리미트 스위치와 레버가 들어 올려지면서 스위치를 작동시켜 접점을 개폐하는 방식

Answer 01 ① 02 ③ 03 ④

② 스크루식(나사식) 리미트 스위치 : 드럼의 회전에 의하여 작동하며, 연동장치에 의해 나사가 회전하며 그것과 맞물리는 너트가 이동하여 개폐기의 스위치를 작동시켜 접점을 개폐하는 방식
③ 캠식 리미트 스위치 : 웜 및 웜기어 타입 이라고 하며 드럼과 연동되어 웜이 회전을 하고, 웜기어가 회전하면서 오목 캠에 의해 스위치를 작동시켜 접점을 개폐하는 방식
④ 나사식(Screw type) : 주로 작동 구간이 짧은 곳에서 사용되며, 볼트의 나사 피치와 같이 회전하는 기계장치에서 너트(Nut)가 끼워져 볼트가 회전하면 너트가 스위치를 작동시켜 전원을 차단하는 방식이다.

04 크레인의 안전운전을 위한 운전 중 점검사항이 아닌 것은?

① 중량물을 인양하면서 자주 권상브레이크 및 주행, 횡행, 브레이크의 동작상태를 점검해본다.
② 주행, 횡행 리미트 스위치를 작동하기 전에 장애물에 주의한다.
③ 운전 중 기계 각부의 이상음, 이상 진동, 발열 등을 수시로 확인한다.
④ 정격하중 이상의 중량물을 절대 인양하지 않는다.

해설 ○ 크레인 운전 중 점검사항
① 와이어 로프가 충분히 장력을 받을 때까지 미동권상으로 서서히 지상 20~30cm까지 들어 올린 후 일단 멈춘 후 하물의 중심 및 줄걸이를 확인 후 다시 들어 올린다.
② 주행 및 횡행방향에 장애물이 있는지, 장애물과 접촉되지 않는지 확인한다.
③ 신호수의 신호에 따른다.
④ 중량을 파악하고 하중이 초과되지 않게 안전하게 운반한다.
⑤ 운전 중 이상 음, 진동에 주의를 기울이고 발열 등을 수시로 확인한다.
⑥ 착지지점에서 지상20~30cm에서 일단 멈춘 후 안전을 확인하고 서서히 착지한다.

05 천장 크레인 구조에 대한 설명으로 틀린 것은?

① 크래브는 권상장치와 횡행장치를 설치하여 크레인의 양거더 위에 설치한 횡행레일 위를 왕복 운동하는 롤러이다.
② 권상장치는 물건을 수직으로 들어 올리거나 내리는 역할을 하며, 주요 부품은 모터·브레이크·감속기·드럼 등을 가지고 있다.
③ 횡행장치는 크래브를 이동시키는 역할을 하며, 모터·브레이크·감속기를 통하여 차윤을 구동한다.
④ 주행장치는 횡행장치와 비슷한 구조로 되어 있으며 항상 횡행장치와 동시에 움직인다.

해설 ○ 주행장치는 거더의 중앙부 또는 양쪽 끝단에 설치되며 횡행장치는 양쪽 거더 위에 설치된 레일을 따라 크래브가 왕복 이동하는 것이므로 항상 같이 움직이지 않고 필요에 따라 단독 또는 함께 움직인다.

Answer 04 ① 05 ④

06 주행차륜 좌·우 외측 중심간의 수평거리에 해당되는 것은?

① 차륜 하중(Wheel load)
② 휠 베이스(Wheel base)
③ 트롤리 스팬(Trolley span)
④ 양정(Lift)

해설 새들 안에 삽입 또는 새들이 설치되어 있는 주행차륜 좌·우 외측 중심간의 수평거리를 휠 베이스(Wheel base)라 한다.

07 다음 중 횡행장치를 설명한 것으로 맞는 것은?

① 크레인 전체를 움직이기 위한 장치이다.
② 크레인에서 짐을 들어 올리거나 내리기 위한 장치이다.
③ 센터 포스터를 중심으로 선회하기 위한 장치이다.
④ 하물을 달고 크레인 거더 위를 수평 방향으로 이동하는 대차를 크래브 또는 트롤리라 하고, 이 트롤리를 이동시키는 장치를 횡행장치라 한다.

해설 횡행장치(Traversing)
① 횡행장치는 전기를 이용, 모터를 구동시켜 주행방향과 직각으로 움직이면서 중량물을 이동시키는 장치이다.
② 양쪽 거더 위에 설치된 레일을 따라 크래브가 왕복 이동한다.
③ 크래브 상부에는 권상장치(전동기, 감속기, 브레이크, 와이어드럼, 브레이크, 리미트 스위치)와 횡행장치(전동기, 감속기, 브레이크, 와이어드럼, 브레이크, 리미트 스위치)가 설치된다.

08 천장 크레인의 용어 중 정격하중과 관련된 설명으로 옳지 않은 것은?

① 권상하중에서 중량물을 들어 올릴 때 필요한 훅, 달기구 등의 무게를 제외한 하중이다.
② 천장 크레인을 제작·설치하고 작업현장에서 사용하기 전 기계·전기적으로 이상 없이 작동되는지 시험할 때 기준이 되는 하중이다.
③ 정격하중의 표시는 거더 윗부분이나 훅에 표시되어 있다.
④ 천장 크레인이 권상장치를 사용하여 중량물을 들어 올릴 때의 정해진 하중이므로 이를 준수해야 하며 이를 초과해서는 안 된다.

해설 천장 크레인을 제작·설치하고 작업현장에서 사용하기 전에 실시하는 사용 전 검사 또는 완성 검사 시 훅에 정격하중의 1.1배를 걸고 기계·전기적으로 이상 없이 작동되는지 시험하기 위해서 사용되는 하중이 시험하중이다.

Answer 06 ② 07 ④ 08 ②

09 크레인의 운전실 또는 운전대를 충족시켜야 하는 조건이 아닌 것은?

① 운전자가 안전한 운전을 할 수 있는 충분한 시야를 확보할 수 있어야 한다.
② 운전자가 용이하게 조작할 수 있는 개폐기, 제어기, 브레이크, 경보장치 등을 설치하여야 한다.
③ 운전실에는 적절한 조명을 갖추어야 하나, 분진의 침입은 작업 여건상 어느 정도 감수하여야 한다.
④ 운전실 바닥은 미끄러지지 않는 구조로 하여야 한다.

해설 운전실(운전대)의 구조
① 운전자가 안전한 운전을 할 수 있는 충분한 시야를 확보할 수 있을 것
② 운전자가 쉽게 조작할 수 있는 위치에 개폐기, 제어기, 제어기, 브레이크, 경보장치 등을 설치할 것
③ 운전자가 접촉하는 것에 의해 감전위험이 있는 충전부분에는 감전방지를 위한 덮개나 울을 설치할 것
④ 분진이 현저하게 발산하는 장소에 설치하는 크레인의 운전실은 분진의 침입을 방지할 수 있는 구조일 것
⑤ 물체의 낙하, 비래 등의 위험이 있는 장소에 설치되는 크레인의 운전대에는 안전망 등 안전한 조치를 할 것
⑥ 전실 등은 훅 등의 달기기구와 간섭되지 않아야 하며 흔들림이 없도록 견고하게 고정할 것
⑦ 운전실에는 적절한 조명을 갖출 것
⑧ 운전실의 바닥은 미끄러지지 않는 구조일 것
⑨ 운전실에는 자연환기(창문열기) 또는 기계장치 등 환기장치를 갖출 것
⑩ 운전실과 거더의 부착부분은 용접부의 균열이 없어야 하며, 부착볼트는 확실하게 고정될 것
⑪ 제어기에는 작동방향 등의 표시가 있을 것

10 훅(Hook)의 설명 중 옳지 않은 것은?

① 훅은 중량물을 매달아 운반하는 중요한 부분으로 훅을 제작할 때는 적절한 강도와 연성이 갖춰져야 한다.
② 훅은 단조품이며 훅의 표면은 강하게 하고 내부는 연성을 갖게 제작하여 훅이 충격이나 마모에 견딜 수 있게 한다.
③ 훅의 재질로는 단조강 또는 구조용 압연강재를 사용한다.
④ 훅 본체는 균열 또는 변형이 없어야 하고, 국부마모는 원 치수의 20% 이내여야 한다.

해설 훅 블록(바텀 블록)의 기준
① 훅 본체는 균열 또는 변형 등이 없어야 하고,
② 국부마모는 원 치수의 5% 이내일 것
③ 훅 블록 또는 달기기구에는 정격하중이 표기되어 있을 것
④ 볼트, 너트 등은 풀림 또는 탈락이 없을 것
⑤ 해지장치는 균열, 변형 등이 없을 것

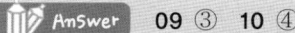 09 ③ 10 ④

11 천장 크레인에서 보도(통로)의 설치와 관련된 내용으로 틀린 것은?

① 통로의 폭은 20cm 이상으로 설치하여야 한다.
② 바닥면은 미끄러지거나 넘어지는 등의 위험이 없는 구조여야 한다.
③ 통로에 설치되는 난간의 높이는 90cm 이상이어야 한다.
④ 정격하중이 3톤 이상의 크레인 거더에는 통로를 설치하여야 한다.

해설 통로
① 천장 주행 크레인, 갠트리 크레인 및 언로더에 있어서는 정격하중이 3톤 이상의 크레인 거더 및 지브형 크레인 등의 지브에는 폭 40cm 이상의 통로를 전 길이에 걸쳐서 설치해야 한다.
② 크레인 거더 또는 수평 지브 위에 설치된 트롤리 및 그 밖에 장치의 횡행 및 수평지브위에 선회에 설치되는 통로부분은 바닥면으로부터 높이 90cm 이상의 튼튼한 손잡이로 된 난간이 설치되어야 하고 중간대 및 바닥면으로부터 높이 10cm 이상의 발끝막이판을 설치할 것
③ 바닥면은 미끄러지거나 넘어지는 등의 위험이 없는 구조일 것

12 일반적으로 천장 크레인의 높이를 나타내는 양정의 설명 중 옳지 않은 것은?

① 훅 블록(Hook block)이 움직일 수 있는 최대 수직거리이다.
② 하한 리미트 스위치 작동시점부터 상한 리미트 스위치 작동지점까지 훅이 움직일 수 있는 수직거리이다.
③ 지면에서 상한 리미트 스위치가 작동되는 지점까지의 거리이다.
④ 건물 양쪽 기둥을 따라 설치된 양쪽 레일의 중심간 수평거리이다.

해설 건물 양쪽 기둥을 따라 설치된 양쪽 레일의 중심간 수평거리 스팬(Span)이라 한다.

13 천장 크레인의 주행과 횡행운동을 하기 위해 설치된 레일(Rail)의 설명으로 옳지 않은 것은?

① 연결부의 틈새는 천장 크레인 3mm, 기타 크레인 5mm 이하이다.
② 레일 측면의 마모한도는 원 규격치수의 30% 이내이다.
③ 레일 연결부의 엇갈림은 상하 0.5mm 이하이고, 좌우 0.5mm 이하이어야 한다.
④ 주행레일의 높이편차는 기준면으로부터 최대 ±10mm 이내이다.

해설 1. 주행레일은 다음과 같이 한다.
① 주행레일은 균열, 두부의 변형이 없을 것
② 레일부착 볼트는 풀림, 탈락이 없을 것
③ 연결부위의 볼트 풀림 및 부판의 빠져나옴이 없을 것
④ 완충장치는 손상 및 어긋남이 없어야 하며, 부착볼트의 이완 및 탈락이 없을 것
⑤ 연결부의 틈새는 천정 크레인은 3mm, 기타 크레인은 5mm 이하일 것
⑥ 레일 연결부의 엇갈림은 상하 0.5mm 이하, 좌우 0.5mm 이하일 것
⑦ 레일 측면의 마모는 원래 규격치수의 10% 이내일 것

Answer 11 ① 12 ④ 13 ②

⑧ 주행레일의 스팬 편차한계는 다음 각각의 범위 이내일 것
   레일의 수평차는 10㎜ 이내, 레일의 구배량은 주행길이 2m 마다 2㎜를 초과하지 않을 것
⑨ 주행레일의 진직도는 전 주행길이에 걸쳐 최대 10㎜이내이고, 수평 방향의 휨 량은 주행길이 2m마다 ±1㎜ 이내일 것
2. 횡행레일은 다음과 같이 한다.
   ① 차륜 정지장치는 균열, 손상 또는 탈락이 없을 것
   ② 볼트는 탈락이 없어야 하며, 용접부에는 균열이 없을 것
   ③ 레일에는 균열, 변형, 측면의 마모 및 두부의 이상 마모가 없을 것
   ④ 좌우 횡행레일의 중심 간 거리 편차한계는 ±3㎜ 이내일 것
   ⑤ 좌우 횡행레일의 수평차는 횡행레일 중심 간 거리의 0.15% 이내이되 최대 10mm를 초과하지 않을 것
   ⑥ 횡행레일의 수평 방향의 휨 량은 횡행길이 2m당 ±1㎜ 이내이며, 레일 연결부에서의 엇갈림이 없을 것

14 다음 중 천장 크레인에 설치하는 계단의 구조로 적합하지 않은 것은?

① 손잡이를 설치할 것
② 경사도는 수평면에 대하여 75° 이하로 할 것
③ 발판의 높이는 30cm 이하로 하고, 발판의 폭은 10cm 이상으로 할 것
④ 높이가 20m를 초과할 때는 5m마다 계단참을 설치할 것

해설 크레인에 설치하는 계단의 구조
① 계단의 경사도는 수평면에 대하여 75° 이하일 것
② 발판의 높이는 30cm 이하로 하고, 발판의 폭은 10cm 이상일 것
③ 높이가 10m를 초과할 때는 7m마다 계단참을 설치할 것
④ 손잡이를 설치할 것

15 구조물이 외부에서 줄걸이를 하기 힘들 때 구조물에 구멍을 뚫은 다음 볼트를 끼워 너트로 조인 후 하물을 인양할 때 사용되는 볼트(Bolt)는?

① 기초 볼트　　　　　　　　② 아이 볼트
③ T 볼트　　　　　　　　　④ 스테이 볼트

해설 ① 기초볼트(Foundation bolt) : 앵커 볼트라고 호칭되며 기계, 구조물을 콘크리트 등의 바닥에 설치할 때 고정용으로 사용한다.
② 아이 볼트(Eye bolt) : 고리 볼트라고도 하며 기계, 금형 등에 구멍을 뚫어 탭으로 나사산을 가공하여 아이볼트를 끼워 너트로 조인 후 사용하는 볼트이다.
③ T 볼트(T-bolt) : 밀링 등 공작기계의 테이블에 공작물을 고정시킬 때 사용된다.
④ 스터드 볼트(Stud bolt) : 환봉의 양 끝에 나사가 절삭되어 있는 형태의 볼트로 자주 분해·조립하는 부분에서 사용한다.

Answer 14 ④　15 ②

16 와이어 로프의 양끝을 고정하는 방법으로 옳지 않은 것은?

① 소켓가공이라고도 하며 가공을 양호하게 하면 잔류강도는 100%로 되는 것이 합금고정이다.
② 직경이 32mm 이상의 굵은 와이어 로프는 합금고정이 양호하다.
③ 합금고정의 소켓 재질은 주철제로 사용한다.
④ 클립고정과 쐐기고정을 병용하여 고정하면 효과가 훨씬 높아진다.

> 해설 ○─ 합금고정법(소켓고정법)은 와이어 로프의 고리를 만들 부분을 소켓에 끼워서 스트랜드와 소선을 풀어낸 다음 합성수지 또는 조아연을 녹여 소켓 안쪽에 부으면 굳어지면서 와이어 로프가 빠지지 않게 하는 고정법이나 요즘에는 와이어 로프의 열화로 인한 강도 저하 때문에 조아연을 사용하지 않고 합성수지를 사용한다.

17 천장 크레인에서 유압식 디스크 브레이크의 공기빼기 작업 중 옳지 않은 것은?

① 브레이크 계통 라인에 공기가 유입되어 유격이 많은 경우 공기빼기 작업을 한다.
② 마스터 실린더에서 브레이크 오일을 보급하면서 행한다.
③ 브레이크 파이프를 빼면서 행한다.
④ 마스터 실린더에서 제일 먼 곳의 휠 실린더의 에어빼기 작업을 실시한다.

> 해설 ○─ 공기빼기 작업
> ① 유압 계통의 라인에 공기가 유입되어 유격이 많은 경우 휠 실린더나 마스터 실린더에 있는 공기 빼기용 나사를 풀어서 한다.
> ② 브레이크 오일을 공급하면서 시행
> ③ 공기빼기는 마스터 실린더에서 가장 먼 곳의 휠 실린더부터 실시한다.

18 크레인을 보수 관리하는데 중요한 부분장치로 예방보전이 가장 필요한 장치는?

① 주행장치
② 횡행장치
③ 권상장치
④ 크래브장치

> 해설 ○─ 권상장치는 하물을 직접 올리거나 내리는 역할을 하는 장치로서 각 장치가 이상이 있을 경우 하물이 쏟아지는 관계로 안전사고의 위험이 크므로 예방보전이 가장 필요하다.

19 크레인 운전 후 점검해야 할 조치사항으로 옳지 않은 것은?

① 각 브레이크의 제동상태를 확인한다.
② 운전일지를 기록하여 보관한다.
③ 각 스위치는 정지 위치에 두되 배전반의 스위치는 차단하지 않고 그대로 둔다.
④ 각 동작 부위의 이완 및 풀림을 주의 깊게 확인한다.

> 해설 ○─ 크레인 운전 후 점검 시 각 제어기는 중립 위치에 있어야 하며 스위치는 물론 배전반 스위치도 차단하여야 한다.

Answer 16 ③ 17 ③ 18 ③ 19 ③

20 크레인 차륜(Wheel, 휠)과 관련된 설명으로 옳지 않은 것은?

① 차륜에는 구동차륜과 종동차륜이 있다.
② 차륜은 가능한 전체 차륜을 한꺼번에 교체하든가, 원 치수의 3% 이내로 가공하여 차륜 전체가 같은 지름이어야 한다.
③ 차륜과 레일 접촉면의 마모한도는 차륜직경의 10%까지이다.
④ 차륜 플랜지 마모는 원 치수의 50%까지이다.

해설 차륜(휠, Wheel)
① 차륜에는 구동차륜과 종동차륜이 있으며, 구동차륜에는 차륜에 조립된 기어를 기어드 모터에 부착된 피니언 기어로 구동시키는 직접 구동방식과 모터가 감속기를 구동시키고 감속기가 차륜을 구동시키는 간접 구동방식이 있다.
② 차륜은 가능한 전체 차륜을 한꺼번에 교체하는 것이 좋다. 가공 시 원 치수의 3% 이내로 가공하여 차륜 전체가 같은 지름이어야 한다.
③ 차륜의 재질은 주철, 주강, 특수주강이다.
④ 구동차륜의 차륜과 레일 접촉면의 마모한도는 차륜 직경의 3%까지이고, 각 차륜의 직경차이는 구동륜은 직경의 0.2%까지, 동종륜은 직경의 0.5%까지이다.
⑤ 차륜 플랜지의 경사는 수직위치에서 20°까지, 차륜 플랜지의 마모는 원 치수의 50%까지이다.

21 천장 크레인의 전자석 브레이크 등에 사용하는 것으로 코일을 여러 번 감고 전류를 흐르게 하였을 때 자석이 되게 한 것은?

① 라이닝(Lining)   ② 솔레노이드(Solenoid)
③ 디스크(Disk)   ④ 드럼(Drum)

해설 솔레노이드는 도선을 속이 빈 원통형의 코일모양으로 감은 것으로 전원을 투입하면 자기장을 생성시켜 일시자석(전자석)이 된다.

22 천장 크레인 제동 시 브레이크 라이닝(Brake lining)에서 발열이 심하여 연기가 날 때 조치 사항으로 가장 적합한 것은?

① 드럼과 라이닝에 물을 뿌려 식힌 다음 라이닝을 교환하였다.
② 공기 중에 자연 냉각시킨 다음, 점검하여 보니 라이닝과 브레이크 드럼 사이의 간격이 너무 적어 적합하게 조정하였다.
③ 공기 중에 자연 냉각시킨 후 브레이크 드럼을 교환하였다.
④ 드럼에 물을 뿌려 식힌 다음, 라이닝의 틈을 조정하였다.

해설 천장 크레인 제동 시 브레이크 라이닝에서 발열이 심하여 연기가 날 때는 공기 중에 자연 냉각 시킨 후 브레이크 드럼과 라이닝 사이의 간격을 적합하게 조정하여야 한다.
※ 발열된 브레이크 드럼에 물을 뿌리면 급랭으로 인해 드럼이 깨진다.

Answer 20 ③ 21 ② 22 ②

23 다음 중 주행, 횡행장치에 사용되며 권상장치에는 사용하지 않는 브레이크는?

① E.C 브레이크
② 교류 마그네트 브레이크
③ 직류 마그네트 브레이크
④ 스러스트 브레이크

해설 ① E.C 브레이크 : 에디 커렌트, 와전류 브레이크라고도 하며 권상장치에만 설치된다.
② 교류(A.C) 마그네트 브레이크(전자브레이크) : 권상장치의 제동용으로 사용하며, 교류용 전자석을 사용한다.
③ 직류(D.C) 마그네트 브레이크(전자브레이크) : 권상장치의 제동용으로 사용하며, 교류 전원을 직류로 전환시켜 직류용 전자석을 사용한다.
④ 스러스트 브레이크 : 압상기 브레이크로서 주행·횡행장치에 사용되며 권상장치에는 사용하지 않는다.

24 권상장치의 제동용 전자브레이크 제동력은 권상 전동기 정격 토크의 몇 % 이상이어야 하는가?

① 100%
② 150%
③ 300%
④ 500%

해설 제동토크(Torque) 값(권상 또는 기복장치에 2개 이상의 브레이크가 설치되어 있을 때는 각각의 브레이크 제동토크 값을 합한 값)은 크레인의 정격하중에 상당하는 하중을 권상 시 해당 크레인의 권상 또는 기복장치의 토크 값(당해 토크 값이 2개 이상 있을 때는 그 값 중 최대의 값)의 1.5배(150%) 이상이어야 한다.

25 두 개의 축을 정확히 일치시키기 어려울 때나 진동 및 충격을 완화시킬 목적으로 사용되며 리머볼트에 탄성체를 끼워 두 개의 축을 연결하는 것은?

① 플랜지형 플렉시블 축이음
② 그리드 축이음
③ 자재 축이음(Universal coupling)
④ 플랜지형 고정 축이음

해설 ② 2개의 축이 정확히 일치되지 않고 3~5° 이내에서 조립되어도 무방하다.
③ 천장 크레인에는 권상장치의 모터와 감속기 입력플랜지형 플렉시블 축이음
① 2개의 축을 정확히 일치시키기 어려울 때나 진동 및 충격을 완화시킬 목적으로 사용되며 리머볼트에 탄성체(고무)를 끼워 두 개의 축을 연결한다. 축 연결에 사용된다.

Answer 23 ④ 24 ② 25 ①

26 소형 천장 크레인의 횡행 모터축에 주로 사용하는 축이음으로 가장 적합한 것은?

① 플렉시블 커플링 ② 체인 커플링
③ 유니버설 조인트 ④ 머프 커플링

해설 ① 플렉시블 커블링 : 두 축의 중심선을 맞추기 어려운 기계의 진동 및 충격을 완화할 목적으로 사용한다.
② 체인 커플링(Chain coupling) : 2개의 축 양 끝에 스프로킷을 끼운 후 2열의 롤러체인으로 두 축을 연결하는 방식으로서 롤러체인의 마모 방지를 위해 급유가 중요하다. 소형 천장 크레인의 횡행 모터축에 주로 사용한다.
③ 유니버설 조인트 : 두 축이 30° 이내의 교각으로 연결할 때 사용한다.
④ 머프 커플링 : 주행장치, 장축 연결 등 큰 하중·저회전용으로 사용한다.

27 주행차륜의 직경이 400mm이고, 주행모터의 회전수가 3,000rpm이며 감속비가 1/100일 때 이 천장 크레인의 주행속도는?(단, 마찰저항은 무시한다.)

① 약 12m/min ② 약 30m/min
③ 약 38m/min ④ 약 120m/min

해설 주행속도 = $\dfrac{\pi \times 직경(m) \times 회전수}{감속비}$ = $\dfrac{3.14 \times 0.4(m) \times 3,000}{100}$ = 37.68 m/min

28 천장 크레인의 패널(Panel) 중에서 가장 사용률이 높은 것은?

① 권상 패널 ② 횡행 패널
③ 주행 패널 ④ 보호 패널

해설 보호 패널은 동력 메인 스위치, 과부하 계전기 등이 설치되어 있어 사용률이 가장 높다.

29 천장 크레인의 전동기가 입력 20kW로 운전하여 23HP의 동력을 방생하고 있을 때 전동기의 효율은?(단, 1HP는 746W이다.)

① 64.8% ② 85.8%
③ 87% ④ 96%

해설 ① 출력 = 746W × 23HP = 17,158kW
② 입력 = 20kW × 1,000 = 20,000W
③ 효율 = $\dfrac{출력}{입력} \times 100$ = $\dfrac{17158}{20,000} \times 100$ = 85.8%

Answer 26 ② 27 ③ 28 ④ 29 ②

30 천장 크레인 전기부품의 스파크 발생 원인 중 옳지 않은 것은?

① 접촉면이 거칠수록 많이 발생한다.
② 주파수가 높을수록 많이 발생한다.
③ 직류보다 교류에서 많이 발생한다.
④ 접촉점 간의 전압이 높을 때 많이 발생한다.

해설 ○ 전기부품의 스파크 발생 원인
① 접촉면이 거칠수록 많이 발생한다.
② 주파수가 높을수록 많이 발생한다.
③ 교류보다 직류에서 많이 발생한다.
④ 접촉점 간의 전압이 높을 때 많이 발생한다.
⑤ 전기 스위치를 연결할 때보다 차단할 때 많이 발생한다.

31 60Hz 4극인 유도전동기 슬립이 3%일 때 전동기의 회전수(rpm)은?

① 72
② 240
③ 1,746
④ 1,800

해설 ○ 동기속도(Ns) = $\dfrac{120f}{P}(1-S)$ P = 전동기의 극수, f = 주파수(60Hz), S = 슬립량

$\dfrac{120 \times 60}{4} = 1,800 rpm$ 1,800×0.03(슬립량)=54rpm, 1,800−54 = 1,746rpm

32 두 개의 동작을 한 개의 핸들(Handle)로서 동시에 조작하는 제어기(Controller)는?

① 유니버설 컨트롤러
② 크랭크식 컨트롤러
③ 수평식 컨트롤러
④ 마그넷식 컨트롤러

해설 ○ 유니버설 컨트롤러(Universal controller)는 크레인 운전자가 주권과 보권 또는 주행과 횡행 등 두 개의 동작을 한 개의 핸들(레버)로 동시에 조작할 수 있다.

33 입력전압이 440V, 60Hz인 3상 유도전동기에서 극수가 4극, 회전자의 속도가 1,760rpm일 때 이 전동기의 슬립율(s)은?

① 2.2%
② 4.3%
③ 13.2%
④ 20.3%

해설 ○ 슬립율(S)= $\dfrac{정격속도 - 슬립으로인한실제회전수}{정격속도} \times 100(\%)$

동기속도(NS) = $\dfrac{120f}{P} = \dfrac{120 \times 60}{4} = 1,800$ rpm

(P : 극수, f : 주파수)

슬립율(s) = $\dfrac{1,800 - 1,760}{1,800} \times 100 = 2.2\%$

Answer 30 ③ 31 ③ 32 ① 33 ①

34 크레인 권상전동기의 소요 동력(kW)구하는 식으로 알맞은 것은?(단, 단위는 권상하중 : 톤, 속도 : m/min)

① 전동기의 소요동력 = {(정격하중 = 훅의 자중) × 권상전동기 효율} / (6.12 × 속도)
② 전동기의 소요동력 = {(정격하중 + 훅의 자중) × 권상전동기 효율} / 6.12
③ 전동기의 소요동력 = {(정격하중 + 훅의 자중) × 권상전동기 효율} / (6.12 + 속도)
④ 전동기의 소요동력 = {(정격하중 + 훅의 자중) × 속도} / (6.12 × 권상전동기 효율)

> **해설** 전동기의 소요동력(kW) = {(정격하중 + 훅의 자중) × 속도} / (6.12 × 권상전동기 효율)

35 천장 크레인의 전동기는 그 사용 빈도에 따라 사용률 정격(%ED)으로 표시한다. 사용율 정격을 구하는 식은?

① 정격 사용률 = (정지시간/운전시간) × 100
② 정격 사용률 = (운전시간/정지시간) × 100
③ 정격 사용률 = {운전시간/(운전시간 + 정지시간)} × 100
④ 정격 사용률 = {정지시간/(운전시간 + 정지시간)} × 100

> **해설** 사용률 정격(%ED) = $\dfrac{운전시간}{운전시간 + 정지시간} \times 100$

36 지상조작식 크레인 펜던트 스위치의 설명으로 옳지 않은 것은?

① 펜던트 스위치에서는 크레인의 비상정지용 누름 버튼과 각각의 작동종류에 따른 누름 버튼 등이 비치되어 있고 정상적으로 작동하여야 한다.
② 펜던트 스위치에 접속된 케이블은 꼬임이나 무리한 힘이 가해지지 않도록 보조 와이어 로프 등으로 지지되어야 한다.
③ 조작용 전기회로의 전압은 교류 대지전압 150V 이하 또는 직류 300V 이하이어야 한다.
④ 펜던트 스위치 외함 구조가 절연제품이 아닐 경우에는 접지선을 생략할 수 있다.

> **해설** 펜던트 스위치의 외함구조가 절연제품이 아닐 경우에는 천장 크레인과 접지선이 연결되어 있어야 한다.

37 트롤리(Troller) 동선의 좌·우 고저차는 기준면에서 몇 mm 이하를 유지하여야 하는가?

① ±2mm ② ±4mm
③ ±6mm ④ ±8mm

> **해설** 전압이 직류에서는 750V 이하이고, 교류에서는 600V 이하인 주행용 트롤리 동선의 좌·우 고저차는 기준면에서 ±2mm 이하로 유지하여야 한다.

Answer 34 ④ 35 ③ 36 ④ 37 ①

38 전동기의 시간정격에 대한 설명으로 옳지 않은 것은?

① 천장 크레인에서는 보통 30분 시간정격을 채택한다.
② 전동기 발열의 표준규격은 40°C 이다.
③ 전동기에 부착되어 있는 명판에 전압 440V, 전류 500A, 출력 20kW, 정격30분이라 표시되었으면 30분을 연속 회전시켜 사용해도 된다는 것이다.
④ 천장 크레인에 사용되는 전동기의 부하시간률은 60%이고, 사용기호는 %ED 이다.

해설 ◦ 크레인 전동기의 규격온도 및 시간정격
① 전동기의 발열 표준규격은 40°C이며 50~60°C까지는 사용 가능하지만 그 이상이 되면 전동기는 소손된다.
② 시간정격은 연속정격, 단시간 정격, 반복 정격이 있다.
③ 전동기가 정격출력으로 회전하여 규정된 온도까지 올라갈 때까지의 시간(5분, 10분, 15분, 30분, 60분, 120분)으로 표시하는 것으로 천장 크레인에서는 보통 30분 시간정격을 채택한다.
④ 전동기의 명판에 정격 30분이라고 표시되어 있으면 30분 연속 회전시켜 사용해도 된다는 뜻이다.
⑤ 부하 시간율은 10분을 기준으로 하며 15%, 25%, 40%, 60%, 100%가 있으며 사용기호는 %ED 이다.
⑥ 천장 크레인에 사용되는 전동기의 부하 시간율은 보통 40%ED(10분 중 4분 동안 가동 시켜도 된다는 뜻)를 많이 사용한다.

39 천장 크레인에 사용하는 전동기 중 2차 저항제어 방식을 사용하여 기동 및 속도제어를 행하는 전동기는?

① 직류 직권 전동기
② 교류 권선형 유도 전동기
③ 직류 분권 전동기
④ 교류 농형 전동기

해설 ◦ ① 직류 직권 전동기 : 저항을 가감함으로서 전동기의 속도를 제어한다.
② 직류 분권 전동기 : 계자제어(주전동기의 계자 전류를 변화시켜서 하는 주전동기의 전류, 전압, 회전 수 및 토크의 제어 방식)로 속도를 제어한다.
③ 교류 농형 전동기 : 극수 변환방법으로 속도를 제어한다.
④ 교류 권선형 유도 전동기 : 2차 저항에 의해서 속도를 제어, 농형전동기에 비해 효율은 좋지 않지만 기동력은 우수하다.

Answer 38 ④ 39 ②

40 와이어 로프(Wire rope)에 대한 설명으로 옳지 않은 것은?

① 와이어 로프에 강심을 쓰는 이유는 큰 절단하중을 얻기 위해서이다.
② 와이어 로프의 재질은 구리가 주로 사용되며 강도는 50~60kgf/cm² 정도이다.
③ 와이어 로프의 부식을 방지하기 위해 섬유심을 사용한다.
④ 고정활차의 와이어 로프는 로프에 걸리는 응력이 크게 작용한다.

해설 ① 와이어 로프는 가느다란 강선을 꼬아서 스트랜드를 만들고 스트랜드를 서로 꼬아서 만든 것이다.
② 와이어 로프 재질은 탄소강을 특수 열처리하였으며 강도는 135~180kg/mm² 정도이다.

41 와이어 로프를 절단했을 때 끝처리, 즉 시징(Seizing)을 할 때 소둔한 저탄소 강선으로 끝을 묶는 넓이는 와이어 로프 지름의 몇 배가 가장 양호한가?

① 1배
② 3배
③ 4배
④ 5배

해설 ① 와이어 로프를 필요한만큼 절단하여 사용할 때 절단된 끝부분이 풀림이 발생한다.
② 풀림 방지를 위해 로프 끝단을 얇은 철사로 묶어 마감처리하는 것을 시징이라고 한다.
③ 시징의 폭은 와이어 로프 직경의 2~3배가 적당하다.

42 안전계수가 6이고, 안전하중이 30톤인 기중기 와이어 로프의 절단하중은 몇 톤인가?

① 5톤
② 36톤
③ 120톤
④ 180톤

해설 안전계수(안전율) = $\dfrac{\text{절단하중}}{\text{안전하중}}$

절단하중(파단하중) = 안전계수 × 안전하중 = 6 × 30 = 180톤

43 다음 중 줄걸이 용구를 선정하여 줄걸이를 할 경우 줄걸이 로프에 가장 작은 하중이 걸리는 각도는?

① 45°
② 60°
③ 90°
④ 120°

해설 하물을 인양 시 인양각도가 커지면 커질수록 로프에 걸리는 장력은 증가하며 각도가 작아지면 작아질수록 로프에 걸리는 장력은 감소한다.

Answer 40 ② 41 ② 42 ④ 43 ①

44 매다는 체인에 균열이 발생한 경우 용접하여 사용할 수 있는가?

① 사용할 수 있다.
② 사용해서는 안 된다.
③ 체인의 여유가 없는 불가피한 경우 1회에 한하여 용접하여 사용할 수도 있다.
④ 일반적으로 미세한 균열인 경우 용접하여 사용이 가능하다.

> **해설** **권상용 체인의 기준**
> 권상용 체인은 절대 용접해서 사용하면 안 된다.
> ① 안전율(체인 절단하중의 값을 해당 체인에 걸리는 하중의 최대값으로 나눈 값)은 5 이상일 것
> ② 연결된 5개의 링크를 측정하여 연신율이 제조 당시 길이의 5% 이하일 것(습동면의 마모량 포함)
> ③ 링크 단면의 지름 감소가 해당 체인의 제조 시보다 10% 이하일 것
> ④ 균열이 없을 것
> ⑤ 심한 부식이 없을 것
> ⑤ 깨지거나 홈 모양의 결함이 없을 것
> ⑥ 심한 변형 등이 없을 것

45 와이어 로프에서 킹크(Kink)가 발생될 경우 파단하중 감소율은 어느 정도인가?

① 10%
② 15%
③ 20%
④ 40%

> **해설** **로프의 킹크(Kink)**
> ① 킹크란? 로프가 꼬이거나 꺾임이 발생된 것을 말하며 로프의 파단하중을 크게 감소시키기 때문에 킹크가 발생한 로프는 교환하여야 한다.
> ② 킹크는 (+)킹크와 (-)킹크가 있다.
> ③ (+)킹크는 와이어 로프의 꼬임 방향으로 비틀림이 생겨 꼬임이 강해지는 쪽으로 꼬인 것이고, (-)킹크는 와이어 로프 꼬임의 반대 방향으로 생기는 것을 말한다.
> ④ 와이어 로프에서 킹크가 발생될 경우 파단하중 감소율은 (+) 킹크는 40% 감소하고, (-)킹크는 60% 정도 감소한다.

Answer 44 ② 45 ④

46 다음 중 클립(Clip) 고정이 가장 적합하게 된 것은?

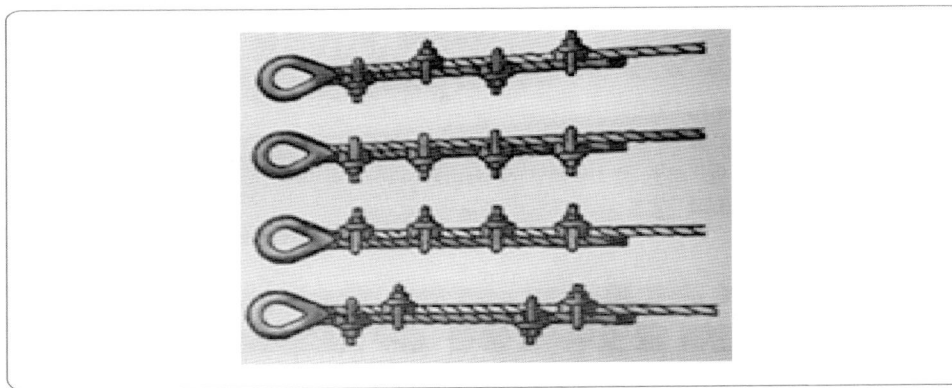

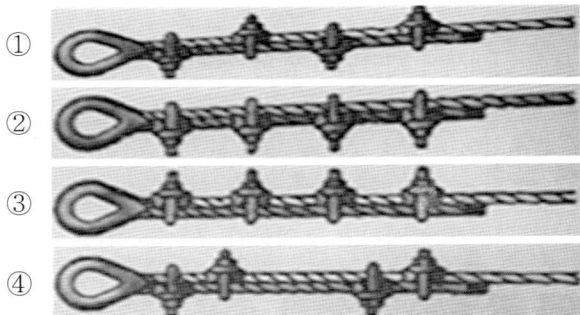

해설 ○ 클립체결방법은 ③번과 같이 클립의 U 볼트가 와이어 로프의 접혀진 부분에 위치해야 한다.

47 줄걸이 작업 시 섬유벨트의 장점으로 볼 수 없는 것은?

① 취급이 용이하다.
② 제작이 간단하며 값이 많이 싸다.
③ 하물을 손상시키지 않는다.
④ 와이어 로프와 체인보다 가볍다.

해설 ○ **섬유벨트의 특징**
① 와이어 로프나 링크체인보다 가볍다.
② 취급이 용이하며 유연성이 좋다.
③ 정밀 가공된 하물의 손상을 방지할 수 있다.
④ 와이어 로프에 비해 강도가 약해 취급에 주의가 필요하다.
⑤ 습기 및 화기에 약하다.

Answer 46 ③ 47 ②

48 가로 10m, 세로 1m, 높이 0.2mm인 금속화물이 있다. 이것을 4줄걸이 30°로 들어 올릴 때 한 개의 와이어 로프에 걸리는 하중은 약 얼마인가?(단, 금속의 비중은 7.8이다.)

① 3.9톤 ② 4.04톤
③ 7.8톤 ④ 15.6톤

해설 ① 화물의 체적 = 가로 × 세로 × 높이
② 금속화물의 하중 = 화물의 체적 × 비중 = (화물의 체적, 10×1×0.2 =2) × (비중)7.8 = 15.6톤
③ 로프에 작용하는 하중 = $\frac{부하물의 하중}{줄걸이수 × 조각도}$

하중 = $\frac{15.6}{4 × \cos\frac{30°}{2}}$ = $\frac{15.6}{4 × \cos 15°}$ ≒ 4.04톤

쉬운 방법으로는 하물의 중량 × 줄걸이 각도별 장력계수 ÷ 줄걸이 수이다.
각도별 장력계수는 수직 = 1배, 30도 = 1.04배, 60도 = 1.16배, 90도 = 1.41배, 120도 = 2배이므로
15.6톤 × 1.04 ÷ 4 = 4.05톤이다.

49 천장 크레인의 점검 및 정비 시 안전대책에 해당되지 않은 것은?

① 인접 크레인과의 충돌을 방지하기 위해 주행레일에 임시 스토퍼를 설치한다.
② 크레인에 수리 중 표지판을 부착한다.
③ 전원 스위치를 동작위치로 하여야 한다.
④ 크레인 수리공사 범위는 위험구역임을 표시하고 출입금지 조치를 한다.

해설 **크레인의 점검 및 정비 시 안전대책**
① 인접 크레인과 충돌방지를 위해 주행레일에 임시 스토퍼를 설치한다.
② 크레인에 수리 중 표지판을 부착하고, 크레인 수리공사 범위는 위험구역임을 표시하고 출입금지 조치를 한다.
③ 전원스위치는 동작위치가 아닌 차단위치로 하여야 한다.

50 크레인 신호 중 〈그림〉과 같이 '양쪽 손을 몸 앞에 대고 두 손을 깍지 낀다.'는 수신호는?

① 기다려라 ② 기중기의 이상 발생
③ 물건 걸기 ④ 주권 사용

해설 수신호 방법 참조 p.106

Answer 48 ② 49 ③ 50 ③

51 안전·보건표지의 색채 기준 중 응급 구호 장비가 있는 장소를 알리는 색채는?

① 빨간색
② 노란색
③ 녹색
④ 흰색

해설ㅇ 안전보건표지의 색채 및 용도

색채	용도	사용례
빨간색	금지	정지신호, 소화설비 및 그 장소, 유해행위 금지
	경고	화학물질 취급장소에서의 유해·위험 경고
노란색	경고	화학물질 취급장소에서의 유해·위험 경고 이외의 위험 경고, 주의표지 또는 기계방호물
파란색	지시	특정 행위의 지시 및 사실의 고지
녹색	안내	비상구 및 피난소, 사람 또는 차량의 통행표시
흰색	–	파란색 또는 녹색에 대한 보조색
검은색		문자 및 빨간색 또는 노란색에 대한 보조색

52 벨트 취급에 대한 안전사항 중 틀린 것은?

① 벨트 교환 시 회전을 완전히 멈춘 상태에서 한다.
② 벨트의 회전을 정지할 때 손으로 잡고서 한다.
③ 벨트의 적당한 장력을 유지하도록 한다.
④ 벨트에 기름이 묻지 않도록 한다.

해설ㅇ 벨트의 회전을 정지 할 때 손으로 잡고서 하면 안전사고의 위험이 있다.

53 작업장에서 휘발유 화재가 일어났을 경우 가장 적합한 소화방법은?

① 탄산가스 소화기의 사용
② 불의 확대를 막는 덮개의 사용
③ 소다 소화기의 사용
④ 물 호스의 사용

해설ㅇ 유류화재는 B급화재로 포말소화기, 이산화탄소(탄산가스) 소화기, 분말소화기, 증발성 액체 소화기를 사용한다.

Answer 51 ③ 52 ② 53 ①

54 안전제일에서 가장 먼저 선행되어야 할 이념으로 맞는 것은?

① 재산보호　　　　　　　② 생상성 향상
③ 신뢰성 향상　　　　　　④ 인명보호

해설 안전제일의 가장 우선시 해야 하는 첫 번째는 인명을 보호하는 것이다.

55 산업체에서 안전을 지킴으로서 얻을 수 있는 이점과 가장 거리가 먼 것은?

① 직장의 신뢰도를 높여준다.
② 직장 상·하 동료 간 인간관계 개선 효과도 기대된다.
③ 기업의 투자 경비가 늘어난다.
④ 사내 안전수칙이 준수되어 질서유지가 실현된다.

해설 안전을 지키면 기업의 투자경비가 줄어든다.

56 재해의 원인 중 인적 원인에 해당되는 것은?

① 안전 방호장치 결함
② 위험물 취급 부주의
③ 작업환경의 결함
④ 보호구의 결함

해설 재해의 직접 원인
① 불안전한 행동(행위, 인적 원인) : 위험장소 접근, 안전장치의 기능제거, 복장·보호구의 잘못사용, 기계·기구 잘못 사용, 운전 중인 기계장치의 손질, 불안전한 속도 조작, 위험물 취급 부주의, 불안전한 상태 방치, 불안전한 자세 동작, 감독 및 연락 불충분
② 불안전한 상태 : 물 자체 결함, 안전 방호장치 결함, 보호구의 결함, 불의 배치 및 작업장소 결함, 작업환경의 결함, 생산공정의 결함, 경계표시·설비의 결함

57 수공구 사용 시 안전수칙으로 바르지 못한 것은?

① 톱 작업은 밀 때 절삭되게 작업한다.
② 줄 작업으로 생긴 쇳가루는 브러시로 털어낸다.
③ 해머작업은 미끄러짐을 방지하기 위해서 반드시 면장갑을 끼고 작업한다.
④ 조정 렌치는 조정조가 있는 부분에 힘을 받지 않게 하여 사용한다.

해설 장갑을 착용하면 안 되는 작업 : 해머작업, 연삭작업, 드릴작업, 선반 가공작업, 정밀기계작업

Answer　54 ④　55 ③　56 ②　57 ③

58 산소 - 아세틸렌 가스 용접 작업 시의 재해로 거리가 먼 것은?

① 고온과 불티에 의해 화재의 우려가 있다.
② 용접 시 발생하는 유해광선에 의해 눈질환의 우려가 있다.
③ 충전부 접촉에 의한 감전재해의 우려가 있다.
④ 용접 작업 중 화구에 불을 붙이는 순간 화염이 뻗치면서 화상을 입을 수 있다.

해설 ○— 산소 - 아세틸렌 가스 용접은 산소와 아세틸렌을 사용하는 용접방법으로서 감전재해와는 거리가 멀다.

59 산업안전표지에서 〈그림〉이 나타내는 것은?

① 비상구 없음 표지
② 방사선 위험 표지
③ 탑승금지 표지
④ 보행금지 표지

해설 ○— 산업안전표지 참조 p.109

60 연삭 작업 시 반드시 착용해야 하는 보호구는?

① 방독면
② 장갑
③ 보안경
④ 마스크

해설 ○— 불꽃 및 용접, 물체가 날아 흩어질 위험이 있는 작업을 하는 경우에는 보안경을 반드시 착용하여야 한다.

2020 최신판 2주완성
천장크레인 운전기능사 필기시험문제

발 행 일 2020년 2월 10일 초판 1쇄 발행

저　　자 이정석

발 행 처 크라운출판사
http://www.crownbook.com

발 행 인 이상원
신고번호 제 300-2007-143호
주　　소 서울시 종로구 율곡로13길 21
대표전화 1566-5937, 080-850-5937
팩　　스 02) 766-3000
홈페이지 www.crownbook.com
ISBN 978-89-406-4205-4 / 13550

특별판매정가　18,000원

이 도서의 판권은 크라운출판사에 있으며, 수록된 내용은 무단으로 복제, 변형하여 사용할 수 없습니다.
문의사항은 02) 6430-7020 (기획편집부)으로 전화 주시면 친절히 답변해드리겠습니다.

Copyright CROWN, ⓒ 2020 Printed in Korea